市政工程专业人员岗位培训教材

# 施工员专业与实务

建设部 人事教育司<br>城市建设司 组织编写

中国建筑工业出版社

**图书在版编目（CIP）数据**

施工员专业与实务/建设部人事教育司，建设部城市建设司组织编写. —北京：中国建筑工业出版社，2006
市政工程专业人员岗位培训教材
ISBN 978-7-112-08249-0

Ⅰ. 施... Ⅱ. ①建...②建... Ⅲ. 市政工程-工程施工-技术培训-教材 Ⅳ. TU99

中国版本图书馆 CIP 数据核字（2006）第 116952 号

市政工程专业人员岗位培训教材
**施工员专业与实务**
建设部人事教育司、城市建设司 组织编写
*
中国建筑工业出版社出版、发行（北京西郊百万庄）
各地新华书店、建筑书店经销
霸州市顺浩图文科技发展有限公司制版
北京市安泰印刷厂印刷
*
开本：850×1168 毫米 1/32 印张：15⅞ 字数：430 千字
2006 年 11 月第一版 2014 年 12 月第十一次印刷
定价：**34.00** 元
ISBN 978-7-112-08249-0
（20997）

本书为市政工程专业人员的岗位培训教材，主要内容包括：市政工程的基本知识、路基工程、路面基（垫）层、沥青路面、水泥混凝土路面、桥梁施工的基本知识、桥梁下部结构施工、混凝土梁桥上部结构施工、桥面及附属结构施工、拱桥上部结构施工、排水工程的基本知识、排水管道的开槽施工、排水管道的不开槽施工、排水泵站及污水处理、市政工程施工准备工作、市政工程施工组织设计、市政工程施工管理等。

该书特点是以目前现行的国家最新标准、规范为编写依据，技术内容新颖、实用性强、图文并茂、内容简洁。本书可作为市政工程专业人员的岗位培训教材，也可供道路、桥梁工程、给水排水工程等施工单位的管理人员使用和参考。

* * *

责任编辑：田启铭　胡明安　姚荣华

责任设计：赵明霞

责任校对：张树梅　张　虹

# 出 版 说 明

为了落实全国职业教育工作会议精神，促进市政行业的发展，广泛开展职业岗位培训，全面提升市政工程施工企业专业人员的素质，根据市政行业岗位和形势发展的需要，在原市政行业岗位“五大员”的基础上，经过广泛征求意见和调查研究，现确定为市政工程专业人员岗位为“七大员”。为保证市政专业人员岗位培训顺利进行，中国市政工程协会受建设部人事教育司、城市建设司的委托组织编写了本套市政工程专业人员岗位培训系列教材。

教材从专业人员岗位需要出发，既重视理论知识，更注重实际工作能力的培养，做到深入浅出、通俗易懂，是市政工程专业人员岗位培训必备教材。本套教材包括 8 本：其中 1 本是市政工程专业人员岗位培训教材《基础知识》属于公共课教材；另外 7 本分别是：《施工员专业与实务》、《材料员专业与实务》、《安全员专业与实务》、《质量检查员专业与实务》、《造价员专业与实务》、《资料员专业与实务》、《试验员专业与实务》。

由于时间紧、水平有限，本套教材在内容和选材上是否完全符合岗位需要，还望广大市政工程施工企业管理人员和教师提出意见，以便使本套教材日臻完善。

本套教材由中国建筑工业出版社出版发行。

**中国市政工程协会**

2006 年 1 月

# 市政工程专业人员
# 岗位培训系列教材编审委员会

# 前　言

本教材共分四个部分，第一部分为道路工程，包括第一至第五章，由济南市市政公用事业局罗卫东编写；第二部分为桥梁工程，包括第六至第十章，其中第六、七、八章由济南城建工程公司李庆广编写，第九、十章由济南城建工程公司孙杰编写；第三部分为排水工程，包括第十一至十四章，其中第十一章由济南市水质净化一厂庄慧莉编写，第十二章由济南市水质净化一厂段存福编写，第十三章第一、第二节由济南市水质净化一厂王良斌编写，第三、第四节由山东省环境保护科学研究设计院王菁编写；第十四章第一至第三节由济南市舜耕中学张朝银编写，第十四章第四、第五节由济南工程职业技术学院冯钢编写；第四部分为施工组织与管理，包括第十五至十七章，由济南城建工程公司郝吉旺编写。全书由济南市市政公用事业局罗卫东主编，济南市建设监理有限公司李宏伟主审。济南工程职业技术学院对本书的编写提供了大力支持和帮助。

2006年4月

# 目　录

# 第一章　市政工程的基本知识

## 第一节　市政工程的概念

市政工程是城市基础设施的重要组成部分，是城市经济和社会发展的基础条件，是与城市生产和人民生活密切相关的、直接为城市生产、生活服务并为城市生产和人民提供必不可少的物质条件的城市公共设施。本教材所讲的市政工程是指狭义的市政工程概念，即包括城市的道路工程、桥涵工程、排水工程等设施。

### 一、道路工程

道路是供各种车辆和行人通行的工程设施，它有完全不同于建筑工程的内涵及特征，有其独有的工程存在环境及要求。道路按其作用和特点，可分为公路、城市道路、厂矿道路、林区道路和乡村道路等。

城市道路系指建在城市范围内，供车辆和行人通行的具备一定技术条件和设施的道路。按照城市道路在道路网中的地位、交通功能以及对沿线建筑物的服务功能等，我国目前将城市道路分为快速路、主干路、次干路及支路四类。快速路系指在城市道路中设有中央分隔带，具有四条或四条以上机动车道，全部或部分采用立体交叉并控制车辆出入，供车辆以较高车速行驶的道路。快速路一般在特大城市或大城市中设置，主要联系市区各主要地区、市区和主要的近郊区、卫星城镇、主要对外公路等，为城市的长距离、快速交通服务。

主干路是指在城市道路网中起骨架作用的道路。主干路主要用于联系城市的主要工业区、住宅区、港口、车站等客货运中心，负担城市的主要客货交通，是城市内部的交通大动脉。

次干路是城市道路网中的区域性干路，次干路与主干路相联，构成完整的城市干路系统。次干路既为城市区域交通集散服务，又兼有服务功能，允许两侧布置吸引人流的公共建筑。

支路是指城市道路网中干路以外联系次干路或供区域内部使用的道路。支路除了应满足工业、商业、文教等区域特点的使用要求外，还应满足群众的使用要求，支路上不易通行过境交通。

除快速路外，每类道路按照所在城市的规模、设计交通量、地形等又分为Ⅰ、Ⅱ、Ⅲ级，一般情况下，大城市应采用各类道路中的Ⅰ级标准；中等城市应采用Ⅱ级标准；小城市应采用Ⅲ级标准。各类各级道路的主要技术指标见表1-1所示。

**各类各级道路的主要技术指标** **表1-1**

| 类别 \ 项目 | 级别 | 设计车速(km/h) | 双向机动车道数(条) | 每条机动车道宽度(m) | 分隔带设置情况 | 横断面形式 |
|---|---|---|---|---|---|---|
| 快速路 | | 60～80 | ≥4 | 3.75～4 | 必须设 | 双、四幅路 |
| 主干路 | Ⅰ | 50～60 | ≥4 | 3.75 | 应设 | 单、双、三、四幅路 |
| | Ⅱ | 40～50 | 3～4 | 3.5～3.75 | 应设 | 单、双、三幅路 |
| | Ⅲ | 30～40 | 2～4 | 3.5～3.75 | 可设 | 单、双、三幅路 |
| 次干路 | Ⅰ | 40～50 | 2～4 | 3.5～3.75 | 可设 | 单、双、三幅路 |
| | Ⅱ | 30～40 | 2～4 | 3.5～3.75 | 不设 | 单幅路 |
| | Ⅲ | 20～30 | 2 | 3.5 | 不设 | 单幅路 |
| 支路 | Ⅰ | 30～40 | 2 | 3.5 | 不设 | 单幅路 |
| | Ⅱ | 20～30 | 2 | 3.25～3.5 | 不设 | 单幅路 |
| | Ⅲ | 20 | 2 | 3.0～3.5 | 不设 | 单幅路 |

城市道路是市政工程建设的重要组成部分，城市道路用地是城市总体规划中所确定的道路规划红线之间的用地部分。城市道路一般由车行道、人行道、分隔带及附属设施等部分组成。城市

道路不仅是城市交通运输的基础，而且也为街道绿化、地上杆线、地下管网及其他附属设施提供容纳空间。此外，城市道路还把城市的土地按不同的功能进行分区，为城市生产、通风、采光、绿化和居民居住、休憩提供环境空间，并为城市防火、防震提供隔离、避难、抢救的防灾空间。

## 二、桥涵工程

桥梁、涵洞是道路为跨越河流、铁路、其他道路等障碍物而修建的人工构筑物。根据桥涵的长度和跨径可分为特大桥、大桥、中桥、小桥、涵洞，划分标准见表 1-2。

**特大、大、中、小桥和涵洞划分标准　　表 1-2**

| 桥涵类别 | 多跨跨径总长 $L_d$(m) | 单跨标准跨径 $L_b$(m) |
|---|---|---|
| 特大桥 | $L_d \geqslant 1000$ | $L_b \geqslant 150$ |
| 大桥 | $1000 > L_d \geqslant 100$ | $150 > L_b \geqslant 40$ |
| 中桥 | $100 > L_d \geqslant 30$ | $40 > L_b \geqslant 20$ |
| 小桥 | $30 > L_d \geqslant 8$ | $20 > L_b \geqslant 5$ |
| 涵洞 | — | $L_b < 5$ |

注：圆管涵及箱涵不论管径及跨径大小、孔数多少，均称为涵洞。

桥梁按结构体系可分为梁式桥、拱桥、刚架桥、悬索桥和斜拉桥等；按造桥所用的材料可分为木桥、圬工桥、钢筋混凝土桥、预应力混凝土桥、钢桥等；按上部结构的行车道所处的位置可分为上承式桥、中承式桥和下承式桥；按用途可分为公路桥、城市道路桥、铁路桥、公路（城市道路）铁路两用桥、人行桥、管线桥等。

桥梁一般由上部结构、下部结构、附属结构等部分组成。上部结构又称桥跨结构，是桥梁支座（无铰拱起拱线或刚架桥主梁底线）以上的部分，它包括承重结构和桥面系。其中承重结构是桥梁跨越障碍时直接承受桥上交通荷载的主要结构部分；桥面系是指承重结构以上的部分，包括桥面铺装、人行道、栏杆、排水和防水系统、伸缩缝等。上部结构的作用是承受车辆等荷载，并通过支座传给墩台，上部结构常用的施工方法基本有三种：预制安装法、现浇法及转体法。

下部结构是桥梁位于支座以下的部分，它由桥墩、桥台以及它们的基础组成。桥墩是指多跨桥梁的中间结构物，而桥台是将桥梁与路堤衔接的构筑物。下部结构的作用是支承上部结构，并将结构重力和车辆荷载等传递给地基；桥台还与路堤连接并抵御路堤土压力，防止路堤滑塌。

附属结构指基本构造以外的附属部分，包括桥头锥形护坡、护岸以及导流结构物等，它的作用是抵御水流的冲刷、防止路堤的坍塌。

### 三、排水工程

将城市的污水、工业废水、降水（雨水、冰雪融化水等）用完善的管渠系统、泵站及处理厂等各种设施，有组织地加以排除和处理，以达到保护环境、变废为宝、保障人们的正常生产和生活的目的，这样的工程就称为排水工程。

城市排水系统的基本任务是保护环境免受污水污染和及时排除雨水或冰雪融化水，以促进工农业生产的发展和保障人民的健康与正常生活。其主要内容包括：一是收集城区各种降水并及时排至各种自然水体中的设施，如排洪河道、沟渠、管道及其附属设施等；二是收集各种污水并及时地将其输送至适当地点的设施，包括污水泵站、污水管沟及其附属设施等；三是对污水妥善处理后排放或再利用的设施，包括污水处理厂、出水口等。

市政工程从其职能上划分，可分为建设与管养两部分。市政工程建设包括了规划、勘测、设计、施工、监理、监督与检测、竣工验收等内容；市政工程管养则包括设施的日常检查、定期检查、特殊检查、专门检验、长期观测、日常维护、小修、中修、大修以及路政管理等。

## 第二节 市政工程施工的特点及施工程序

### 一、市政工程施工的特点

市政工程施工既不同于公路工程施工，也不同于建筑工程施工，市政工程施工有如下特点：第一，工期紧迫。市政工程一般位于市区，管线开挖、道路作业、桥梁施工均会给城市交通及市民的生活带来一定程度的影响，这就要求项目必须以最短的工期完成，从而使其对城市生产、市民生活的影响降低到最小。第二，施工环境复杂。城区施工，地下管网交错纵横，收集到的地下管网资料的准确性难以保证，而通信、电力电缆、光缆、自来水管道、燃气管道等地下及地上的各种管线都会给施工带来不便，如果处理失误，将会导致灾难性后果。第三，市民关注的焦点。市政工程施工项目一般为公共工程，具有很大的公益性，且其施工过程直接暴露在民众的视野中，为市民密切关注，从而对安全文明施工的要求很高。

由于市政工程的上述特点决定了在施工中要投入大量的生产要素（劳动力、材料、机具等），通过组织平行、交叉、流水施工作业，使生产要素按一定的顺序、数量和比例投入，实现时间、空间的最佳利用，以达到连续、均衡施工、缩短工期的目的，使工程早日交付生产和使用。由于市政工程的多样性和复杂性，每一个市政工程的施工准备工作、施工工艺和施工方法也不相同。因此必须根据施工对象的规模、地质水文和气候条件、施工环境、机械设备和材料供应等客观条件，从运用先进技术、提高经济效益、保证工程质量等方面出发，选择科学合理的施工方案，做到技术和经济的和谐统一。

### 二、市政工程的基本建设程序

基本建设程序就是建设项目在整个建设过程中各项工作必须

遵循的先后顺序。它是几十年来我国基本建设工作实践经验的科学总结，是拟建设项目在整个建设过程中必须遵循的客观规律。市政工程的基本建设程序分为决策、准备、实施三个阶段。

1. 决策阶段

这一阶段的主要任务是根据国民经济中、长期发展规划，进行建设项目的可行性研究，编制建设项目的计划任务书（又叫设计任务书）。其主要工作包括调查研究、分析论证、选择与确定建设项目的地址、规模和时间要求等。

2. 准备阶段

这个阶段的主要任务是根据批准的计划任务书进行勘察设计，做好设计准备，安排建设计划。其主要工作包括工程地质勘察，进行初步设计、技术设计（或扩大初步设计）和施工图设计，编制设计概算，采购工程所需的物资，征地拆迁，工程招标，编制分年度的投资及项目建设计划等。

3. 实施阶段

这个阶段是市政建设项目及其投资的实施阶段，主要任务是根据设计图纸和技术文件，进行基本建设项目施工，做好使用准备，进行竣工验收，交付使用等。

### 三、市政工程施工程序

市政工程施工程序是指工程建设项目，在整个施工过程中各项工作必须遵循的先后顺序。它是多年来施工实践经验的总结，也反映了施工过程中必须遵循的客观施工规律。大、中型建设项目的市政工程施工程序如图 1-1 所示。小型建设项目施工程序则可以简单些；道路、桥梁、防洪等市政工程的建设项目，一般没有试生产运行的过程。

市政工程的施工程序，从承接施工任务开始到竣工验收为止，可分为下述五个步骤进行：

1. 承接施工任务，签订施工合同

施工单位承接任务的方式一般有三种，国家或上级主管部门

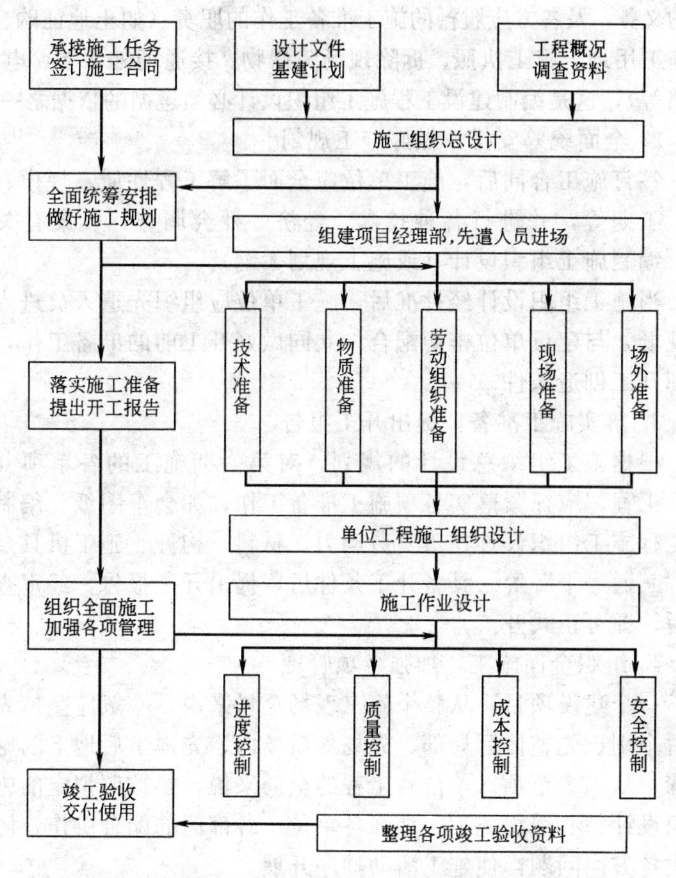


图 1-1　市政工程施工程序简图

正式下达的工程任务；接受建设单位邀请而承接的工程任务；通过投标，施工单位在中标以后而承接的工程施工任务。不论是哪种方式承接的工作任务，施工单位都要检查其施工项目是否有批准的正式文件，是否列入基本建设年度计划，是否落实投资等。

承接施工任务后，建设单位（业主）与施工单位（承包商）应根据《合同法》等有关规定及要求及时签订施工合同，它具有法律效力，须共同遵守。施工合同应规定承包范围、内容、要求、工期、质量、造价、技术资料、材料供应以及合同双方应承担的义务，及各方应履行的施工准备工作的职责（如土地征购、申请施工用地、施工执照、拆除现场障碍物、接通场外水源、电源、道路等），这是编制建设工程施工组织设计必须遵循的依据之一。

2. 全面统筹安排，做好施工规划

签订施工合同后，施工单位应全面了解工程性质、规模、特点、工期等，并进行各种技术、经济、社会调查，收集有关资料，编制施工组织设计（或施工规划大纲）。

当施工组织设计经批准后，施工单位应组织先遣人员进入施工现场，与建设单位密切配合，共同做好开工前的准备工作，为顺利开工创造条件。

3. 落实施工准备，提出开工报告

根据施工组织总设计的规划，对第一期施工的各单项（单位）工程，应抓紧落实各项施工准备工作，如会审图纸、编制单位工程施工组织设计、落实劳动力、材料、构件、施工机具及现场“三通一平”等。具备开工条件后，提出开工报告，经审查批准后，即可正式开工。

4. 组织全面施工，加强各项管理

一个建设项目，从整个施工现场全局来说，一般应坚持先全面后个别、先整体后局部、先场外后场内、先地下后地上的施工步骤；从一个单项（单位）工程的全局来说，要按照拟定的施工组织设计精心组织施工。加强各单位、各部门的配合协作，协调解决各方面问题，使施工活动顺序开展。

同时在施工过程中，应加强技术、质量、进度、材料、安全及施工现场等各方面管理工作，落实施工单位内部承包经济责任制，全面做好各项经济核算与管理工作，严格执行各项技术、质量检验制度，抓紧工程收尾和竣工。

5. 进行工程竣工验收，交付使用

这是施工的最后阶段。在交工验收前，施工单位内部应先进行预验收，检查各分部分项工程的施工质量，整理各项交工验收的技术经济资料。在此基础上，向建设单位交工验收，验收合格后，办理验收签证书，即可交付使用。

# 第二章 路基工程

## 第一节 城市道路路基施工的特点及程序

### 一、路基的作用及横断面形式

1. 路基的作用。路基是按照路线的位置和一定技术要求修建的作为路面基础的带状构筑物。道路的路面靠路基支撑着，有了坚实牢固的路基，就可以保证路面的稳固，不至于在车辆作用和自然因素的影响下，发生松软、变形、沉陷、坍塌。道路的破坏往往是由于路基的破坏造成的。所以说，路基是整个道路的基础。此外，城市道路下面往往还埋设着各种市政公用设施管线，因而具有更多的作用及功能。

2. 路基应满足的要求。路基品质的好坏，主要取决于路基自身强度、稳定性，以及各种自然因素对路基强度、稳定性的影响，因此路基必须满足以下基本要求：

(1) 具有足够的强度。路基的强度是指路基在行车荷载的作用下，抵抗破坏的能力。在行车荷载及路基路面的自重作用下，路基受到一定的压力，这些压力可能使路基产生一定的变形，从而会造成路基的破坏。因此，为保证路基在外力作用下，不致产生超过容许范围的变形，要求路基应具有足够的强度。

(2) 具有足够的整体稳定性。路基一般是在地面上填筑或挖去了一部分修建而成，建成后的路基，改变了原地面的自然平衡状态，有可能挖方路基两侧因边坡失去支撑而滑移或填方路基因自重作用而滑移，使路基失去整体稳定性。为防止出现上述现象，必须因地制宜地采取一定的措施来保证路基整体结构的稳定性。

（3）具有足够的水温稳定性。路基在地面水和地下水的作用下，强度将发生显著降低，特别在季节性冰冻地区，由于水温状况的变化，路基将发生周期性冻融作用，形成冻胀与翻浆，使路基强度急剧下降。因此，对于路基，不仅要求有足够的强度，而且还应保证在最不利的水温状况下，强度不致显著降低，这就要求路基应具有一定的水温稳定性。

3. 路基的横断面形式

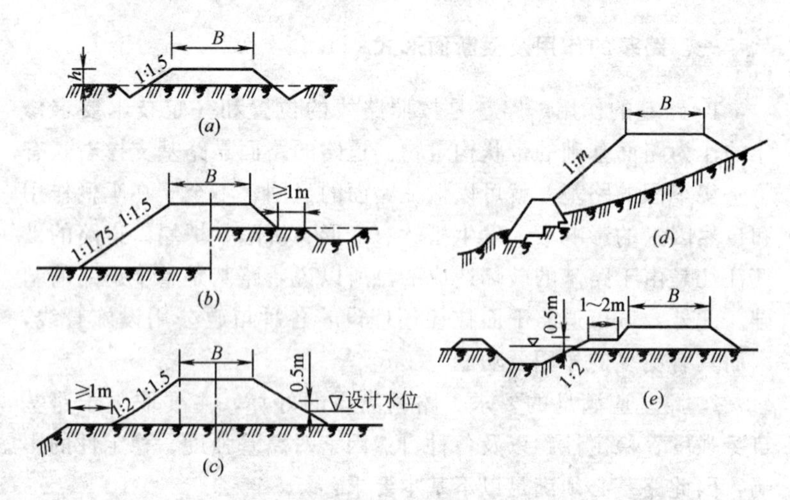


图 2-1 填方路基典型横断面图

（a）矮路堤；（b）一般路堤；（c）沿河路堤；（d）护脚路堤；（e）挖渠路堤

（1）路堤。高于原地面，由填方构成的路基称为路堤。以路堤的填方高度、所处位置及加固类型等，路基可分为矮路堤、一般路堤、沿河路堤、护脚路堤和挖渠路堤等，如图 2-1 所示。

确定路基边坡的坡度是路基设计的基本任务之一。路基边坡是指边坡的高度与边坡宽度的比值，一般写成 $1:m$（$m$ 称为坡率）的形式，$m$ 值越大则边坡坡度越缓，路基稳定性越好，但工程量越大；$m$ 值越小则边坡越陡，工程量虽小但稳定性差。

（2）路堑。低于原地面，由挖方构成的路基称为路堑。其基本形式有全挖断面路基、台口式路基和半山洞式路基，如图 2-2 所示。

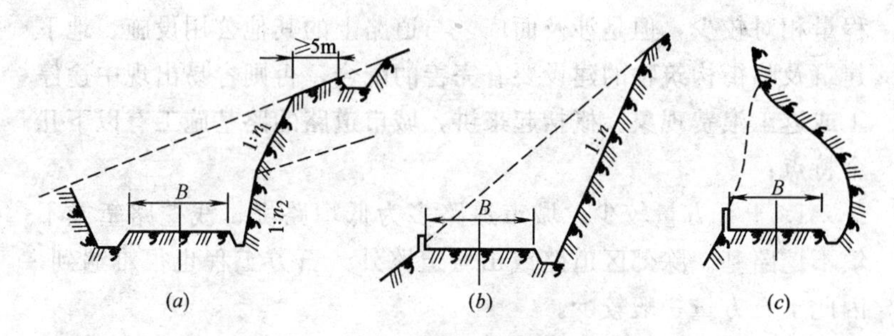


图 2-2　挖方路基典型横断面图

（a）全挖断面路基；（b）台口式路基；（c）半山洞式路基

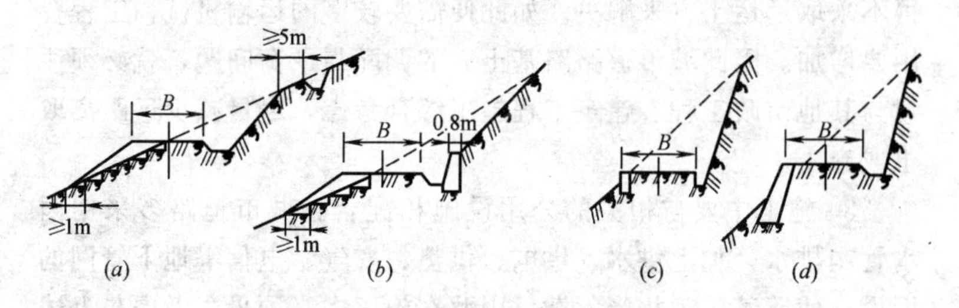


图 2-3　填挖结合路基典型横断面图

（a）一般填挖结合路基；（b）矮挡墙路基；（c）护肩路基；（d）砌石路基

（3）填挖结合路基。如图 2-3，是指在一个横断面上，既有填方又有挖方构成的路基。它主要是设置在陡峭的山坡上，以挖做填，降低工程造价。但填方部分在自重作用下有可能沿原地面下滑，因此填筑前应清除杂草、浮土和松动的石块，必要时还要将原地面拉毛，以增强填方部分与原地面的摩擦力。

（4）不填不挖路基。原地面与路基设计标高相同而构成的路基称为不填不挖路基。此种路基多用于地形平坦的城市道路中，这是由于城区不宜设置较高的路堤和较深的路堑。此种路基要注意处理好排水问题。

## 二、城市道路路基施工的特点

城市道路路基施工与公路路基施工相比，虽然其工作量与工程量相对较少，但是涉及面广，与道路上的其他公用设施、地下建筑及临街构筑物的建设要有完善的配合，否则容易出现中途停工或返工浪费现象。概括起来讲，城市道路的路基施工有以下几个特点：

1. 土石方量较少。城市道路多为低填路堤、浅挖路堑或不填不挖路基。除郊区道路或山城道路外，石方工程也很难遇到，因此土石方量一般较少。

2. 取土、弃土较困难。城市道路两旁多为建筑物，不便于任意取土、弃土，有时遇到淤泥垃圾土等还需换土，这往往又不得不采取远运土方来解决。如此便需要较多的运输机械，工程费用要增加。因此城市道路路基土方的调配与平衡问题，就必须注意与其他市政工程、建筑工程施工综合考虑，尽量减少远距离取土或弃土。

3. 施工中要与相关的公用设施相配合。城市道路多采用雨水管沟排水，加上供水、供电、供热、燃气、电信等地下管网的埋设，使路基施工相当复杂。因此在施工中必须妥善考虑与上述管网的埋设和修建的配合，否则就会产生相互干扰，甚至出现为了埋设管道，不得不破坏已建成的路面等问题，既造成浪费又影响了城市交通和道路的外观，因此在新建道路中应贯彻“先地下，后地上”的施工原则。

4. 测设工作较复杂、隐蔽工程问题多。由于城市道路附属设施和临街建筑物较多，且施工又通常是经常在不中断交通的情况下进行，从而使测设工作中视线受到一定限制，仪器安置较难，测量标志不易保存，往往增大了测设工作量。此外，由于城市道路常常当年路基施工当年铺筑路面，因此路基的压实标准与质量要求较高，地下管沟的回填压实工作也要求比较细致严格。

5. 施工过程中排水不易。城市道路雨水排除，多系通过进水口排入预先埋置的管道中。由于进水口的修筑在先，路基的压实及路槽的修筑在后，施工期间便产生了井口标高高于路槽底部的情况，降雨时，路槽内的积水就难以排除，一般只能利用纵坡排水。采取临时穿通进水口底部排水等措施。

6. 用地拆迁量大、涉及面广。旧城改建中房屋、树木、线杆、管道等用地拆迁范围大，涉及面广，如处理不妥，会妨碍施工的顺利进行。

## 三、路基施工工艺流程

1. 施工前的准备工作。施工前的准备工作，是整个道路施工的重要环节，其主要工作内容，大致可归纳为组织准备、技术准备和物质准备等三个方面，它们既应该统一安排，又要交错进行。

(1) 组织准备。包括建立健全施工组织结构，制定施工管理制度，明确分工，落实责任。与有关单位及个人签订协议，在动工前将各种拆迁及征用土地等工作处理完毕。

(2) 技术准备。包括施工前的现场调查；熟悉设计文件，必要时提出补充和修改意见，经设计单位同意后提出补充图纸或更改设计联系单；编制施工组织设计；清理施工现场及路基测量放样等。施工组织设计，由施工进度计划、劳动力安排计划、材料机具供应计划、施工平面图及其他文件图表组成。编制计划要根据落实的工程数量、工地特点、工期要求、施工设备情况进行，编制的详细程度，视工程实际需要而定。

(3) 物质准备。包括材料、机具、设备的购置、调配、运输和储存，临时道路及房屋的修建，供水、供电、通讯及必需的生活设施的建设等。

2. 修建小型人工构筑物、埋设各种地下管线。小型人工构筑物包括小桥、涵洞、挡土墙等，这些工程通常与路基施工同时进行，但要求人工构筑物先行完工，以利于路基工程不受干扰地全线进展。此外，在城市道路建设时还往往要埋设各种管线，这些地下管线，分别布置在不同的位置与高程上，根据“先地下、后地上，先深后浅”的建设原则，在路基施工时要及时地埋设好这些地下管线。

3. 路基土石方工程。该项工程包括开挖路堑、填筑路堤、路基压实、整平路槽、整修边坡、修建排水沟渠及防护加固工程。

4. 路基工程的检查与验收。工程检查与验收是路基施工中的重要环节，在施工过程中每当一部分工程完成时，特别是隐蔽工程，应按施工标准与技术规范的要求进行检查与验收。中间验收的目的在于检查工程质量，及时地发现存在问题。研究分析原因并采取补救措施，在全部工程竣工后，建设单位应会同施工、设计和养护管理单位进行交工验收。

## 第二节 路基施工

### 一、施工测量及放样

(一) 施工测量

1. 恢复中线。道路工程建设过程中，路线在勘测阶段，将路线中心线的位置测设在实地上，但由于路线从勘测到施工这段时间里，可能有部分中心桩被碰掉和丢失。为保证道路中心线位置的正确，施工前必须进行一次中线复测，这项工作称为恢复中线。

恢复中线时，应根据施工图上的设计数据，在实地复测、校核勘测设计单位现场交底时的控制桩和重要的中心桩（如道路中心线的起点、终点、转折点和曲线上的主点等），并对这些桩妥善加以保护，增加控制桩（或称栓桩）。对丢失、移位、与图纸不符的重要桩，施工单位应会同设计、规划、勘测部门按照原定路线共同补丁和恢复。

2. 水准点的复查与加设。根据路线纵断面图，复测各水准点的高程及各中心桩的高程。如相邻水准基点相距太远，应加设一些临时水准点，便于施工期间的引用，其位置宜设在不受施工影响且便于引用的岩石或建筑物上。

3. 横断面的检查与补测。现场核对原测横断面是否符合实际情况，尤其应注意曲线部分的横断面方向，如有不符应进行重测。此外，还应检查路基边坡的设计与有关构筑物（如桥梁、涵洞、挡土墙）的设计是否相称。

4. 施工中的测量。在施工过程中应对各断面的开挖或填筑情况，经常进行检查，看是否符合设计要求，尤其注意中桩标高和断面边坡坡度符合与否，以便及时指导修正。

（二）路基放样

路基放样就是按照施工详图和路线中桩，在地面上确定路基横断面的各主要特征点，标出路基的轮廓，作为施工的依据。路基放样包括路基边桩放样及边坡放样等内容。

1. 路基边桩放样

（1）图解法。当横断面上有明显的地形特征点，如图 2-4 中的 $A$、$B$ 点，可根据这些点确定坡顶及坡脚的位置，定出施工边桩，这种方法简单易行，但精度稍差。具体方法为：在路基的横断面设计施工图中，根据施工图中的设计尺寸或横断面上明显的

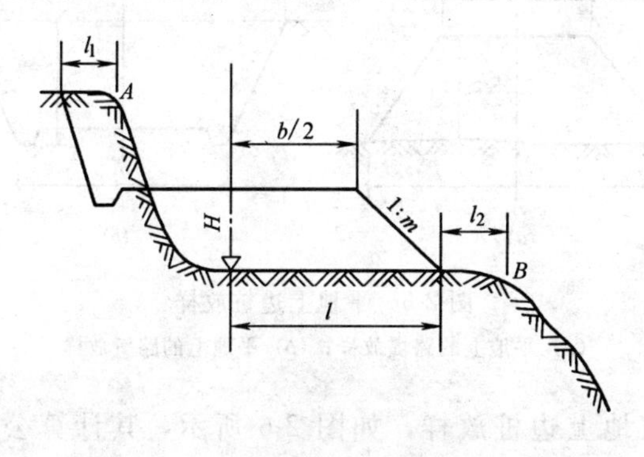


图 2-4　根据地形特征点放边桩

地形特征点（如图 2-4 中的 $A$、$B$ 点），直接在地面上沿横断面方向量出路肩、坡脚、排水沟等各特征点距中桩的距离，定出边桩，再分别将中桩两侧路堤坡脚或路堑坡顶用灰线连接起来，即路基填挖边界。

（2）计算法。当原地面平坦或横向坡度均匀一致时，可用计算法放样路基边桩。

1）平地上边桩放样，如图 2-5 所示，其计算公式如下：

路堤坡脚至中桩的距离 $l$：

$$l=\frac{b}{2}+mH \tag{2-1}$$

路堑坡顶至中桩的距离 $l$：

$$l=\frac{b_1}{2}+mH_1 \tag{2-2}$$

式中 $b$——路基设计宽度；

$b_1$——路基与两侧边沟宽度之和；

$m$——边坡设计坡率；

$H$——路基中心设计填挖高度；

$H_1$——路基中心设计填挖高度与边沟深度之和。

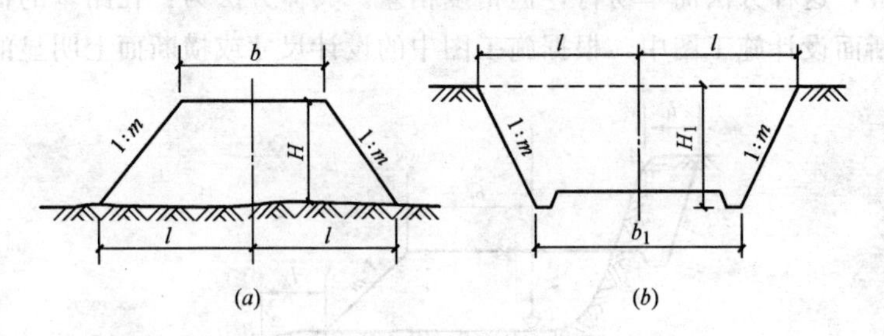


图 2-5 平地上边桩放样

（a）平地上的路堤放样；（b）平地上的路堑放样

2）坡地上边桩放样，如图 2-6 所示，其计算公式，见式（2-3）～式（2-6）：

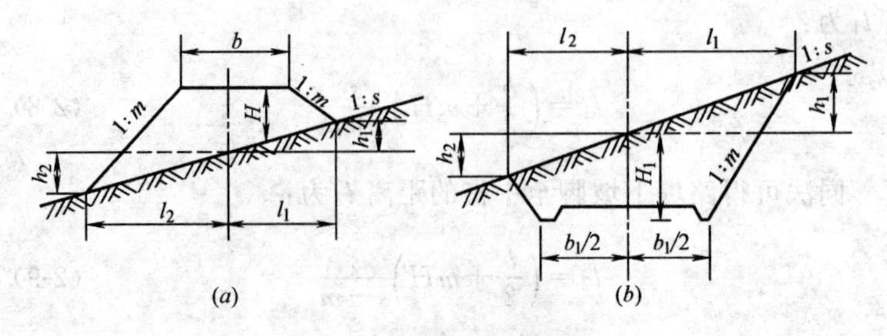


图 2-6　坡地上放样边桩
(a) 路堤；(b) 路堑

路堤坡脚至中桩的距离为：

上侧坡脚　$$l_1=\frac{b}{2}+m(H-h_1) \tag{2-3}$$

下侧坡脚　$$l_2=\frac{b}{2}+m(H+h_2) \tag{2-4}$$

路堑坡顶至中桩的距离为：

上侧坡顶　$$l_1=\frac{b_1}{2}+m(H_1+h_1) \tag{2-5}$$

下侧坡顶　$$l_2=\frac{b_1}{2}+m(H_1-h_2) \tag{2-6}$$

式中　$h_1$——上侧坡脚（坡顶）至中桩的高差；

$h_2$——下侧坡脚（坡顶）至中桩的高差。

其余符号意义同前。

由于上列各式中的 $h_1$ 及 $h_2$ 都是未知数，因此还不能计算出路基边桩至中桩的距离。由于原地面横坡度均匀一致，放样时可先测得地面横坡度为 1∶$s$，$s$ 为地面横坡率。

因为 $l_1=h_1s$，代入式（2-3）中，即：

$$l_1=h_1s=\frac{b}{2}+m(H-h_1)$$

整理简化后得：

$$h_1=\left(\frac{b}{2}+mH\right)\frac{1}{s+m} \tag{2-7}$$

将式（2-7）代入式（2-3）中，可得路堤上坡脚至中桩的距

离 $l_1$ 为：

$$l_1=\left(\frac{b}{2}+mH\right)\frac{s}{s+m} \tag{2-8}$$

同法可得路堤下坡脚至中桩的距离 $l_2$ 为：

$$l_2=\left(\frac{b}{2}+mH\right)\frac{s}{s-m} \tag{2-9}$$

路堑坡顶至中桩的距离 $l_1$ 及 $l_2$ 分别为：

$$l_1=\left(\frac{b_1}{2}+mH_1\right)\frac{s}{s-m} \tag{2-10}$$

$$l_2=\left(\frac{b_1}{2}+mH_1\right)\frac{s}{s+m} \tag{2-11}$$

施工过程中，根据公式（2-8）～式（2-11）所算出的距离，可直接丈量确定两侧边桩的位置。

2. 边坡放样

（1）用麻绳竹竿放样。当路堤填土高度较小（小于 3m）时，可按图 2-7（*a*）所示方法放样，用竹竿或木杆标记填土高度，坡脚处可设边桩样板，或用细麻绳扎结于竹竿上。当路堤填土高度较大（大于 3m）时，宜先填筑一定高度后再按上法进行，见图 2-7（*b*）所示（每次挂线前，应当穿中线并用手水准抄平）。

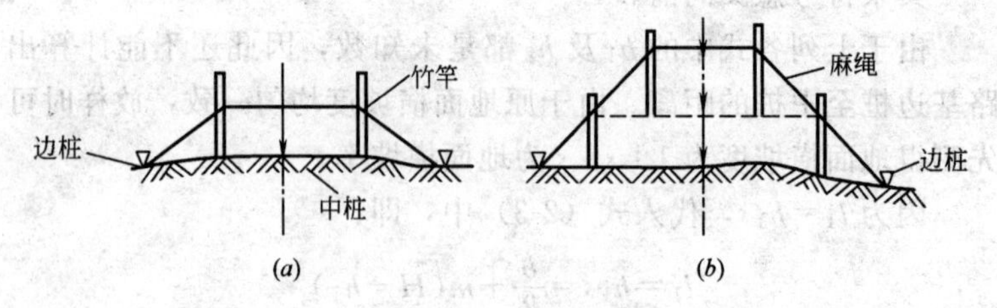


图 2-7 用挂线法放边坡

（*a*）一次挂线；（*b*）分层挂线

（2）用坡度样板放边坡。先按照边坡坡度做好边坡样板，样板的式样有活动边坡样板和固定边坡样板，如图 2-8 所示。再按

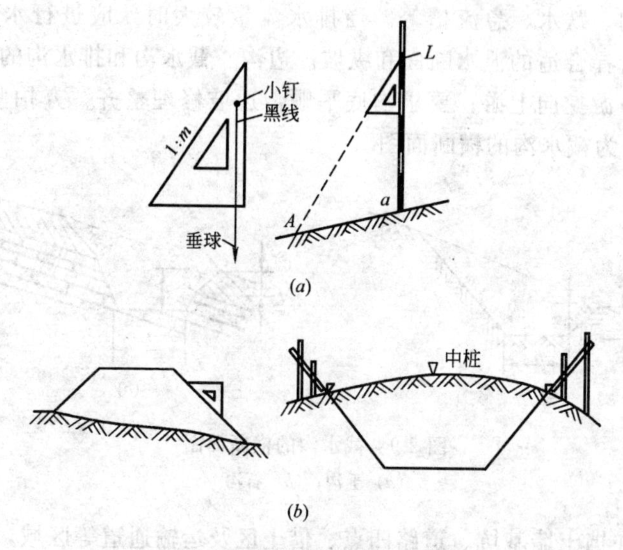


图 2-8 用边坡样板放边坡
(a) 活动样板；(b) 固定样板

施工样板进行路堤填筑或路堑开挖。

## 二、路基的施工排水

路基的强度与稳定性同水的关系十分密切。导致路基产生路病害的因素很多，但水的作用是重要因素之一，因此路基施工过程中，须有效的排除由于降雨或施工现场附近流入路基的地面水及施工用水，并且疏导、堵截、隔离对路基有害的地下水。路基施工排水必须合理安排排水路线，充分利用沿线已建和新建的排水设施。所有施工临时排水管、排水沟和盲沟的水流，均应引至管道或沟渠中。

### （一）排除地面水

路基施工中，应先修筑路基范围内的排水结构物，无条件时可与路基同步施工，利用其进行排水，并使其随施工进程逐步成型。当地面水排除困难而又无管渠可利用时，应设置临时排水设施。临时排水设施可采取移动式或固定式管道、边沟、截水沟、排水沟、跌水、急流槽等。当排水流量较大时，应进行水力计算，选择合适的泄水断面和纵坡。边沟、截水沟和排水沟的开挖应由下游挖向上游；要求沟底平顺，边坡修理整齐，夯拍坚实。图 2-9 为截水沟的横断面图。

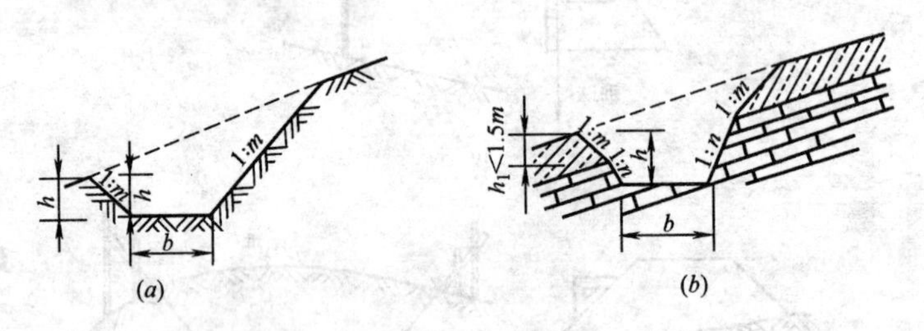


图 2-9 截水沟的横断面图

(*a*) 土沟；(*b*) 石沟

在挡土墙基坑、道路凹点、借土区及运输通道等区域，当无法采用自流式排水时，应将水引至集水井中，用水泵抽排。

敷设各种地下管线时，严禁将管坑积水抽排至路基范围内。

（二）排除地下水

1. 明沟和槽沟。明沟和槽沟既能排除地面水，又能排除浅层地下水。明沟常采用梯形断面（如图 2-10*a*），槽沟常采用矩形断面（如图 2-10*b*）。其底宽不宜小于 0.6m，边坡应采用干砌片石加固，并设反滤层使地下水顺利进入。沟底有适当纵坡，保证沟内水及时排除。

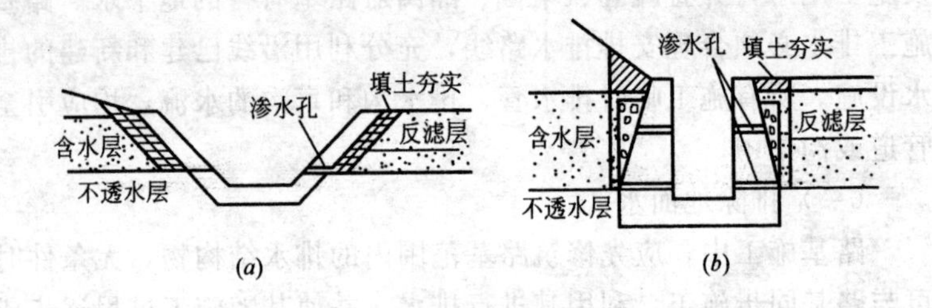


图 2-10 明沟和槽沟断面图

(*a*) 明沟；(*b*) 槽沟

明沟深度不宜超过1.2m，再深时可改为槽沟，但也不宜超过2.0m，如再深时，可改为渗沟。

2. 渗沟。渗沟主要用于吸收、汇集、引排路基土体的地下水，以达到降低地下水位、疏干路基的目的。渗沟的排水构造形式分为：盲沟式渗沟（填石渗沟）、管式渗沟、洞式渗沟三种，如图2-11所示。

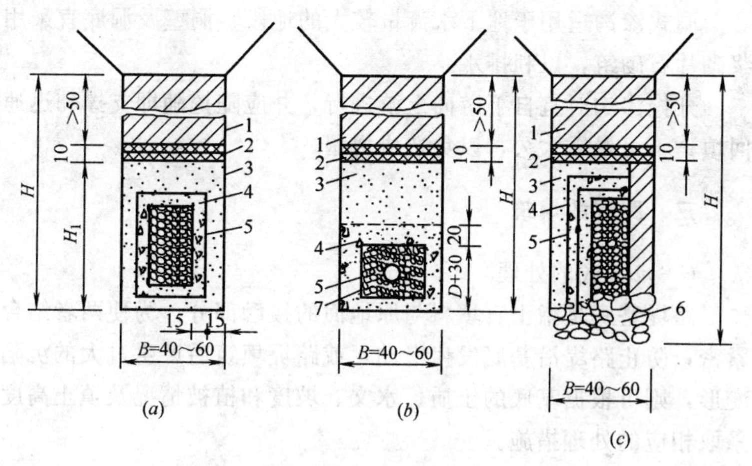


图2-11　渗沟构造（单位：cm）

(a) 盲沟式渗沟；(b) 管式渗沟；(c) 洞式渗沟

1—黏土夯实；2—双层反铺草皮；3—粗砂；4—石屑；5—碎石；6—浆砌片石；7—混凝土预制管（管壁有渗水孔）

盲沟式渗沟的底部和中间用较大碎石或卵石（粒径3～5cm）填筑，在碎石或卵石的两侧和上部，填较细颗粒的粒料（中砂、粗砂、砾石），作成反滤层。用土工合成材料包裹有孔的硬塑管时，管四周填以大于塑管孔径的等粒径碎石或砾石，组成渗沟。顶部作封闭层，用双层反铺草皮或其他材料（如土工合成的防渗材料）铺成，并在其上夯填厚度不小于0.5m的黏土防水层。

盲沟式渗沟只宜用于渗流不长的地段，且纵坡不能小于1%，宜采用5%。

管式渗沟的泄水管可用陶瓷管、混凝土、石棉、水泥或塑料等材料制成，管壁应设泄水孔，交错布置，间距不宜大于20cm。渗沟的高度应使填料的顶面高于原地下水位。沟底垫枕材料一般采用干砌片石；如沟底深入到不透水层时宜采用浆砌片石，混凝土或土工合成的防水材料。管式渗沟适用于地下水引水较长、流量较大的地区，当管式渗沟长度100～300m时，其末端宜设横向泄水管分段排除地下水。

洞式渗沟适用于地下水流量较大的地段，洞壁及洞底宜采用浆砌片石砌筑，以利排水。

开挖渗沟时宜自下游向上游进行，并应随挖随即支撑和迅速回填，不可暴露太久，以免造成坍塌。

## 三、路堤的填筑

### （一）基底的处理

路堤基底是指土石填料与原地面的接触部分。为使两者结合紧密，防止路堤沿基底发生滑动，或路堤填筑后产生过大的沉陷变形，则可根据基底的土质、水文、坡度和植被情况及填土高度采取相应的处理措施。

1. 密实稳定的土质基底。当地面横坡度不陡于1∶5时，基底应清除杂草；当地面横坡度陡于1∶5时，在清除草皮杂物后，还应将原地面挖成台阶，台阶宽度不小于1m，每级台阶高度不宜大于0.3m。台阶顶面做成向内倾斜的斜坡，见图2-12所示。

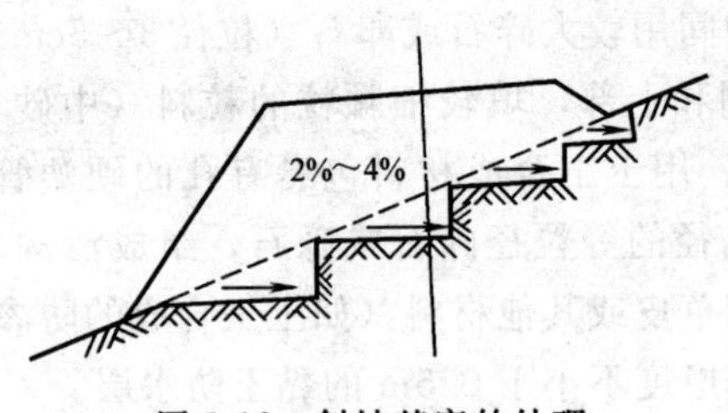


图2-12　斜坡基底的处理

2. 耕地或松土基底。路堤基底为耕地或松土时，应先清除有机土、种植土，并清除树根、杂草等杂物，平整压实后再进行填筑。

3. 路基穿过水网和水稻田地段时，应抽干积水，清除淤泥和腐殖土，然后根据具体情况采取打砂桩、抛填片石或砂砾石等处理措施，压实基底后方可填筑。

（二）土质路堤的填筑

1. 填土用土的要求。路基填土不得使用腐殖土、生活垃圾土、淤泥、冻土块和盐渍土。土的可溶性盐含量不得大于5%；550℃的有机质烧失量不得大于5%，特殊情况不得大于7%。路基填土不得含草、树根等杂物，粒径超过10cm的土块应打碎。

2. 填筑方式

（1）分层填筑法

1）水平分层填筑。填筑时按照横断面全宽分成水平层次，逐层向上填筑。如原地面不平，应由最低处分层填起，每填一层经过压实后再填下一层，如图2-13（*a*）所示。

2）纵坡分层填筑。宜于用推土机从路堑取土填筑距离较短的路堤，依纵坡方向分层，逐层向上填筑，如图2-13（*b*）所示。

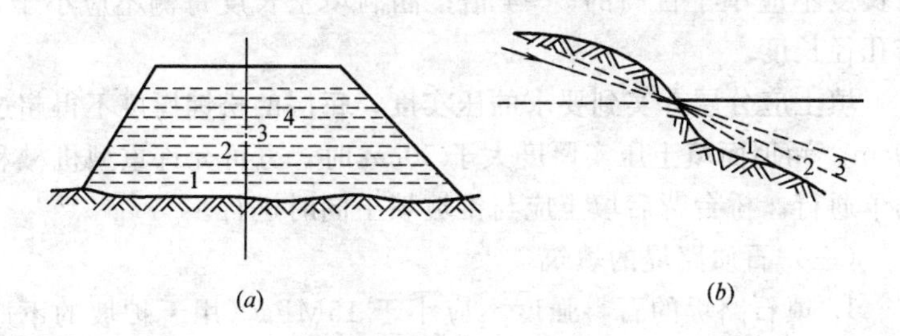


图2-13　分层填筑法（图中数字为填筑顺序）

（*a*）水平分层填筑；（*b*）纵坡分层填筑

（2）竖向填筑法。在深谷陡坡地段填筑路堤，无法自下而上分层填筑，可采用竖向填筑法。竖向填筑是指从路堤的一端或两端按横断面全部高度，逐步推进填筑。如图2-14所示。

竖向填筑因填土过厚不易压实，施工时需采取下列措施：选用振动式或夯击式压实机械；选用沉陷量较小及颗粒径均匀的砂石材料；暂不修建较高级的路面，容许短期内自然沉降。

（3）混合填筑法。在深谷陡坡地段填筑路堤，尽量采用混合填筑法，如图2-15所示，即在路堤下层竖向填筑，上层水平分层填筑，使上部填土经分层压实获得需要的压实度。

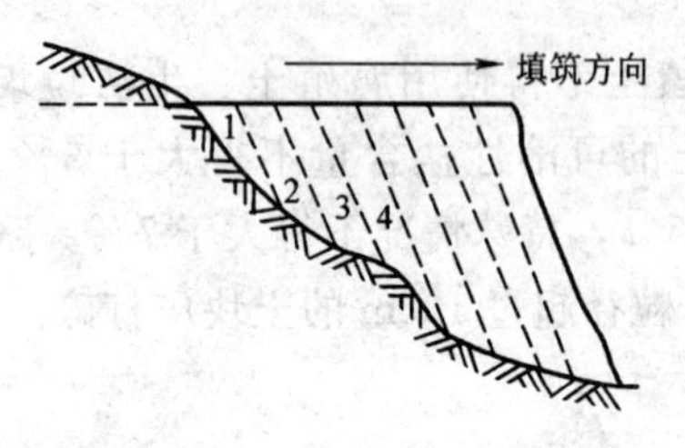


图 2-14　竖向填筑法

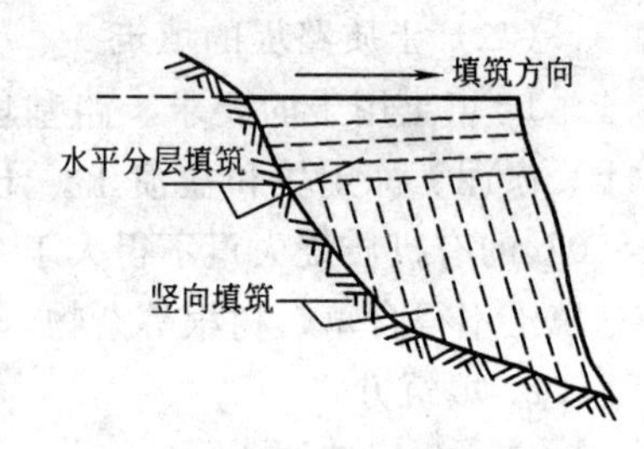


图 2-15　混合填筑法

3. 桥涵台背的填筑。为保证桥头路堤稳定，台背填土除设计文件另有规定外，一般应用砂性土或其他渗水性土填筑。

桥涵填土的范围：台背填土顺路线方向长度，顶部为距翼墙尾端不小于台高加 2m；底部距基础内缘不小于 2m；拱桥台背填土长度不应小于台高的 3～4 倍；涵洞填土长度每侧不应小于 2 倍孔径长度。

填土应分层夯实到要求的压实度，每层的松铺厚度不得超过 20cm。涵顶面填土压实厚度大于 50cm 时，方可允许重型机械和汽车通行。桥台背后填土应与锥坡填土同时进行。

（三）石质路堤的填筑

1. 填石路堤的石料强度不应小于 15MPa（用于护坡的不应小于 20MPa）。填石路堤石料最大粒径不宜超过层厚的 2/3。

2. 石质路堤的填筑应先做好支挡结构；叠砌边坡应与填筑交错进行。路床顶 1.5m 以下的路堤必须分层填筑，每层铺填厚度不宜大于 30cm，并配合人工整理，将石块大面向下安放稳固，挤靠紧密，再用小石块回填缝隙。

3. 石质路堤的压实宜选用重型振动式压路机。路床顶的压实标准是，12～15t 压路机的碾压轮迹不应大于 5mm。

4. 填筑路段石料不足时，可在路基外部填石、内部填土，或下部填石、上部填土。土、石上下结合面应设置反滤层。

## 四、路堑的开挖

（一）路堑开挖应注意的问题

1. 不论采用何种方法开挖，均应保证开挖过程中及竣工后能顺利排水。

2. 路基挖土必须按设计断面自上而下开挖，不得乱挖、超挖、严禁掏洞取土。

3. 路堑挖出的土方，除应尽量用作填方外，余土应及时清运，不得乱堆乱放。

4. 开挖地下水位较高或土质湿软的地段时，可采用晾晒、换土、石灰处理、设置砂垫层、砂桩等措施。

5. 冰冻地区处理局部翻浆时，不得乱填石块或碎砖等集料，应将翻浆的土挖出，使用与原来土质相同、含水量适中的土或砂、砂砾、石灰土回填。

6. 开挖至路基顶面时应注意预留碾压沉降高度。其数值可通过试验确定。

（二）土质路堑开挖

1. 横挖法。横挖法是指按路堑整个横断面从其两端或一端进行挖掘的方法，适用于短而深的路堑，如图 2-16 所示。掘进时逐段成型向前推进，运土由相反方向送出。

为了增加工作面，可分成几个台阶（如图 2-16*b*），各台阶高度视工作便利与安全而定，一般为 1.5～2.0m。挖掘时上层在前，下层随后，下层施工面上应留有上层操作的出土和排水通道。

2. 纵挖法。纵挖法可分为分层纵挖法、通道纵挖法和分段纵挖法，如图 2-17 所示。

（1）分层纵挖法是指沿路堑全宽以深度不大的纵向分层挖掘前进，如图 2-17（*a*）所示，本法适用于较长的路堑开挖。挖掘工作可用各式铲运机，在短距离及大坡度时，可用推土机；在较长较宽的路堑，可用铲运机，并配备运土机具进行工作。

（2）通道纵挖法是先沿路堑纵向挖一通道，然后开挖两侧，上层通道拓宽至路堑边坡后，再开挖下层通道，如图 2-17（*b*）所示。本法适用于较长、较深、两端地面纵坡较小之路堑开挖，

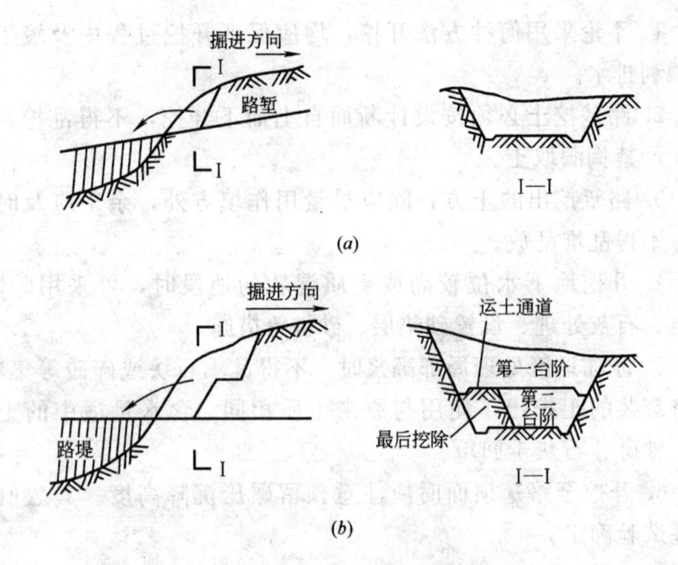


图 2-16　横向全宽开挖法

(*a*) 全断面掘进；(*b*) 分台阶掘进

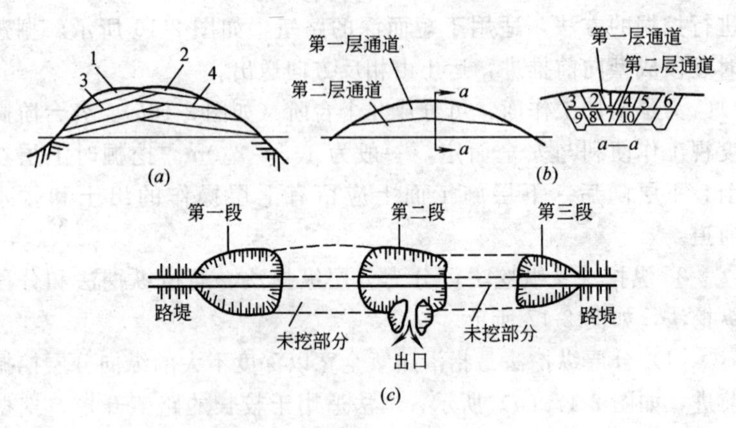


图 2-17　纵挖法

(*a*) 分层纵挖法（图中数字为挖掘顺序）；(*b*) 通道纵挖法（图中数字为拓宽顺序）；(*c*) 分段纵挖法

可采用人力或机械挖掘。

(3) 分段纵挖法是沿路堑选择一个或几个适宜处，将较薄一侧路堑横向挖穿，使路堑分成两段或数段，各段再纵向开挖，如图 2-17（$c$）所示。本法适用于路堑过长，弃土运距过远的傍山路堑。

3. 混合开挖法。混合开挖法系将横挖法、通道纵挖法混合使用，即先顺路堑挖通道，然后沿横向坡面挖掘，以增加开挖坡面，如图 2-18 所示。每一开挖坡面应容纳一个施工组或一台机械。在较大的挖土地段，还可沿横向再挖沟，以装置传动设备或布置运土车辆。

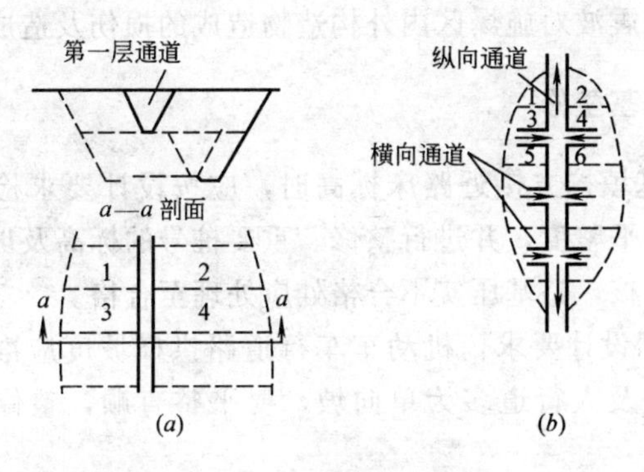


图 2-18　混合开挖法
（$a$）横断面和平面图；（$b$）平面纵横坡道示意图
（图中数字表示工作面号数）

（三）石质路堑开挖

1. 横挖法适用于半挖半填路基和旧路拓宽。可沿路基横断面方向，从挖填交界处，向高边坡一侧开挖。

2. 纵挖法适用于路堑拉槽、旧路降坡地段。根据不同的开挖深度和爆破条件，可采用台阶形分层爆破或全面爆破。

3. 混合开挖法适用于深长路堑。采用纵向开挖法的同时，可在横断方向开挖一个或数个横向通道，再转向两端纵向开挖。

4. 接近设计坡面部分的开挖，采用爆破施工时，应采用预裂光面爆破，以保护边坡稳定和整齐。爆破后的悬凸危石、碎裂块体，应及时清除整修。

5. 沟槽、附属结构物基坑的开挖，宜采用控制爆破，以保持岩石的整体性；在风化岩层上，应作防护处理。

爆破法开挖石方应按以下程序进行：施爆区管线调查→炮位设计与设计审批→配备专业施爆人员→用机械或人工清除施爆区覆盖层和强风化岩石→钻孔→爆破器材检查与试验→炮孔（或坑道、药室）检查与废渣清除→装药并安装引爆器材→布置安全岗和施爆区安全员→炮孔堵塞→撤离施爆区和飞石、强地震波影响区内的人、畜→起爆→清除瞎炮→解除警戒→测定爆破效果（包括飞石、地震波对施爆区内外构造物造成的损伤及造成的损失）。

## 五、路基整修

1. 路基填挖方接近路床标高时，应按设计要求检测路床宽度、标高和平整度，并进行整修。重要桩号的标高及坡度变换处应用仪器复核，路基压实不合格处应处理至合格。

2. 根据设计要求，机动车车行道路拱横坡度应准确；非机动车车行道及人行道多为单向坡，要平整直顺，整修时应注意校正。

3. 整修边坡时应挂线，削平凸出部分，凹洼部分应挖成台阶培土击实，严禁贴皮。

4. 整修后的边沟要求边直坡顺，沟底平整无杂物，排水通畅。

## 六、路基翻浆的处理

道路翻浆有两种，一种是已建成通车的道路，由于冻害造成的春季翻浆，另一种是正在施工中的道路，由于路基含水量过大，在碾压路床时产生的湿软现象，即“弹簧土”（又称“橡胶土”），对于施工单位来讲，着重考虑的是后者。

道路施工中的路基湿软现象，主要原因是因为雨水或其他地表水灌入未压实的路床，把路床泡软，以至无法碾压成活，有些是由于地下水位高、含水量过大或路基土质不好而无法压实。

解决路基湿软问题，首先应防范在先，即搞好施工排水及防雨。对被水浸泡而湿软的路基，可用晾晒或换土的方法，以降低造价、减少成本；如工期不允许，也要本着就地取材、使用废料的原则，一般可使用石灰土或用大石块、炉渣、矿渣等材料回填夯实。

总之，路基湿软现象的处理，必须事先进行调查研究，通过分析，找出主要原因，因地制宜的采取切实可行的方案，确保工程质量。

## 第三节 路基压实

### 一、路基压实的意义及作用

路基施工破坏土体的天然状态，致使结构松散，颗粒重新组合。为使路基具有足够的强度与稳定性，必须予以压实，以提高其密实程度。所以路基的压实工作，是路基施工过程中一个重要工序，亦是提高路基强度与稳定性的根本技术措施之一。

土是由土粒、水分和空气组成的三相体，土粒为骨架，颗粒之间的孔隙为水分和气体所占据。压实的目的在于人为的改变土体的组成及结构，通过人工或碾压设备的压实，使土粒重新组合，彼此挤紧，孔隙缩小，土的单位重量提高，形成密实整体，最终导致强度增加，稳定性提高。这一点已为无数试验与实践反复证明。

### 二、影响压实的因素

影响路基压实的因素有内因和外因两方面。内因指土质和含水量，外因指压实功能（如机械性能、压实时间与速度、土层厚度）及压实时的外界和人为的其他因素等。

（一）压实时土的含水量对压实的影响

1. 含水量与干密度的关系。工程实践表明，同一种类的土壤，在相同的压实条件下，由于压实时的含水量不同，压实后的干密度和强度也不一样，而且压实后浸水的强度降低值也显著不同，这说明了压实时土的含水量是影响路基的强度和稳定性的关键因素。

土的含水量是以水重占土粒干重的百分数（%）表示。干密度是指单位体积内土颗粒的质量。

通过击实试验可以说明干密度与含水量的关系。图 2-19 为击实试验绘制的干密度 $\delta$ 与含水量 $\omega$ 的关系曲线，在一定的压实功作用下，干密度 $\delta$ 随着含水量 $\omega$ 的增加而增加。当含水量增加到某一值 $\omega_0$ 时，干密度达到了最大值 $\delta_0$，则 $\delta_0$ 称为最大干密度，$\delta_0$ 所对应含水量 $\omega_0$ 称为最佳含水量。

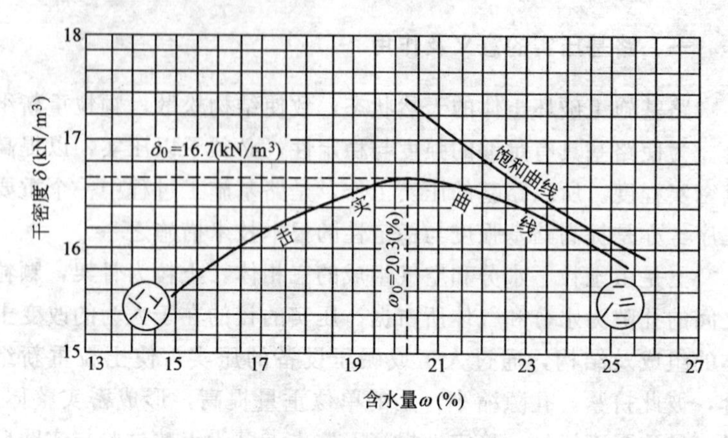


图 2-19　干密度与含水量的关系

上述现象的产生是由于土中水分过少时。含水量 $\omega<\omega_0$，土粒间的润滑作用差，压实所做的功不足以克服土粒间的摩擦力，土中的空气难以排除，因而难以达到最大干密度。当土中含水量 $\omega>\omega_0$ 时，由于水分过多，土颗粒被水分包围而拉开距离，含水量越大，水膜越厚，因此，土的干密度反而降低。只有当含水量达到 $\omega_0$ 时，水分即提高了润滑力而又不把土粒过分隔开，在同样的压实作用下，容易达到最大干密度。由此可见，当土体达到最佳含水量时最容易被压实。

2. 含水量与强度及水稳性的关系。土的干密度和强度是两个概念，但它们之间有密切的关系。当含水量较少时，由于土颗粒之间摩阻力较大，干密度虽然不高，却可以有较高的强度，但因土壤颗粒中保留了较多的空隙，在潮湿的条件下，由于水的渗入，使颗粒间摩阻力减小，干密度降低，强度也大大降低。这就是通常所说的水稳定性差。当土壤中的含水量达到最佳含水量时压实，在潮湿的条件下，其强度却降低不大，因为此时土粒被挤紧，土的空隙减小，阻碍水在土中移动。使水分不易渗入，因此强度损失较小，也就是说土的稳定性好。

（二）土质对压实的影响

通过对不同的土质进行击实试验，结果表明：

1. 不同的土类有不同的最佳含水量及最大干密度；

2. 分散性较高（液限较高，黏性较大）的土，其最佳含水量的绝对值较高，而最大干密度的绝对值较低。这是由于黏土的颗粒细，比表面积大，需要较多的水分包裹土粒以形成水膜。对于砂土，因其颗粒较大，呈松散状态，水分易散失。因此，最佳含水量的概念对砂土没有多大实际意义；

3. 砂质粉土和粉质黏土的压实性能较好，而黏土的压实性能较差。

（三）压实功能对压实的影响

压实功能（指通过压实对路基所做的功，它与压实工具的重量、碾压的次数或锤落高度、作用的时间等有关）对路基的压实也有很大的影响。实验表明，对同类土，压实功能增加，其最佳含水量减少，而最大干密度增大；当含水量一定时，压实功能越大则干密度越高。根据这一特性，在施工中如果土的含水量低于最佳含水量，而加水又有困难时，可采用增加压实功能的办法来提高其干密度，即采用重型压路机或增加碾压次数等。

## 三、土基压实施工

（一）土基压实标准

土基的压实标准是以压实度来表示，它是工地上实际压实得到的干密度$\delta$与标准最大干密度$\delta_0$之比，用$K$表示：

$$K=\frac{\delta}{\delta_0} \tag{2-12}$$

显然，压实度$K$是一个以$\delta_0$为标准的相对值，意思是达到最大密度的程度。《城市道路路基工程施工及验收规范》中规定的土质路基最低压实度值，见表2-1所示。

**土质路基最低压实度表（CJJ 44—91）　　表2-1**

| 填挖类型 | 深度范围（cm） | 最低压实度(%) | | |
|---|---|---|---|---|
| | | 快速路及主干路 | 次干路 | 支路 |
| 填方 | 0～80 | 95/98 | 93/95 | 90/92 |
| | 80～150 | 93/95 | 90/92 | 87/90 |
| | >150 | 87/90 | 87/90 | 87/90 |
| 挖方 | 0～30 | 93/95 | 93/95 | 90/92 |

注：① 表中数字，最低压实度分子为重型击实标准的压实度，分母为轻型击实标准的压实度。两者均以相应的标准击实试验法求得最大干密度为100%。

② 表列深度均由路床顶算起。

③ 填方高度小于80cm及不填不挖路段原地面以下0～30cm范围内，土的压实度不应低于表列挖方要求。

城市道路路基范围内有大量地下管线，由于管道胸腔部位回填土的实际困难，以及为满足管道结构物本身的需要，管道施工规范对于管沟槽回填土的压实度要求一般较低。而为满足路基、路面整体强度的要求，路基工程必须达到较大压实度，这是一个矛盾。《城市道路路基工程施工及验收规范》规定，管、涵顶面填土厚度，必须大于30cm方能上压路机。桥涵、管道沟槽、检查井、雨水口周围的回填土应在对称的两侧或四周同时均匀分层回填压（夯）实，填土材料宜采用砂砾等透水性材料或石灰土。

若机动车车道下的管、涵、雨水支管等结构物的埋深较低，回填土压实度达不到列表2-1中数值时，可按表2-2的要求处理。

**管、涵沟槽及检查井、雨水口周围回填土的填料和压实度要求（CJJ 44—91）　　表 2-2**

| 部位 | | | 填料 | 最低压实度(%) |
|---|---|---|---|---|
| 胸腔 | 填料距路床顶<80cm | | 石灰土 | 90/95 |
| | | | 砂、砂砾 | 93/95 |
| | >80cm | | 素土 | 90/95 |
| 管顶以上至路床顶 | 管顶距路床顶小于 80cm | 管顶上 30cm 以内 | 石灰土 | 85/88 |
| | | | 砂、砂砾 | 88/90 |
| | | 管顶 30cm 以上 | 石灰土 | 92/95 |
| | | | 砂、砂砾 | 95/98 |
| 检查井及雨水口周围 | 路床顶以下 0～80cm | | 石灰土 | 92/95 |
| | | | 砂 | 95/98 |
| | 路床顶 80cm 以下 | | 石灰土 | 90/92 |
| | | | 砂 | 93/95 |

注：① 表中压实度值，分子为重型标准，分母为轻型标准，两者均以相应的击实试验法求得的最大干密度为 100%。
② 管顶距离路床顶小于 30cm 的雨水支管可采用水泥混凝土包封。
③ 各地可根据具体情况选用与路基压实相同的击实标准。

（二）压实工作组织

土基的压实要以尽可能小的压实功能获得良好的压实效果，在压实时，要注意以下要点：

1. 选择压实机具应先轻后重，先稳后振，以适应土基强度的逐渐增长规律。

2. 碾压速度宜先慢后快，以免松土被机械推走。

3. 压实机具的工作路线，一般应先两侧后中间，以便形成路拱，在弯道部分设有超高时，由低的一侧向高的一侧边缘碾压，以便形成单向超高横坡。当路基设有纵坡时，宜由低处向高处碾压。

4. 路基碾压时，相邻两次的轮迹（或夯印）应重叠三分之一左右，使各点都得到压实，避免土基产生不均匀沉陷。

5. 检查土的含水量，并根据需要采取相应措施，使路基土达最佳含水量时碾压，以保证压实质量，提高压实效果。

（三）压实机具的选择

1. 压实机具的种类。常用的压实机具可分为碾压式、夯击式和振动式三大类型。碾压式（又称静力碾压式），包括光面碾（普通的两轮和三轮压路机）、羊足碾和气胎碾等几种；夯击式中除人工使用的石硪、木夯外，机动设备中有夯锤、夯板、风动夯及蛙式夯机等；振动式有振动器、振动压路机等。此外，运土工具中的汽车、拖拉机以及土方机械等，亦可用于路基压实。压实机具的类型和数量选择是否恰当，直接关系到压实的质量和工效，选择时应综合考虑各种因素。

2. 压实机具的选择。不同的压实机具，适用于不同土质及不同土层厚度等条件，这亦是选择压实机具的主要依据。正常条件下，对于砂性土的压实效果，振动式较好，夯击式次之，碾压式较差；对于黏性土，则宜选用碾压式或夯击式，振动式较差甚至无效。不同压实机具，在最佳含水量条件下，适应于一定的最佳压实厚度以及通常的压实遍数。路基土的碾压机械，可参照表2-3选择。

**各种土质适宜的碾压机械　　　表 2-3**

| 机械名称 \ 土的分类 | 细粒土 | 砂类土 | 砾石土 | 巨粒土 | 备　注 |
|---|---|---|---|---|---|
| 6～8t 两轮光轮压路机 | A | A | A | A | 用于预压整平 |
| 12～18t 两轮光轮压路机 | A | A | A | B | 最常使用 |
| 25～50t 轮胎压路机 | A | A | A | A | 最常使用 |
| 羊足碾 | A | C或B | C | C | 粉质黏土、砂可用 |
| 振动压路机 | B | A | A | A | 最常使用 |
| 凸块式振动压路机 | A | A | A | A | 最宜使用于含水量较高的细粒土 |
| 手扶式振动压路机 | B | A | A | C | 用于狭窄地点 |
| 振动平板夯 | B | A | A | B或C | 用于狭窄地点，机械质量800kg的可用于巨粒土 |
| 手扶式振动夯 | A | A | A | B | 用于狭窄地点 |
| 夯锤(板) | A | A | A | A | 夯击影响深度最大 |
| 推土机，铲运机 | A | A | A | A | 仅用于摊平土层和预压 |

注：表中符号：A代表适用；B代表无适当机械时可用；C代表不适用。

在选择压实机具时，还应考虑土的状态、层厚和碾压遍数，以充分发挥机械的效率，获得最佳压实效果。各种压实机具的技术性能见表 2-4。

**各种压实机具的技术性能** **表 2-4**

| 机具名称 | 最大有效压实厚度（实厚）(m) | 碾压行程次数 | | | | 适宜的土类 |
|---|---|---|---|---|---|---|
| | | 黏性土 | 粉质黏土 | 粉砂土 | 砂黏土 | |
| 人工夯实 | 0.10 | 3～4 | 3～4 | 2～3 | 2～3 | 黏性土与砂性土 |
| 牵引式光面碾 | 0.15 | — | — | 7 | 5 | 黏性土与砂性土 |
| 羊足碾（2 个） | 0.20 | 10 | 8 | 6 | — | 黏性土 |
| 自动式光面碾 5t | 0.15 | 12 | 10 | 7 | — | 黏性土与砂性土 |
| 自动式光面碾 10t | 0.25 | 10 | 8 | 6 | — | 黏性土与砂性土 |
| 气胎路碾 25t | 0.45 | 5～6 | 4～5 | 3～4 | 2～3 | 黏性土与砂性土 |
| 气胎路碾 50t | 0.70 | 5～6 | 4～5 | 3～4 | 2～3 | 黏性土与砂性土 |
| 夯击机 0.5t | 0.40 | 4 | 3 | 2 | 1 | 砂性土 |
| 夯击机 1.0t | 0.60 | 5 | 4 | 3 | 2 | 砂性土 |
| 夯板 1.5t 落高 2m | 0.65 | 6 | 5 | 2 | 1 | 砂性土 |
| 履带式 | 0.25 | 6～8 | | 6～8 | | 黏性土与砂性土 |
| 振动式 | 0.40 | — | | 2～3 | | 砂性土 |

（四）压实工作的检查与控制

为保证路基达到规定的压实度，在压实过程中，对路基土的含水量要予以控制，并检查其干密度，以便随时调整。

1. 确定要求的干密度。用轻型击实试验或重型击实试验求出路基土的最佳含水量 $\omega_0$ 和最大干密度 $\delta_0$，根据道路的等级、路基的层位等，确定路基压实度 $K$（可查表 2-1 或表 2-2 确定），则要求达到的干密度 $\delta_1 = K \times \delta_0$。

2. 合理选择压实机具，并根据土质和压实机具的效能，确定每层填土的厚度及压实遍数。

3. 在压实过程中，经常检查是否严格执行操作规程及有关技术方案。

4. 及时测定土的含水量 $\omega$ 及干密度 $\delta$，并与最佳含水量 $\omega_0$ 及要求达到的干密度 $\delta_1$ 相比较，视其是否符合要求，并按不同情况，分别予以调整。

（1）当 $\delta>\delta_1$ 时，而 $\omega$ 接近 $\omega_0$ 时，说明压实过度，可适当减少压实次数；

（2）当 $\delta<\delta_1$，而 $\omega>\omega_0$ 时，说明含水量过大，路基干密度不足，应将土晾干或换较干的土；

（3）当 $\delta<\delta_1$，而 $\omega<\omega_0$ 时，说明含水量太小，路基碾压不实，应适当洒水，调节含水量至最佳含水量；

（4）当 $\delta<\delta_1$，而 $\omega$ 接近 $\omega_0$ 时，说明压实功不足，应适当增加碾压遍数。

天然土的含水量一般接近最佳含水量，因此，在挖填后应及时压实。

判断土含水量是否达到最低最佳含水量的简易方法是“手捏成团、但不沾手、落地开花”。如土捏不成团，说明土太干，如土沾在手上，或落地不散开，说明土太潮湿，对于太干或太湿的土均需采用加水或晾晒的方法将其含水量调至最佳含水量。

# 第三章 路面基（垫）层

路面基（垫）层是路面工程的组成部分，是路面面层下的结构层。基层位于面层之下，而垫层位于基层和路基之间，它们主要用于扩散和分布荷载。基（垫）层可由单层、双层或多层材料组成。道路的基（垫）层材料，从所用材料的结合状态分为整体性材料和松散性材料两大类，若从他们的物理力学性质又可分为刚性材料和塑性材料。砂、碎石、级配砂砾等，都属于松散的塑性材料。用水泥等胶结材料，把这些松散的材料胶结起来，则属于整体性刚性体。此外，用石灰、粉煤灰等胶结材料处理松散体后，而成为缓凝性的混合料，用这些混合料修筑的道路基层，称为半刚性基层。

## 第一节 石灰稳定土基（垫）层

### 一、石灰稳定土基（垫）层的特点

在粉碎的或原来松散的土（包括各种粗、中、细粒土）中，掺入足量的石灰和水，经拌合、压实及养生后得到的混合料，当其抗压强度符合规定的要求时，称为石灰稳定土。

石灰稳定土基（垫）层不但具有较好的整体性、力学强度、水稳性和一定的抗冻性，而且还具有材料来源丰富、施工简单、造价低廉、后期强度高等特点。石灰稳定土使用范围很广，不但适宜做各类路面的基层及垫层，而且还可用来处理软土地基及道路翻浆等病害。

石灰稳定土基（垫）层的主要缺点是：易受干燥和冰冻影响

而产生干缩和冷缩裂缝，低温施工时强度增长缓慢，雨季施工有一定困难，施工中要求具有较高的压实条件等。

用石灰稳定粗粒土和中粒土得到的强度符合要求的混合料，其名称视所用原材料而定，原材料为天然砂砾土或级配砂砾时，称为石灰砂砾土；原材料为碎石土或级配碎石时，称为石灰碎石土。如果在石灰土中掺加一定比例的工业废渣（包括粉煤灰、煤渣、高炉矿渣、钢渣及其他冶金矿渣、煤矸石等），则称为石灰工业废渣稳定土。用石灰稳定细粒土得到的强度符合要求的混合料，称为石灰土，本节以石灰土基层为例介绍石灰稳定土基（垫）层的材料要求、施工程序及方法。

## 二、影响石灰土强度的因素及对材料的要求

影响石灰土强度的因素有内因和外因两个方面。属于内因的有土质、灰质、石灰剂量、含水量等，属于外因的有时间、温度、湿度及行车的压实作用等。

1. 土质。从理论上讲，土的塑性指数愈高，土的颗粒愈细，土与石灰的作用就愈充分，石灰稳定土的效果就愈好。但实际上塑性指数很高的黏土所形成的团块，施工时不易粉碎，就影响到石灰土的强度和稳定性。通常塑性指数在15～20之间的黏性土，由于易于粉碎，便于碾压成型，铺筑效果较好，最宜选用。塑性指数在10以下的砂质粉土和砂土在用石灰稳定时，应采用适当的措施或用水泥稳定；塑性指数偏大的黏性土，应加强粉碎，粉碎后土块的最大尺寸应不大于15mm。

2. 灰质及石灰剂量。石灰质量对石灰土的强度影响很大，当石灰低于Ⅲ级标准时，石灰土的强度会明显降低，不宜采用。石灰随存放时间的增长，活性氧化物的含量会明显降低，因此石灰存放时间不宜超过三个月。

石灰剂量以石灰质量占全部土颗粒干质量的百分率表示。实验表明：石灰土的强度和稳定性随石灰剂量的增加而提高，但石灰剂量过大，石灰土就不宜压实，强度甚至会降低，不仅会增加

造价，而且还会增大石灰土的收缩裂缝。生产中常用的石灰剂量应不低于6%，不高于18%，具体施工时，应以实验数据为准。

3. 含水量。水是石灰土的重要组成部分，它能使石灰与土发生物理化学作用，以满足石灰土形成强度的需要。由于石灰土在强度的形成过程中需要大量的水分，因此，石灰土养生期间，应定时洒水，使石灰土保持湿润状态。

凡饮用水（含牲畜饮用水）均可用于石灰土的消解、拌合及养生。

4. 时间。石灰土的强度一般随龄期增长而增长，前期（1～3个月）强度增长较快，而后期强度增长缓慢。

5. 温度。温度的高低与石灰土的强度形成有密切的关系。温度愈高，强度形成愈快，温度愈低，强度形成愈慢，在负温下甚至不增长。为有利于石灰土强度的形成，用作路面基层的石灰土应在冰冻前一个月完工。

## 三、施工程序和方法

石灰土基层质量的好坏，同施工质量关系密切，按照有关技术规范规定进行施工，可取得良好的效果。石灰土基层的施工方法包括路拌法、厂拌法和人工沿路拌合法。

1. 路拌法施工。路拌法施工石灰土的工艺流程见图3-1所示。

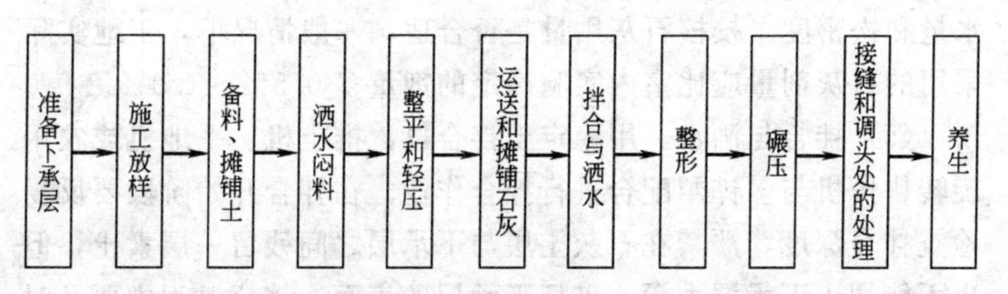


图3-1　石灰土路拌法施工的工艺流程

（1）准备下承层及施工放样。即对下承层按设计的纵横断面标高，进行清理、整平并压实，复测或钉立控制基层施工标高的样桩。

(2) 备料及摊铺。选取合格的土、石灰和水，通过实验确定石灰的剂量和最佳含水量。石灰宜堆放在临近水源的场地上，并在应用前 7～10d 消解完毕。一般每吨生石灰的用水量为 600～800kg。消解后的石灰应保持成稍湿的颗粒状且不飞扬为宜。石灰消解时会放出大量的热量，要注意安全操作及环保工作。

根据各路段的宽度、厚度、预定的干密度、混合料配比及含水量等，计算出土的松铺厚度及石灰用量，一般将石灰折算成摊铺厚度或体积用量。人工摊铺混合料时，其松铺系数可按表 3-1 选用。

**人工摊铺混合料松铺系数表** **表 3-1**

| 材料名称 | 松铺系数 | 备注 |
|---|---|---|
| 石灰土 | 1.53～1.58 | 现场人工摊铺土和石灰，机械拌合，人工整平 |
| | 1.65～1.70 | 路外集中拌合，运到现场人工摊铺 |
| 石灰土砂砾 | 1.52～1.56 | 路外集中拌合，运到现场人工摊铺 |

(3) 整平和轻压。对人工摊铺的土层整平后，用 6～8t 两轮压路机碾压 1～2 遍，使其表面平整，并有一定的压实度。

(4) 运送和摊铺石灰。根据计算所得的每车石灰的纵横间距，在路床上卸置石灰，用刮板将石灰均匀摊开，石灰摊铺完后，表面应没有空白位置。量测石灰的松铺厚度，根据石灰的含水量和松密度，校核石灰用量是否合适，一般情况下，工地实际采用的石灰剂量应比室内实验确定的剂量多 0.5%～1.0%。

(5) 拌合与洒水。用稳定土拌合机、推土机、平地机或农用旋转耕作机与多铧犁配合进行拌合作业。在拌合开始阶段要反复检查拌合深度，严禁在石灰土层与下承层之间残留一层素土，但也不能切入下承层太深，破坏下承层的表面。拌合过程中要及时检查含水量，按最佳含水量的要求，酌情洒水闷料。拌合完成的标志是：混合料色泽一致，无灰条和灰团，无明显粗细集料离析现象，且水分合适、均匀。

(6) 整形与碾压。混合料拌合均匀后，应立即用平地机或路拱板进行初步整形，并用平地机或轮胎压路机立即在初平的路段上快速碾压一遍，以暴露潜在的不平整，及时予以修整。在整形过程中，严禁任何车辆通行。

整形后，当混合料的含水量为最佳含水量（±1%～±2%）时，应立即用轻型压路机并配合12t以上压路机在结构层全宽内进行碾压。用12～15t三轮压路机碾压时，每层的压实厚度不应超过15cm；用18～20t三轮压路机和振动压路机碾压时，每层的压实厚度不应超过20cm；采用能量大的振动压路机碾压或采用振动羊足碾与三轮压路机配合碾压时，每层的压实厚度可以适当增加。当压实厚度超过碾压设备的最大碾压厚度时，应分层铺筑，每层的最小压实厚度为10cm。

碾压的原则为：先轻后重、先慢后快、先边后中、先低后高。一般需碾压6～8遍，至无明显轮迹为止。压路机的碾压速度，头两遍以采用1.5～1.7km/h为宜，以后宜采用2.0～2.5km/h。碾压过程中，石灰土的表面应始终保持湿润，如水分蒸发过快，应及时补洒少量的水，但严禁洒大水碾压。如出现“弹簧”、松散、起皮等现象，应及时翻开重新拌合或用其他方法处理，使其达到质量要求。

(7) 接缝及养生。相邻两工作段的衔接处应采用搭接拌合。前一段拌合整形后，留5～8m不进行碾压，后一段施工时，前段留下未压部分重新拌合，并与后一段一起碾压。

石灰土在养生期间应保持一定的湿度，不应过湿或忽干忽湿。养生期不宜少于7d。养生方法可采用洒水、覆盖或采用不透水薄膜和沥青膜等。养生期间除洒水车外，应封闭交通。

2. 厂拌法施工。厂拌法是采用专用的拌合设备在工厂或移动式拌合站集中拌合混合料。将拌合好的混合料运至施工现场，使用摊铺机进行摊铺。从而避免了在施工现场拌合时配料不准、拌合不匀、反复找平、污染环境、厚度难控制等难题。不仅可以提高工程质量，还可加快施工进度，避免了现场拌合对城市环境的污染，因此在城市道路施工中广泛使用。厂拌法拌合石灰土时，应将土块粉碎，最大粒径不应大于15mm；含水量宜大于最佳值，使混合料运至现场后碾压时的含水量不小于最佳值；正式拌合前，须调试所用设备；原材料的颗粒组成发生变化时，应重新调试设备；拌合机与摊铺机的生产能力应互相匹配，拌合好的混合料应尽快运至现场。混合料运至现场后，其施工方法及技术要求与路拌法施工基本相同。

3. 人工拌合法。人工拌合法又称为人工沿路拌合施工。备料及拌合时均以人工为主，有时也用运输车辆配合运料。主要适用于小城市道路建设及维修改造工程，拌合方法分为筛拌法和翻拌法：

（1）筛拌法。将土和石灰混合或交替过孔径15mm的筛，筛余土块应随打碎随过筛。过筛以后，适当加水，拌合到均匀为止。

（2）翻拌法。将过筛的土和石灰先干拌1～2遍，然后加水拌合，应不少于3遍，直到均匀为止。

为使混合料的水分充分均匀，可在当天拌合后堆放闷料，第二天再摊铺。人工拌合法的其他工序及技术要求可参照路拌法的相关规定。

## 第二节　水泥稳定土基（垫）层

### 一、水泥稳定土基（垫）层的特点

在经过粉碎的或原来松散的土（包括各种粗、中、细粒土）中，掺入足量的水泥和水，经拌合得到的混合料在压实和养生后，当其抗压强度符合规定的要求时，称为水泥稳定土。水泥稳定土是用水泥做结合料所得混合料的一个广义的名称，它既包括用水泥稳定各种细粒土，也包括用水泥稳定各种中粒土和粗粒土。用水泥稳定细粒土得到的强度符合要求的混合料，视所用的土类，可简称为水泥土、水泥砂或水泥石屑等。用水泥稳定中粒土和粗粒土得到的强度符合要求的混合料，视所用原材料，可简称为水泥碎石、水泥砂砾等。

水泥稳定土具有较好的力学性能和板体性，能适应不同的气候与水文条件，显著改善了土的物理力学性能，其初期强度较高，且随龄期的增长，力学强度可视需要而调整。

石灰稳定土使用范围很广，适宜做各类路面的基层及垫层。

## 二、影响水泥稳定土强度的因素及对材料的要求

1. 土质。土的类别和性质是影响水泥稳定土强度的重要因素之一。水泥稳定土做道路底基层时，细粒土的液限不应超过40%，塑性指数不应超过17；对中粒土和粗粒土，塑性指数可稍大。水泥稳定土用做道路基层时，单个颗粒的最大粒径不应超过37.5mm。级配碎石、未筛分碎石、砂砾、碎石土、砂砾土、煤矸石和各种粒状矿渣均适宜用水泥稳定。

实践证明，用水泥稳定级配良好的碎石、砂砾，效果最好；其次是砂性土；再其次是粉性土和黏性土。重黏土因难于粉碎，最不宜用水泥稳定。

2. 水泥成分及用量。通常情况下，水泥矿物成分是决定水泥稳定土强度的主要因素，试验表明，硅酸盐水泥的稳定效果较好，而铝酸盐水泥较差。

普通硅酸盐水泥、矿渣硅酸盐水泥和火山灰质硅酸盐水泥都可用于稳定土，但应选用初凝时间3h以上和终凝时间较长（宜在6h以上）的水泥。不应使用快硬水泥、早强水泥以及已受潮变质的水泥。

水泥稳定土的强度在很大程度上还取决于水泥的剂量，水泥剂量以水泥质量占全部粗细土颗粒（即砾石、砂粒、粉粒和黏粒）干质量的百分率表示。随着水泥剂量的增加，水泥稳定土的强度会显著提高，但不存在最佳剂量，过多的水泥剂量，虽然水泥稳定土的强度增加，但经济上是不合理的，用水泥稳定中粒土和粗粒土做道路基层时，水泥剂量一般不超过6%。

3. 含水量。凡是饮用水（含牲畜饮用水）均可用于水泥稳定土施工。水泥稳定土的含水量对强度有较大的影响，当含水量不适宜时，要么不能保证水泥的完全水化和水解作用，要么不能保证达到最大干密度的要求。

水泥稳定土的含水量、干密度的关系同素土一样，对于一定的压实功，也存在最大干密度和最佳含水量，其数值均须通过实验确定。

## 三、施工程序和方法

在城市道路中，水泥碎石应用较多，故本节重点介绍厂拌法水泥碎石的施工程序和方法，其工艺流程见图 3-2。

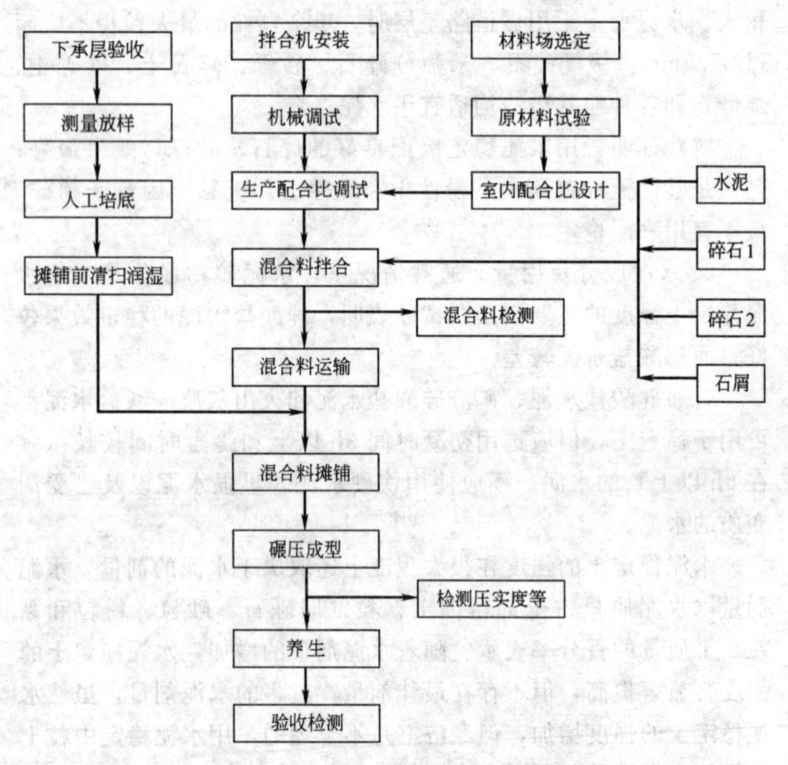


图 3-2　厂拌法施工水泥碎石的工艺流程

图 3-2 工艺流程中，下承层验收、测量放样、备料、碾压成型、养生等工序的操作方法与石灰土路拌法施工基本相同，不同点主要有：

1. 混合料拌合。水泥碎石在搅拌站一般用强制式拌合机、卧式叶片拌合机或自落式拌合机等厂拌设备进行集中拌合，外加水与原材料天然含水量的总和要比最佳含水量略高，从而使混合料运到现场摊铺后碾压时的含水量不小于最佳含水量。每天开始搅拌之后，出料时要取样检查是否符合设计的配合比，进行正式生产之后，每 1～2h 检查一次拌合情况，抽检其配比、含水量是否变化。高温作业时，早晚与中午的含水量要有区别，要按温度变化及时调整。

2. 混合料运输。水泥碎石混合料拌好后应尽快用自卸车运送到铺筑现场。车上的混合料应予以覆盖，减少水分损失。如运输车辆中途出现故障，必须立即以最短时间排除。

3. 混合料摊铺。水泥碎石混合料一般应选用稳定土摊铺机或沥青混凝土摊铺机进行摊铺，摊铺设备应与拌合设备的生产能力相匹配，如拌合机的生产能力较小，摊铺机应低速摊铺，以减少停机待料的情况。水泥碎石尽可能少设或不设接缝，必须设置时，应采用高度与水泥碎石压实厚度相同的方木或钢模板做支撑，从而避免出现斜接缝。

4. 混合料养生及交通管制。水泥碎石（或砾石）基层分两层用摊铺机铺筑时，下层分段摊铺和碾压密实后，在不采用重型振动压路机碾压时，宜立即摊铺上层，否则在下层顶面应撒少量水泥或水泥浆。

每一段碾压完成并经压实度检查合格后，应立即开始养生。养生宜采用湿砂进行养生，砂层厚宜为 7～10cm。砂铺匀后，应立即洒水，并在整个养生期间保持砂的潮湿状态。不得用湿黏性土覆盖。养生结束后，必须将覆盖物清除干净。水泥碎石基层也可采用沥青乳液进行养生。沥青乳液的用量按 0.8～1.0kg/m$^2$（指沥青用量）选用，宜分两次喷洒。第一次喷洒沥青含量约

35%的慢裂沥青乳液，使其能稍透入水泥碎石基层表层。第二次喷洒浓度较大的沥青乳液。如不能避免施工车辆在养生层上通行，应在乳液分裂后撒布 3～8mm 的小碎（砾）石，做成下封层。无上述条件时，也可覆盖洒水进行养生。每天洒水的次数视气候而定。整个养生期间应始终保持水泥碎石层表面潮湿。

## 第三节　碎石基（垫）层

碎石基（垫）层是利用加工轧制的碎石，按嵌挤原理摊铺压实而成的一种路面基层。他的强度主要是依靠碎石间的嵌挤锁结作用，嵌挤力的大小取决于石料的强度、形状、尺寸均匀性和施工时的碾压程度。

碎石基（垫）层对材料的基本要求是：碎石应具有较高的强度、韧性和抗磨耗能力，应具有棱角，碎石中针片状颗粒的含量应不超过 20%。碎石的最大尺寸根据道路等级和碎石层厚度来确定。

碎石基（垫）层的厚度一般为 8～20cm，当厚度大于 15cm 时，一般应分两层铺筑。上层为总厚度的 0.35～0.4 倍，选用颗粒较小且坚硬的碎石；下层为总厚度的 0.6～0.65 倍，允许选用颗粒较大、石质较软的碎石。

碎石基（垫）层按施工方法及灌缝材料的不同，分为泥结碎石基（垫）层、级配碎石基（垫）层和填隙碎石基（垫）层。

### 一、泥结碎石基（垫）层

泥结碎石是以碎石为集料，经碾压后灌浆，依靠碎石的嵌锁和黏土的粘结作用而形成的结构层。其强度和稳定性主要取决于碎石的嵌锁作用，黏土的粘结作用仅起辅助作用。泥结碎石仅适用做低等级路面的基层或垫层。施工方法主要有灌浆法和拌合法。但灌浆法修筑效果较好，其一般工序为：

1. 准备工作。包括准备下承层及排水设施、施工放样、布置料堆、拌制泥浆等。泥浆一般按水与土为0.8∶1～1∶1的体积比配制。过稠、过稀或不均匀，均将影响施工质量。

2. 碎石摊铺和初碾压。摊铺碎石时采用松铺系数1.20～1.30（碎石最大粒径与厚度之比较小时用上限，比值较大时，宜采用下限）为宜。摊铺力求表面平整，并具有规定的路拱。

初压时用8t双轮压路机碾压3～4遍，使粗碎石稳定就位。在直线路段，由两侧向路中心碾压；在超高路段，由内侧向外侧，逐渐错轮进行碾压。每次重叠1/3轮宽。初压终了时，表面应平整，并具有规定的路拱和纵坡。

3. 灌浆及带浆碾压。若碎石过干，可先洒水润湿，以利于泥浆一次灌透。泥浆浇灌到相当面积后，即可撒5～15mm嵌缝料（用量约1～1.5$m^3/100m^2$）。用中型压路机进行带浆碾压，使泥浆能充分灌满碎石缝隙。次日即进行必要的填补和修整工作。

4. 最终碾压。待表面已干，内部泥浆尚属半湿状态时，可进行最终碾压，一般碾压1～2遍后撒铺一薄层（3～5mm）石屑并扫匀，然后进行碾压，使碎石缝隙内泥浆能翻到表面上与所撒石屑粘结成整体。

接缝处及路段衔接处，均应妥善处理，保证平整密合。

## 二、级配碎石基（垫）层

粗、中、小碎石集料和石屑各占一定比例的混合料，当其颗粒组成符合规定的密实级配要求时，称做级配碎石。由于级配碎石是用颗粒大小相间的材料掺配而成，经过压实后能形成密实的结构，具有一定的力学强度和稳定性，因而能用作各级路面的基层和垫层。级配碎石的施工方法有路拌法和厂拌法两种，城市道路施工中一般采用厂拌法，其施工程序如下：

1. 准备工作。包括准备下承层、清底放样、准备施工机具等。

2. 备料。按照试验确定的配比，把各种碎石、石屑等原材料运至搅拌站内，不同粒级的碎石和石屑等细集料应隔离，分别堆放。

3. 拌合。级配碎石混合料可以用多种机械进行集中拌合，如强制式拌合机、卧式双转轴桨叶式拌合机、普通水泥混凝土拌合机等。在正式拌制级配碎石混合料之前，必须先调试所用的厂拌设备，使混合料的颗粒组成和含水量都能达到规定的要求。

4. 运输。级配碎石拌好后应尽快用自卸车运送到铺筑现场。车上的混合料应予以覆盖，减少水分损失。

5. 摊铺及接缝处理。级配碎石应选用沥青混凝土摊铺机或其他碎石摊铺机摊铺，摊铺机后面应设专人消除粗细集料离析现象，松铺系数约为 1.25～1.35。当人工摊铺时，松铺系数约为 1.40～1.50。

摊铺时尽可能整路幅摊铺，在不能避免出现纵向接缝的情况下，纵缝必须垂直相接，不应斜接。横缝处靠近摊铺机当天未压实的混合料，可与第二天摊铺的混合料一起碾压，但应控制好接缝处混合料的含水量，必要时适当洒水。

6. 碾压。当混合料的含水量等于或略大于最佳含水量时，立即用 12t 以上三轮压路机、振动压路机或轮胎压路机进行碾压。直线和不设超高的平曲线段，由两侧路肩开始向路中心碾压；在设超高的平曲线段，由内侧路肩向外侧路肩进行碾压。碾压时，后轮应重叠 1/2 轮宽；后轮必须超过两段的接缝处。后轮压完路面全宽时，即为一遍。碾压一直进行到要求的密实度为止。一般需碾压 6～8 遍，应使表面无明显轮迹。压路机的碾压速度，头两遍以采用 1.5～1.7km/h 为宜，以后用 2.0～2.5km/h。路面的两侧应多压 2～3 遍。

### 三、填隙碎石基（垫）层

用单一尺寸的粗碎石做主集料，形成嵌锁结构，起承受和传递车轮荷载的作用，用石屑做填隙料，填满碎石间的孔隙，增加密实度和稳定性，这种材料称做填隙碎石。填隙碎石适用于各级路面的基层和垫层。

填隙碎石在施工过程中根据是否洒水，分为干法施工及湿法施工，干法施工是在碾压过程中基本上不洒水，形成的结构层又称为干压碎石，这种施工方法特别适宜于干旱缺水地区。湿法施工是在粗碎石层表面孔隙全部填满后，立即用洒水车洒水，直到饱和，然后用12～15t三轮压路机跟在洒水车后进行碾压；在碾压过程中，将湿填隙料继续扫入所出现的孔隙中；洒水和碾压应一直进行到填隙料和水形成粉砂浆为止，因此又称为水结碎石。

填隙碎石用做道路基层时，碎石的最大粒径不应超过53mm；用做垫层时，碎石的最大粒径不应超过63mm。填隙碎石的一层压实厚度，可取碎石最大粒径的1.5～2.0倍。

填隙碎石的施工工艺流程与级配碎石基本相同，但在初步压实的粗碎石上，需多次撒铺嵌缝料，并分层碾压，直到全部孔隙被填满为止。同时，填隙料不应在粗碎石表面自成一层。表面必须能看得见粗碎石。在碾压过程中，不应有任何蠕动现象。

## 第四节　工业废渣基层

工矿企业常有大量废渣需要处理，利用这些废渣修路，即可解决筑路材料来源的困难，又可为工矿企业解决废渣的堆放和处理问题，化害为利，变废为宝，具有很大的社会效益、经济效益及环境效益。

### 一、工业废渣的材料类型

1. 煤炭工业废渣。煤炭工业废渣主要有炉渣、粉煤灰和煤矸石等三种。

(1) 炉渣：炉渣又称为煤渣或焦渣，是煤炭、焦炭、褐煤等在锅炉内燃烧后的残留物。

(2) 粉煤灰：粉煤灰是火力发电站燃烧煤粉时，从产生的烟气中收集到的粉状物质。

(3) 煤矸石：煤矸石是采煤过程中剔除的废石。山上自燃后的煤矸石称为烧岩，是一种较好的路用碎石材料。洗煤时排除的煤矸石称为洗矸石，路用效果稍差，但可作为中低级路面的基层或垫层。未经处理的煤矸石称为生矸石，不能直接作为筑路材料。

2. 钢铁工业废渣。主要有钢渣与铁渣两大类，目前这类废渣有以下利用方式：

(1) 钢渣或铁渣排除后堆积起来，在自然条件下分解趋于稳定后，用来修筑路面基层或垫层。

(2) 热熔状的熔铁渣排除后用水骤冷，称为水淬渣，水淬渣掺加石灰后可修筑路面基层。

(3) 铁渣排出后运到渣场，经冷却、破碎、筛分等工艺，生产矿渣碎石，用以修筑碎石基层。

3. 化学工业废渣。主要有电石渣、漂白粉渣等。

(1) 电石渣是电石消解产生乙炔以后的废渣，含有石灰成分约 50％～55％。

(2) 漂白粉渣是造纸厂和印染厂使用漂白粉的下脚料，石灰成分比电石渣稍高。

## 二、石灰粉煤灰道路基层

上述工业废渣能用以修建道路基层或垫层，主要是因为这些废渣中含有较多的活性 $SiO_2$、$Al_2O_3$ 和 $CaO$。这些含活性氧化物较多的工业废渣同一定比例的石灰等材料拌合，就能形成强度高、整体性好的路面结构层。由于石灰、粉煤灰工业废渣应用较广泛，故本节主要介绍石灰粉煤灰道路基层。

1. 类型及特点。一定数量的石灰和粉煤灰，一定数量的石灰、粉煤灰和土以及一定数量的石灰、粉煤灰和砂相配合，加入适量的水（通常为最佳含水量），经拌合、压实及养生后得到的混合料，当其抗压强度符合规定的要求时，分别简称为二灰、二灰土、二灰砂。

用石灰和粉煤灰稳定级配碎石或级配砾石得到的混合料，当其强度符合要求时，分别简称二灰级配碎石、二灰级配砾石。

由于二灰类基层具有以下优点而广为采用。

(1) 具有较高的强度，它虽然早期强度偏低，但后期强度比较高，如在夏季一个月就能达到1.7～2.0MPa，两个月能达到3MPa，以后还会慢慢增长。

(2) 成型后经过一段时间的养护，强度逐渐增高，最后形成一个板体，有较好扩散应力的作用。

(3) 形成过程中，内部进行物理化学反应，形成致密整体，具有良好的水稳定性和抗冻性。

(4) 化害为利、变废为宝，有利于环保。特别在粉煤灰废料多的地区，如果当地土的路用性能较差，光靠石灰稳定达不到要求的强度，这时最适宜采用二灰稳定。

2. 材料及要求。

(1) 石灰质量应达到Ⅲ级或Ⅲ级以上的技术指标，尽量缩短石灰的存放时间，如存放时间较长，应采取覆盖封存措施，妥善保管。

(2) 粉煤灰中$SiO_2$、$Al_2O_3$和$Fe_2O_3$的总含量应大于70%，粉煤灰的烧失量不应超过20%；粉煤灰的比表面积宜大于2500$cm^2/g$（或90%通过0.3mm筛孔，70%通过0.075mm筛孔）。干粉煤灰和湿粉煤灰都可以应用。湿粉煤灰的含水量不宜超过35%。

(3) 宜采用塑性指数12～20的黏性土（粉质黏土）。土块的最大粒径不应大于15mm。有机质含量超过10%的土不宜选用。

3. 施工程序及方法。城市道路中，二灰类基层常用厂拌法施工，材料配比应通过实验确定。在拌合厂内要求不同粒级的砾石或碎石以及细集料都应分开堆放；石灰、粉煤灰和细集料都应有覆盖，防止雨淋过湿；混合料的含水量应略大于最佳含水量，使混合料运到现场摊铺后碾压时的含水量能接近最佳值。

二灰稳定土的集中拌合流程按图3-3进行。

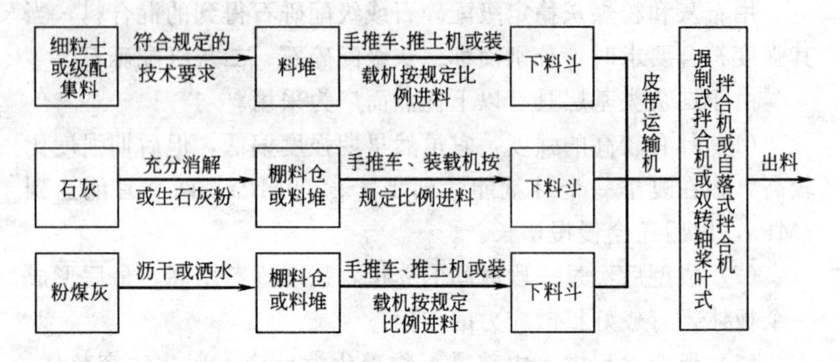

图 3-3 二灰稳定土的集中拌合工艺流程

拌成混合料的堆放时间不宜超过 24h，宜在当天将拌成的混合料运送到铺筑现场。二灰稳定土的摊铺、碾压、养生等工序与石灰稳定土及水泥稳定土基层基本相同，参见本章第一节及第二节的相关内容。

# 第四章 沥青路面

## 第一节 沥青路面概述

### 一、沥青路面的特点

沥青路面是用沥青材料作结合料粘结矿料修筑面层与各类基层和垫层所组成的路面，又称为黑色路面。

由于沥青面层使用沥青结合料，因而增强了矿料间的粘结力，提高了混合料的强度和稳定性，使路面的使用质量和耐久性都得到提高。沥青路面具有表面平整、无接缝、行车舒适、耐磨、振动小、噪声低、施工期短、养护维修简便、适宜于分期修建等优点，因而获得越来越广泛的应用。我国的公路和城市道路近二十年来使用沥青材料修筑了大量的沥青路面。沥青路面是我国高级及次高级路面的主要形式。随着国民经济和现代化道路交通运输的需要，沥青路面必将有更大的发展。

沥青路面属柔性路面，其强度与稳定性在很大程度上取决于土基和基层的特性。沥青路面的抗弯强度较低，因而要求路面的基础应具有足够的强度和稳定性。所以，在施工时必须掌握路基土的特性进行充分的碾压。对软弱土基或翻浆路段，必须预先加以处理。在低温时，沥青路面的抗变形能力很低，在寒冷地区为了防止土基不均匀冻胀而使沥青路面开裂，需设置防冻层。对交通量较大的路段，为使沥青路面具有一定的抗弯拉和抗疲劳开裂的能力，宜在沥青面层下设置沥青混合料的联结层。采用较薄的沥青面层时，特别是在旧路面上加铺面层时，要采取措施加强面层与基层之间的粘结，以防止水平力作用而引起沥青面层的剥落、推挤、拥包等破坏。

## 二、沥青路面的分类

1. 按强度构成原理，可分为密实类和嵌挤类两大类。密实类沥青路面要求矿料的级配按最大密实原则设计，其强度和稳定性主要取决于混合料的黏聚力和内摩阻力。嵌挤类沥青路面要求采用颗粒尺寸较为均一的矿料，路面的强度和稳定性主要依靠集料颗粒之间相互嵌挤所产生的内摩阻力，而黏聚力则起着次要的作用。按嵌挤原则修筑的沥青路面，其热稳定性较好，但因空隙率较大、易渗水，耐久性较差。

2. 按施工工艺的不同，沥青路面可分为层铺法、路拌法和厂拌法三类。层铺法是用分层洒布沥青、分层铺撒矿料和分层碾压的方法修筑，其主要优点是工艺和设备简便、功效较高、施工进度快、造价较低；其缺点是路面成型期较长，需要经过炎热季节行车碾压之后路面方能成型。用这种方法修筑的沥青路面有沥青表面处治和沥青贯入式两种。

路拌法是用机械将矿料和沥青材料就地拌合、摊铺、碾压密实而成的沥青面层。此类面层在城市道路中较少采用。

厂拌法是将有一定级配的矿料和沥青材料在工厂内用专用设备加热拌合，然后运送到工地经摊铺、碾压而成的沥青路面。厂拌法使用较黏稠的沥青材料，且矿料经过精选，因而混合料质量高，使用寿命长，但修建费用也较高。

3. 根据沥青路面的技术特性，沥青面层可分为沥青表面处治、沥青贯入式、热拌沥青混合料、冷拌沥青混合料等四种类型。

## 三、沥青路面的材料

1. 沥青

（1）沥青的特点。沥青是由极复杂的高分子碳氢化合物及其非金属（氧、硫、氮等）衍生物所组成的有机胶凝材料。它在常温下是固体或半固体的可塑物质，表面有黑色光泽，当加热到100～150℃时，沥青就像液体一样能够流动，它可以用来防水、防腐，并能把分散的矿料结合成具有一定技术性能的整体，因此统称为沥青结合料。

(2) 沥青的分类及要求。沥青可分为地沥青及焦油沥青两大类，道路工程中所用沥青主要有黏稠石油沥青、液体石油沥青、乳化沥青、煤沥青及改性沥青等。各类沥青路面所用沥青材料的标号，应根据路面的类型、施工条件、地区气候条件、施工季节和矿料性质与尺寸等因素而定。煤沥青不宜作沥青面层用，一般仅作为透层沥青使用。选用乳化沥青时，对于酸性石料、潮湿的石料，以及低温季节施工宜选用阳离子乳化沥青，对于碱性石料或与掺入的水泥、石灰、粉煤灰共同使用时，宜选用阴离子乳化沥青。

对热拌热铺沥青路面，由于沥青材料和矿料均须加热拌合，并在热态下铺压，故可采用稠度较高的沥青材料。而热拌冷铺类沥青路面，所用沥青材料的稠度可较低。对浇贯类沥青路面，若采用的沥青材料过稠，难以贯入碎石中，过稀又易流入路面底部。因此，这类路面宜采用中等稠度的沥青材料。当气候寒冷、施工气温较低、矿料粒径偏细时，宜采用稠度较低的沥青材料。但炎热季节施工时，由于沥青材料的温度降低较慢，则可用稠度较高的沥青材料。

2. 粗集料。沥青路面所用的粗集料包括碎石、破碎砾石、筛选砾石、矿渣等。粗集料应具有良好的颗粒形状及级配，集料应洁净、干燥、表面粗糙、无风化、无杂质。颗粒形状接近立方体并有多棱角，细长或扁平的颗粒（长边与短边或长边与厚度比大于3）含量应少于15%，压碎值应不大于20%～30%。

粗集料与沥青的黏附性应符合规范的规定，当使用不符要求的粗集料时，宜掺加消石灰、水泥或用饱和石灰水处理后使用，必要时可同时在沥青中掺加耐热、耐水、耐久性能好的抗剥落剂，也可采用改性沥青，使沥青混合料的水稳定性检验达到要求。掺加外加剂的剂量由沥青混合料的水稳定性检验确定。

3. 细集料。沥青面层的细集料包括天然砂、机制砂及石屑。细集料应洁净、干燥、无风化、无杂质，并有适当的颗粒组成。细集料应与沥青具有良好的粘结能力，与沥青粘结性能很差的天然砂及用花岗岩、石英岩等酸性石料破碎的机制砂或石屑不宜用做高速公路、一级公路、城市快速路、主干路的沥青面层。必须使用时，应用抗剥落措施。

4. 填料。沥青混合料的填料宜采用石灰岩或岩浆岩中的强基性岩石等憎水性石料经磨细得到的矿粉，石料中的泥土杂质应除净。矿粉要求干燥、洁净。当采用粉煤灰、石灰粉作填料时，其用量不宜超过填料总量的50%。

## 第二节　沥青路面的透层和粘层

### 一、透层

透层是为使沥青面层与非沥青材料基层结合良好，在基层上喷洒液体石油沥青、乳化沥青、煤沥青而形成的透入基层表面一定深度的薄层。

1. 透层的作用

(1) 增加基层与沥青面层间的粘结力；

(2) 防止第一次喷洒的沥青被基层吸收；

(3) 增强基层表面，并在铺筑面层前，临时性地保护基层；

(4) 减少水分透入。

2. 透层的施工

(1) 施工准备。基层应具有足够的强度、刚度和平整度，浇洒透层油前，基层应清扫干净，并采取适当的措施防止污染路缘石及其他构筑物。

(2) 浇洒透层油的时间。在无结合料粒料基层上洒布透层油时，宜在铺筑沥青层前1～2d洒布；用于半刚性基层的透层油宜紧接在基层碾压成型后表面稍变干燥、但尚未硬化的情况下喷洒。

(3) 气候条件。气温低于10℃或大风、即将降雨时不得喷洒透层油。

(4) 浇洒透层油。透层油宜采用沥青洒布车一次喷洒均匀，使用的喷嘴宜根据透层油的种类和黏度选择并保证均匀喷洒，有花白遗漏应人工补洒，透层油的规格和用量见表4-1。喷洒过量的立即撒布石屑或砂吸油，必要时作适当碾压。

**沥青路面透层材料的规格和用量表 (JTG F40—2004)　　表4-1**

| 用途 | 液体沥青 | | 乳化沥青 | | 煤沥青 | |
|---|---|---|---|---|---|---|
| | 规格 | 用量(L/m²) | 规格 | 用量(L/m²) | 规格 | 用量(L/m²) |
| 无结合料粒料基层 | AL(M)-1、2或3<br>AL(S)-1、2或3 | 1.0～2.3 | PC-2<br>PA-2 | 1.0～2.0 | T-1<br>T-2 | 1.0～1.5 |
| 半刚性基层 | AL(M)-1或2<br>AL(S)-1或2 | 0.6～1.5 | PC-2<br>PA-2 | 0.7～1.5 | T-1<br>T-2 | 0.7～1.0 |

注：表中用量是指包括稀释剂和水分等在内的液体沥青、乳化沥青的总量。乳化沥青中的残留物含量以50%为基准。

(5) 保养。透层油洒布后的养生时间随透层油的品种和气候条件由试验确定，确保液体沥青中的稀释剂全部挥发，乳化沥青渗透且水分蒸发，然后尽早铺筑沥青面层。为了保护透层油不被车辆破坏，通常是在上面撒一层石屑或粗砂，撒布用量为$2m^3/1000m^2$。

## 二、粘层

粘层是指为加强路面沥青层与沥青层之间、沥青层与水泥混凝土路面之间的粘结而洒布的沥青材料薄层。粘层能使新铺沥青层与下卧层粘结良好，防止新铺沥青层产生滑动或推移。

1. 符合下列情况之一时，必须喷洒粘层油

(1) 双层式或三层式热拌热铺沥青混合料路面的沥青层之间。

(2) 水泥混凝土路面、沥青稳定碎石基层或旧沥青路面层上加铺沥青层。

(3) 路缘石、雨水口、检查井等构造物与新铺沥青混合料接触的侧面。

2. 粘层的施工

(1) 粘层油的选用。粘层油宜采用快裂或中裂乳化沥青、改性乳化沥青，也可采用快、中凝液体石油沥青，所使用的基质沥青标号宜与主层沥青混合料相同。

(2) 材料的规格和用量。粘层油品种和用量，应根据下卧层的类型通过试洒确定，并符合表4-2的要求。当粘层油上铺筑薄层大空隙排水路面时，粘层油的用量宜增加到0.6～1.0L/m²。

**沥青路面粘层材料的规格和用量表（JTG F40—2004）　　表4-2**

| 下卧层类型 | 液体沥青 | | 乳化沥青 | |
|---|---|---|---|---|
| | 规格 | 用量(L/m²) | 规格 | 用量(L/m²) |
| 新建沥青层或旧沥青路面 | AL(R)-3～AL(R)-6<br>AL(M)-3～AL(M)-6 | 0.3～0.5 | PC-3<br>PA-3 | 0.3～0.6 |
| 水泥混凝土 | AL(M)-3～AL(M)-6<br>AL(S)-3～AL(S)-6 | 0.2～0.4 | PC-3<br>PA-3 | 0.3～0.5 |

注：表中用量是指包括稀释剂和水分等在内的液体沥青、乳化沥青的总量。乳化沥青中的残留物含量以50%为基准。

(3) 粘层油的浇洒。喷洒粘层油前应对道路的人工构造物、路缘石等外露部分作防污染遮盖。粘层油宜采用沥青洒布车喷洒，并选择适宜的喷嘴，洒布速度和喷洒量保持稳定。当采用机动或手摇的手工沥青洒布机喷洒时，必须由熟练的技术工人操作，均匀洒布。气温低于10℃时不得喷洒粘层油，路面潮湿时不得喷洒粘层油，用水洗刷后需待表面干燥后喷洒。

喷洒的粘层油必须成均匀雾状，在路面全宽度内均匀分布成一薄层，不得有洒花漏空或成条状，也不得有堆积。喷洒不足的要补洒，喷洒过量处应予刮除。喷洒粘层油后，严禁运料车外的其他车辆和行人通过。

(4) 保养。粘层油宜在当天洒布，待乳化沥青破乳、水分蒸发完成，或稀释沥青中的稀释剂基本挥发完成后，紧跟着铺筑沥青层，确保粘层不受污染。

## 第三节　沥青表面处治路面

### 一、适用范围及类型

沥青表面处治路面是指用沥青和集料按层铺法或拌合法铺筑而成的厚度不超过3cm的沥青路面。由于沥青表面处治层很薄，一般不起提高强度作用，其主要作用是抵抗行车的磨耗，增强防水性，提高平整度，改善路面的行车条件。沥青表面处治适用于三级及三级以下的公路、城市道路的支路、县镇道路以及旧沥青面层上加铺罩面或抗滑层、磨耗层等。

沥青表面处治的厚度一般为1.5～3.0cm。层铺法可分为单层、双层、三层。单层沥青表面处治厚度为1.0～1.5cm，双层沥青表面处治厚度为1.5～2.5cm，三层沥青表面处治厚度为2.5～3.0cm。本节以层铺法为例介绍沥青表面处治路面的施工。

### 二、材料规格及用量

沥青表面处治可采用道路石油沥青、乳化沥青、煤沥青铺筑。集料最大粒径应与处治层的厚度相等，其规格和用量宜按表4-3选用；沥青表面处治施工后，应在路侧另备S12（5～10mm）碎石或S14（3～5mm）石屑、粗砂或小砾石2～3$m^3/1000m^2$作为初期养护用料。

### 三、施工程序及要求

层铺法沥青表面处治施工，一般采用所谓“先油后料”法，即先洒布一层沥青，后铺撒一层矿料。以三层式沥青表面处治为例，其施工程序及要求如下：

表 4-3

**沥青表面处治材料规格和用量（JTG F40—2004）**

| 沥青种类 | 类型 | 厚度(cm) | 集料($m^3/1000m^2$) | | | | | | 沥青或乳液用量($kg/m^2$) | | | |
|---|---|---|---|---|---|---|---|---|---|---|---|---|
| | | | 第一层 | | 第二层 | | 第三层 | | 第一次 | 第二次 | 第三次 | 合计用量 |
| | | | 规格 | 用量 | 规格 | 用量 | 规格 | 用量 | | | | |
| 石油沥青 | 单层 | 1.0 | S12 | 7～9 | — | | — | | 1.0～1.2 | — | — | 1.0～1.2 |
| | | 1.5 | S10 | 12～14 | | | | | 1.4～1.6 | | | 1.4～1.6 |
| | 双层 | 1.5 | S10 | 12～14 | S12 | 7～8 | — | | 1.4～1.6 | 1.0～1.2 | — | 2.4～2.8 |
| | | 2.0 | S9 | 16～18 | S12 | 7～8 | | | 1.6～1.8 | 1.0～1.2 | | 2.6～3.0 |
| | | 2.5 | S8 | 18～20 | S12 | 7～8 | | | 1.8～2.0 | 1.0～1.2 | | 2.8～3.2 |
| | 三层 | 2.5 | S8 | 18～20 | S10 | 12～14 | S12 | 7～8 | 1.6～1.8 | 1.2～1.4 | 1.0～1.2 | 3.8～4.4 |
| | | 3.0 | S6 | 20～22 | S10 | 12～14 | S12 | 7～8 | 1.8～2.0 | 1.2～1.4 | 1.0～1.2 | 4.0～4.6 |
| 乳化沥青 | 单层 | 0.5 | S14 | 7～9 | — | | — | | 0.9～1.0 | — | — | 0.9～1.0 |
| | 双层 | 1.0 | S12 | 9～11 | S14 | 4～6 | — | | 1.8～2.0 | 1.0～1.2 | — | 2.8～3.2 |
| | 三层 | 3.0 | S6 | 20～22 | S10 | 9～11 | S12 | 4～6 | 2.0～2.2 | 1.8～2.0 | 1.0～1.2 | 4.8～5.4 |
| | | | | | | | S14 | 3.5～4.5 | | | | |

注：① 煤沥青表面处治的沥青用量可比石油沥青用量增加 15%～20%；

② 表中的乳液用量按乳化沥青的蒸发残留物含量 60%计算，如沥青含量不同应予折算；

③ 在高寒地区及干旱风沙大的地区，可超出高限 5%～10%。

1. 清扫基层及放样。

2. 浇洒透层或粘层油。在清扫干净的碎（砾）石路面上铺筑沥青表面处治时，应喷洒透层油。在旧沥青路面、水泥混凝土路面、块石路面上铺筑沥青表面处治路面时，可在第一层沥青用量中增加10%～20%，不再另洒透层油或粘层油。

3. 洒布第一层沥青。沥青的洒布温度根据气温及沥青标号选择，石油沥青宜为130～170℃，煤沥青宜为80～120℃，乳化沥青在常温下洒布，加温洒布的乳液温度一般不得超过60℃。前后两车喷洒的接茬处用铁板或建筑纸铺1～1.5m，使搭接良好。分几幅浇洒时，纵向搭接宽度宜为100～150mm。洒布第二、三层沥青的搭接缝应错开。

4. 铺撒主层集料。洒布主层沥青后应立即用集料撒布机或人工撒布第一层主集料，并及时扫匀，达到全面覆盖、厚度一致、集料不重叠、也不露出沥青的要求。局部有缺料时适当找补，积料过多的将多余集料扫出。两幅搭接处，第一幅洒布沥青应暂留100～150mm宽度不撒布集料，待第二幅一起撒布。

5. 碾压。撒布主集料后，不必等全段撒布完，立即用6～8t钢筒双轮压路机从路边向路中心碾压3～4遍，每次轮迹重叠约300mm。碾压速度开始不宜超过2km/h，以后可适当增加。

第二、三层的施工方法和要求应与第一层相同，但可以采用8t以上的压路机碾压。

6. 初期养护。沥青表面处治应注意初期养护。当发现有泛油时，应在泛油处补撒与最后一层石料规格相同的嵌缝料并扫匀，过多的浮料应扫出路外。

7. 开放交通。除乳化沥青表面处治应待破乳、水分蒸发并基本成型后方可通车外，其他沥青表面处治路面在碾压结束后即可开放交通，并通过开放交通补充压实，成型稳定。在通车初期应设专人指挥交通或设置障碍物控制行车，限制行车速度不超过20km/h，严禁畜力车及铁轮车行驶。

### 四、施工注意事项

1. 沥青表面处治施工应确保各工序紧密衔接，每个作业段长度应根据施工能力确定，并在当天完成。人工撒布集料时应等距离划分段落备料。

2. 沥青表面处治宜选择在干燥和较热的季节施工，并在最高温度低于15℃到来以前半个月及雨季前结束。

3. 注意不得在潮湿的石料或基层上喷油。如施工中遇雨，应待石料晾干后方能继续施工。

## 第四节　沥青贯入式路面

### 一、适用范围及类型

沥青贯入式路面是在初步压实的碎（砾）石上，分层浇洒沥青、撒布嵌缝料，或在上面铺筑热拌沥青混合料封层，经压实而成的沥青路面。沥青贯入式路面的厚度一般为4～8cm，乳化沥青贯入式路面的厚度不宜超过5cm。当沥青贯入式的上部加铺拌合的沥青混合料时，也称为上拌下贯。沥青贯入式路面适用于做三级及三级以下公路、城市道路的次干道及支路，也可作为沥青混凝土路面的联结层。

沥青贯入式路面具有较高的强度和稳定性，其强度的构成，主要依靠矿料的嵌挤作用和沥青材料的粘结力。由于沥青贯入式路面是一种多孔隙结构，为了防止水的浸入和增强路面的水稳定性，其最上层应撒布封层料或加铺拌合层。沥青贯入层作为联结层使用时，可不撒表面封层料。

沥青贯入式路面宜选择在干燥和较热的季节施工，并宜在日最高温度降低至15℃以前半个月结束，使贯入式结构层通过开放交通碾压成型。

**沥青贯入式面路面材料规格和用量（JTG F40—2004）** **表 4-4**

（用量单位：集料：$m^3/1000m^2$；沥青及沥青乳液：$kg/m^2$）

| 沥青品种 | 石油沥青 | | | | | |
|---|---|---|---|---|---|---|
| 厚度(cm) | 4 | | 5 | | 6 | |
| 规格和用量 | 规格 | 用量 | 规格 | 用量 | 规格 | 用量 |
| 封层料 | S14 | 3～5 | S14 | 3～5 | S13(S14) | 4～6 |
| 第三遍沥青 | | 1.0～1.2 | | 1.0～1.2 | | 1.0～1.2 |
| 第二遍嵌缝料 | S12 | 6～7 | S11(S10) | 10～12 | S11(S10) | 10～12 |
| 第二遍沥青 | | 1.6～1.8 | | 1.8～2.0 | | 2.0～2.2 |
| 第一遍嵌缝料 | S10(S9) | 12～14 | S8 | 16～18 | S8(S6) | 16～18 |
| 第一遍沥青 | | 1.8～2.1 | | 2.4～2.6 | | 2.8～3.0 |
| 主层石料 | S5 | 45～50 | S4 | 55～60 | S3(S4) | 66～76 |
| 沥青总用量 | 4.4～5.1 | | 5.2～5.8 | | 5.8～6.4 | |

| 沥青品种 | 石油沥青 | | | | 乳化沥青 | | | |
|---|---|---|---|---|---|---|---|---|
| 厚度(cm) | 7 | | 8 | | 4 | | 5 | |
| 规格和用量 | 规格 | 用量 | 规格 | 用量 | 规格 | 用量 | 规格 | 用量 |
| 封层料 | S13(S14) | 4～6 | S13(S14) | 4～6 | S13(S14) | 4～6 | S14 | 4～6 |
| 第五遍沥青 | | | | | | | | 0.8～1.0 |
| 第四遍嵌缝料 | | | | | | | S14 | 5～6 |

续表

| 沥青品种 | 石油沥青 | | | | 乳化沥青 | | | |
|---|---|---|---|---|---|---|---|---|
| 厚度(cm) | 7 | | 8 | | 4 | | 5 | |
| 规格和用量 | 规格 | 用量 | 规格 | 用量 | 规格 | 用量 | 规格 | 用量 |
| 第四遍沥青 | | | | | S14 | 0.8～1.0 | | 1.2～1.4 |
| 第三遍嵌缝料 | | | | | | 5～6 | S12 | 7～9 |
| 第三遍沥青 | | 1.0～1.2 | | 1.0～1.2 | S12 | 1.4～1.6 | | 1.5～1.7 |
| 第二遍嵌缝料 | S10(S11) | 11～13 | S10(S11) | 11～13 | | 7～8 | S10 | 9～11 |
| 第二遍沥青 | | 2.4～2.6 | | 2.6～2.8 | S9 | 1.6～1.8 | | 1.6～1.8 |
| 第一遍嵌缝料 | | 18～20 | S6(S8) | 20～22 | | 12～14 | S8 | 10～12 |
| 第一遍沥青 | S6(S8) | 3.3～3.5 | | 4.0～4.2 | S5 | 2.2～2.4 | | 2.6～2.8 |
| 主层石料 | S3 | 80～90 | S1(S2) | 95～100 | | 40～45 | S4 | 50～55 |
| 沥青总用量 | 6.7～7.3 | | 7.6～8.2 | | 6.0～6.8 | | 7.4～8.5 | |

注：① 煤沥青贯入式的沥青用量可较石油沥青用量增加15%～20%；
② 表中乳化沥青是指乳液的用量，并适用于乳液浓度约60%的情况，如果浓度不同，用量应予换算；
③ 在高寒地区及干旱风砂大的地区，可超出高限，再增加5%～10%。

## 二、材料规格及用量

沥青贯入式路面的结合料可采用道路石油沥青、煤沥青或乳化沥青，集料应选择有棱角、嵌挤性好的坚硬石料，其规格和用量宜根据贯入层厚度按表4-4或表4-5选用。主层集料最大粒径

**上拌下贯式路面的材料规格和用量（JTG F40—2004）　　表4-5**

（用量单位：集料：m³/1000m²；沥青及沥青乳液：kg/m²）

| 沥青品种 | 石油沥青 | | | | | |
|---|---|---|---|---|---|---|
| 厚度(cm) | 4 | | 5 | | 6 | |
| 规格和用量 | 规格 | 用量 | 规格 | 用量 | 规格 | 用量 |
| 第二遍嵌缝料 | S12 | 5～6 | S12(S11) | 7～9 | S12(S11) | 7～9 |
| 第二遍沥青 | | 1.4～1.6 | | 1.6～1.8 | | 1.6～1.8 |
| 第一遍嵌缝料 | S10(S9) | 12～14 | S8 | 16～18 | S8(S7) | 16～18 |
| 第一遍沥青 | | 2.0～2.3 | | 2.6～2.8 | | 3.2～3.4 |
| 主层石料 | S5 | 45～50 | S4 | 55～60 | S3(S2) | 66～76 |
| 沥青总用量 | 3.4～3.9 | | 4.2～4.6 | | 4.8～5.2 | |

| 沥青品种 | 石油沥青 | | 乳化沥青 | | | |
|---|---|---|---|---|---|---|
| 厚度(cm) | 7 | | 5 | | 6 | |
| 规格和用量 | 规格 | 用量 | 规格 | 用量 | 规格 | 用量 |
| 第四遍嵌缝料 | | | | | S14 | 4～6 |
| 第四遍沥青 | | | | | | 1.3～1.5 |
| 第三遍嵌缝料 | | | S14 | 4～6 | S12 | 8～10 |
| 第三遍沥青 | | | | 1.4～1.6 | | 1.4～1.6 |
| 第二遍嵌缝料 | S10(S11) | 8～10 | S12 | 9～10 | S9 | 8～12 |
| 第二遍沥青 | | 1.7～1.9 | | 1.8～2.0 | | 1.5～1.7 |
| 第一遍嵌缝料 | S6(S8) | 18～20 | S8 | 15～17 | S6 | 24～26 |
| 第一遍沥青 | | 4.0～4.2 | | 2.5～2.7 | | 2.4～2.6 |
| 主层石料 | S2(S3) | 80～90 | S4 | 50～55 | S3 | 50～55 |
| 沥青总用量 | 5.7～6.1 | | 5.9～6.2 | | 6.7～7.2 | |

注：① 煤沥青贯入式的沥青用量可较石油沥青用量增加15%～20%；

② 表中乳化沥青是指乳液的用量，并适用于乳液浓度约为60%的情况；

③ 在高寒地区及干旱风砂大的地区，可超出高限，再增加5%～10%；

④ 表面加铺拌合层部分的材料规格及沥青（或乳化沥青）用量按热拌沥青混合料（或乳化沥青碎石混合料路面）的有关规定执行。

宜与贯入层厚度相当。当采用乳化沥青时，主层集料最大粒径可采用厚度的0.8～0.85倍，数量宜按压实系数1.25～1.30计算。表面不加铺拌合层的贯入式路面在施工结束后每1000m$^2$宜另备2～3m$^3$与最后一层嵌缝料规格相同的细集料供初期养护使用。

**三、施工程序及要求**

1. 整修和清扫基层。

2. 浇洒透层或粘层沥青。乳化沥青贯入式路面必须浇洒透层或粘层沥青。沥青贯入式路面厚度小于或等于5cm时，也应浇洒透层或粘层沥青。

3. 摊铺主层矿料。采用碎石摊辅机、平地机或人工摊铺主层集料。铺筑后严禁车辆通行。

4. 第一次碾压。采用6～8t的轻型钢筒式压路机自路两侧向路中心碾压，碾压速度宜为2km/h，每次轮迹重叠约30cm，碾压一遍后检验路拱和纵向坡度，当不符合要求时，应调整找平后再压。然后用重型的钢轮压路机碾压，每次轮迹重叠1/2左右，宜碾压4～6遍，直至主层集料嵌挤稳定，无显著轮迹为止。

5. 浇洒第一层沥青。采用乳化沥青贯入时，为防止乳液下漏过多，可在主层集料碾压稳定后，先撒布一部分嵌缝料，再浇洒主层沥青。

6. 撒布第一层嵌缝料。撒布后尽量扫匀，不足处应找补。当使用乳化沥青时，石料撒布必须在乳液破乳前完成。

7. 第二次碾压。用8～12t钢筒式压路机碾压嵌缝料，轮迹重叠轮宽的1/2左右，宜碾压4～6遍，直至稳定为止。碾压时随压随扫，使嵌缝料均匀嵌入。因气温较高使碾压过程中发生较大推移现象时，应立即停止碾压，待气温稍低时再继续碾压。

8. 按上述方法浇洒第二层沥青、撒布第二层嵌缝料、然后进行碾压，再浇洒第三层沥青。

9. 撒布封层料。按撒布嵌缝料方法撒布封层料。

10. 最后碾压及开放交通。用6～8t压路机作最后碾压，宜碾压 2～4 遍，然后开放交通。

沥青贯入式路面施工的技术要求及注意事项与沥青表面处治路面相同，见本章第三节的规定。

## 第五节　沥青混合料路面

### 一、类型及特点

1. 分类。沥青混合料路面是指将沥青混合料，经摊铺、压实而成的路面。沥青混合料是由矿料与沥青结合料拌合而成的混合料的总称。按材料组成及结构分为连续级配、间断级配混合料，按矿料级配组成及空隙率大小分为密级配、开级配、半开级配混合料。按公称最大粒径的大小可分为特粗式（公称最大粒径大于 31.5mm）、粗粒式（公称最大粒径等于或大于 26.5mm）、中粒式（公称最大粒径 16 或 19mm）、细粒式（公称最大粒径 9.5 或 13.2mm）、砂粒式（公称最大粒径小于 9.5mm）沥青混合料。按制造工艺分热拌沥青混合料、冷拌沥青混合料、再生沥青混合料等。

（1）密级配沥青混合料。按密实级配原理设计组成的各种粒径颗粒的矿料与沥青结合料拌合而成，设计空隙率较小（3%～6%），包括密实式沥青混凝土混合料（以 AC 表示）、密实式沥青稳定碎石混合料（以 ATB 表示）和沥青玛瑞脂碎石混合料（以 SMA 表示）。

（2）开级配沥青混合料。矿料级配主要由粗集料嵌挤组成，细集料及填料较少，设计空隙率大于 18%的混合料，包括大孔隙开级配排水式沥青磨耗层（以 OGFC 表示）及排水式沥青碎石混合料基层（以 ATPB 表示）。

（3）半开级配沥青碎石混合料。由适当比例的粗集料、细集料及少量填料（或不加填料）与沥青结合料拌合而成，经马歇尔标准击实成型试件的剩余空隙率在 6%～12%的称为半开式沥青碎石混合料（以 AM 表示）。

2. 特点。沥青混合料路面具有密度大、整体性好、强度高、抵抗自然因素破坏能力强等特点，是一种适合现代汽车交通的高级路面。由于它具有较高的强度，能承受繁重的车辆交通，因而也要求有十分坚固的基层。由于沥青作为粘结矿料的粘结料，对温度的变化非常敏感，因而沥青混合料路面的温度稳定性较差，高温季节易产生波浪、推移、拥包等现象，低温时容易出现裂缝，因此要提高沥青混合料路面的高温稳定性及低温抗裂性。另外还应注重这类路面的抗滑性。

## 二、热拌沥青混合料路面

1. 一般规定

(1) 种类及适用范围。热拌沥青混合料（HMA）适用于各种等级道路的沥青路面。其种类按集料公称最大粒径、矿料级配、空隙率划分，分类见表 4-6。

**热拌沥青混合料种类（JTG F40—2004）　　表 4-6**

| 混合料类型 | 密级配 | | | 开级配 | | 半开级配 | 公称最大粒径（mm） | 最大粒径（mm） |
|---|---|---|---|---|---|---|---|---|
| | 连续级配 | | 间断级配 | 间断级配 | | 沥青碎石 | | |
| | 沥青混凝土 | 沥青稳定碎石 | 沥青玛琋脂碎石 | 排水式沥青磨耗层 | 排水式沥青碎石基层 | | | |
| 特粗式 | — | ATB-40 | — | — | ATPB-40 | — | 37.5 | 53.0 |
| 粗粒式 | — | ATB-30 | — | — | ATPB-30 | — | 31.5 | 37.5 |
| 粗粒式 | AC-25 | ATB-25 | — | — | ATPB-25 | — | 26.5 | 31.5 |
| 中粒式 | AC-20 | — | SMA-20 | — | — | AM-20 | 19.0 | 26.5 |
| 中粒式 | AC-16 | — | SMA-16 | OGFC-16 | — | AM-16 | 16.0 | 19.0 |
| 细粒式 | AC-13 | — | SMA-13 | OGFC-13 | — | AM-13 | 13.2 | 16.0 |
| 细粒式 | AC-10 | — | SMA-10 | OGFC-10 | — | AM-10 | 9.5 | 13.2 |
| 砂粒式 | AC-5 | — | — | — | — | | 4.75 | 9.5 |
| 设计空隙率（%） | 3～5 | 3～6 | 3～4 | ＞18 | ＞18 | 6～12 | — | — |

注：空隙率可按配合比设计要求适当调整。

(2) 各层沥青混合料应满足所在层位的功能性要求，便于施工，不容易离析。各层应连续施工并联结成为一个整体。当发现混合料结构组合及级配类型的设计不合理时应进行修改、调整，以确保沥青路面的使用性能。

(3) 沥青面层集料的最大粒径宜从上至下逐渐增大，并应与压实层厚度相匹配。对热拌热铺密级配沥青混合料，沥青层一层的压实厚度不宜小于集料公称最大粒径的 2.5～3 倍，对 SMA 和 OGFC 等嵌挤型混合料不宜小于公称最大粒径的 2～2.5 倍，以减少离析，便于压实。

2. 施工准备。铺筑沥青层前，应检查基层或下卧沥青层的质量，不符合要求的不得铺筑沥青面层。旧沥青路面或下卧层已被污染时，必须清洗或经铣刨处理后方可铺筑沥青混合料。

石油沥青加工及沥青混合料施工温度应根据沥青标号及黏度、气候条件、铺装层的厚度确定。普通沥青混合料的施工温度可参照表 4-7 的范围选择，聚合物改性沥青混合料的施工温度通常较普通沥青混合料的施工温度提高 10～20℃。SMA 混合料的施工温度应视纤维品种和数量、矿粉用量的不同，在改性沥青混合料的基础上作适当提高。

3. 配合比设计。沥青混合料必须在对同类道路配合比设计和使用情况调查研究的基础上，充分借鉴成功的经验，选用符合要求的材料，按规定的程序进行配合比设计；当材料与同类道路完全相同时，也可直接引用成功的经验。经设计确定的标准配合比在施工过程中不得随意变更。但生产过程中应加强跟踪检测，严格控制进场材料的质量，如遇材料发生变化并经检测如沥青混合料的矿料级配、马歇尔技术指标不符合要求时，应及时调整配合比，使沥青混合料的质量符合要求并保持相对稳定，必要时重新进行配合比设计。

4. 混合料的拌制。沥青混合料必须在沥青拌合厂（场、站）采用间歇式拌合机或连续式拌合机拌制沥青混合料，高速公路、一级公路及城市快速路、主干路宜采用间歇式拌合机拌合，并配备计算机设备，拌合过程中逐盘采集并打印材料用量和沥青混合料拌合量、拌合温度等各种参数，如果数据有异常波动时，应立即停止生产，分析原因。连续式拌合机使用的集料必须稳定不变，当料源或质量不稳定时，不得采用连续式拌合机。

**热拌沥青混合料的施工温度（℃）(JTG F40—2004)　　表 4-7**

<table>
<tr><th colspan="2" rowspan="2">施　工　工　序</th><th colspan="4">石油沥青的标号</th></tr>
<tr><th>50 号</th><th>70 号</th><th>90 号</th><th>110 号</th></tr>
<tr><td colspan="2">沥青加热温度</td><td>160～170</td><td>155～165</td><td>150～160</td><td>145～155</td></tr>
<tr><td rowspan="2">矿料加热温度</td><td>间隙式拌合机</td><td colspan="4">集料加热温度比沥青温度高 10～30</td></tr>
<tr><td>连续式拌合机</td><td colspan="4">矿料加热温度比沥青温度高 5～10</td></tr>
<tr><td colspan="2">沥青混合料出料温度</td><td>150～170</td><td>145～165</td><td>140～160</td><td>135～155</td></tr>
<tr><td colspan="2">混合料贮料仓贮存温度</td><td colspan="4">贮料过程中温度降低不超过 10</td></tr>
<tr><td colspan="2">混合料废弃温度,高于</td><td>200</td><td>195</td><td>190</td><td>185</td></tr>
<tr><td colspan="2">运输到现场温度,不低于</td><td>150</td><td>145</td><td>140</td><td>135</td></tr>
<tr><td rowspan="2">混合料摊铺温度,不低于</td><td>正常施工</td><td>140</td><td>135</td><td>130</td><td>125</td></tr>
<tr><td>低温施工</td><td>160</td><td>150</td><td>140</td><td>135</td></tr>
<tr><td rowspan="2">开始碾压的混合料内部温度,不低于</td><td>正常施工</td><td>135</td><td>130</td><td>125</td><td>120</td></tr>
<tr><td>低温施工</td><td>150</td><td>145</td><td>135</td><td>130</td></tr>
<tr><td rowspan="3">碾压终了的表面温度,不低于</td><td>钢轮压路机</td><td>80</td><td>70</td><td>65</td><td>60</td></tr>
<tr><td>轮胎压路机</td><td>85</td><td>80</td><td>75</td><td>70</td></tr>
<tr><td>振动压路机</td><td>75</td><td>70</td><td>60</td><td>55</td></tr>
<tr><td colspan="2">开放交通的路表温度,不高于</td><td>50</td><td>50</td><td>50</td><td>45</td></tr>
</table>

注：① 沥青混合料的施工温度采用具有金属探测针的插入式数显温度计测量。表面温度可采用表面接触式温度计测定。当采用红外线温度计测量表面温度时，应进行标定；

② 表中未列入的 130 号、160 号及 30 号沥青的施工温度由试验确定。

沥青混合料拌合时间根据具体情况经试拌确定，以沥青均匀裹覆集料为准，拌合好的沥青混合料应色泽均匀、无花白料、无结团料、无粗细料分离现象。间歇式拌合机每盘的生产周期不宜少于 45s（其中干拌时间不少于 5～10s)。改性沥青和 SMA 混合料的拌合时间应适当延长。

沥青混合料出厂时应逐车检测沥青混合料的重量和温度，记录出厂时间，签发运料单。

5. 混合料的运输。热拌沥青混合料宜采用较大吨位的运料车运输，运料车的运力应稍有富余，施工过程中摊铺机前方应有运料车等候。运料车每次使用前后必须清扫干净，在车厢板上涂一薄层防止沥青粘结的隔离剂或防粘剂，但不得有余液积聚在车厢底部。运料车运输混合料时宜用苫布覆盖，保温、防雨、防污染。沥青混合料在摊铺地点凭运料单接收，若混合料不符合施工温度要求，或已经结成团块、已遭雨淋的不得铺筑。

6. 混合料的摊铺。热拌沥青混合料应采用沥青摊铺机摊铺，摊铺前应提前 0.5～1h 预热熨平板（温度不低于 100℃）。高速公路、一级公路及城市快速路、主干路宜采用两台或更多台数的摊铺机前后错开 10～20m 成梯队方式同步摊铺，相邻两幅应有 30～60mm 左右宽度的搭接，避免出现冷接缝。

摊铺机必须缓慢、均匀、连续不间断地摊铺。摊铺速度宜控制在 2～6m/min 的范围内，对改性沥青混合料及 SMA 混合料宜放慢至 1～3m/min。沥青混合料的松铺系数应根据混合料类型由试铺试压确定。摊铺过程中应随时检查摊铺层厚度、道路路拱、横坡及各种检查井、雨水斗。

在路口处、道路加宽处、道路与其他构筑物相接处、平曲线半径过小的弯道处或路面狭窄部分，以及小规模工程不能采用摊铺机铺筑时可用人工摊铺混合料。人工摊铺时应扣锹布料，不得扬锹远甩，铁锹等工具宜沾防胶粘剂或加热使用；边摊铺边用刮板或耙子整平，整平时应轻重一致，严防集料离析；摊铺不得中途停顿，并加快碾压，如因故不能及时碾压时，应立即停止摊铺，并对已卸下的沥青混合料覆盖苫布保温。

7. 压实及成型。沥青混凝土的最大压实厚度不宜大于 100mm，沥青稳定碎石的压实层厚度不宜大于 120mm。沥青路面施工应配备足够数量的压路机，选择合理的压路机组合方式及初压、复压、终压（包括成型）的碾压步骤，以达到最佳碾压效果。压路机应以慢而均匀的速度碾压，碾压速度应符合表4-8的要求，在不产生严重推移和裂缝的前提下，初压、复压、终压都应在尽可能高的温度下进行。同时不得在低温状况下作反复碾压，使石料棱角磨损、压碎，破坏集料嵌挤。

**压路机碾压速度（km/h）　　表4-8**

| 压路机类型 | 初压 | | 复压 | | 终压 | |
|---|---|---|---|---|---|---|
| | 适宜 | 最大 | 适宜 | 最大 | 适宜 | 最大 |
| 钢筒式压路机 | 2～3 | 4 | 3～5 | 6 | 3～6 | 6 |
| 轮胎压路机 | 2～3 | 4 | 3～5 | 6 | 4～6 | 8 |
| 振动压路机 | 2～3（静压或振动） | 3（静压或振动） | 3～4.5（振动） | 5（振动） | 3～6（静压） | 6（静压） |

（1）初压。初压应紧跟摊铺机后碾压，以尽快使表面压实，减少热量散失。初压通常采用钢轮压路机静压1～2遍。碾压时从外侧向中心、由低处向高处碾压。初压后应检查平整度、路拱，有严重缺陷时进行修整乃至返工。如摊铺后的混合料初始压实度较大，可免去初压直接进入复压工序。

（2）复压。复压应紧跟在初压后开始，且不得随意停顿。对密级配沥青混凝土的复压宜优先采用重型的轮胎压路机进行搓揉碾压，以增加密实性；对粗集料为主的较大粒径的混合料，尤其是大粒径沥青稳定碎石基层，宜优先采用振动压路机复压；对厚度小于30mm的薄沥青层不宜采用振动压路机碾压；对路面边缘、加宽段、港湾式停车站、检查井及雨水斗周围等大型压路机难于碾压的部位，宜采用小型振动压路机或振动夯板作补充碾压，碾压至要求的压实度为止。

当采用三轮钢筒式压路机时，总质量不宜小于12t，相邻碾压带宜重叠后轮的1/2宽度，并不应少于200mm。

（3）终压。终压应紧接在复压后进行，如经复压后已无明显轮迹时可免去终压。终压可选用双轮钢筒式压路机或关闭振动的振动压路机碾压不宜少于2遍，至无明显轮迹为止。

SMA路面宜采用振动压路机或钢筒式压路机碾压。振动压路机应遵循“紧跟、慢压、高频、低幅”的原则，即紧跟在摊铺机后面，采取高频率、低振幅的方式慢速碾压。如发现SMA混合料高温碾压有推拥现象，应复查其级配是否合适。

压路机不得在未碾压成型路段上转向、调头、加水或停留。在当天成型的路面上，不得停放各种机械设备或车辆，不得散落矿料、油料等杂物。

8. 接缝。沥青路面必须接缝紧密、连接平顺，不得产生明显的接缝离析。上下层的纵缝应错开150mm（热接缝）或300～400mm（冷接缝）以上。相邻两幅及上下层的横向接缝均应错位1m以上。

（1）纵缝。摊铺时采用梯队作业的纵缝应采用热接缝，将已铺部分留下100～200mm宽暂不碾压，作为后续部分的基准面，然后作跨缝碾压以消除缝迹。当半幅施工或因特殊原因而产生纵向冷接缝时，宜加设挡板或加设切刀切齐，也可在混合料尚未完全冷却前用镐刨除边缘留下毛茬的方式，但不宜在冷却后采用切割机作纵向切缝。加铺另半幅前应涂洒少量沥青，重叠在已铺层上50～100mm，再铲走铺在前半幅上面的混合料，碾压时由边向中碾压留下100～150mm，再跨缝挤紧压实。或者先在已压实路面上行走碾压新铺层150mm左右，然后压实新铺部分。

（2）横缝。高速公路、一级公路及城市快速路、主干路的表面层横向接缝应采用垂直的平接缝（图4-1*c*），以下各层可采用自然碾压的斜接缝（图4-1*a*），沥青层较厚时也可作阶梯形接缝

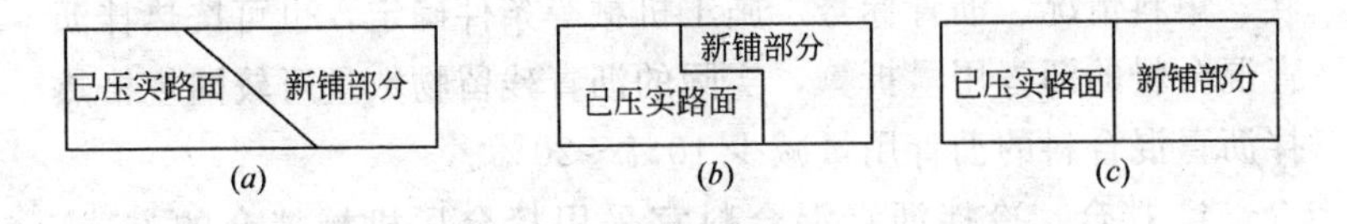


图4-1 横向接缝的几种形式

（*a*）斜接缝；（*b*）阶梯形接缝；（*c*）平接缝

(图 4-1*b*)。其他等级公路的各层均可采用斜接缝。

斜接缝的搭接长度与层厚有关，宜为0.4～0.8m。搭接处应洒少量沥青，混合料中的粗集料颗粒应予剔除，并补上细料，搭接平整，充分压实。阶梯形接缝的台阶经铣刨而成，并洒粘层沥青，搭接长度不宜小于3m。

9. 开放交通。热拌沥青混合料路面应完全自然冷却，混合料表面温度低于50℃后，方可开放交通。需要提早开放交通时，可洒水冷却降低混合料温度。铺筑好的沥青层应严格控制交通，做好保护，保持整洁，不得造成污染，严禁在沥青层上堆放施工产生的土或杂物，严禁在已铺沥青层上制作水泥砂浆。

## 三、冷拌沥青混合料路面

1. 适用范围。冷拌沥青混合料路面是指用乳化沥青或液体沥青与适当比例的集料在常温下拌合，经摊铺、压实而成的路面。冷拌沥青混合料适用于做三级及三级以下公路、城市道路支路的沥青面层、二级公路的罩面层施工，以及各级道路沥青路面的联结层或整平层，还可用于沥青路面的坑槽冷补。

2. 材料要求。冷拌沥青混合料宜采用乳化沥青或液体沥青拌制，也可采用改性乳化沥青。冷拌沥青混合料宜采用密级配沥青混合料，当采用半开级配的冷拌沥青碎石混合料路面时应铺筑上封层。

3. 配合比设计。冷拌沥青混合料配合比应通过实验确定，当材料与同类道路完全相同时，也可直接引用成功的经验。乳化沥青碎石混合料的乳液用量应根据当地实践经验以及交通量、气候、集料情况、沥青标号、施工机械等条件确定，也可按热拌沥青混合料的沥青用量折算，实际的沥青残留物数量可较同规格热拌沥青混合料的沥青用量减少10％～20％。

4. 拌合。冷拌沥青混合料宜采用拌合厂机械拌合的方式。缺乏厂拌条件时也可采用现场路拌。当采用阳离子乳化沥青拌合时，宜先用水使集料湿润，若湿润后仍难于与乳液拌合均匀时，应改用破乳速度更慢的乳液，或用1%～3%浓度的氯化钙($CaCl_2$)水溶液代替水润湿集料表面。拌合时间应根据实际情况调节并通过试拌确定，矿料中加进乳液后的机械拌合时间不宜超过30s，人工拌合时间不宜超过60s。

5. 摊铺。已拌好的混合料应立即运至现场进行摊铺，并在乳液破乳前结束。摊铺可采用机械摊铺或人工摊铺方式。摊铺时应注意防止混合料离析。

6. 碾压。乳化沥青冷拌混合料摊铺后宜采用6t左右的轻型压路机初压1～2遍，使混合料初步稳定，再用轮胎压路机或钢筒式压路机碾压1～2遍。当乳化沥青开始破乳、混合料由褐色转变成黑色时，改用12～15t轮胎压路机碾压，将水分挤出，复压2～3遍后停止，待晾晒一段时间，水分基本蒸发后继续复压至密实为止。当压实过程中有推移现象时应停止碾压，待稳定后再碾压。当天不能完全压实时，可在较高气温状态下补充碾压。当缺乏轮胎压路机时，也可采用钢筒式压路机或较轻的振动压路机碾压。

7. 养生及开放交通。乳化沥青混合料路面施工结束后宜封闭交通2～6h，并注意做好早期养护。开放交通初期，应设专人指挥，车速不得超过20km/h，不得刹车或掉头。

## 第六节　沥青类路面的季节施工及安全施工

### 一、冬季低温季节施工措施

气温在5℃以下时一般不宜进行沥青路面的施工。但由于特殊情况必须在冬季低温季节进行沥青路面施工时，应按冬季低温季节施工的规定进行操作。下面以热拌沥青混合料为例简述冬季低温施工应采取的措施：

1. 提高混合料的出厂、摊铺和碾压温度，使其符合表4-7的低温施工要求。

2. 在施工现场准备好挡风、加热、保温工具和设备等。

3. 施工时间宜在上午 9 时至下午 4 时进行，做到快卸料、快摊铺、快整平、快碾压。

4. 人工摊铺时，卸料后应用苫被等及时覆盖保温。

5. 在混合料摊铺前必须保持底层清洁、干燥且无冰雪。对接缝处已被压实的沥青面层进行预热，沥青混合料摊铺后，在接缝处用热夯夯实，热烙铁烫平，并使压路机沿缝加强碾压。

6. 施工单位与供料单位要密切配合，做到定时定量，及时供应材料，严格组织生产，以减少接缝。

对于沥青贯入式和沥青表面处治路面，由于都是就地洒油，沥青的热量极易散发而很快降温，因而要求在干燥和较热的季节施工，并宜在日最高温度低于 15℃到来之前半个月结束。

## 二、雨季施工措施

沥青路面不允许在下雨时进行施工。进入雨季施工时，必须采取以下防雨措施。

1. 注意天气预报。加强工地现场、沥青拌合厂和气象台、站之间的联系。现场应控制施工路段长度，各工序要紧密衔接。

2. 运料车和工地应备有防雨措施，并做好基层及路肩的排水措施。

3. 下雨或路面的下承层潮湿时，均不得摊铺沥青混合料。对未经压实即遭雨淋的沥青混合料，要全部清除，更换新料。

## 三、施工安全措施

1. 凡患有皮肤病、眼病、喉病、面部或手部有破伤及对沥青有过敏的人，不应做沥青加工工作，特别是不应做煤沥青加工工作。

2. 凡接触沥青的工作人员必须穿工作服和靴子，戴手套。

3. 如果有人被沥青灼伤时，应立即将粘在皮肤上的沥青用酒精、松节油或煤沥青等擦洗干净，再用高锰酸钾溶液或硼酸水擦洗灼伤处，情况严重时应立即请医务人员进行急救。

4. 工地上应备有治灼伤，防暑等药品。

5. 加热沥青地点距附近建筑物至少 40m，并备有灭火器、砂、湿麻袋、湿草包等防火用品。

6. 喷洒沥青时要先检查洒布机的高压胶管与喷油管的连接是否牢固，洒油时要经常观察出油是否正常。要顺风操作，喷油中断时，应将喷头放在油箱内，将喷头内的余油全部喷出。

7. 施工现场应设立安全标志，并特别注意操作和交通安全。运料车到达时，要有专人指挥。压路机开动和倒退前，要看清前后方、两侧是否有人，严禁无关人员在施工现场玩耍。

8. 施工负责人在施工前应向施工人员说明防止沥青中毒、防火等安全注意事项，经常进行安全教育和检查工作。

# 第五章　水泥混凝土路面

## 第一节　水泥混凝土路面概述

水泥混凝土路面，是以水泥与水制成的水泥浆为结合料，碎(砾）石、砂为集料，经过拌合、摊铺、振捣、养生而成的一种高级路面。它具有较大的刚度和较高的弯拉强度，因此又称为刚性路面。

### 一、水泥混凝土路面的优点

1. 强度高。水泥混凝土路面具有很高的抗压强度、较高的抗弯拉强度以及抗磨耗能力。

2. 稳定性好。混凝土路面的水稳性、热稳性均较好，特别是它的强度能随着时间的延长而逐渐提高，不存在沥青路面的那种“老化”现象。

3. 耐久性好。由于混凝土路面的强度和稳定性好，所以经久耐用，一般能使用30～50年，而且它能通行包括履带式车辆等在内的各种运输工具。

4. 养护维修费少。水泥混凝土路面建成后，不需要很大的养护和维修费用，因其寿命较长，故分摊于每年的建设费用相对较少，从长远来看，选用水泥混凝土路面是较经济的。

5. 有利于夜间行车。水泥混凝土路面色泽鲜明，能见度好，对夜间行车有利。

### 二、水泥混凝土路面的缺点

1. 一次性投资大，对水泥和水的需求量大，这对水泥供应不足和缺水地区带来较大困难。

2. 有接缝。混凝土路面要建造许多接缝，这些接缝不但增加施工和养护的复杂性，而且容易引起行车跳动，影响行车的舒适性，接缝又是路面受力的薄弱点，如处理不当，将导致路面板边和板角处破坏。

3. 开放交通较迟。混凝土路面完工后，一般要经过15～28d的湿治养生，才能开放交通，在交通繁忙的城市道路上铺筑水泥混凝土路面难度较大。如需提早开放交通，则需采取特殊措施。

4. 修复困难。混凝土路面损坏后，开挖很困难，修补工作量也大，因此水泥混凝土建成后，一般不宜再刨掘敷设地下管线。

### 三、水泥混凝土路面的分类

水泥混凝土路面包括普通混凝土、钢筋混凝土、连续配筋混凝土、预应力混凝土、装配式混凝土和钢纤维混凝土路面。目前采用最广泛的是就地浇筑的普通混凝土路面。

所谓普通混凝土路面，是指除接缝区和局部范围（边缘和角隅）外不配置钢筋的混凝土路面，亦称素水泥混凝土路面。本教材以下所讲的混凝土路面，如无特别说明，均指素水泥混凝土路面。

## 第二节　水泥混凝土路面的构造

### 一、横断面形式及板厚

水泥混凝土路面表面具有良好的排水能力，所以路面可采用较平缓的横坡，一般为1%～2%。路拱形式多采用直线形和折线形。理论研究表明，在一定的轮载作用下，板中所产生的荷载应力约为板边产生的荷载应力的的2/3。因此，为适应荷载应力的变化，面层板的横断面应采用中间薄两边厚的形式（图5-1），

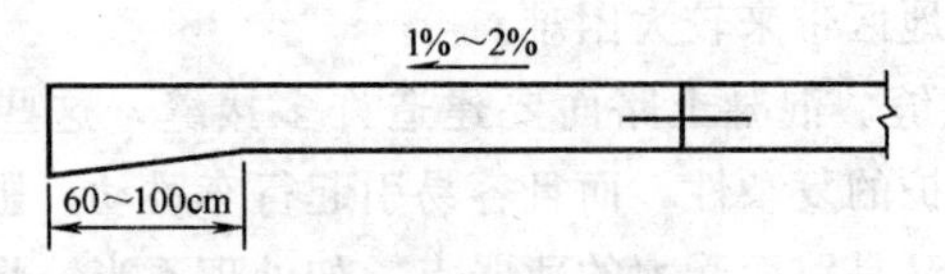

图 5-1 混凝土路面横断面示意图

一般板边部厚度较中部约大 25%，从路面最外两侧板的边部，在 0.6~1.0m 宽度范围内逐渐加厚。但是厚边式路面对土基和基层的施工带来不便；而且使用经验也表明，在厚度变化转折处，易引起板的折裂。因此，目前国内外常采用等厚式断面。

水泥混凝土路面所承受的轴载作用，按设计基准期内设计车道所承受的标准轴载累计作用次数分为 4 级，分级范围如表 5-1。

**交通分级** **表 5-1**

| 交通等级 | 特重 | 重 | 中等 | 轻 |
|---|---|---|---|---|
| 设计车道标准轴载累计作用次数 $N_e$($10^4$) | >2000 | 100~2000 | 3~100 | <3 |

混凝土板的厚度，须通过计算确定，一般情况下，特重型交通的道路混凝土板厚应大于 24cm，重型交通的道路混凝土板厚宜采用 22~27cm，中等交通的道路混凝土板厚宜采用 20~24cm，轻型交通的道路混凝土板厚不宜大于 23cm。

## 二、水泥混凝土路面的接缝

### （一）设置接缝的原因

水泥混凝土路面受气温变化的影响，会产生热胀冷缩的现象。由于一年四季气温的变化，混凝土板会产生不同程度的膨胀和收缩。而在一昼夜中，白天气温升高，混凝土板顶面温度比板底面高，这种温度坡差会形成板的中部隆起的趋势。夜间气温降低，板顶面温度较底面低，会使板的周边和角隅发生翘起的趋势。这些变形会受到板与基础之间的摩阻力和粘结力，以及板的自重及车轮荷载的约束，致使板内产生过大的应力，造成板的断裂或拱胀等破坏。为避免这些破坏，在混凝土路面纵横两个方向

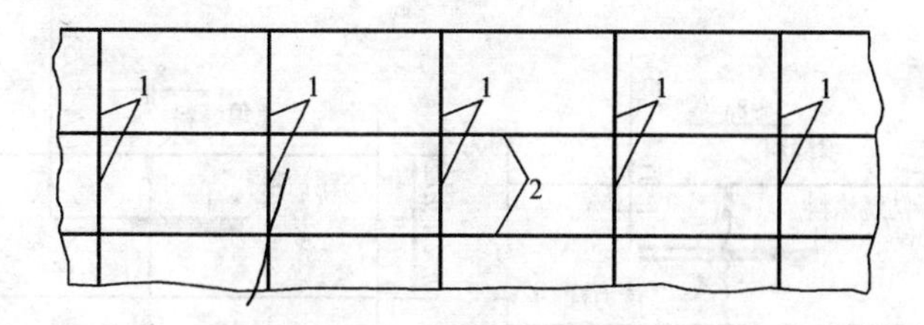


图 5-2　路面接缝设置

1—横缝；2—纵缝

设置许多接缝，把整个路面分割成许多板块，如图 5-2。

（二）接缝的种类及构造

1. 横缝。横缝是垂直于行车方向的接缝，共有三种：缩缝、胀缝和施工缝。缩缝保证板因温度和湿度的降低而收缩时沿该薄弱断面缩裂，从而避免产生不规则的裂缝。胀缝保证板在温度升高时能伸张，从而避免产生路面板在热天的拱胀和折断破坏，同时胀缝也能起到缩缝的作用。另外，混凝土路面每天完工以及因雨天或其他原因不能继续施工时要设置施工缝。

任何形式的接缝处板体都不可能是连续的，其传递荷载的能力总不如非接缝处。而且任何形式的接缝都不免要漏水。因此，对各种形式的接缝，都必须为其提供相应的传荷与防水的设施。

（1）缩缝。缩缝一般每隔 4～6m 设置一道，常采用假缝形式（见图 5-3），即只在板的上部设缝隙，当板收缩时将沿此最薄弱断面自行断裂。横向缩缝顶部应锯切槽口，深度为面层厚度的 1/5～1/4，宽度为 3～8mm，槽内填塞填缝料，以防水下渗及石砂等杂物进入缝内。

由于缩缝缝隙下面板断裂面凹凸不平，能起一定的传荷作用，一般不必设置传力杆，如图 5-3（*b*）所示。但对交通繁重、地基水文条件不良路段以及邻近胀缝或自由端部的 3 条缩缝，应在板厚中央设置传力杆，如图 5-3（*a*），这种传力杆应采用光面钢筋，长度为 40～50cm，直径 28～38mm，间距不大于 30cm 设一根，但最外侧的传力杆距纵向接缝或自由边的距离为15～25cm。

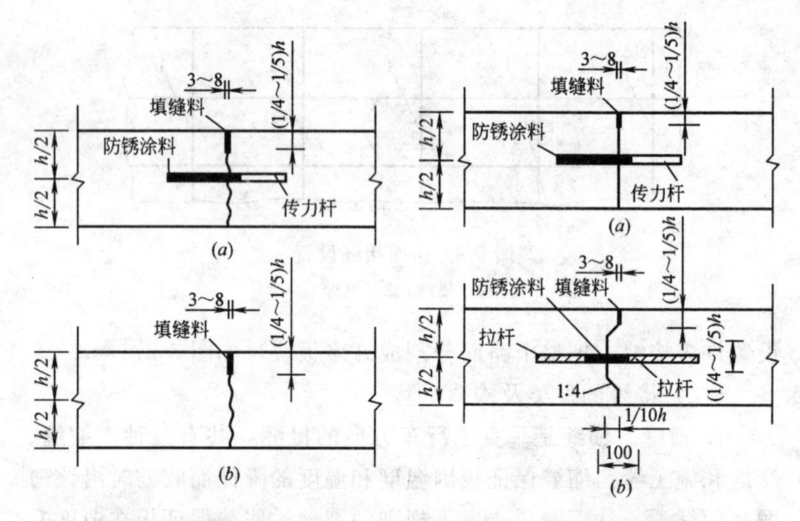


图 5-3　横向缩缝的构造
（尺寸单位：mm）
（*a*）设传力杆的假缝；
（*b*）不设传力杆的假缝

图 5-4　横向施工缝的构造
（尺寸单位：mm）
（*a*）设传力杆的平缝；
（*b*）设拉杆的企口缝

（2）施工缝。施工缝又叫工作缝，每日施工结束或因临时原因中断施工时，必须设置横向施工缝，其位置应尽可能选在缩缝或胀缝处。设在缩缝处的施工缝，应采用传力杆的平缝形式，其构造如图 5-4（*a*）所示；设在胀缝处的施工缝，其构造与胀缝相同，遇有困难需设在缩缝之间时，施工缝采用设拉杆的企口缝形式，其构造如图 5-4（*b*）所示。

（3）胀缝。在邻近桥梁或其他固定构造物处或其他道路相交处应设置横向胀缝。胀缝处混凝土完全断开，因而也称为真缝。胀缝的构造如图 5-5 所示。缝隙宽约 20～25mm。如施工时气温较高，或胀缝间距较短，应采用低限；反之用高限。缝隙上部 3～4cm 深度内浇灌填缝料，下部则设置富有弹性的填缝板，它可由油浸或沥青浸制的软木板制成。

胀缝中的传力杆一般采用长 40～50cm，直径 28～38mm 的光圆钢筋，间距不大于 30cm，传力杆用在基层预定位置上设置的钢筋支架予以固定。传力杆的半段固定在混凝土内，另半段涂以沥青并裹敷聚乙烯膜以保证传力杆与混凝土的滑动性，套上长约 8～10cm 的铁皮或塑料套筒，筒底与杆端之间留出宽约 3～4cm 的空隙，并用纱头等弹性材料填充，以利于板的自由伸缩。在同一条胀缝上的传力杆，设有套筒的活动端最好在缝的两边交错布置。

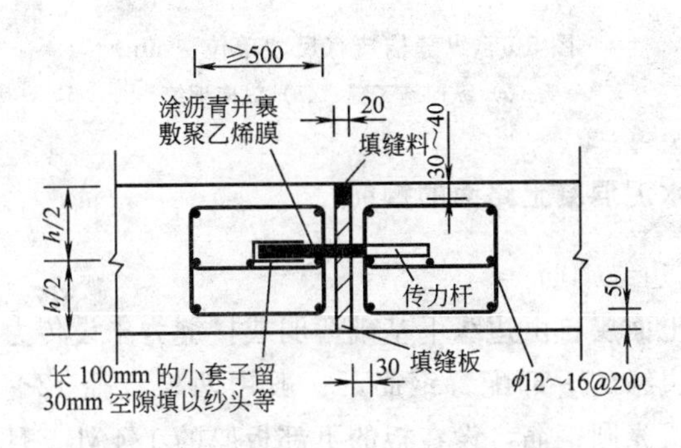


图 5-5　胀缝的构造（尺寸单位：mm）

2. 纵缝。纵缝是指平行于路面行车方向的接缝。纵缝间距一般按 3～4.5m 设置，这对行车和施工都较方便。一次铺筑宽度小于路面宽度时，应设置纵向施工缝。纵向施工缝采用平缝形式，上部应锯切槽口，深度为 30～40mm，宽度为 3～8mm，槽内灌塞填缝料，构造如图 5-6（*a*）所示；一次铺筑宽度大于 4.5m 时，应设置纵向缩缝。纵向缩缝采用假缝形式，锯切的槽口深度应大于施工缝的槽口深度。采用粒料基层时，槽口深度应为板厚的 1/3；采用半刚性基层时，槽口深度为板厚的 2/5。其构造如图 5-6（*b*）所示。

水泥混凝土路面的纵缝处板厚中央应设置拉杆，拉杆应采用螺纹钢筋，并应对拉杆中部 100mm 范围内进行防锈处理。拉杆的长度 70～80cm，直径 14～16mm，间距为 40～90cm，但最外侧的拉杆距横向接缝的距离不得大于 10cm。

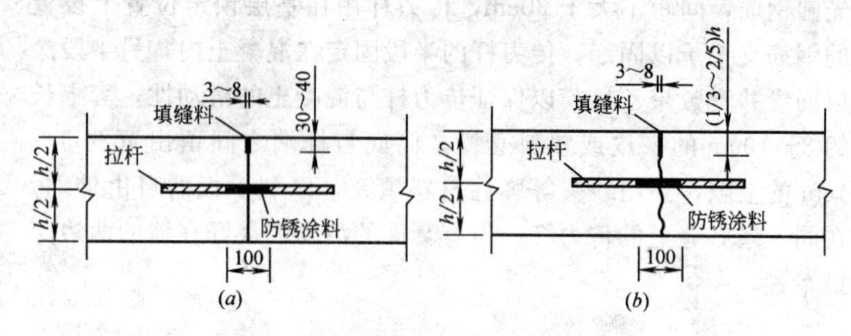


图 5-6 纵缝构造（尺寸单位：mm）

（a）纵向施工缝；（b）纵向缩缝

## 三、水泥混凝土路面的钢筋

（一）边缘钢筋

混凝土面层自由边缘下基础薄弱或接缝为未设传力杆的平缝时，可在边缘的下部配置钢筋，一般用两根直径 12～16mm 的螺纹钢筋或光圆钢筋，设在板的下部板厚的 1/4 处，且距边缘和板底均不小于 5cm，两根钢筋的间距不应小于 10cm（见图 5-7）。为加强锚固能力，钢筋两端应向上弯起。在横胀缝两侧板边缘以及混凝土路面的起终端处，为加强板的横向边缘，亦可设置横向边缘钢筋。

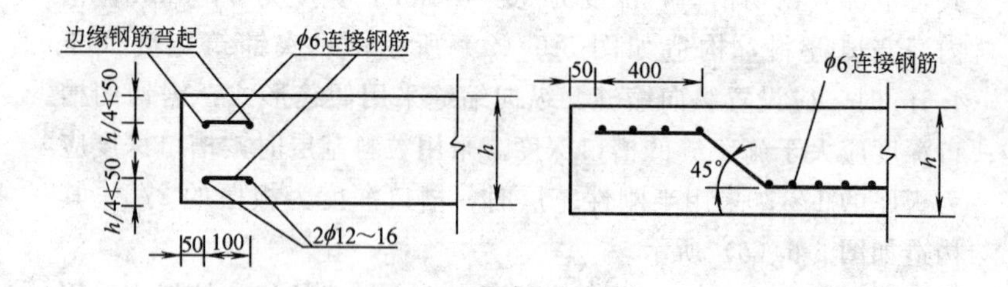


图 5-7 边缘钢筋布置图（尺寸单位：mm）

（二）角隅钢筋

在胀缝、施工缝和自由边的面层角隅及锐角面层角隅，宜配置角隅钢筋。角隅钢筋一般可用两根直径 12～14mm、长 2.4m 的螺纹钢筋弯成图 5-8 的形状。角隅钢筋应设在板的上部，距板顶面不小于 5cm，距胀缝和板边缘各为 10cm。

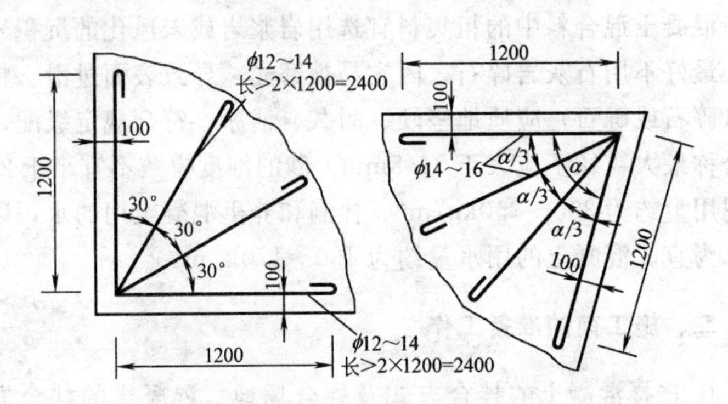


图 5-8 角隅钢筋布置图（尺寸单位：mm）

当混凝土路面中设置检查井、雨水口等其他构造物时，则宜设在板中或接缝处，构造物周围的混凝土面板需用钢筋加固。如构造物不可避免地布置在离板边小于 1m 时，则应在混凝土板受力薄弱断面处增设加固钢筋。

混凝土路面同桥梁相接处，宜设置钢筋混凝土搭板。搭板一端放在桥台上，并加设防滑锚固钢筋和在搭板上预留灌浆孔。如为斜交桥梁，尚应设置钢筋混凝土渐变板。渐变板的短边最小为 5m，长边最大为 10m。

## 第三节 水泥混凝土路面的施工

### 一、对面层混凝土材料的要求

修筑水泥混凝土面层所用的混合料，比其他结构物所使用的混合料要有更高的要求，因为它受到动荷载的冲击、摩擦和反复弯曲作用，同时还受到温度和湿度反复变化的影响。面层混合料必须具有较高的抗弯拉强度和耐磨性，良好的耐冻性以及尽可能低的膨胀系数和弹性模量。此外，混合料还应有适当的施工和易性，一般规定其坍落度为0～30mm。28d抗弯拉强度达到4.0～5.0MPa，28d抗压强度达到30～35MPa。

混凝土混合料中的粗集料宜选用岩浆岩或未风化的沉积岩碎石。最好不用石灰岩碎石，因它易被磨光，导致表面过滑。粗集料（碎石或砾石）应质地坚硬、耐久、洁净，符合规定级配，碎石公称最大粒径不应大于31.5mm。砂的细度模数不宜小于2.5；水泥用量约为300～350kg/m$^3$。拌制和养生混凝土用的水，以饮用水为宜。混凝土的用水量约为130～170L/m$^3$。

## 二、施工前的准备工作

1. 选择混凝土的拌合方式及拌合场地。混凝土的拌合方式有厂内集中拌合和现场拌合等。集中拌合具有管理方便、质量容易控制、生产效率高、对环境的污染较小等优点，因而在城市道路中采用较广泛。公路工程中多采用现场拌合，现场拌合选择场地时首先要考虑使运送混合料的运距最短，同时拌合场还要接近水源和电源，此外，拌合场应有足够的面积，以供堆放砂石材料和搭建水泥库房。

2. 进行材料试验和混凝土配合比设计。根据技术设计要求与当地材料供应情况，做好混凝土各组成材料的试验，进行混凝土各组成材料的配合比设计。

3. 基层的检查与整修。面层施工前均应检查基层的宽度、路拱与标高、表面平整度和压实度，如有不符合要求之处，应予整修，否则，将使面层的厚度变化过大，而增加其造价或减少其使用寿命。

4. 测量放样。根据设计图纸测设出道路中心线、路边线，并设置施工缝、各种伸缩缝、曲线起讫点和纵坡变坡点的中桩。

## 三、施工程序和方法

1. 安装模板。在摊铺混凝土前，应先安装模板。如果采用人工摊铺混凝土，则模板的作用仅用于支撑混凝土，可采用厚约4～8cm 的木模板，在弯道和交叉口路缘处，应采用 1.5～3cm 厚的薄模板，以便弯成弧形。条件许可时宜用钢模，不仅节约木材，而且保证工程质量。钢模可用厚 4～5mm 的钢板冲压制成，或用 3～4mm 厚钢板与边宽 40～50mm 的角钢或槽钢组合构成。

当用机械摊铺混凝土时，轨道和模板的安装精度直接影响到轨道式摊铺机的施工质量和施工进度，安装前应先对轨道及模板的有关质量指标进行检查和校正，安装中要用水准仪、经纬仪、钢尺等定出路面高程和线型，每 5～10m 一点，用挂线法将铺筑线型和高程固定下来。

模板按预先标定的位置安放在基层上，两侧用铁钎打入基层以固定位置。模板顶面用水准仪检查其标高，不符合时予以调整。模板的平面位置和高程控制都很重要，稍有歪斜和不平，都会反映到面层，使其边线不齐，厚度不准和表面呈波浪形。因此，施工时必须经常校验，严格控制。模板内侧应涂刷肥皂液、隔离剂或其他润滑剂，以便利拆模。

2. 传力杆设置。当两侧模板安装好后，即在需要设置传力杆的胀缝或缩缝位置上设置传力杆。混凝土板连续浇筑时设置胀缝传力杆的做法，一般是在胀缝板上预留圆孔以便传力杆穿过，胀缝板上面设木制或铁制嵌条，其旁再放一块胀缝挡板，按传力杆位置和间距，将胀缝挡板下部挖成倒 U 形槽，使传力杆由此通过。传力杆的两端固定在钢筋支架上，支架脚插入基层内（图 5-9*a*）。

对于不连续浇筑的混凝土板在施工结束时设置的胀缝，宜用顶头木模固定传力杆的安装方法。即在端头挡板外侧增设一块定位模板，板上同样按照传力杆间距及杆径钻成孔眼，将传力杆穿过端头挡板孔眼并直至外侧定位模板孔眼。两模板之间可用按传力杆一半长度的横木固定（图 5-9*b*）。继续浇筑邻板时，拆除端头挡板、固定横木及定位模板，设置胀缝板、压缝板条和传力杆套管。

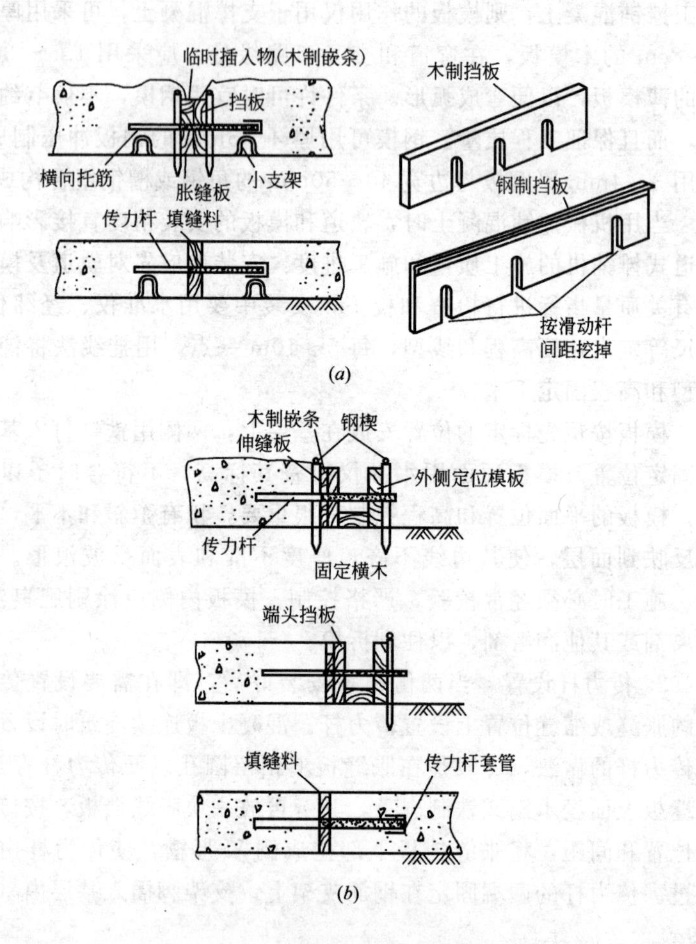


图 5-9 胀缝传力杆的架设

(*a*) 钢筋支架法；(*b*) 顶头木模固定法

3. 制备与运送混凝土混合料。在工地现场拌合混凝土时，应在拌合场地上合理布置拌合机和砂、石、水泥等材料的堆放地点，力求提高拌合机的生产率。拌制混凝土时，要准确掌握配合比，特别要严格控制用水量。每天开始拌合前，应根据天气变化情况，测定砂、石材料的含水量，以调整拌制时的实际用水量。

现场拌合的混合料需用手推车、翻斗车或自卸汽车运送。通常，手推车适宜的运距为30～50m，翻斗车适宜的运距为100～500m，自卸汽车适宜的运距为500～2000m。运送用的车厢必须在每天工作结束后，用水冲洗干净。

厂内集中拌合混凝土需用混凝土搅拌车运送，要选择不塞车的运输线路，确保在混凝土初凝前完成运输、摊铺、振捣等工序。

4. 摊铺和振捣。当运送混合料的车辆到达摊铺现场后，一般将混合料直接倒向安装好侧模的路槽内，并用人工找补均匀。要注意防止出现离析现象。摊铺时应考虑混凝土振捣后的沉降量，虚高可高出设计厚度约10％左右，使振实后的面层标高符合设计要求。

混凝土混合料的振捣器具，应由插入式振捣器、平板振捣器和振动梁配套作业。混凝土路面板厚在0.22m以内时，一般可一次摊铺，用平板振捣器振实，凡振捣不到之处，如面板的边角部、窨井、雨水斗附近，以及设置钢筋的部位，可用插入式振捣器进行振实，插入式振捣器在每一处的持续时间，至混凝土表面不再冒气泡和泛水泥浆为限，不宜过振，也不宜少于30s；当混凝土板厚较大时，可先插入振捣，然后再用平板振捣，以免出现蜂窝现象。

平板振捣器在同一位置停留的时间，一般为10～15s，以达到表面振出浆水，混合料不再沉落为宜。平板振捣后，用带有振捣器的、底面符合路拱横坡的振捣梁，两端搁在侧模上，沿摊铺方向振捣拖平。拖振过程中，多余的混合料将随着振捣梁的拖移而刮去，低陷处则应随时补足。随后，再用直径75～100mm长的无缝钢管，两端放在侧模上，沿纵向滚压一遍。

必须注意，当摊铺或振捣混合料时，不要碰撞模板和传力杆，以避免其移动变位。

当采用真空脱水工艺时，应选用真空度稳定、有自动脱水计量装置、有效抽速不小于15L/s的脱水机；每台真空脱水机应配备不少于3块真空吸垫，吸垫应密封性好、脱水效率高、操作方便、铺放容易、清洗方便。脱水前，应检查真空泵空载真空度不小于0.08MPa，并检查吸管、吸垫连接后的密封性；开机脱水后，最大真空度不宜超过0.085MPa，当达到规定时间和脱水量的要求后（双控），应将吸垫四周微微掀起10～20mm，继续抽吸15s，以便吸尽作业表面和吸管中的余水。

5. 筑做接缝

（1）胀缝。先浇筑胀缝一侧混凝土，拆去胀缝挡板后，再浇筑另一侧混凝土，钢筋支架浇在混凝土内。压缝板条使用前应涂废机油或其他润滑油，在混凝土振捣后，先抽动一下，而后最迟在终凝前将压缝板条抽出。抽出时为确保两侧混凝土不被扰动，可用木板条压住两侧混凝土，然后轻轻抽出压缝板条，再用铁模板将两侧混凝土抹平整。缝隙上部浇灌填缝料，留在缝隙下部的嵌缝板是用沥青浸制的软木板或油毛毡等材料制成。

（2）缩缝（即假缝）。用下列两种方法筑做。

1）切缝法。在混凝土捣实整平后，利用振捣梁将“T”形振动刀准确地按缩缝位置振出一条槽，随后将铁制压缝板放入，并用原浆修平槽边。当混凝土收浆抹面后，再轻轻取出压缝板，并即用专用抹子修整缝缘。这种做法要求谨慎操作，以免混凝土结构受到扰动和接缝边缘出现不平整（错台）。

2）锯缝法。在结硬的混凝土中用锯缝机（带有金刚石或金刚砂轮锯片）锯割出要求深度的槽口。这种方法可保证缝槽质量和不扰动混凝土结构。但要掌握好锯割时间，过迟因混凝土过硬而使锯片磨损过大且费工，而且更主要的可能在锯割前混凝土会出现收缩裂缝。过早混凝土因还未结硬，锯割时槽口边缘易产生剥落。合适的时间视气候条件而定，炎热而多风的天气，或者早晚气温有突变时，混凝土板会产生较大的湿度或温度坡差，使内应力过大而出现裂缝，锯缝应在表面整修后4h即可开始。如天气较冷，一天内气温变化不大时，锯割时间可晚至12h以上。

6. 表面整修与防滑措施。混凝土终凝前必须用人工或机械抹平其表面。当用人工抹光时，不仅劳动强度大、工效低，而且还会把水分、水泥和细砂带至混凝土表面，致使它比下部混凝土或砂浆有较高的干缩性和较低的强度。而采用机械抹面时可以克服以上缺点。目前国产的小型电动抹面机有两种装置：装上圆盘即可进行粗光；装上细抹叶片即可进行精光。在一般情况下，面层表面仅需粗光即可。抹面结束后，有时再用拖光带横向轻轻拖拉几次。

为保证行车安全，混凝土表面应具有粗糙抗滑的表面。最普通的做法是用棕刷顺横向在抹平后的表面上轻轻刷毛；也可用金属丝梳子梳成深 1～2mm 的横槽。近年来，采用一种更有效的方法，即在已硬结的路面上，用锯槽机将路面锯割成深 3～5mm、宽 2～3mm、间距 20mm 的小横槽。

7. 养生。为防止混凝土中水分蒸发过速而产生缩裂，并保证水泥水化过程的顺利进行，混凝土应及时养生。一般用下列几种养生方法。

（1）湿治养生。混凝土抹面 2h 后，当表面已有相当硬度，用手指轻压不显痕迹时即可开始养生。一般采用保湿膜、土工毡、土工布、麻袋、草袋、草帘等覆盖物，或者用 20～30mm 厚的湿砂覆盖于混凝土表面。每天均匀洒水数次，使其保持潮湿状态，至少延续 14d。

（2）养生剂养生。当混凝土表面不见浮水，用手指轻压无痕迹时，即可均匀喷洒养生剂塑料溶液，形成不透水的薄膜粘附于表面，从而阻止混凝土中水分的蒸发，保证混凝土的水化作用。喷洒养生剂的高度宜控制在 0.5～1cm，最小喷洒量不得少于 0.3kg/m$^2$，不得使用容易被雨水冲刷掉的和对混凝土强度、表面耐磨性有影响的养生剂。

（3）覆盖塑料薄膜养生。覆盖塑料薄膜的时间，以不压坏抗滑构造为准，薄膜厚度应合适，宽度应大于覆盖面 60cm，两条薄膜对接时，搭接宽度不小于 40cm。

8. 拆除模板。当混凝土抗压强度不小于 8MPa 时，方可拆模。缺乏实测数据时，允许最早拆模时间应符合表5-2的规定。拆模时不得扰动板边、板角、传力杆、拉杆周围的混凝土，也不得造成传力杆和拉杆的松动或变形。拆下模板后，应将粘附在模板上的砂浆清除干净，并及时修复损坏的模板。

9. 填缝。填缝工作宜在混凝土初步结硬后及时进行。填缝前，首先将缝隙内泥砂杂物清除干净，然后浇灌填缝料。

理想的填缝料应能长期保持弹性、韧性，热天缝隙缩窄时不软化挤出，冷天缝隙增宽时能胀大并不脆裂，同时还要与混凝土粘牢，防止土砂、雨水进入缝内，此外还要耐磨、耐疲劳、不易老化。实践表明，填料不宜填满缝隙全深，最好在浇灌填料前先用多孔柔性材料填塞缝底，然后再加填料，这样夏天胀缝变窄时填料不致受挤而溢至路面。

10. 开放交通。混凝土强度必须达到设计强度的90%以上时，方能开放交通。

**水泥混凝土路面的允许最早拆模时间（h）　　　表5-2**

| 昼夜平均温度(℃) | －5 | 0 | 5 | 10 | 15 | 20 | 25 | ≥30 |
|---|---|---|---|---|---|---|---|---|
| 硅酸盐水泥、R型水泥 | 240 | 120 | 60 | 36 | 34 | 28 | 24 | 18 |
| 道路、普通硅酸盐水泥 | 360 | 168 | 72 | 48 | 36 | 30 | 24 | 18 |
| 矿渣硅酸盐水泥 | | | 120 | 60 | 50 | 45 | 36 | 24 |

## 四、水泥混凝土路面施工新工艺

1. 滑模式摊铺机铺筑混凝土路面。近年来，国内已推广使用滑动模板摊铺机来修筑混凝土路面。其特征是不设边缘固定模板，能够一次完成布料摊铺、振捣密实、挤压成型、抹面修饰等混凝土路面的施工工序。在摊铺机尾部两侧装有模板随机前进，能兼做摊铺、振捣、压入杆件、切缝、整面和刻划防滑小槽等作业，成型的路面即在机后延伸出来。此机可铺筑不同厚度和不同宽度的混凝土路面，对无筋和配筋混凝土路面均可使用。工序紧凑，施工质量高，行进速度为1.2～3.0m/min，每天能铺筑长达 1600m 的双车道路面，能大大降低路面施工费用。此机的出现是混凝土路面施工技术的一大变革。

2. 轨道式摊铺机铺筑混凝土路面。首先在基层上安装轨道和钢模板，然后将混凝土用卸料机均匀分布在铺筑路段内，当摊铺机在轨道上行走时，通过螺旋摊铺机或叶片摊铺机将混凝土进一步摊铺平整。同时，用插入振捣器进行捣实，其后是一道全宽的弧面振捣梁施振整平，再用整平机进一步整平磨光。其他工序与人工摊铺法相同。

3. 碾压混凝土路面施工。碾压混凝土路面是采用特干硬性水泥混凝土拌合物，使用摊铺机摊铺、压路机械碾压而密实成型的水泥混凝土路面施工工艺。其工艺流程为：碾压混凝土拌合→运输→卸料→摊铺机摊铺→打入拉杆→钢轮压路机初压→振动压路机复压→轮胎压路机终压→抗滑构造处理→养生→切缝→填缝。这种路面比普通水泥混凝土路面节约水泥约 20%～30%，且施工进度快、养生时间短、开放交通早，具有较高的社会效益和经济效益。但在平整度、抗滑性、耐磨性等方面存在不足，因而仅用作高等级道路的下面层和一般道路的面层。

## 第四节　特殊气候条件下的施工

### 一、雨季施工

1. 经常与气象部门联系，掌握气象资料，充分利用不下雨的时间进行混凝土路面施工。

2. 做好防雨准备。在搅拌场及砂石料堆场应设置排水设施，搅拌楼的水泥和粉煤灰罐仓顶部通气口、料斗等应有覆盖措施；雨天施工时，应备足防雨篷、帆布、塑料布或薄膜。

3. 摊铺中遭遇阵雨时，应立即停止铺筑混凝土路面，并紧急使用防雨篷、帆布或塑料布覆盖尚未硬化的路面；被阵雨轻微冲刷过的路面，可采取硬刻槽或先磨平再刻槽的方式处理，被暴雨冲刷后的路面，平整度严重劣化或损坏的部位，应尽早铲除重铺。

## 二、高温季节施工

施工现场的气温超过 30℃，拌合物摊铺温度在 30～35℃，为避免混凝土中水分蒸发过快，致使混凝土干缩而出现裂缝，可采取下列措施：

1. 对自卸车上的混凝土在运输途中要加以遮盖。

2. 各道工序应紧密衔接，尽量缩短搅拌、运输、摊铺等各施工环节所消耗的时间。

3. 搭设临时性的遮光挡风设备，避免混凝土遭到烈日暴晒，并降低吹到混凝土表面的风速，减少水分蒸发；适当提早切缝时间，以防断板。

4. 避开中午高温时段施工，但夜间施工时应有良好的照明设施，并确保施工安全。

5. 砂石料堆应设遮阳棚；拌合物中宜加入允许最大掺量的粉煤灰或磨细矿渣；拌合物中应掺加足量的缓凝剂、保塑剂或缓凝减水剂等。

## 三、低温季节施工

混凝土强度的增长主要依靠水泥的水化作用。当水结冰时，水泥的水化作用即停止，而混凝土的强度也就不再增长，而且当水结冰时体积会膨胀，促使混凝土结构松散破坏。因此，施工现场连续 5 昼夜平均气温低于 5℃，或最低气温低于－3℃时必须停止施工。由于特殊情况必须在低温（昼夜平均气温高于 5℃，最低气温在－3℃以上时）施工时，应采取下述措施：

1. 采用高强度等级（32.5 以上）快凝水泥，或掺入早强剂或促凝剂，或增加水泥用量。

2. 加热水或集料。较常用的方法是仅将水加热，一是加热水的设备简单，水温容易控制；二是水的热容量比粒料热容量大，但热水温度不得高于80℃。

拌制混凝土时，先用温度超过70～80℃的水同冷集料相拌合，使混合料在拌合时的温度不超过40℃，摊铺后的温度不低于5℃。

3. 混凝土整修完毕后，表面应覆盖蓄热保温材料，必要时还应加盖养生暖棚。

# 第六章　桥梁施工的基本知识

## 第一节　施工测量

### 一、桥梁施工测量的主要内容

在桥涵的施工准备阶段和施工过程中，应进行下列测量工作：

1. 对设计单位所交付的所有桩位和水准基点及其测量资料进行检查、核对；

2. 建立满足精度要求的施工控制网，并进行平差计算；

3. 补充施工需要的桥涵中线桩和水准点；

4. 测定墩（台）纵横向中线及基础桩的位置；

5. 对有关构造物进行必要的施工变形观测和精度控制；

6. 测定并检查施工部分的位置和标高，为工程质量的评定提供依据；

7. 对已完工程进行竣工测量。

### 二、桥梁平面测量

（一）平面控制网的布设

桥梁的平面施工控制网，除了用以精密测定桥梁长度外，还要用它来放样各个墩台位置，保证其上部结构的正确连接。

施工控制网的布设，应根据总平面设计和施工地区的地形条件来确定，布网时，必须考虑到施工的程序、方法、现场拆迁情况、城市施工围档以及施工场地的整体布置，同时要考虑到所采用的测量仪器，特别是 GPS、全站仪等自动化测量设备的广泛应用，给控制网的布设提供了更加灵活的方式。

布网时，可以利用桥址地形图拟定布网方案，为防止控制点被破坏，所布设的点位应画在施工总平面图上，并做好明显的标志。

常用的三角网图形如下图 6-1 所示。

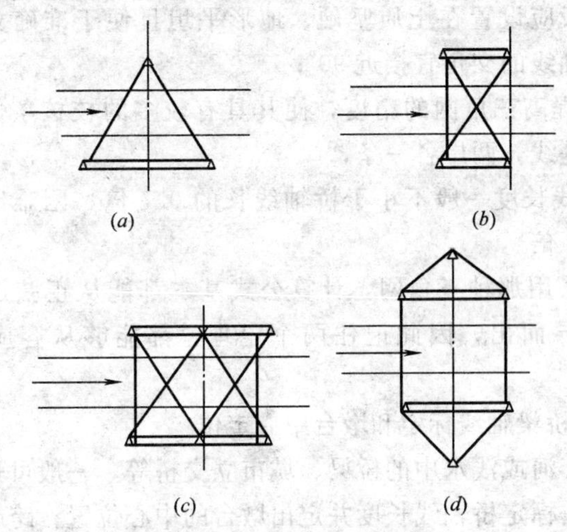

图 6-1　常用三角网图形

使用时，应对具体情况作具体分析，因地制宜的选择一种。图形的选择主要取决于桥长（或河宽）、设计要求、仪器设备和地形条件。

三角网的布设除应满足三角测量本身的需要外，还应遵循以下原则：

1. 构成三角网的各点，应便于采用前方交会法进行墩台放样，并使各点间能相互通视；

2. 桥轴线应作为三角网之一边。两岸中线上应各设一个三角点，使之与桥台相距不远，以便于计算桥梁轴线的长度，并利用墩台放样；

3. 三角点不可设置在可能被河水淹没、存储材料区、地下水位升降易使之移位处、车辆来往频繁处；

4. 三角网的图形主要根据跨河桥位中线的长度而定，在满足精度的前提下，图形应力求简单，平差计算方便，并具有足够的强度；

5. 单三角形内之任一角应大于30°，小于120°；

6. 基线位置的选择，应满足相应测距方法对地形等因素的要求，一般应设置在土质坚硬、地形平坦且便于准确丈量的地方，与桥轴线的交角宜接近90°；

7. 为提高三角网的精度，使其具有较多的校核条件，通常丈量两条基线，两岸各一条；

8. 基线长度一般不小于桥轴线长的0.7倍，困难地段也不应小于0.5倍。

无论采用那种三角网，计算公式基本都能从正弦定理及余弦定理推导而出，因此记住两个定理，都能够从容应对三角测量。

（二）桥梁轴线标定和墩台中心定位

对于干河或浅水中的桥梁、城市立交桥等，一般可采用直接丈量的方法标定桥轴线长度并定出墩台的中心位置；跨越江河的大桥或特大桥，通常河宽水深，需按照本文上述方法建立三角控制网来测算桥梁轴线长度，并利用三角控制网放样桥梁墩台，放样时多采用前方交会法。

目前由于电子测距设备的广泛应用，定位受施工地形限制越来越小，方法也越来越灵活了。

（三）曲线上桥梁的墩台中心定位

曲线上桥梁一般有以下形式：

1. 预制安装的简支梁（板）。线形虽为曲线，但各孔的梁（板）为直线，在曲线上是以折线形式布置的，各墩的中心即是折线的交点。

2. 就地浇筑的弯梁（板）以及预制安装的弯梁（板）等。立交桥中的匝道多采用这种形式。

曲线桥梁墩台中心放样的方法主要有偏角法、支距法、坐标法、交会法和综合法等，对于干旱河沟中的曲线桥或城市立交桥等，一般采用偏角法、支距法和坐标法；对于部分或全部位于水中不能直接丈量的曲线桥墩台，则可采用交会法和综合法进行定位。

（四）平面施工放样

平面施工放样就是将图纸上结构物的位置、形状、大小在实地标定出来，以作为施工的依据。

在进行放样之前，测量人员首先要熟悉结构物的总体布置图和细部结构设计图，根据由整体到局部的原则，以控制网作为放样依据，找出主要轴线和主要点的设计位置，以及各部分之间的几何关系，再结合现场条件与控制点的分布，研究并采用适宜的放样方法。

“测量是施工的眼睛”，施工放样贯穿整个施工过程，是保证施工质量的一个重要前提。

施工放样的主要内容有：

1. 墩台纵横向轴线的确定；

2. 基坑开挖及墩台扩大基础的放样；

3. 桩基础的桩位放样；

4. 承台及墩身结构尺寸、位置放样；

5. 墩帽及支座垫石的结构尺寸、位置放样；

6. 各种桥型的上部结构中线及细部尺寸放样；

7. 桥面系结构的位置、尺寸放样。

## 三、桥梁高程测量

（一）高程控制网的布设

桥梁施工前，首先应根据现场实际情况布设水准控制点，水准点的布设应遵循以下原则：

1. 大桥、特大桥施工水准点测设精度应不低于四等水准测量要求，桥头两岸应设置不少于 2 个水准点，每岸至少设 1 个稳固基准点；

2. 中、小桥和涵洞水准测量按五等水准要求设置水准点；

3. 水准点应设置在桥址附近安全稳固处，并便于施工观测；

4. 根据施工需要以及地质不良或易受到破坏的地段适当增设辅助水准点，其精度应符合五等水准要求，且尚须符合下列要求：辅助点与基准点间转镜不超过两次；高差不超过 2m 且不在同一地质或结构物基础上。

（二）桥梁的高程放样

结构物的高程放样，主要采用几何水准测量的方法，有时也采用钢尺直接丈量竖直距离；深基坑的高程放样，可采用悬挂钢尺的方法进行高程传递；对于高桥墩（塔），则可采用悬挂钢尺进行高程传递或采用三角高程测量的方法。

1. 几何水准测量。这是最为常用的一种高程测量方法，首先应将高程控制点以必要的精度引测到施工区域，建立临时水准点。临时水准点的密度应保证只架设一次仪器就可以放样出所需要的高程。

根据已知水准点的高程，放样设计高程的方法如图 6-2 所示。

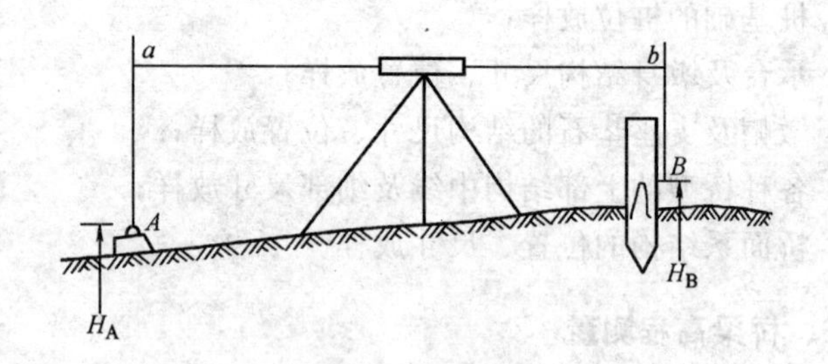


图 6-2　高程放样

2. 深基坑基底高程的放样。当测量深基坑基底高程时，因为高差大，再用水准测量的方法传递高程比较困难且很难保证精度，因此可采用图 6-3 的方法悬挂钢尺进行测量。

图中 $H_A$为已知水准点 $A$ 的高程，用挑杆将钢尺牢固的悬挂在基坑内，钢尺下悬坠额定重量的坠锤，在基坑顶及基坑底同时架设水准仪，上面水准仪后视 A 点水准尺得读数 $a$，仪器的视线高则为 $H_i = H_A + a$，前视钢尺得读数 $b$，坑底水准仪后视钢尺得读数 $c$，再前视 B 点水准尺得读数 $d$，则 B 点高程 $H_B$ 如下：

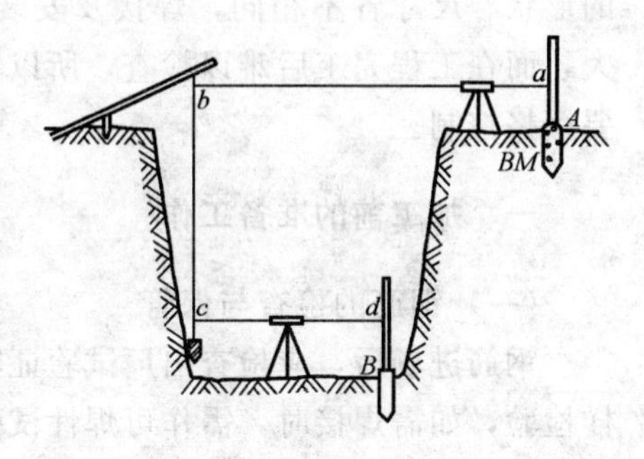


图 6-3　基底高程放样

$$H_B = H_A + a - (b - c) - d \quad (6\text{-}1)$$

3. 高桥墩和斜拉桥、悬索桥的索塔等高大构造物放样。高程放样同样可采用悬挂钢尺或三角高程放样的方法进行放样，本处仅简单介绍悬挂钢尺放样方法。

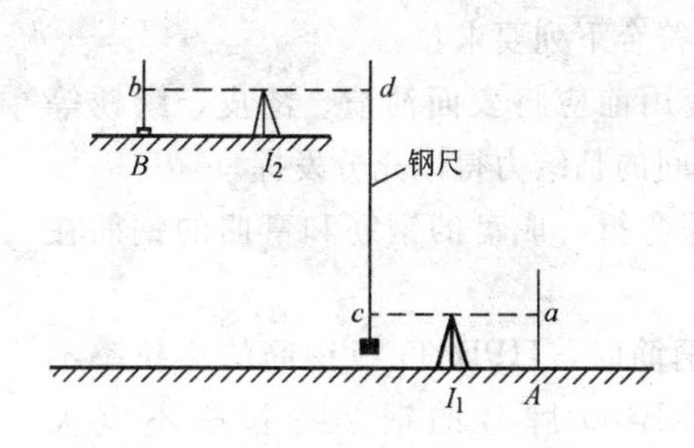


图 6-4　悬挂钢尺放样高程

如图 6-4 所示，A 点为已知水准点，钢尺悬挂完毕后，在地面及高塔上架设两台水准仪，$I_1$ 点水准仪后视 A 点水准尺读数 $a$，再前视钢尺读数 $c$；$I_2$ 点水准仪后视钢尺读数 $d$，再前视水准尺读数 $b$，则 B 点高程为：

$$H_B = H_A + a + (d - c) - b \quad (6\text{-}2)$$

## 第二节　钢筋加工与安装

钢筋施工的特点是使用的材料规格多，加工工序也多，成品的形状、尺寸各不相同，焊接及安装的好坏对构件质量影响很大，而在工程完工后难以检查，所以钢筋工作的各道工序，一定要严格控制。

## 一、加工前的准备工作

### （一）钢筋的检查与保管

钢筋进场后，应检查出厂试验证明书。并按规范规定进行抽样检验，如需焊接时，需作可焊性试验。

钢筋进场后，应妥善保管，具体做到：

1. 堆放场地应选择在地势较高处，上用料棚遮盖，下设垫块，使钢筋不受雨水浇淋；

2. 按不同等级、直径分别堆放，并表明数量；

3. 不和酸、盐、油一类的物品一起存放，以免污染。

### （二）钢筋的调直与清除油污

钢筋调直与清除油污应符合下列要求：

1. 钢筋表面应洁净，使用前应将表面油渍、漆皮、鳞锈等清除干净，使钢筋和混凝土间的粘结力得以充分发挥。

2. 钢筋应平直，无局部弯折，成盘的钢筋和弯曲的钢筋在使用前应予以调直。

3. 采用冷拉方法调直钢筋时，HPB235 级钢筋的冷拉率不宜超过 2%，HRB335、HRB400 牌号的钢筋冷拉率不宜大于 1%。

4. 弯曲的粗钢筋可在工作台上用手锤敲直，也可用手工扳子或自动机床矫直。

### （三）钢筋的配料

为了合理的利用钢材，提高工作效率，加工前应进行用料的设计工作，即配料。配料工作应以施工图纸和库存料规格及每一根钢筋的下料长度为依据，将不同直径和不同长度的各号钢筋顺序填写配料单（表 6-1），按表列各种长度及数量进行配料。然后按型号规格分别切断加工。

**钢筋配料单** **表 6-1**

工程名称：

| 构件号 | 图号 | 钢号 | 钢筋编号 | 直径 | 形状 | 下料长度 | 根数 | 总重 | 备注 |
|---|---|---|---|---|---|---|---|---|---|
| | | | | | | | | | |

1. 钢筋的下料长度计算

(1) 弯曲伸长计算。钢筋弯曲后，长度伸长，在划线配料时应将此伸长部分扣除。一般可按以下数字估算：弯 45°时伸长 2/3$d$；弯 90°时伸长 1$d$；弯 180°时伸长 1.5$d$。

(2) 下料长度计算

下料长度＝钢筋设计长度＋接头长度－弯曲伸长值

(3) 单位长度钢筋理论重量的计算。每米钢筋重量可按下式计算：

$$G=0.617d^2 \tag{6-3}$$

式中 $G$——每米钢筋质量（kg/m）；

$d$——钢筋直径（cm）。

2. 配料注意事项：

(1) 对于有接头的钢筋，配料时应注意使接头的位置尽量错开，并符合如下规定：受力钢筋焊接和绑扎接头应设置在内力较小处，并错开布置，对于绑扎接头，两接头间距离不小于 1.3 倍搭接长度；对于焊接接头，在接头长度区段内，同一根钢筋不得有两个接头，配置在接头长度区段内的受力钢筋，其接头的截面积占总截面积的百分比应符合表 6-2 的规定，对于绑扎接头，亦须符合表 6-2 规定。

(2) 当施工图中采用的钢筋品种或规格与库存材料不一致时，可参考如下原则进行代换：

1) 等强度代换。结构构件系强度控制，钢筋按强度相等代换；

2) 等面积代换。结构构件系最小含筋率控制，钢筋则按面积相等原则进行代换；

**接头长度区段内受力钢筋接头面积的最大百分率　　表 6-2**

| 接头形式 | 接头面积最大百分率(%) | |
|---|---|---|
| | 受拉区 | 受压区 |
| 绑扎接头 | 25 | 50 |
| 焊接接头 | 50 | 不受限 |

注：① 焊接接头长度区段内是指 35$d$ 长度范围，但不小于 500mm；绑扎接头长度区段是指 1.3 倍搭接长度；
② 同一根钢筋上的接头尽量少；
③ 装配式构件连接处的受力钢筋焊接接头可不受此限制。

3）结构构件系受裂缝开展宽度控制时，钢筋代换需进行裂缝验算。

（四）钢筋的切断

钢筋切断可依据其直径的大小，用人工或机械的方法进行。

对于 10mm 以下的钢筋，可采用钢筋钳剪断；对于 10mm 以上的钢筋，一般采用钢筋切断机进行切断。

## 二、钢筋加工

（一）钢筋接长

1. 闪光接触对焊。其优点是钢筋的传力性能好，省钢材，能电焊各种钢筋，避免了钢筋的拥挤。

闪光接触对焊，可分为不加预热的连续闪光和加预热的闪光两种方法。一般常用不加预热的连续闪光焊。若对焊机功率不足，不能连续闪光焊时，对直径较粗的钢筋，可采用加预热的闪光焊。

采用不加预热的连续闪光焊时，系将夹紧对焊机钳口内的钢筋，在接通电流时，以不大的压力移近钢筋两头，使轻微接触。在移近过程中，钢筋端间隙向四面喷射火花，而钢筋端头则逐渐发生熔化。缓慢地移拢钢筋端部，以保持连续闪光。在钢筋熔融到既定的长度值后，便对钢筋进行快速的顶锻，至此焊接操作即告完成。

采用预热闪光焊接时，系将钢筋移拢，使两端面轻微接触，以便立即激发瞬时的闪光过程，然后移开钢筋。这样继续移拢或移开使钢筋端部逐渐加热。移近次数视钢筋直径、对焊机功率而定，一般在 3～20 次范围内变动，最后对钢筋进行快速顶锻。

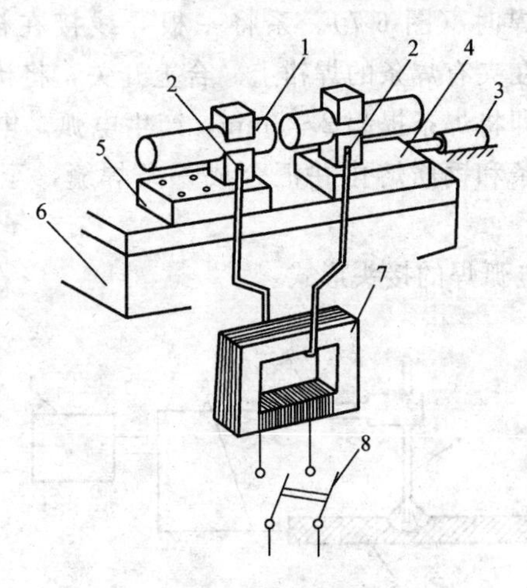


图 6-5　接触对焊示意图

1—钢筋；2—电极；3—压力构件；4—活动平板；5—固定平板；6—机身；7—变压器；8—闸刀

图 6-5 为接触对焊示意图，图 6-6 为接触对焊的接头形式。

钢筋对焊完毕，应对接头进行外观检查，并按批切取部分接头进行机械性能试验。

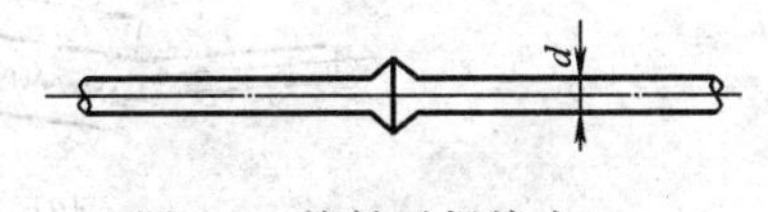


图 6-6　接触对焊接头

外观检查应满足下列要求：

（1）接头应有适当的镦粗和均匀的金属毛刺。

（2）钢筋表面无裂缝和明显的烧伤。

（3）接头如有弯折，其角度不得大于 4°。

（4）两根钢筋的轴线在接头处的偏移不得大于钢筋直径的 0.1 倍，也不得大于 2mm。

（5）抗拉试验时，其抗拉极限强度不能小于该种钢筋抗拉极限强度。

（6）绕一定直径的心棒作 90°冷弯试验时，不得出现裂缝，亦不得沿焊接部位破坏。

2. 电弧焊

采用电弧焊时（图 6-7）。系将一根导线接在被焊钢筋上，另一根导线接在夹有焊条的焊钳上。合上开关，将接触焊件接通电流，此时立即将焊条提起 2～3mm，产生电弧。电弧温度高达 4000℃，将焊条和钢筋熔化并汇合成一条焊缝，至此焊接过程结束。

图 6-8 为电弧焊的接头形式。

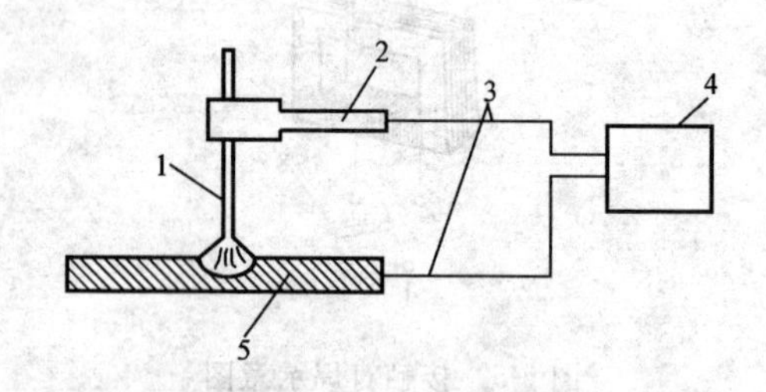


图 6-7 电弧焊接示意图

1—焊条；2—焊钳；3—导线；4—电源；5—被焊构件

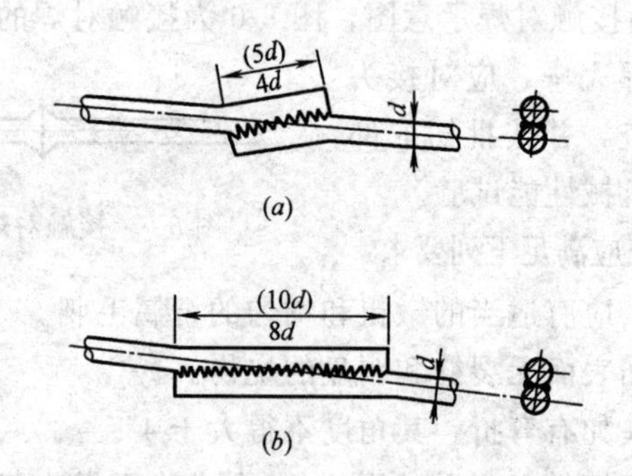


图 6-8 电弧焊接头（不带括号适用于 HPB235 级钢筋，带括号适用于 HRB335、HRB400 级钢筋）

（a）双面焊缝；（b）单面焊缝

钢筋焊接完毕，同样应对接头进行外观检查，并进行机械性能试验。

外观检查应满足下列要求：

（1）焊缝应没有缺口、裂缝和较大的金属焊瘤。

（2）接头处钢筋轴线的曲折，其角度不得大于4°。

（3）接头处钢筋轴线的偏移不得大于钢筋直径的0.1倍，亦不得大于3mm。

（4）焊缝宽度和焊缝高度应按图6-9所示的尺寸进行测量。

机械性能试验，其抗拉极限强度不能小于该种钢筋的抗拉极限强度。

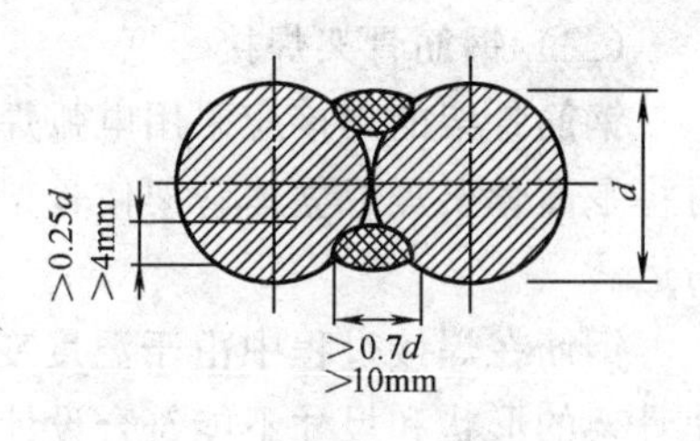

图6-9 焊缝宽度和高度

在搭接焊中，采用单面焊缝或双面焊缝，应视施工情况而定。在预制钢筋骨架中多采用双面焊缝，在模板内焊合的钢筋，多采用单面焊缝。

3. 铁丝绑扎搭接。当没有条件采用焊接时，接头可用铁丝绑扎搭接，但钢筋直径不得超过25mm。其搭接长度见表6-3。

**受拉钢筋搭接长度　　表6-3**

| 钢筋类型 | | 混凝土强度等级 | | |
|---|---|---|---|---|
| | | C20 | C25 | 高于C25 |
| HPB235级钢筋 | | 35$d$ | 30$d$ | 25$d$ |
| 螺纹钢筋 | HRB335牌号钢筋 | 45$d$ | 40$d$ | 35$d$ |
| | HRB400牌号钢筋 | 55$d$ | 50$d$ | 45$d$ |

注：① 当混凝土在凝固过程中受力钢筋易受扰动时，其搭接长度宜适当增加；

② 在任何情况下，纵向受拉钢筋的搭接长度不应小于250mm；受压钢筋的搭接长度不应小于200mm；

③ 当混凝土强度等级低于C20时，HPB235级、HRB335牌号的钢筋搭接长度应按表中C20的数值相应增加10$d$；HRB500钢筋不宜采用；

④ 对有抗震要求的受力钢筋搭接长度，当抗震烈度为七级（及以上）时应增加5$d$；

⑤ 两根不同直径的钢筋的搭接长度，以较细的钢筋直径计算。

4. 点焊。点焊采用电焊机焊接钢筋网或骨架中的交叉点钢筋。将已除锈污的钢筋交叉点放入电焊机的两电极间，使钢筋通电发热至一定温度后，加压使点焊金属焊牢。

5. 电渣压力焊。电渣压力焊是利用电流将埋在渣池中的两钢筋端头熔化，然后施加压力使钢筋焊接。常用于竖向钢筋的接长，适用于现场焊接 $\phi$14～40 的Ⅰ～Ⅲ级钢筋。

另外，钢筋接长还有挤压连接和锥螺纹连接等机械连接形式。

（二）钢筋骨架焊接

钢筋骨架的焊接应采用电弧焊，先焊成单片平面骨架，然后再将平面骨架焊成立体骨架使骨架有足够刚性和不变形性，以便吊运。

钢筋在焊接过程中由于温度变化，骨架将会发生翘曲变形，使骨架的形状和尺寸不能符合设计要求，同时会在焊缝内产生收缩应力而使焊缝开裂。因此，为了防止施焊过程中骨架的变形，在施工工艺上要采取一定的措施。一般常在电焊工作台上用先点焊后跳焊（即错开焊接次序）的方法进行焊接；另外采用双面焊缝使骨架的变形尽可能均匀对称。

钢筋骨架焊接应在工作台上进行，工作台台高一般为 30～40cm，钢筋按照骨架的外框尺寸用角钢固定在台面上，每根斜筋的两侧也用角钢固定。

钢筋按设计图布置就绪后，各钢筋用点焊固定相对位置，使钢筋骨架各部位不致因施焊时加热膨胀及冷却收缩而走动。

无论是点焊或施焊，骨架相邻部位的钢筋不能连续进行，而应该错开焊接顺序（即跳焊）。

同一部位有多层钢筋时，各条焊缝也不能一次焊好，而要错开施焊。当多层钢筋直径不同时，可先焊两直径相同的，再焊直径不同的。在拼装 T 形骨架时，还应考虑焊接变形和梁的预拱度对骨架尺寸的影响而预留拱度，其值可参考表 6-4 的。

焊接骨架预留拱度　　表 6-4

| T梁跨径(m) | ＜10 | 10 | 16 | 20 |
| --- | --- | --- | --- | --- |
| 工作台上的预拱度(cm) | 3 | 3～5 | 4～5 | 5～7 |

（三）弯制成型

钢筋应按设计尺寸和形状用冷弯方法弯制成型。当弯制钢筋的工作量不大时，可用人工弯筋器在成型台上弯制。当弯制大量钢筋时，宜采用电动弯曲机，能弯制直径 6～40mm 的钢筋，并可弯成各种角度。

弯制每种钢筋的第一根时，应反复修正，使其与设计尺寸和形状相符，并以此样件作标准，用以检查以后弯成的钢筋。成型后的钢筋，其偏差不应大于表 6-5 的规定。

钢筋加工的容许偏差　　表 6-5

| 序　　号 | 主 要 内 容 | 允许偏差(mm) |
| --- | --- | --- |
| 1 | 受力钢筋顺长度方向加工后的全长 | ±10 |
| 2 | 弯起钢筋各部分尺寸 | ±20 |
| 3 | 箍筋、螺旋筋各部分尺寸 | ±5 |

## 三、钢筋的安装

在模板内安装钢筋之前，应详细检查模板各部分尺寸，并检查模板有无歪斜、裂缝及变形等。所有变形和尺寸不符之处应在安装钢筋之前予以修正。

安装钢筋时，应使其位置准确。为了保证底模板与钢筋间具有一定厚度的保护层，可在钢筋下面垫以预先制好的混凝土块，并用预埋在垫块中的钢丝绑扎在钢筋上，以免浇筑混凝土时发生移动。为了保证钢筋与模板侧面具有一定厚度的保护层和固定钢筋相互间的横向净距、上下层钢筋间的净距，可在钢筋与模板之间垫以混凝土块；钢筋与钢筋之间垫以短钢筋。配置在同一截面内的混凝土垫块应错开，以免把混凝土受拉区域截断。垫块间的距离采用 0.7～1.0m。

钢筋安装的顺序视钢筋混凝土构件的形状，钢筋配置情况，混凝土浇筑先后而定，一般可依下列次序进行。

1. 基础钢筋安装。先在模板侧壁上以粉笔标明主筋位置，然后将主筋置于基坑底上，其次把分布钢筋每隔 3、4 根安置 1 根，并用钢丝把分布钢筋与主筋紧密绑扎以固定主筋位置，再次安置其余的分布钢筋，最后进行全部绑扎工作。如有伸入躯体的直立钢筋应予以绑扎固定。

2. 墩台钢筋安装。宜预先制成钢筋骨架，然后整个安装。

3. 上部构造钢筋安装。应由下而上进行安装，正常的顺序是主梁、横梁、副纵梁、桥面板。桥面板钢筋的安装步骤与基础钢筋相同。

4. 桩、立柱和装配式钢筋混凝土构件钢筋安装。通常都是先做好钢筋骨架，然后安装于模板内。安装钢筋时的偏差不应大于表 6-6 的规定。

**安装钢筋时的允许偏差** **表 6-6**

| 序号 | 主要内容 | | 允许偏差(mm) |
|---|---|---|---|
| 1 | 两排以上受力钢筋的钢筋间距 | | ±5 |
| 2 | 同一排受力钢筋的钢筋间距 | 梁、板、拱肋 | ±10 |
| | | 基础、墩、台、柱、灌注桩 | ±20 |
| 3 | 钢筋弯起点位置 | | ±20 |
| 4 | 箍筋、横向钢筋间距、螺旋筋间距 | | 0,−20 |
| 5 | 焊接预埋件 | 中心线位置 | 5 |
| | | 水平高差 | +3 |
| 6 | 混凝土保护层厚度 | 墩、台、基础 | ±10 |
| | | 柱、梁、拱肋 | ±5 |
| | | 板 | ±5 |

## 第三节 混凝土浇筑

### 一、混凝土浇筑前的准备工作

在混凝土浇筑前，应根据现场的实际情况，拟定相应的施工方案，其中主要是确定浇筑程序和速度、拌合物的运输方法、振动方法与浇筑速度相适应的劳力组织等。同时做好下列工作。

（一）检查原材料

1. 水泥。水泥是混凝土原材料中起主导作用的材料，必须严格要求。每批进场水泥，必须附有质量证明文件，对强度等级、品种不明或超过出厂日期三个月者，应取样试验，鉴定后方可使用。对受过潮的水泥，硬块应筛除并进行试验，根据实际强度使用。

2. 砂子。混凝土用的砂子，应采用级配合理、质地坚硬、颗粒洁净的天然砂，砂中有害杂质含量不得超过规范规定。

3. 石子。混凝土用的石子，有碎石和卵石两种，要求质地坚硬、有足够强度，表面洁净，针状、片状颗粒以及泥土、杂物等含量不得超过规范规定。

4. 水。水中不得含有妨碍水泥正常硬化的有害杂质，不得含有油脂、糖类和游离酸等。

（二）检查混凝土配合比

设计配合比时，必须满足强度、和易性、耐久性和经济性的要求。根据设计的配合比及施工所采用的原材料，在与施工条件相同的情况下，拌合少量混凝土作试块试验，验证混凝土的强度及和易性。如不合适，则应调整配合比，直到满意为止。

（三）检查模板

检查模板的尺寸和形状是否正确，接缝是否紧密，支架连接是否牢固，清除模板内的灰屑垃圾，并用水冲洗干净，模板内侧需涂刷隔离剂，若是木模还应洒水润湿。

（四）检查钢筋

检查钢筋的数量，尺寸，间距及保护层厚度是否符合设计要求，预埋件和预留孔是否齐全，位置是否正确。

## 二、混凝土的拌合

搅拌时间是影响混凝土质量及搅拌机生产率的重要因素之

一。时间过短，拌合不均匀，会降低混凝土的强度及和易性；时间过长，不仅会降低搅拌机的生产率，而且会使混凝土的和易性又重新降低或产生分层离析现象。

搅拌时间是指全部材料装入搅拌筒中起到开始卸料为止的时间。混凝土搅拌的最短时间应满足表 6-7 的规定。

**混凝土搅拌的最短时间 (min)　　表 6-7**

| 混凝土坍落度 (mm) | 搅拌机型 | 搅拌机出料量(L) | | |
|---|---|---|---|---|
| | | <250 | 250～500 | >500 |
| ≤30 | 强制式 | 60 | 90 | 120 |
| | 自落式 | 90 | 120 | 150 |
| >30 | 强制式 | 60 | 60 | 90 |
| | 自落式 | 90 | 90 | 120 |

加料顺序是影响混凝土质量及搅拌机生产率的另一个重要因素，加料顺序有三种：

1. 一次上料法。在上料中先装石子，再装水泥和砂，然后一次投入搅拌机内，水泥夹在石子和砂子之间，不致飞扬，且水泥和砂先进入搅拌筒内形成水泥砂浆，可缩短包裹石子的过程。

2. 二次上料法。先投入水、砂、水泥，搅拌 1min 左右再投入石子，再搅拌 1min 左右。此法可避免一次上料造成水向石子表面集聚的不良影响，水泥包裹砂子，水泥颗粒分散性好，泌水性小，可提高混凝土强度。

3. 两次加水法。先将全部石子、砂和 70％的拌合水倒入搅拌机，拌合 15s，使集料湿润后再倒入全部水泥，搅拌 30s 左右，然后加入 30％的拌合水，再搅拌 60s 左右即可。此方法具有提高混凝土强度和节约水泥的优点。

### 三、混凝土的运输

(一) 基本要求

1. 从混凝土搅拌机至灌筑地点之间的距离应力求缩短。

2. 选择运输工具时，要求盛器严密坚实，不漏浆、不吸水，拌合物不发生离析或灰浆流失现象，坍落度前后相差不得超过 30%。

3. 混凝土拌合物从搅拌地点运至灌筑地点所延续时间一般不宜超过下列规定：当混凝土温度为 20～30℃时，不超过 1h；当混凝土温度为 10～19℃时，不超过 1.5h；当混凝土温度为5～9℃时，不超过 2h。

（二）运输方法

1. 水平运输机具。水平运输机具主要有手推车、机动翻斗车、自卸汽车、搅拌运输车。

2. 垂直运输机具。可采用塔式起重机、快速提升斗、井架和混凝土泵。

3. 泵送混凝土。泵送混凝土利用泵的压力通过专用管道将混凝土运送到浇筑地点，一次完成地面水平运输、垂直运输及楼面水平运输。

## 四、混凝土的浇筑

（一）浇筑的一般规定

1. 混凝土浇筑前，应对模板、支架、钢筋预埋件等进行细致的检查，并作自检和工序交接记录。钢筋上的泥土、油污和模板内的垃圾、杂物应清除干净，木模板应浇水湿润，缝隙应堵严。

2. 避免产生离析现象，混凝土的自由下落高度不应超过 2m。自由下落高度超过 2m 时应使用溜槽或串筒。溜槽用镀锌薄钢板包木板斜向放置。串筒用薄钢板制成，每节长 70cm 左右，用环钩连接，筒内设有缓冲挡板。

3. 混凝土必须分层浇筑，浇筑层的厚度应符合表 6-8 的要求。

4. 混凝土应连续浇筑，以保证结构良好的整体性，如必须间歇，间歇时间不应超过表 6-9 的规定。

**混凝土浇筑层厚度控制　　表 6-8**

| 振动混凝土的方法 | | 浇筑层厚度(mm) |
|---|---|---|
| 插入式振动 | | 振动器作用部分长度的 1.25 倍 |
| 表面式振动 | | 200 |
| 人工振动 | 在基础、无筋或配筋稀疏的结构中 | 250 |
| | 在梁、墙板、柱结构中 | 200 |
| | 在配筋密列的结构中 | 150 |
| 轻集料混凝土 | 插入式振动 | 300 |
| | 表面振动(振动时需加荷载) | 200 |

**浇筑混凝土允许间隔最长时间 (min)　　表 6-9**

| 混凝土强度等级 | 气　温 | |
|---|---|---|
| | ≤20℃ | >25℃ |
| C30 及以下 | 210 | 180 |
| C30 以上 | 180 | 150 |

5. 注意天气预报，不宜在雨雪天气浇筑混凝土。在天气多变地区施工，为防止不测，应有足够的抽水设备和防雨、防寒等物资。

6. 要有出现故障的应急措施，保证人力、机械、材料均能满足浇筑速度的要求。

（二）混凝土构件浇筑注意事项

1. 基础浇筑

（1）阶梯形基础应按台阶分层一次浇筑完毕，每层先浇边角，后浇中间，施工时应注意防止上下台阶交接处混凝土出现脱空、蜂窝现象。

（2）杯形基础应注意杯底、标高和杯口模的位置，防止杯口模上浮和倾斜。浇筑时，先将杯口底混凝土振实并待其沉实后，再对称均衡浇筑杯口模四周的混凝土。

2. 墙、柱、梁和板混凝土的浇筑。柱子混凝土浇筑前，底部可以先浇筑一层厚 50～100mm 与混凝土成分相同的水泥砂浆，以免底部产生蜂窝现象。如浇筑高度超过 3m 时，应采用串筒、溜管下落。

3. 施工缝。由于技术或组织上的原因，混凝土不能一次连续灌筑完毕而必须停歇一段较长时间，以致原灌筑的混凝土已经初凝，继续灌筑时，后浇混凝土的振捣将破坏先浇混凝土的凝结。为避免这种情况出现，按规定，在一定的施工部位留置的缝称为施工缝。

施工缝的位置，既要照顾施工的方便，又要考虑留在结构受力最小的部位。在施工缝处继续浇筑混凝土时，应在原混凝土达到 $1.2N/mm^2$ 以后才可进行。在施工缝处继续浇筑混凝土前，应按下列步骤对已硬化的施工缝表面进行处理。

应清除表面的水泥薄膜和松动石子或软弱混凝土层，然后用水冲洗干净，并保持充分湿润，浇筑前，在施工缝处先铺一层水泥浆或与混凝土成分相同的水泥砂浆。施工缝处的混凝土应捣实，使新旧混凝土结合紧密。

（三）混凝土的振动

混凝土灌入模板后，有一定体积的空气和气泡，不能达到要求的密实度，而混凝土的密实度直接影响强度、抗冻性、抗渗性以及耐久性。所以必须用适当的方法在混凝土初凝以前进行捣实，排除空气，以保证混凝土的密实性。

振动机械按其工作方式不同，可分为内部振动器、表面振动器、外部振动器和振动台等几种。

内部振动器又称插入式振动器，系用插入式振动器插入混凝土内部振动。振动棒插入混凝土时应垂直，不可触及模板和钢筋。插点要均匀，可按行列式或交错式进行，两点间距离以 1.5 倍振动棒作用半径为宜，作用半径可实地测得，一般为 40～50cm。振动上一层的混凝土时应将振动器略微插入下层以消除两层之间的接触面。插入式振动器主要适用于大体积混凝土基础、柱、梁、墙和厚度较大的板以及预制构件等的捣实，配筋特别密实或厚度很薄的结构和构件不宜使用。

表面振动器（又称平板振动器）适用于振动表面积大而平整的结构物，如桥面、路面铺装等。

外部振动器（又称附着式振动器）是将附着式振动器安装在模板外部振动，适用薄壁构件，如T形梁的主梁和横隔板。振动器的布置与构件厚度有关；当厚度小于15cm时，可两面交错布置，当厚度大于15cm时，应两面对称布置。振动器布置的间距不应大于它的作用半径。这种方法因系借助振动模板以捣实混凝土，效果并不理想，且对模板要求较高，故一般只有在钢筋过密而无法采用插入式振动器时方可采用。

振动台适用于混凝土预制构件的振动及试验室制作试块的捣实。

振动器的振动时间可借肉眼观察，以混凝土不再下沉，气泡不再发生，水泥砂浆开始上浮、表面平整为止。要达到这样程度所需要的时间，平板式约为25～40s；插入式约为15～30s。过久地振动，可能使混凝土内的石子下沉，灰浆上升，因此，过久地振动所造成的危害比振动不足更大。

（四）混凝土养护

为保证已灌筑好的混凝土在规定龄期以内达到设计要求的强度，并防止产生收缩裂缝必须做好养护工作。

1. 自然养护。自然养护是在常温下（高于+5℃），用适当的材料对混凝土加以覆盖，并及时浇水，使混凝土在一定的时间内保持足够的湿润状态，覆盖物可用草帘、草袋、麻袋、苇席、锯末等。也可将塑料溶液喷洒在混凝土表面，以形成薄膜；还可将塑料薄膜覆盖在混凝土构件上，上层是透明的，下层是黑色的，以充分利用太阳能，达到提高养护温度并保持湿度的目的。

2. 蒸汽养护。蒸汽养护是缩短养护时间的有效方法之一。混凝土在较高温度和湿度条件下，可迅速达到要求的强度，常用于预制构件（特别是先张预应力桥板或梁）。

（五）上部构造混凝土的浇筑程序和分段方法

简支梁桥上部构造混凝土的浇筑，一般应由墩台两端开始向跨中方向同时进行。当从两端同时浇筑有困难时，也可从一端开始，但浇筑至跨径 1/3 处（稍偏靠跨径中央）有弯起钢筋的地方停止，然后从另一端开始，直至浇筑完成。中间的接头应按工作缝处理。

悬臂梁桥和连续梁桥上部构造混凝土的浇筑，一般应自跨中向两墩台进行，对悬臂部分则应自悬臂端向桥墩进行。

在满布式支架上浇筑混凝土时，为避免浇筑的混凝土因支架沉落不均匀而发生裂缝，要求全梁混凝土浇筑完毕时其最初浇筑的混凝土层尚不致产生强度，仍有随同支架的沉陷而产生变形的可能性。若不能达到上述要求时，可在浇筑前对支架进行预压，使支架充分变形，浇筑时将预加的荷载逐渐撤去，或把梁分成数段浇筑。

分段浇筑的长度为 6～10m。各段之间设置长度为 0.8～1.0m 的缺口。对于悬臂梁桥和连续梁桥，跨中由支架支承，变形较大，支点由墩台支承，变形较小。由于变形不同，在墩台上已凝固的混凝土将受弯曲而发生裂缝，因此墩台上必须设置缺口。由于梁内的纵向钢筋在缺口不中断，而且还要设置一些短钢筋，这就给每段端部的挡板设置带来困难，同时混凝土之间的接缝也比较多，因此，常将各段之间直接用工作缝连接起来。

在浇筑时，梁和桥面板应一起浇筑。当梁过高时，可把梁肋和桥面板分开浇筑，但必须在梁肋和桥面板接头处设置工作缝。

（六）模板与支架的拆除

钢筋混凝土桥模板和支架的卸落应从挠度最大处的卸架设备开始，分别向两支点逐次进行，务使整个承重结构逐渐受力，以免突然受力而遭受破坏。

模板与支架的拆除期限与混凝土的硬化速度、气温及结构性质等有关，可参考表 6-10。

**模板和支架拆除的最短期限（天）　表 6-10**

| 混凝土达到设计强度的百分数 | 拆模项目 | 昼夜平均温度(℃) | | | |
|---|---|---|---|---|---|
| | | 30～20 | 20～15 | 15～10 | 10～5 |
| 25% | 横梁及柱的侧模以及不承受混凝土重力的模板 | 2 | 3 | 4 | 5 |
| 50% | 跨径小于3m的板的底模，墩台直立模板，主梁侧模 | 6 | 7 | 8 | 10 |
| 70% | 跨径大于3m的板的底模，跨径小于12m的主梁底模及支架 | 12 | 14 | 18 | 24 |

（七）混凝土质量控制

1. 每日开工前应检查一次砂石含水量，如因雨或天气干燥等情况则应随时检查砂石实际含水量，调整搅拌用水。

2. 检查混凝土拌合地点和浇筑地点的混凝土的坍落度，每班至少两次。

3. 制作混凝土试件，应根据工程量大小、工程部位等情况，按规范要求确定。

（八）混凝土冬期施工

寒冷的气候对新浇筑的混凝土强度的增长是不利的，当混凝土受冻后，它的硬化作用即行停止，温度回升后，虽然能重新进行硬化，但它的最终强度却被削弱了。若强度达到设计强度70%的混凝土受冻后，硬化作用停止，温度回升后，混凝土的强度仍可正常发展。因此，当气温降至等于或低于－3℃及一昼夜平均温度低于＋5℃时，应采用冬期施工法浇筑混凝土。

1. 一般措施。减少用水量和增加混凝土拌合时间，以加速混凝土凝固和抵御混凝土的早期冻结。同时改进混凝土的运输工具，在其周围设置保温装置，以减少热量损失。

2. 原材料加热。一般情况下，将水加热。在严寒情况下，单靠加热水仍不能满足要求时，也可将集料加热。拌合时要注意先将水和砂石材料拌合一定时间，再加入水泥一起拌合，避免水泥和热水接触，产生“假凝现象”。拌合时间应较常温时约延长50%。

3. 掺用早强剂。拌合混凝土时掺入一定数量的防冻剂、早强剂，既可加快混凝土强度的发展，又可降低混凝土内水的冰点，从而防止混凝土的早期冻结。

4. 提高养护温度

（1）蓄热法。它是以适当的保温材料（稻草、锯末等）来延迟混凝土热量的散失。

（2）暖棚法。它是把结构物用棚子盖起来，在棚内生火炉，使温度保持在10℃左右。

（3）电热法。它是在混凝土内埋入导线（钢筋或铅丝），然后通电，使电能变为热能。

# 第七章　桥梁下部结构施工

桥梁下部结构包括基础、墩台及墩台帽（盖梁）。桥梁基础根据埋置深度分为浅基础与深基础两大类，浅基础又分为柔性基础与刚性基础，一般采用明挖施工；深基础可采用多种方法施工，例如打入桩、钻孔灌注桩、沉井、沉箱等。墩台身按材料又分为砌筑类及钢筋混凝土类。本章将详细介绍目前常用的施工方法。

## 第一节　浅　基　础

在天然土层上直接建造桥梁基础，可采用明挖法，即不用任何支撑的一种开挖方式，当地基土层较软，放坡受施工条件限制时，可采用各种坑壁支撑。采用明挖法施工特点是工作面大，施工简便，其施工程序和主要内容为基坑围堰、基坑定位放样、开挖、排水、支撑及基底的质量检验、处理。

### 一、基坑开挖

（一）无支护开挖尺寸确定

1. 基坑尺寸应满足施工要求。当基坑为渗水的土质基底，坑底尺寸应根据排水要求（包括排水沟、集水井、排水管网等）和基础模板设计所需基坑大小而定。一般基底应比基础的平面尺寸增宽 0.5～1.0m。当不设模板时，可按基础底的尺寸开挖基坑。

2. 基坑坑壁坡度应按地质条件、基坑深度、施工方法等情况确定。当为无水基坑（或采取降水后）且土层构造均匀时，基

基坑坑壁坡度　　表 7-1

| 坑壁土类 | 坑壁坡度 | | |
|---|---|---|---|
| | 坡顶无荷载 | 坡顶有静荷载 | 坡顶有动荷载 |
| 砂类土 | 1∶1 | 1∶1.25 | 1∶1.5 |
| 卵石、砾类土 | 1∶0.75 | 1∶1 | 1∶1.25 |
| 粉质土、黏质土 | 1∶0.33 | 1∶0.5 | 1∶0.75 |
| 极软岩 | 1∶0.25 | 1∶0.33 | 1∶0.67 |
| 软质岩 | 1∶0 | 1∶0.1 | 1∶0.25 |
| 硬质岩 | 1∶0 | 1∶0 | 1∶0 |

坑坑壁坡度可按表 7-1 确定。

3. 如土的湿度有可能使坑壁不稳定而引起坍塌时，基坑坑壁坡度应缓于该湿度下的天然坡度。

4. 当基坑有地下水时，地下水位以上部分可以放坡开挖；地下水位以下部分，若土质易坍塌或水位在基坑底以上较深时，应加固开挖。

（二）喷锚支护开挖

当现场条件不允许放坡开挖或放坡开挖不经济时，基坑可以采用喷射混凝土及锚杆进行坑壁加固，然后开挖。

锚杆是建筑施工中的一项实用技术，在国内外已广泛应用于地下结构的临时支护和作永久性建筑工程的承拉构件。尤其是当深基础邻近旧有建筑物、交通干线或地下管线，基坑开挖不能放坡时，采用单层或多层土层锚杆以支承护墙、维护深基础的稳定，对简化支撑、改善施工条件、加快施工进度能起很大的作用。

锚杆是在地面或深开挖的地下室墙面或坑主壁未开挖的土层钻孔（或掏孔）至一定深度或再扩大孔的端部，形成球状或其他形状，在孔内放入钢筋、钢管或钢丝束，灌入水泥浆液或化学浆液，使与土层结合成为抗拉（拔）力强的锚杆。

锚杆由锚头、拉杆及锚固体三部分组成（见图 7-1），锚头

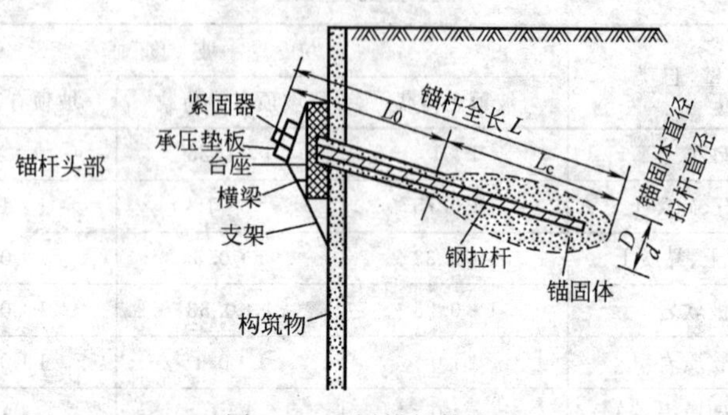


图 7-1　土层锚杆构造

$L_0$—自由段；$L_c$—锚固段

由台座、承压板及紧固器组成。拉杆的材料可用钢管、钢筋、高强钢丝束或钢绞线。锚固体为锚杆尾端的锚固部分，由水泥浆在压力浇筑下成型。通过锚固体与土体之间的相互作用，将力传递给土层。

锚杆施工主要工序是：钻孔、插放钢筋（或钢绞线）、灌浆、养护、安装锚头（螺栓垫板）、预应力张拉、继续挖土。

（三）基坑围堰

当桥墩（台）在水中时，一般需先搭设围堰，然后进行开挖。

堰顶高度宜高出施工期间可能出现的最高水位（包括浪高）50～70cm，用于防御地下水的围堰宜高出水位或地面 20～40cm；围堰应考虑筑堰期间河流断面被压缩后，流速增大引起的水流对围堰、河床的集中冲刷及对通航、导流、农用灌溉等的影响。

围堰设计中应使之防水严密，尽量减少渗漏，以减轻排水工作。围堰施工应在枯水期进行，否则应采取周密防护措施。

常用围堰类型及适用条件见表 7-2。

（四）基坑排水与降水

为保证工程质量和施工安全，在基坑开挖前和开挖过程中要做好排水工作。

围堰类型及适用条件　　表 7-2

| 围堰类型 | 适 用 条 件 |
| --- | --- |
| 土围堰 | 水深≤1.5m,流速≤0.5m/s,河边浅滩,河床渗水性小,如外坡有防护措施时,流速可大于0.5m/s |
| 草袋围堰 | 水深≤3m,流速≤1.5m/s,河床渗水性小或淤泥较浅 |
| 钢板桩围堰 | 深水或深基坑,流速较大的砂类土、黏质土、碎石土及风化岩等坚硬的河床。钢板桩围堰防水性能好,整体刚度较强 |
| 钢套箱围堰 | 流速≤2.0m/s,覆盖层较薄,平坦的岩石河床,埋置不深的水中基础,也可用于修建桩基承台 |

1. 明排水法施工。明排水法是在基坑开挖过程中，沿坑底周围或中央开挖排水沟，使水流入集水井，然后用水泵抽走。所用的水泵主要有离心泵、潜水泵和软抽水泵。

明排水法由于设备简单和排水方便，因而被普遍采用，宜用于粗粒土层，也用于渗水量小的黏土层。但当土为细砂和粉砂时，地下水渗出会带走细粒，发生流砂现象，导致边坡坍塌、坑底涌砂，难以施工，此时应采用井点降水法。

2. 井点降水法施工。井点降水法是在基坑开挖之前，在基坑四周埋设一定数量的流水管（井），利用抽水设备抽水，使地下水位降落到坑底以下，并在基坑开挖过程中仍不断抽水。这样，可使所挖的土始终保持干燥状态，也可防止流砂发生，土方边坡也可陡些，从而减少了挖方量。

井点降水的方法可参照表 7-3。

各种井点的适用范围　　表 7-3

| 井 点 类 型 | 土的渗透系数(m/d) | 降低水位深度(m) |
| --- | --- | --- |
| 一级轻型井点 | 0.1～80 | 3～6 |
| 二级轻型井点 | 0.1～80 | 6～9 |
| 管井井点 | 20～200 | 3～5 |
| 电渗井点 | <0.1 | 5～6 |
| 喷射井点 | 0.1～50 | 8～20 |
| 深井井点 | 10～80 | >15 |

（1）轻型井点。轻型井点是沿基坑四周以一定间距埋入直径较细的井点管至地下蓄水层内，井点管的上端通过弯联管与总管相连接，利用抽水设备将地下水从井点管内不断抽出，使原有地下水位降至坑底以下（见图 7-2）。在施工过程中要不断地抽水，直至基础施工完毕并回填土为止。

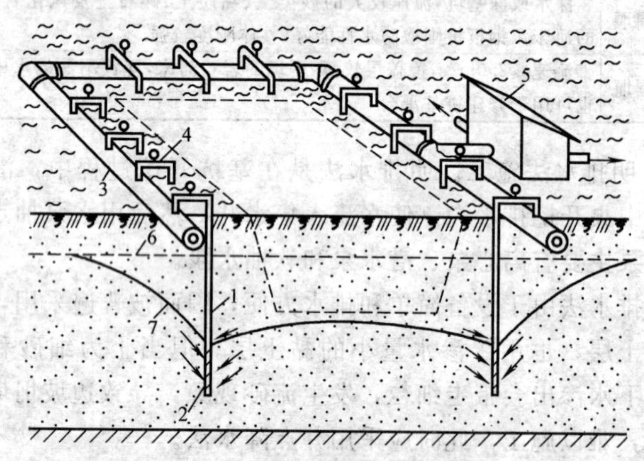


图 7-2　轻型井点降水示意图

1—井点管；2—滤管；3—总管；4—弯连管；5—水泵房；
6—原有地下水位线；7—降低后地下水位线

井点管是用直径 38～50mm 的钢管，长 5～7m，管下端配有滤管。

总管常用直径 100～127mm 的钢管，每节长 4m，一般每隔 0.8～1.6m 设一个连接井点管的接头。

抽水设备由真空泵、离心泵和水气分离器等组成。一套抽水设备能带动的总管长度，一般为 100～120m。

轻型井点布置：根据基坑平面的大小与深度、土质、地下水位高低与流向、降水深度要求选用单排、双排、环形等布置方式。

（2）喷射井点。当基坑较深而地下水位又较高时，采用轻型井点要用多级井点。这样，会增加基坑的挖土量，延长工期并增加设备数量，是不经济的，因此，当降水深度超过 8m 时，宜采用喷射井点。

喷射井点的平面布置：当基坑宽度小于等于10m时，井点可作单排布置；当大于10m时，可作双排布置；当基坑面积较大时，宜采用环形布置。井点间距一般采用2～3m，每套喷射井点宜控制在20～30根井管。

(3) 管井井点。管井井点就是沿基坑每隔一定距离设置一个管井，每个管井单独用一台水泵不断抽水来降低地下水位。在土的渗透系数大、地下水量大的土层中，宜采用管井井点。

管井直径为150～250mm。管井的间距，一般为20～50m。管井的深度为8～15m，井内水位降低，可达6～10m，两井中间则为3～5m。

当降水深度很大时，在管井井点内采用一般的潜水泵和离心泵满足不了要求，可改用深井泵，加大管井深度来解决。

(五) 基底处理

1. 岩石。清除风化层，松碎石块及污泥等，如岩石倾斜度大于15°时，应挖成台阶，使承重面与受力方向垂直，砌筑前应将岩石表面冲洗干净。

2. 砂砾层。整平夯实，砌筑前铺一层2cm的浓稠砂浆。

3. 黏土层。铲平坑底，尽量不扰动土的天然结构；不得用回填土的方法来整平基坑，必要时，加铺一层厚10cm的碎石层，层面不得高出基底设计高程；基坑挖好后，要尽快处理，防止暴露过久或被雨水淋湿而变质。

4. 软硬不均匀地层。如半边岩石、半边土质时，应将土质部分挖除，使基底全部落在岩石上。

5. 溶洞。暴露的溶洞，应用浆砌片石或混凝土填灌堵满，如处理有困难或溶洞仍继续在发展时，应考虑改墩台或桥址。

6. 泉眼。为了不让泉水泡浸或冲洗圬工，应该将泉眼堵塞，如无法堵塞时，应将泉水引走，使泉水与圬工隔离开，待圬工达到一定强度后，方可让泉水泡浸圬工。

## 二、基础圬工施工

1. 干地基上圬工施工

(1) 当基坑无渗漏，坑内无积水，基底为非黏土或干土时，应先将基底洒水润湿；如基底为过湿的土基，应铺设一层厚10～30cm碎石垫层并灌浆；如基底为岩石、表面有风化或破碎层时，应先坐浆，然后砌筑。

如基底为湿陷性黄土，按规范要求作有效处理、加固并经检验后，应即砌筑基础圬工，并避免圬工养护水浸泡基础。基础砌出地面后，基坑及时用不透水土或原土分层回填夯实至稍高于附近地面，以利排水。

(2) 圬工砌筑时各工作层竖缝应相互错开不得贯通，浆砌块石竖缝错开距离不小于8cm。要求坐浆挤紧，嵌缝后砂浆饱满无空洞；垂直坑壁基坑底平面尺寸与基础一致的应紧贴坑壁砌筑；石料质量规格、砂浆强度应符合标准；轴线位置、平面尺寸、顶面高程应在允许偏差范围以内。在冰冻地区，基础宜采用抗冻砂浆砌筑或浇筑低温早强混凝土，必要时适当提高砂浆和混凝土强度等级，砌体更应表面光洁、勾缝严密。

(3) 对大型基础混凝土，一般应在整个截面范围内进行浇筑，当结构截面过大，不能在先浇的混凝土开始初凝前将后浇混凝土浇筑捣实时，则可分块浇筑，分块接缝处应留错缝搭接。

2. 排水砌筑圬工

(1) 基础圬工必须在无水状态下浇（砌）筑，禁止不采取措施任意在水中浇（砌）筑，不允许水泥砂浆或混凝土在浇（砌）筑时被水冲洗淹没。一般应在水泥砂浆或混凝土终凝以后，冰冻地区更应在达到设计强度以后才允许浸水。

(2) 如基坑基本无渗漏，仅有雨水存积，则可沿基坑底四周基础范围以外挖排水沟，将坑内积水排除后浇（砌）筑圬工。

(3) 如基坑有渗漏，则应沿基坑底四周基础范围以外挖集水沟，将水引至集水坑，然后用水泵排出坑外。集水坑大小、深浅、水泵选型视渗水程度酌定。

3. 水下混凝土封底再排水砌筑圬工

(1) 当坑壁有较好防水设施（如板桩护壁），但基坑底渗漏严重时，可采取水下灌注混凝土封底的方法；待封底混凝土达到要求强度后排水，清除封底混凝土面浮浆，冲洗干净后再浇（砌）筑基础圬工。

(2) 当坑壁、坑底均渗水严重，抽水有困难时，可采用无底套箱。套箱净空大小与基础尺寸相同，既作基础模板又用作防水。在套箱内水中灌注封底混凝土时，应待封底混凝土达到要求强度后再抽干套箱内的水，砌筑基础；或不抽水即用水下灌注封底混凝土方法浇筑基础。

(3) 水中灌注混凝土，一般应采用导管法，具体做法详见钻孔灌注桩基础。同一基坑内各个导管的灌注面积（有效直径的圆面积）应互相重叠并盖遍基坑。各导管应同时灌注，一般不宜采用逐管灌注的办法。

(4) 水中封底混凝土应在基础底面以下，封底只能起封闭渗水的作用，封底混凝土只作为地基而不能作为基础本身，因此不得侵占基础厚度。

## 第二节 桩 基 础

### 一、桩基础的分类

桥梁桩基础结构桩的类型可分为位移桩和非位移桩，前者指沉入土中时可造成土体的位移，如锤击沉桩、振动沉桩、静力压桩等，位移桩又称为沉入桩；后者指在地层中打孔，放入钢筋笼再灌注混凝土而形成的桩，它不会造成土体的位移，如钻孔灌注桩、人工挖孔桩等，目前桥梁最常用的桩基础是灌注桩。

## 二、沉入桩

沉入桩是将预制桩用锤击打或振动法沉入地层至设计要求标高。预制桩包括木桩、混凝土桩和钢桩，木桩由于承载力小且我国木材资源匮乏，已经不再使用，较常用的是混凝土桩和钢桩。沉入桩按施工方法大致可分为三种：

### （一）锤击沉桩法

锤击沉桩是以桩锤（落锤、柴油锤、气动锤、液压锤等）锤击预制桩的桩头而将桩沉入地下土层中的施工方法。

锤击沉桩法的特点：

1. 锤击沉桩是在桩将土向外侧推挤的同时而贯入的施工方法，桩周围的土被挤压，因此增大了桩与土接触面之间的摩擦力；

2. 由于沉桩时会产生较大的噪声和振动，在人口稠密的地方一般不宜采用；

3. 各种桩锤的施工效果在某种程度上受地层、地质、桩重和桩长等条件的限制，因此需注意选用。

锤击法沉桩的施工机械包括桩锤、桩架、动力装置、送桩杆（替打）及衬垫等，应按工程地质条件、现场环境、工程规模、桩型特性、桩密集度、工期、动力供应等多种因素来选择。

### （二）振动沉桩法

振动法沉桩是采用振动沉桩机（振动锤）将桩沉入地层的施工方法。

振动法的特点为：

1. 操作简便，沉桩效率高；

2. 施工速度快，工期短，费用省；

3. 不需辅助设备，管理方便，施工适应性强；

4. 沉桩时桩的横向位移和变形小，不易损坏桩；

5. 虽有振动但噪声较小，软弱地基中入土迅速、无公害；

6. 因振动锤的构造较复杂，故维修较困难，设备使用寿命较短，耗电量大，需要大型供电设备；

7. 地基受振动影响大，遇到坚硬地基时穿透困难，且受振动锤效率限制，较难沉入 30m 以上的长桩。

振动沉桩法通常可应用于松软地基中的木桩、钢筋混凝土桩、钢桩、组合桩的陆上、水上、平台上的直桩施工及拔桩施工，一般不适用于硬黏土和砂砾土地基。

（三）静力压桩法

静力压桩法系借助专用桩架自重、配重或结构物自重，通过压梁或压柱将整个桩架自重、配重或结构物反力，以卷扬机滑轮组或电动油泵液压方式施加在桩顶或桩身上，当施加给桩的静压力与桩的入土阻力达到动态平衡时，桩在自重和静压力作用下逐渐沉入地基土中。

静力压桩法的特点是：

1. 施工时无冲击力，产生的噪声和振动较小，施工应力小，可减少打桩振动对地基的影响；

2. 桩顶不易损坏，不易产生偏心沉桩，精度较高；

3. 能在施工中测定沉桩阻力为设计施工提供参数，并预估和验证桩的承载能力；

4. 由于专用桩架设备的高度和压桩能力受到一定限制，较难压入 30m 以上的长桩，但可通过接桩，分节压入；

5. 机械设备的拼装和移动耗时较多。

静力压桩法通常应用于高压缩性黏土层或砂性较轻的软黏土地基。当桩需要穿过有一定厚度的砂性土中间夹层时，必须根据砂性土层的厚度、密实度、上下土层的力学指标，桩的结构、强度、形式或设备能力等综合考虑其适用性。

静力法压桩按加力方式可分为压桩机（压桩架、压桩车、压桩船）施工法、吊载压力施工法、结构自重压力施工法等。

## 三、灌注桩

灌注桩根据成孔工艺分为人工成孔及机械成孔，下面分别介绍其施工工艺。

（一）人工挖孔灌注桩

人工挖孔法是用人力挖土形成桩孔。在向下挖进的同时，对孔壁进行支护，以保证施工安全，然后在孔内安放钢筋骨架，灌注混凝土而形成桩基。此法可形成大尺寸的桩孔，且桩底可采取扩底的方法以增大桩的支承面积，即所谓扩底桩。视桩端土层情况，扩底直径一般为桩身直径的 1.3～2.5 倍。

人工挖孔桩适用于无水或少水且较密实的土或岩石地层，但其孔深不宜大于 15m。其施工要点有：

1. 井壁支护。在人工挖孔桩的井壁支护中，现浇混凝土护壁是当今应用最广泛的支撑形式。有三种主要形式：

(1) 等厚度护壁。适用于各类土层，多用于有渗水、涌水的土层和薄层流砂、淤质土层中，在穿过块石、孤石的堆积层需要放炮时，也可使用。每挖掘 1.2～1.5m 深时，即立模灌注混凝土护壁，厚度 10～15cm，强度等级一般用 C20；混凝土护壁作桩身截面的一部分时，其强度等级应与桩身相同。两节护壁之间留 20～30cm 空隙，以便灌注施工，空隙间宜用短木支承。为加速混凝土凝结，可掺入速凝剂。若土层松软，或需多次放炮开挖时，可在护壁内设置钢筋（$\phi8$，靠内径放）。模板不需光滑平整，以利于与桩体混凝土联结。

(2) 外齿式护壁，（图 7-3*a*）。其优点是作为施工用的衬体，抗塌孔的性能更好；便于人工用钢钎等捣实混凝土；增大桩侧摩阻力。

(3) 内齿式护壁，（图 7-3*b*）。其结构特点为护壁外侧面为等直径的圆柱，而内侧面则是圆锥台，上下护壁间搭接 50～75mm。

分段浇筑的上述三种形式的混凝土护壁厚度，一般由地下最深段护壁所承受的土压力及地下水的侧压力（图 7-4）确定，地面上施工堆载产生的侧压力的影响可不计。

2. 挖掘顺序。挖掘顺序视土层性质及桩孔布置而定。土层

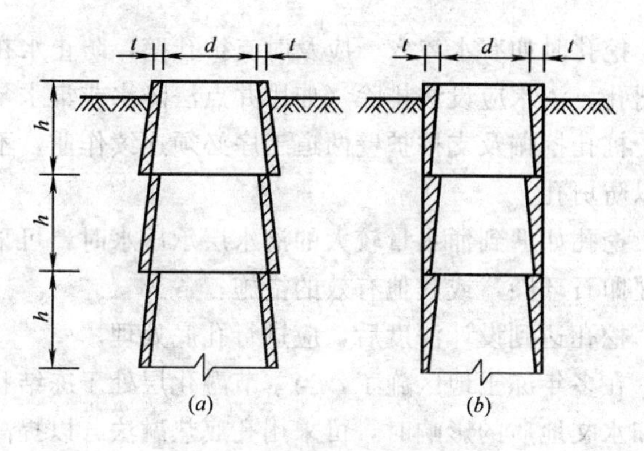

图 7-3　混凝土护壁形式

(a) 外齿式；(b) 内齿式

紧密、地下水不大时，一个墩台基础的所有桩孔可同时开挖，便于缩短工期，但渗水量大的一孔应超前开挖、集中抽水，以降低其他孔水位。土层松软、地下水位较大者，宜对角开挖，避免孔间间隔层太薄造成坍塌。若为梅花式布置，则先挖中心孔，待混凝土灌注后再对角开挖其他孔。

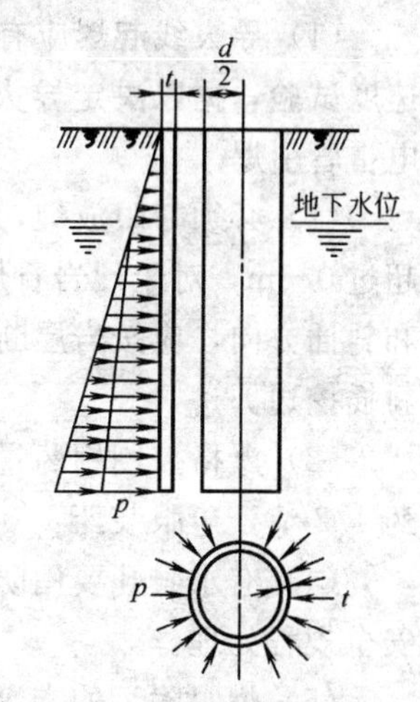

图 7-4　护壁受力简图

开挖时一般组织三班制连续作业，条件较差时用木绞车提升，有条件则采用电动链滑车或架设三脚架，用 10～20kN 慢速卷扬机提升。

3. 挖掘的一般工艺要求：

(1) 挖掘时，不必将孔壁修成光面，要使孔壁稍有凹凸不平，以增加桩的摩阻力。对摩擦桩更应如此。

(2) 在挖孔过程中，须经常检查桩孔尺寸和平面位置：群桩桩位误差不得大于 100mm；排架桩桩位误差不得大于 50mm；直桩倾度不超过 1%；斜桩倾度不超过 2.5%孔径；孔深必须符合设计要求。

(3) 挖孔时如有水渗入，应及时支护孔壁，防止水在孔壁流淌造成坍孔。渗水应设法排除（如用井点法降水或集水泵排水）。

(4) 桩孔挖掘及支撑护壁两道工序必须连续作业，不宜中途停顿，以防坍孔。

(5) 挖孔如遇到涌水量较大的潜水层承压水时，可采用水泥砂浆压灌卵石环圈，或其他有效的措施。

(6) 挖孔达到设计深度后，应进行孔底处理。

(7) 在多年冻土地区施工，当季节融化层处于冻结状态，不受土层和水文地质的影响时，可采用孔底热融法，以提高挖孔效率。在季节融化层融化的夏季，一般不宜采用挖孔桩。

4. 孔内爆破施工。为确保施工安全，提高生产效率，孔内爆破施工应注意以下事项：

(1) 导火线起爆应有工人迅速离孔的设备；导火线应作燃烧速度试验，据以决定导火线所需长度；孔深超过 10m 时应采用电雷管引爆。

(2) 必须打眼放炮，严禁裸露药包。对于软岩石炮眼深度不超过 0.8m，对于硬岩石炮眼深度不超过 0.5m，炮眼数目、位置和斜插方向，应按岩层断面方向来定，中间一组集中掏心，四周斜插挖边。

(3) 严格控制用药量，以松动为主。一般中间炮眼装硝铵炸药 1/2 节，边眼装药 1/3 节～1/4 节。

(4) 有水眼孔要用防水炸药，尽量避免瞎炮。如有瞎炮要按安全规程处理。

(5) 炮眼附近的支撑应加固或设防护措施，以免支撑炸坏引起坍孔。

(6) 孔内放炮后须迅速排烟。可采用铁桶生火放入孔底，促进空气对流；或用高压风管或电动鼓风机放入孔底吹风等措施。当孔深大于 12m 时，每次放炮后立即测定孔内有毒气体浓度。

(7) 一个孔内进行爆破作业，其他孔内的施工人员也必须到地面安全处躲避。

5. 挖掘的安全技术措施。挖孔时，应注意施工安全。挖孔工人必须配有安全帽、安全绳，必要时应搭设掩体。取出土渣的吊桶、吊钩、钢丝绳、卷扬机等机具，必须经常检查。井口周围须用木料、型钢或混凝土制成框架或围圈予以围护，井口围护应高于地面 20～30cm，以防止土、石、杂物滚入孔内伤人。为防止井口坍塌，须在孔口用混凝土护壁，高约 2.0m。挖孔时还应经常检查孔内的 $CO_2$ 含量，如超过 0.3%，或孔深超过 10m 时，应用机械通风。挖孔工作暂停时，孔口必须罩盖。井孔应安设牢固可靠的安全梯，以便于施工人员上下。

6. 灌注混凝土。当桩孔开挖完毕后孔内无水时可采用普通混凝土进行浇筑。桩顶或承台、连系梁底部 2m 以下灌注的混凝土，可依靠自由坠落捣实，不必再用人工捣实；在此线以上灌注的混凝土应以振动器捣实。

当孔底渗入的地下水上升速度较大时（参考值大于 6mm/min），应视为有水桩，此时应采用导管法灌注水下混凝土。

（二）机械钻孔灌注桩

钻孔灌注桩施工应根据土质、桩径大小、入土深度和机具设备等条件选用适当的钻具和钻孔方法，以保证能顺利达到预计孔深，然后清孔、吊放钢筋笼、灌注水下混凝土。

1. 场地平整与施工准备。钻孔场地的平面尺寸应按桩基设计的平面尺寸、钻机数量和钻机机座平面尺寸，钻机移位要求、施工方法及其他配合施工机具设施布置等情况决定。

当桩基在水中或部分在水中时，需要先围堰筑岛或搭建桩架工作平台，以便创造机械工作面。

施工现场或工作平台的高度应高于施工期间可能出现的最高水位 0.5～0.7m，有流冰时，应再适当加高。

2. 护筒埋设。护筒的作用是固定桩位，引导钻锥方向；隔离地面水免其流入井孔，保护孔口；并保证孔内水位（泥浆）高出地下水位或施工水位一定高度，形成静水压力（水头），以保护孔壁。

护筒采用钢板或钢筋混凝土制成，应坚实，不漏水；内径应比桩径稍大0.2～0.3m，护筒入土较深时，宜以压重、振动、锤击或辅以筒内除土等方法沉入。

护筒高度宜高出地面0.3m或水面1.0～2.0m，当钻孔内有承压水时，应高于稳定后的承压水位2.0m以上；当处于潮水影响区时，应高于最高水位1.5～2.0m，并应采用稳定护筒内水头的措施。

护筒埋置深度应根据设计要求或桩位的水文地质情况确定，一般情况埋置深度宜为2～4m，特殊情况应加深以保证钻孔和灌注混凝土的顺利进行。

在旱地或岸滩埋设护筒，当地下水位大于1.0m时，可采用挖埋法（如图7-5）；对于砂土应将护筒周围0.5～1.0m范围内挖除，夯填黏性土至护筒底0.5m以下；在冰冻地区应埋入冻层以下0.5m。

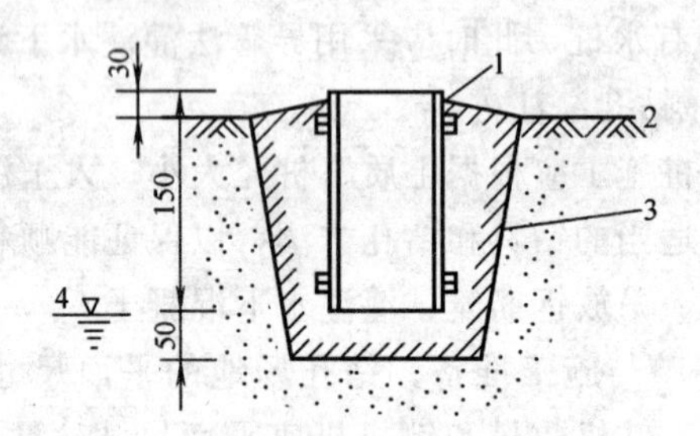


图7-5 挖埋护筒（尺寸单位：cm）

1—护筒；2—地面；3—夯填黏土；4—施工水位

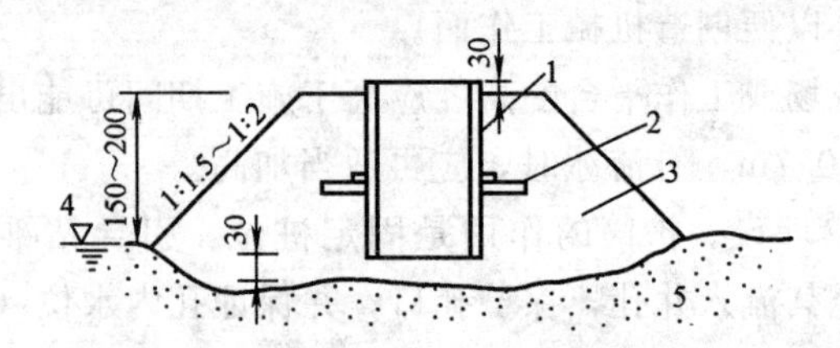


图7-6 填筑式护筒（尺寸单位：cm）

1—护筒；2—井框；3—土岛；4—地下水位；5—砂

当桩位处的地面高程与施工水位的高差小于1.5～2.0m时，宜采用填筑法安设护筒（如图7-6），填筑的顶面尺寸应满足钻孔机具布置的需要并便于操作。

水深小于3m的浅水处一般先围堰筑岛。岛面应当高出施工水位0.5～0.7m，亦可适当提高护筒顶面高程，以减少筑岛填土体积，然后按前述旱地埋设护筒的方法施工（如图7-7）。

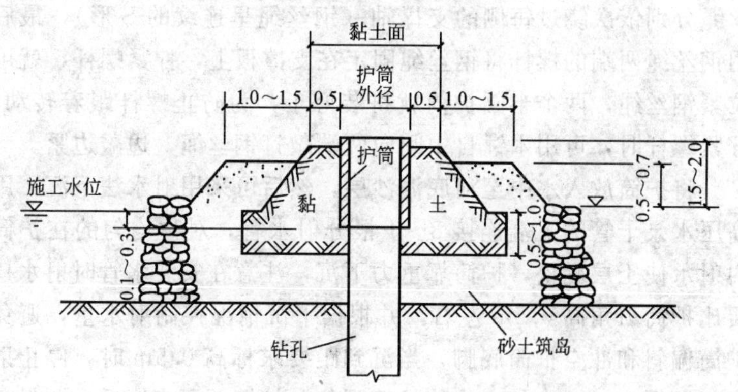


图7-7　筑岛法定桩位（尺寸单位：m）

当水深大于3m时，通常搭设桩架平台或利用浮船制作工作平台。然后水中埋设护筒，一般护筒不再拔出，也有些可进行周转，下面介绍一种钢丝绳双开式可周转水中护筒，结构如图7-8所示。

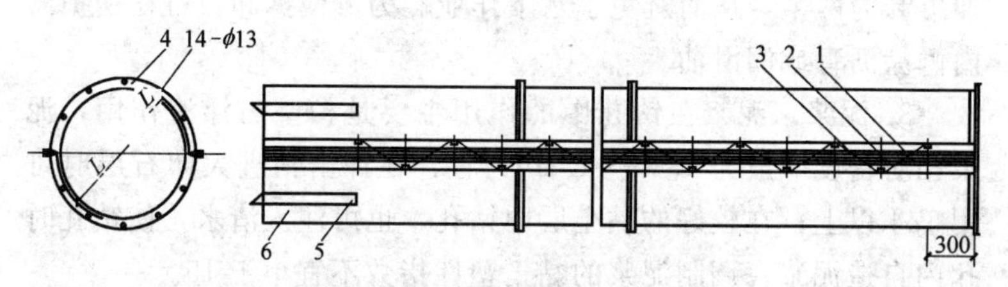


图7-8　钢丝绳双开式护筒结构图

1—橡皮；2—凸边角钢；3—钢丝绳；4—法兰盘；5—刃脚；6—护筒本体

护筒采用3mm厚钢板制作，为增加刚度防止变形，在护筒上、下端及中部的外侧各焊一道加劲肋，为便于拆卸，护筒做成两个半圆，两半圆钢护筒在水平向设有角钢制成的法兰，法兰用螺栓相互连接以便逐节加长。在钢护筒竖向接缝两边各设固定钢丝绳的支撑轴若干，当护筒两半圆合拢后，相邻两支撑轴的间距为30cm。

拼装时，首先根据护筒长度决定钢丝绳的长度，把钢丝绳两端分别穿入螺栓孔内并绑扎牢固，然后将护筒左右竖缝的两根钢丝绳分别依次绕过每侧的支撑轴（钢丝绳呈连续的S形），最后用钢丝绳两端的螺杆将钢丝绳固定在支撑板上，拧紧螺杆，就可拉紧钢丝绳，两个半圆护筒就拼装好了，为防止螺杆跟着转动，拧紧螺杆时，可用木锤自中间向两端敲打钢丝绳，边敲边紧。

将护筒放入水中至河底泥沙层，然后可采用射水法下沉：用高压水泵干管的下端连接3～4根分射水管，对称均匀的在护筒内射水使土层翻松，护筒靠重力下沉，注意在安装水管时射水口要比护筒刃角高0.5m左右，并根据下沉情况控制射水量，避免护筒偏斜和冲空护筒底脚，当沉到距要求标高0.5m时，停止射水，用振动、锤击的方法使护筒到位。护筒下沉完毕后，测量其中心位置是否正确，护筒是否竖直。下沉好的护筒用吊环吊挂或焊接在施工平台上，以防万一发生坍孔时，护筒沉落或偏斜。

当混凝土初凝具有一定的强度时，就及时拆卸护筒，拆卸时，只需把护筒上端的螺杆卸走，把两根钢丝绳分别拉开，护筒即可卸为两半，从而避免了水下作业。为方便拆卸，可在钢护筒内侧涂沥青或润滑油。

3. 泥浆。泥浆在钻孔中的作用主要是护壁与浮渣作用，泥浆相对密度一般为1.05～1.20为宜，在冲击钻进大卵石层时可用1.4以上；在较好的黏土层中钻孔，也可注入清水，使钻孔时孔内自造泥浆，调制泥浆的黏土塑性指数不宜小于15。

4. 钻架与钻机安装。钻架是钻孔、吊放钢筋笼、灌注混凝土的支架。我国生产的定型旋转钻机和冲击钻机都附有定型钻架，图7-9为常见的二脚与四脚钻架示意。

钻架应能承受钻具和其他辅助设备的重量，具有一定的刚

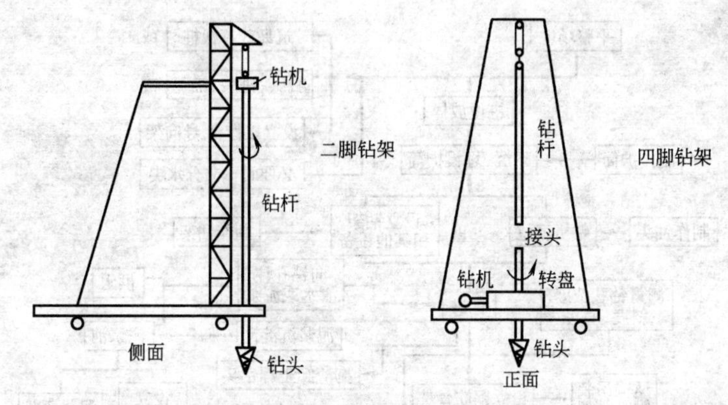

图 7-9　二脚与四脚钻架示意

度；钻架高度与钢筋骨架分节长度有关，钻架主要受力构件的安全系数不宜小于 3。

在钻孔过程中，钻机（架）必须保持平稳，不发生位移、倾斜和沉陷。钻机（架）安装就位时，应详细测量，底座应用枕木垫实塞紧，顶端用缆风绳固定平稳，并在钻进过程中经常检查。

5. 钻孔灌注桩的施工工艺流程。钻孔灌注桩的施工工序很多，在施工前，须安排好施工计划，编制具体的工艺流程图，作为安排各工序操作和进度的依据。根据各地的实践经验，钻孔灌注桩施工的工艺流程一般如图 7-10 所示。

当同时进行几根桩或几个墩台施工时，要注意它们之间的密切配合，避免互相干扰与冲突，并尽可能做到均衡使用机具和劳动力。

6. 成孔工艺。目前常用的机械钻孔有旋转法钻孔、冲击钻成孔和冲抓锥钻进成孔等，适用的土层、孔径、孔深、是否需要泥浆浮悬钻渣见表 7-4。

(1) 旋转钻进成孔。利用钻具的旋转切削土体钻进，并在钻进同时使用循环泥浆的方法护壁排渣，继续钻进成孔。钻机按泥浆循环的程序不同分为正循环与反循环两种。所谓正循环是用泥浆泵将泥浆以一定压力通过空心钻杆顶部，从钻杆底部喷出。底

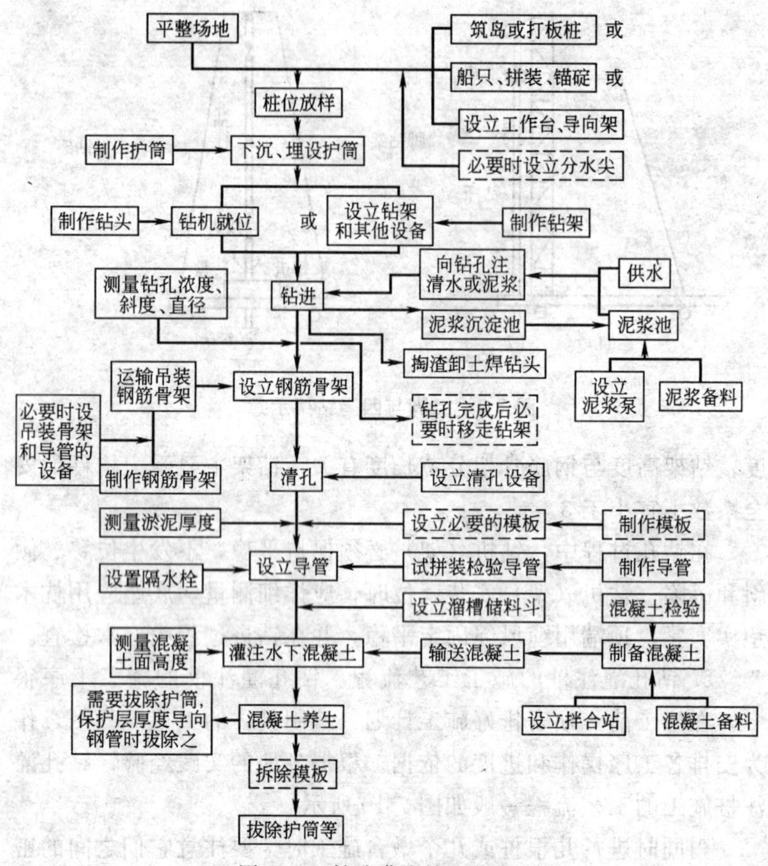


图 7-10　钻孔灌注桩工艺流程

（注：虚线方框表示有时采用的工序）

部的钻锥在旋转时将土壤搅松成为钻渣，被泥浆浮悬，随泥浆上升而溢出流至孔外的泥浆槽，经过沉淀池中沉淀净化，再循环使用，孔壁靠水头和泥浆保护。因钻渣需靠泥浆浮悬才能随泥浆上升，故对泥浆要求较高。

正循环回转钻孔特点如下：

1）设备简单，在不少场合可直接或稍加改进借用地质岩心钻探设备或水文水井钻探设备，工程费用较低；

各种成孔设备（方法）的适用范围参考　　表 7-4

| 编号 | 成孔设备（方法） | 适用范围 | | | |
|---|---|---|---|---|---|
| | | 土层 | 孔径(cm) | 孔深(m) | 泥浆作用 |
| 1 | 正循环回转钻机 | 黏性土，砂土，砾、卵石粒径小于 2cm，含量少于 20%的碎石土，软岩 | 80～200 | 30～100 | 浮悬钻渣并护壁 |
| 2 | 反循环回转钻机 | 黏性土，砂土，卵石粒径小于钻杆内径 2/3，含量少于 20%的碎石土，软岩 | 80～250 | 泵吸<40<br>气举 100 | 护壁 |
| 3 | 冲击实心锥 | 各类土层 | 80～200 | 50 | 浮悬钻渣并护壁 |
| 4 | 冲击管锥 | 黏性土、砂土、砾石、松散卵石 | 60～150 | 50 | 浮悬钻渣并护壁 |
| 5 | 冲抓锥 | 淤泥、黏性土、砂土、砾石、卵石 | 60～150 | 20～40 | 护壁 |

2）钻机小，重量轻，狭窄场地也能使用，且噪声低，振动小；

3）设备故障相对较少，工艺技术成熟，操作简单，易于掌握；

4）有的正循环钻机（如日本利根 THS—70）可钻倾角 10°的斜桩；

5）钻进时，泥浆上返速度低，挟带泥砂颗粒直径较小，排除钻渣能力差，岩土重复破碎现象严重。

反循环与正循环程序相反，泥浆由孔外流入孔内，而用真空泵或其他方法（如空气吸泥机等）将泥渣通过钻杆中心从钻杆顶部吸出，或将吸浆泵随同钻锥一同钻进，从孔底将泥渣吸出孔外。反循环钻杆直径宜大于 127mm，故钻杆内泥水上升较正循环快得多，就是清水也可把钻渣带上钻杆顶端流入泥浆池，净化后循环使用。因泥浆主要起护壁作用，其质量要求可降低，但如钻深孔或易坍土层，则仍需用高质量的泥浆。

反循环回转钻机成孔特点如下：

1）有利于大直径桩及长桩的施工，最大桩径可达 6m；

2）施工时的振动和噪声较小；

3）由于安附旋转钻头的转台与机架体是分离的，因而能在不便立脚手架的水上或狭窄的场地上进行施工，但临时设施的规模大；

4）因钻头不必每次上下排弃钻渣，只要接长钻杆，就可以在深层进行连续钻挖，因此，钻孔效率高，对孔壁损伤小，排渣干净，孔底沉渣较少；

5）可用于施工上下部直径不同的桩，即能施工变截面桩；采用特殊钻头则可钻挖岩石；

6）地基中有透水性高的夹层、被动水压层时，施工比较困难；如果水压头和泥浆相对密度等管理不当，将会引起坍孔，且废泥水的处理量大；

7）由于土质不同，钻挖时孔径将比设计桩径扩大10％～20％左右，混凝土的数量将随之增大。

（2）冲击钻进成孔。利用钻锥（重10～35kN）不断地提锥、落锥反复冲击孔底土层，把土层中泥砂、石块挤向四壁或打成碎渣，钻渣悬浮于泥浆中，利用掏渣筒取出，重复上述过程冲击钻进成孔。

主要采用的机具有定型的冲击式钻机（包括钻架、动力、起重装置等）、冲击钻头、转向装置和掏渣筒等，也可用30～50kN带离合器的卷扬机配合钢木钻架及动力组成简易冲击钻机。

钻头一般是整体铸钢做成的实体钻锥，钻刃为十字形，采用高强度耐磨钢材做成，底刃最好不完全平直以加大单位长度上的压重，如图7-11所示（图中$\beta=70°\sim90°$，$\phi=160°\sim170°$）。冲击时钻头应有足够的重量，适当的冲程和冲击频率，以使它有足够的能量将岩块打碎。

冲锥每冲击一次旋转一个角度，才能得到圆形钻孔，因此，在锥头和提升钢丝绳连接处应有转向装置，常用的有合金套或转向环，以保证冲锥的转动，也避免了钢丝绳打结扭断。

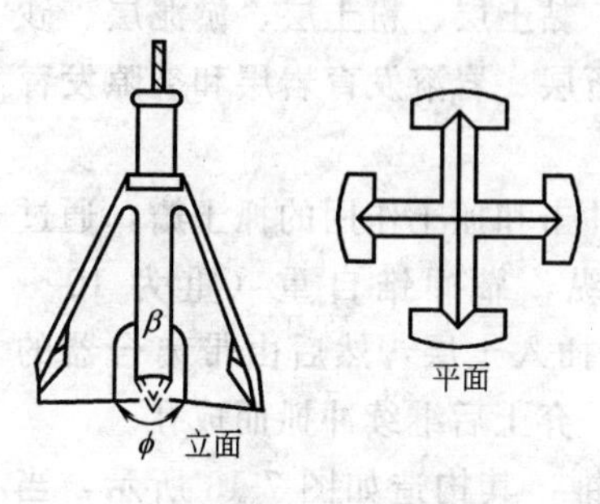


图 7-11　冲击钻锥

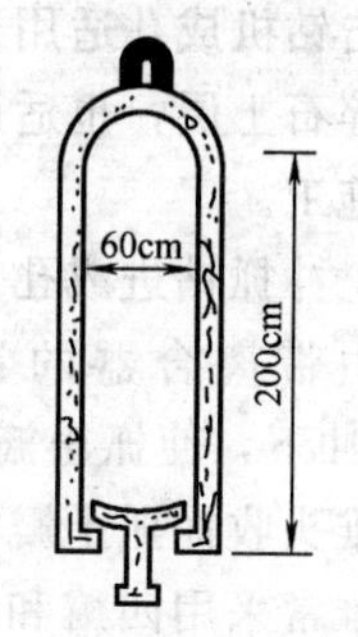


图 7-12　掏渣筒

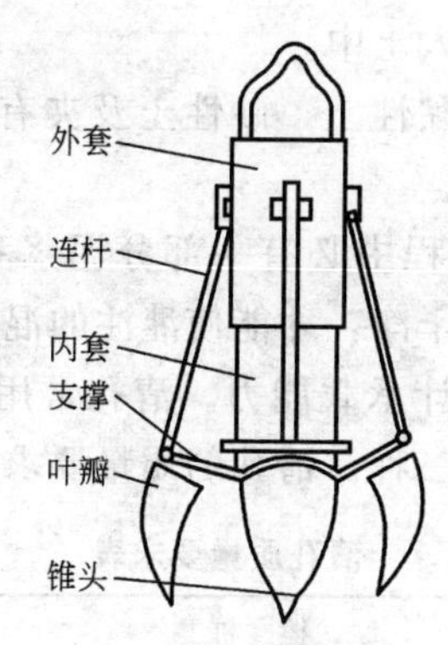


图 7-13　冲抓锥

掏渣筒是用以掏取孔内钻渣的工具，如图 7-12 所示，用 3.0mm 钢板制作，下面碗形阀门应与渣筒密合以防止漏水漏浆。

冲击锥分为实心锥和空心锥（管锥），前者适用范围广，无坚不摧，当采用回旋钻、冲抓锥遇到大卵石、漂石时，可换上实心冲击锥进行攻克。其特点有：

1）设备简单，操作方便，钻进参数容易掌握，设备移动方便，机械故障少；

2）在含有较大卵砾石层、漂砾石层中施工，成孔效率较高；

3）钻进时孔内泥浆一般不是循环的，只起悬浮钻渣和保持孔壁稳定作用，泥浆用量少，消耗小；

4）容易出现孔斜、卡钻和掉钻等事故及桩孔不圆的情况。

冲击钻机成孔适用于填土层、黏土层、粉土层、淤泥层、砂土层和碎石土层，也适用于砾卵石层、岩溶发育岩层和裂隙发育的地层施工。

(3) 冲抓钻进成孔。用兼有冲击和抓土作用的抓土瓣，通过钻架，由带离合器的卷扬机操纵，靠冲锥自重（重为 10～20kN）冲下，使抓土瓣锥尖张开插入土层，然后由带离合器的卷扬机锥头收拢抓土瓣将土抓出，弃土后继续冲抓而成孔。

钻锥常采用四瓣和六瓣冲抓锥，其构造如图 7-13 所示，当收紧外套钢丝绳松内套钢丝绳时，内套在自重作用下相对外套下坠，便使锥瓣张开插入土中。

冲抓成孔适用于黏性土，砂性土及夹有碎卵石的砂砾土层，成孔深度宜小于 30m。

7. 清孔。钻孔过程中必有一部分泥浆和钻渣沉于孔底，必须将这些沉积物清除干净，才能使灌注的混凝土与地层或岩层紧密结合，保证桩的设计承载能力。清孔常用的方法有抽浆清孔、掏渣清孔及换浆清孔三种。清孔的质量要求见表 7-5。

**清孔质量要求表** **表 7-5**

| 项　目 | 摩　擦　桩 | 端　承　桩 |
|---|---|---|
| 孔底沉淀土 | 中小桥：≤(0.4～0.6)$d$ 大桥按设计文件规定 | 不大于设计规定 |
| 泥浆含砂率 | ＜4% | ＜4% |
| 泥浆比重 | 1.05～1.20 | 1.05～1.20 |
| 泥浆黏度 | 17～20s | 17～20s |

注：① $d$ 为设计桩径；
② 检测的泥浆以孔口流出的泥浆为准。

8. 安放钢筋笼。钢筋笼根据设计尺寸和钻架允许起吊高度，可整节或分节制作，当分节制作时，可在井口接长，注意同一断面内钢筋接头数量满足规范要求，钢筋骨架达到设计高程后，即将骨架牢固的固定在孔口，由于水下混凝土在灌注过程中将给钢筋笼一向上的摩擦力，因此应采取措施严防钢筋笼上浮。

9. 水下混凝土灌注。水下混凝土可采用火山灰质水泥、粉煤灰水泥及普通硅酸盐水泥，当采用矿渣水泥时要采取措施防止离析。水泥初凝时间不宜早于 2.5h。每立方米混凝土中水泥用量不宜小于 350kg，当掺有适当数量的减水缓凝剂或粉煤灰时，可不少于 300kg。

粗集料优先选用卵石，如采用碎石时宜适当增加混凝土的含砂率。集料的最大粒径不应大于导管内径的 1/6～1/8 和钢筋最小净距的 1/4，同时不应大于 40mm；细集料宜采用级配良好的中砂。

混凝土配合比的含砂率宜采用 0.4～0.5，水灰比宜采用 0.5～0.6，坍落度一般可控制在 18～22cm。

水下混凝土采用导管法灌注，导管法的施工过程如图 7-14 所示。

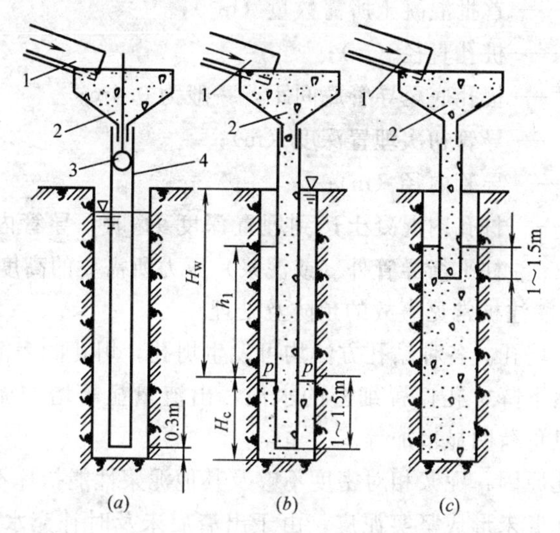


图 7-14　灌注水下混凝土

1—通混凝土储料槽；2—漏斗；3—隔水球；4—导管

将导管居中插入到离孔底 0.30～0.40m（不能插入孔底沉积的泥浆中），导管上口接漏斗，在接口处设隔水球，以隔绝混凝土与管内水的接融。在漏斗中存备足够的混凝土，放开隔水球，存备的混凝土通过隔水球向孔底猛落，这时孔内水位骤涨外溢，说明混凝土已灌入孔内。若落下有足够数量的混凝土则将导管内水全部压出，并使导管下口理入孔内混凝土内 1～1.5m 深，保证钻孔内的水不可能重新流入导管。随着混凝土不断通过漏斗、导管灌入钻孔，钻孔内初期灌注的混凝土及其上面的水泥浆或泥浆不断被顶托升高，相应地不断提升导管和拆除导管，直至钻孔内混凝土灌注完毕。

灌注时首批混凝土的数量应满足导管的首次埋深，参考计算公式如下：

$$V \geqslant \frac{\pi D^2}{4}(H_1 + H_2) + \frac{\pi d^2}{4} h_1 \tag{7-1}$$

式中 $V$——首批混凝土所需数量（$m^3$）；

$D$——桩孔直径（m）；

$H_1$——桩孔底至导管底间距，一般为 0.4m；

$H_2$——导管初次埋置深度（m）；

$d$——导管内径（m）；

$h_1$——桩孔内混凝土达到埋置深度 $H_2$ 时，导管内混凝土柱平衡导管外（或泥浆）压力所需要的高度（m）。

10. 灌注桩常见事故的预防及处理

（1）坍孔。各种钻孔方法均可发生坍孔，坍孔的表征是孔内水位突然下降，孔口冒细密的水泡，出渣量显著增加而不见进尺，钻机负荷明显增加等。

坍孔原因：泥浆相对密度不够及其他泥浆性能指标不符合要求，使孔壁未形成坚实泥皮；由于出渣后未及时补充水或泥浆，或河水上涨，或孔内出现承压水，或钻孔通过砂砾等强透水层，孔内水流失等而造成孔内水头高度不够；护筒埋设太浅，下端孔口漏水、坍塌或孔口附近地面受水浸湿泡软，或钻机装置在护筒上，由于振动使孔口坍塌，扩展成较大坍孔；在松软砂层中钻进，进尺太快；提住钻锥钻进回转速度过快，空转时间太长；冲击（抓）锥或掏渣筒倾倒，撞击孔壁，或爆破处理孔内孤石、探头石、炸药量过大，造成过大振动；水头太大，使孔壁渗浆或护筒底形成反穿孔。

坍孔的预防和处理：在松散粉砂土或细砂中钻进时，应控制进尺速度，选用较大相对密度、黏度、胶体率的泥浆，或投入黏土掺片、卵石、低锤冲击，使黏土膏、片、卵石挤入孔壁起护壁作用；汛期或潮汐地区水位变化过大时，应采取升高护筒，增加水头，或用虹吸管、连通管等措施保证水头相对稳定；发生孔口坍塌时，可立即拆除护筒并回填黏土，重新埋设护筒再钻；如发生孔内坍塌，判别坍塌位置，回填砂和黏土（或砂砾和黄土）混合物到坍孔以上1～2m，如坍孔严重时应全部回填，待回填物沉积密实后再行钻进；严格控制冲程高度和炸药用量。

（2）钻孔偏斜。偏斜原因：钻孔中遇有较大的孤石或探头石；在有倾斜度的软硬地层交界处，岩面倾斜处钻进或粒径大小悬殊的砂卵石层中钻进，钻头受力不均；钻孔较大处，钻头摆动偏向一方；钻机底座未安置水平或产生不均匀沉陷；钻杆弯曲，接头不正。

钻孔偏斜预防和处理：安装钻机时要使转盘、底座水平，起重滑轮组、固定钻杆的卡孔和护筒中心三者应在一条竖直线上，并经常检查校正；由于主动钻杆较长，转动时上部摆动过大，必须在钻架上增设导向架，控制钻杆上的提引水笼头，使其沿导向架向下钻进；钻杆、接头应逐个检查，及时调正，防止钻杆弯曲，要用千斤顶及时调直；在有倾斜的软、硬地层钻进时，应吊着钻杆控制进度，低速钻进，或回填片、卵石冲平后再钻进。

（3）糊钻。糊钻原因常出现于正反循环回转钻进和冲击锥钻进，在软塑黏土层旋转钻进时，因进度快，钻渣量大，出浆口堵塞而造成糊钻。

糊钻预防和处理方法首先应对钻杆内径大小按设计要求确定；控制进尺；选用刮板齿小、出浆口大的钻锥，若已严重糊钻，应将钻锥提出孔口，清除钻锥残渣。冲击锥钻进行预防措施是减少冲程，降低泥浆稠度，在黏土层上回填部分砂、砾石。

（4）扩孔和缩孔。扩孔是孔壁坍塌而造成的结果，各种钻孔方法均可能发生，若仅孔内局部发生坍塌而扩孔，钻孔仍能达到设计深度则不必处理，只是混凝土灌注量大大增加；若因扩孔后继续坍塌而影响钻进，应按坍孔事故处理。

缩孔由于钻锥焊补不及时，严重磨耗的钻锥往往钻出较设计桩径稍小的孔；地层中有软塑土（俗称橡皮土），遇水膨胀后使孔径缩小，各种钻孔方法均可能发生缩孔，可采用上下反复扫孔的方法以扩大孔径。

（5）灌注卡管。在灌注过程中，混凝土在导管中下不去，称为卡管。卡管有以下两种情况：初灌时隔水栓卡管；由于混凝土本身的原因，如坍落度过小、流动性差、夹有大卵石、拌合不均匀，以及运输途中产生离析、导管接缝处漏水、雨天运送混凝土未加遮盖等，使混凝土中的水泥浆被冲走，粗集料集中而造成导管堵塞。

处理办法可用长杆冲捣管内混凝土，用吊绳抖动导管，或在导管上安装附着式振动器等使隔水栓下落。如仍不能下落时，则须将导管连同其内的混凝土提出钻孔，进行清理修整（注意切勿使导管内的混凝土落入井孔），然后重新吊装导管，重新灌注。一旦有混凝土拌合物落入井孔，须按前述第二项处理方法将散落在孔底的拌合物粒料等予以清除。

提管时应注意到导管上重下轻，要采取可靠措施防止翻倒伤人。

（6）埋管。导管无法拔出称为埋管，其原因是：导管埋入混凝土过深，或导管内外混凝土已初凝使导管与混凝土间摩阻力过大，或因提管过猛将导管拉断。

预防办法：应按前述要求严格控制埋管深度一般不得超过6～8m；在导管上端安装附着式振动器，拔管前或停灌时间较长时，均应适当振动，使导管周围的混凝土不致过早地初凝；首批混凝土掺入缓凝剂，加速灌注速度；导管接头螺栓事先应检查是否稳妥；提升导管时不可猛拔。若埋管事故已发生，初时可用链滑车、千斤顶试拔。

(7) 钢筋笼上升。钢筋笼上升，除了一些显而易见的原因是由于全套管上拔、导管提升钩挂所致外，主要的原因是由于混凝土表面接近钢筋笼底口，导管底口在钢筋笼底口以下 3m 至以上 1m 时，混凝土灌注的速度过快，使混凝土下落冲出导管底口向上反冲，其顶托力大于钢筋笼的重力时所致。

为了防止钢筋笼上升，当导管底口低于钢筋笼底部 3m 至高于钢筋笼底 1m 之间，且混凝土表面在钢筋笼底部上下 1m 之间时，应放慢混凝土灌注速度，允许的最大灌注速度与桩径有关，当桩长为 50m 以内时可参考表 7-6 办理。

**灌注桩的混凝土表面靠近钢筋笼底部时允许最大灌注速度**

**表 7-6**

| 桩径(cm) | ≥250 | 220 | 200 | 180 | 150 | 120 | 100 |
| --- | --- | --- | --- | --- | --- | --- | --- |
| 灌注速度($m^3$/min) | 2.5 | 1.9 | 1.55 | 1.25 | 1.0 | 0.55 | 0.4 |

克服钢筋笼上升，除了主要从上述改善混凝土流动性能、初凝时间及灌注工艺等方面着眼外，还应从钢筋笼自身的结构及定位方式上加以考虑，具体措施为：

1）适当减少钢筋笼下端的箍筋数量，可以减少混凝土向上的顶托力；

2）钢筋笼上端焊固在护筒上，可以承受部分顶托力，具有防止其上升的作用；

3）在孔底设置直径不小于主筋的 1～2 道加强环形筋，并以适当数量的牵引筋牢固地焊接于钢筋笼的底部，实践证明对于克服钢筋笼上升是行之有效的。

## 第三节　桥墩与桥台

### 一、桥墩与桥台构造

(一) 桥墩构造与分类

连接两跨的下部构造叫桥墩，其作用主要是将上部的荷载传递给基础。桥墩按构造可分为重力式桥墩、柱式桥墩等。

1. 重力式桥墩。实体重力式桥墩是一实体圬工墩，主要靠自身的重量（包括桥跨结构重力）平衡外力，从而保证桥墩的强度和稳定。实体重力式桥墩可用混凝土、浆砌块石或钢筋混凝土材料做成（图 7-15*a*）。

2. 柱式桥墩。柱式桥墩是目前公路桥梁中广泛采用的桥墩型式。柱式桥墩一般可分为独柱、双柱和多柱等形式，它可以根据桥宽的需要以及地物地貌条件任意组合。柱式桥墩由承台、柱式墩身和盖梁组成，对于上部结构为大悬臂箱形截面，墩身可以直接与梁相接（图 7-15*b*）。

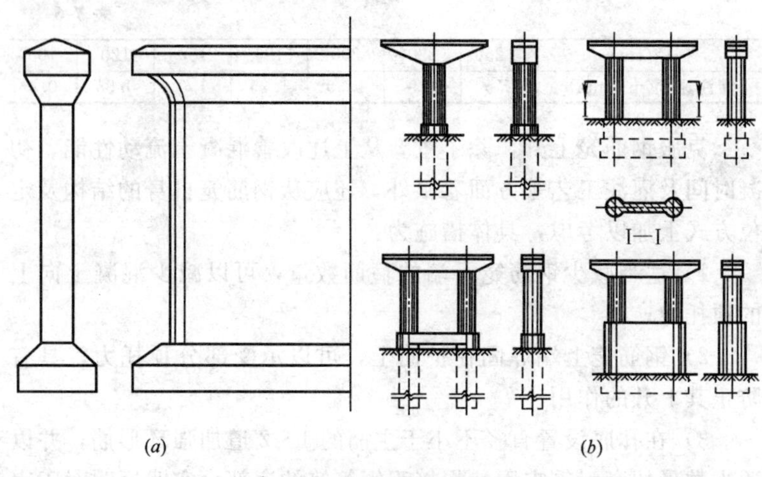


图 7-15　桥墩一般构造

（*a*）重力式桥墩；（*b*）柱式墩身

（二）桥台构造与分类

桥两端与路相接部分为桥台，桥台的作用是将荷载传递给地基基础，使桥梁与路堤相连接，并承受桥头填土的水平土压力，起挡土墙的作用。桥台常见的结构形式有重力式桥台、埋置式桥台及轻型桥台。

1. 重力式桥台。也称实体式桥台，它主要靠自重来平衡台后的土压力。桥台台身多数由石砌、片石混凝土或混凝土等圬工材料建造，并采用就地建造施工方法，常见的有 U 型桥台（图 7-16$a$）。

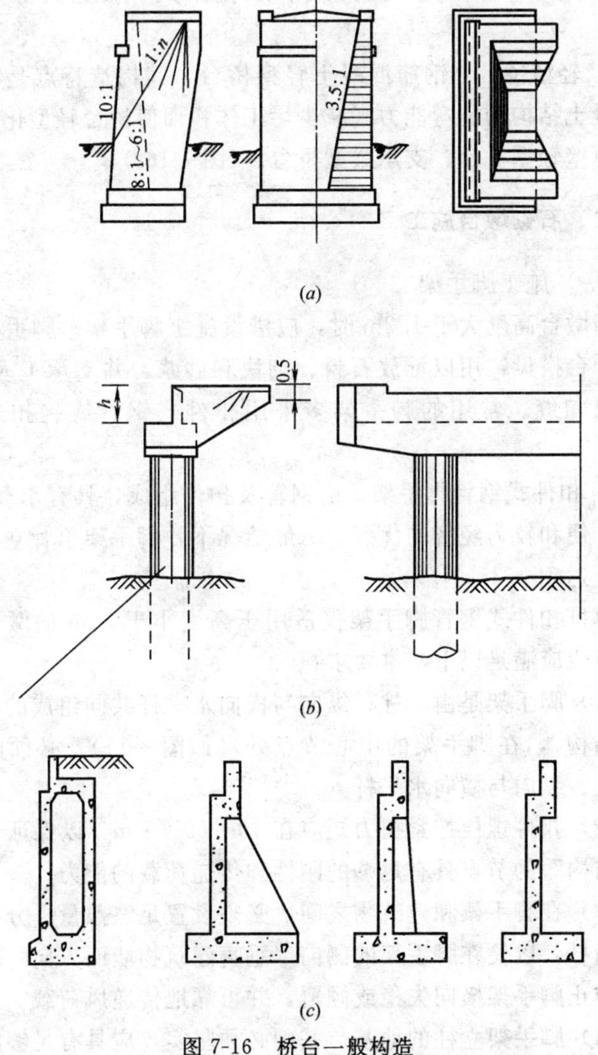


图 7-16　桥台一般构造

（$a$）重力式桥台；（$b$）埋置式桥台；（$c$）薄壁轻型桥台

2. 埋置式桥台。框架式桥台是一种在横桥向呈框架式结构的桩基础轻型桥台，它埋置土中，所受的土压力较小，适用于地基承载力较低、台身较高、跨径较大的梁桥。其构造型式有双柱式、多柱式、墙式、半重力式和双排架式、板凳式等（图 7-16*b*）。

3. 轻型桥台。钢筋混凝土轻型桥台，其构造特点是利用钢筋混凝土结构的抗弯能力来减少圬工体积而使桥台轻型化。常见的有薄壁轻型桥台、支承梁型桥台。（图 7-16*c*）

## 二、石砌墩台施工

（一）施工脚手架

当墩台高度大于 1.2m 时，应搭设施工脚手架。脚手架应环绕墩、台搭设，用以堆放石料、砌块和砂浆，并支承工人砌筑、镶面及勾缝。常用的脚手架多采用扣件式钢管或碗扣式钢管搭设。

1. 扣件式钢管脚手架。由钢管及扣件组成，具有承载力大、装拆方便和较为经济的优点。一般情况下，脚手架单管立柱的承载力可达 15～35kN。

单排扣件式钢管脚手架仅适用于高度小于 24m 的墩台，脚手架组成应满足以下基本要求：

（1）脚手架是由立柱、纵向与横向水平杆共同组成的“空间框架结构”，在脚手架的中心节点处（如图 7-17），必须同时设置立柱、纵向与横向水平杆。

（2）扣件螺栓拧紧扭力矩应在 40～60N·m，以保证“空间框架结构”的节点具有足够的刚性和传递荷载的能力。

（3）在脚手架和建筑物之间，必须设置足够数量、分布均匀的连墙杆，以便在脚手架的侧向（垂直建筑物墙面方向）提供约束，防止脚手架横向失稳或倾覆，并可靠地传递风荷载。

（4）脚手架立柱的地基与基础必须坚实，应具有足够的承载能力，并防止不均匀的或过大的沉降。

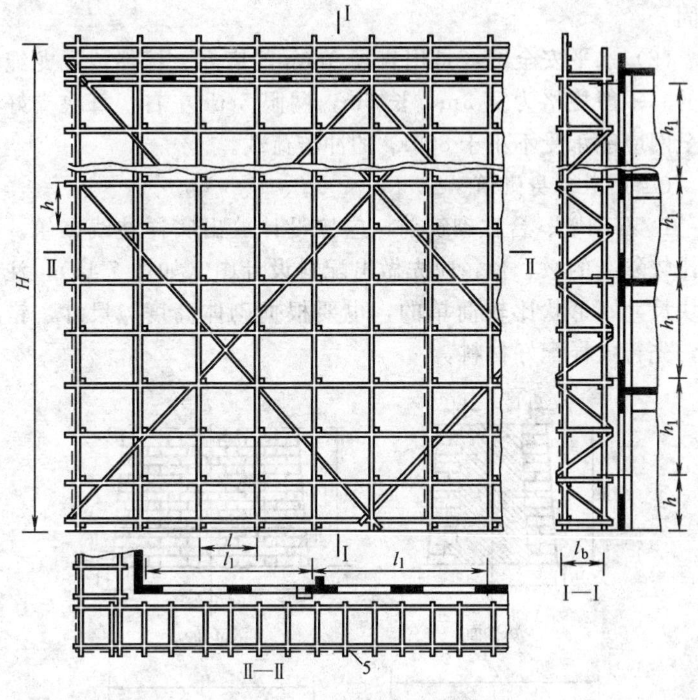

图 7-17　扣件式钢管脚手架

(5) 应设置纵向支撑（剪刀撑）和横向支撑，以使脚手架具有足够的纵向和横向整体刚度。

2. 碗扣式钢管脚手架。碗扣式钢管脚手架采用碗扣式钢管，接头采用碗扣接头，具有构造合理、力学性能好、工作安全可靠、功能多、构件轻、装拆方便、作业强度低以及零部件的损耗低等显著优点。

碗扣脚手架的排距、间距、步距均为 0.3m 的模数，要求地面必须平整或每排立杆处高差为 0.3 的倍数。

3. 脚手架安全围护措施。脚手架要悬挂安全网，根据悬挂方式分为垂直设置与水平设置两种。

(1) 垂直安全网：多用于墩、台脚手架外侧的安全围护。一般采用细尼龙绳编织安全网，安全网应封严，与外脚手架固定牢固。

(2) 水平安全网：是用直径 9mm 的麻绳、棕绳或尼龙绳编织的。一般规格为宽 3m，长 6m，网眼 5cm 左右，每块支好的安全网应能承受不小于 800kg 的冲击荷载。

(二) 墩台身砌筑

1. 石砌墩、台在砌筑前，应按设计放出实样挂线砌筑。形状比较复杂的墩、台，应先做出配料设计图（如图 7-18），注明砌块尺寸；形状比较简单的，也要根据砌体高度、尺寸、错缝等，先行放样配好材料。

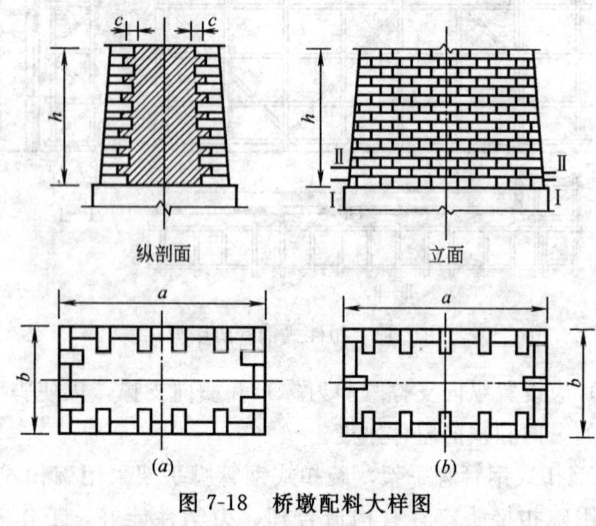


图 7-18　桥墩配料大样图

(a) 桥墩Ⅰ—Ⅰ剖面；(b) 桥墩Ⅱ—Ⅱ剖面

2. 墩台在砌筑基础的第一层砌块时，如基底为土质，只在已砌石块侧面铺上砂浆即可，不需坐浆，如基底为岩层或混凝土基础，应将其表面清洗、润湿后，先坐浆再砌筑石块。

3. 砌筑斜面墩、台时，斜面应逐层收坡，以保证规定坡度。若用块石或料石砌筑，应分层放样加工，石料应分层分块编号，砌筑时对号入座。

4. 墩、台应分段分层砌筑，两相邻工作段的砌筑高差不超过 1.2m。分段位置宜尽量置在沉降缝或伸缩缝处。

5. 混凝土预制块墩、台安装顺序应从角石开始，竖缝应用厚度较灰缝略小的铁片控制。安砌后立即用扁铲捣实砂浆。

6. 墩、台砌筑还要注意以下几点：

(1) 砌体中的石块或预制块均应以砂浆粘结，砌块间要求有一定厚度的砌缝，在任何情况下不得互相直接接触。上层石块应在下层石块上铺满砂浆后砌筑。竖缝可在先砌好的砌块侧面抹上砂浆。所有砌缝要求砂浆饱满。若用小块碎石填塞砌缝时，要求碎石四周都有砂浆。不得采取先堆积几层石块，然后以稀砂浆灌缝的方法砌筑。

(2) 同一层石料及水平灰缝的厚度要均匀一致，每层按水平砌筑，丁顺相间，砌石灰缝互相垂直。砌石顺序为先角石，再镶面，后填腹。填腹石的分层高度应与镶面相同。

(3) 为使砌块稳固，每处应选取形状尺寸适宜的石块并铺好砂浆，再将石块稳妥地砌搁在砂浆上。

(4) 分层砌筑时，宜将较大石块用于下层，并应用宽面为底铺砌。

(5) 砌筑上层时，应避免振动下层砌块。砌筑工作中断后重新开始时，应先将原砌层表面清扫干净，适当湿润，再铺浆砌筑。

(6) 浆砌片石的砌缝宽度一般不应大于 3cm，用小石子混凝土砌筑时，可为 3～7cm。

(7) 浆砌块石的砌缝宽度不大于 2cm。上下层竖缝错开距离不小于 8cm。砌体里层平缝不应大于 2cm，竖缝宽度不应大于 3cm，用小石子混凝土砌筑时不应大于 5cm。

(8) 浆砌粗料石的砌缝宽度不应大于 2cm，混凝土预制块的砌缝宽度不应大于 1cm；上下层竖缝错开距离不应小于 10cm。砌体里层为浆砌块石时，其要求同 (7)。

7. 在砌筑中应经常检查平面外形尺寸及侧面坡度是否符合设计要求，砌筑完后所有砌石（块）均应勾缝。

## 三、混凝土（钢筋混凝土）墩台施工

### （一）模板

1. 固定式模板。固定式模板一般用木材或竹胶板制作，又称组合式模板，其各部件均在现场加工制作和安装，主要由立柱、肋木、壳板、撑木、拉杆、枕梁与铁件组成，其构造见图7-19。

拼装式模板是由各种尺寸的标准模板利用销钉连接并与拉杆、加劲构件等组成墩、台所需形状的模板。由于模板在厂内加工制造，因此板面平整，尺寸准确，体积小，质量小，拆装容易，运输方便。它适用于高大桥墩或在同类墩台较多时，待混凝土达到拆模强度后，可以整块拆下，直接或略加修整就可周转使用。拼装模板可用钢材或木材加工制作。钢模板用2.5～4mm厚的薄钢板并以型钢为骨架，可重复使用，装拆方便，节约材料，成本较低。但钢模板需机械加工，稍有不便。

对于柱式墩台（方形或圆形），可将模板制作成多节，分成两半，预先拼装好后整体吊装就位，然后进行校正固定。

2. 组合式定型钢模板。此种模板节约大量木材，组装拆卸方便，通用性好，可多次周转使用，具有较好的经济效益，是桥梁工程中常用的模板之一。

组合模板宽度100～300mm，按50mm晋级；长1500mm、1200mm、900mm、750mm、600mm、450mm六种，肋条高55mm，转角部位有阴角模板、阳角模板等，连接件采用U型卡、L型插销等，拉杆一般采用对拉杆与钢管、蝴蝶卡等组成。

3. 滑动式模板。图7-20所示为滑动式模板构造，它由顶架、模板、围圈、千斤顶、工作平台等部分组成。

顶架是用一根横梁和两根立柱构成“门”形，它承受模板的所有荷载，可用角钢制成。

模板可用3.5cm厚的木板或3mm厚的钢板加焊角钢制成，高度为1.1～1.3m。为易于滑升，模板的上口小，下口大，其锥

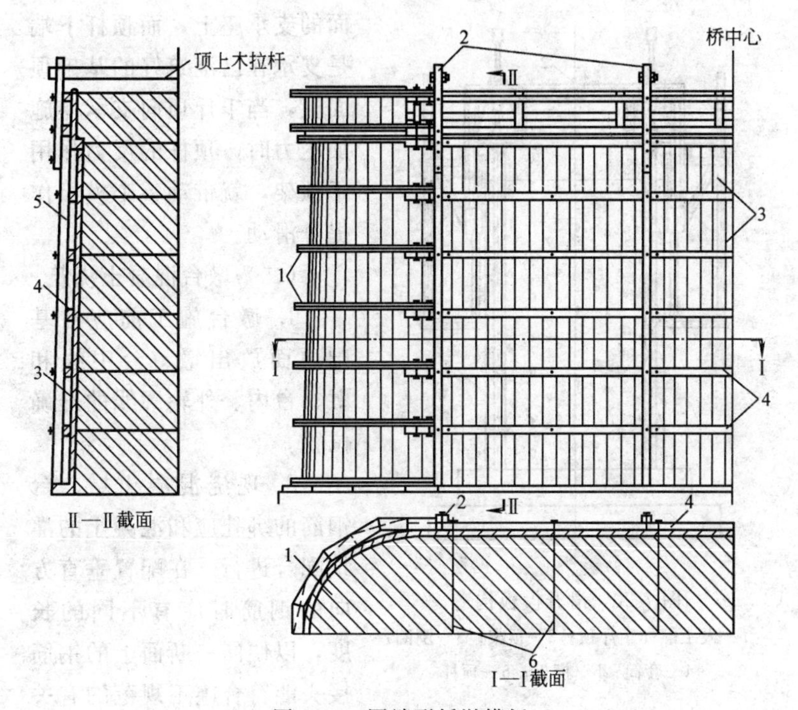


图 7-19 圆端形桥墩模板

1—拱肋木；2—安装柱；3—壳板；4—水平肋木；5—立柱；6—拉杆

度为 0.5%～1%$H$（$H$ 为模板高度）。

围圈起连接、箍紧、固定模板的作用，一般用角钢制成。

顶杆是千斤顶的爬升杆，又是操作平台上所有荷载的支承杆，一般用 $\phi$25mm 的圆钢筋制成。按连续形式可分为工具式和非工具式两种。当采用工具式顶杆时，为了在墩身混凝土中形成孔道，需设置导管（用钢管制成），管径比顶杆大 3mm 左右。

工作平台是供浇筑混凝土和提升模板的作业平台。支承座是用圆钢车成上面凹球面，下面与顶杆丝扣连接，供传递千斤顶压力于顶杆上的工具。

滑动式模板滑升的原理是：当手柄旋转时，螺杆即沿螺母旋转向下，由于千斤顶凸球面端是支承在一端与顶杆连接的带凹球面的支承座上，而顶杆下端是支承在已浇筑好的基础顶面上，当千斤顶向支承座施加压力时，顶杆的反力作用于顶架，就带动整个模板作提升滑动。

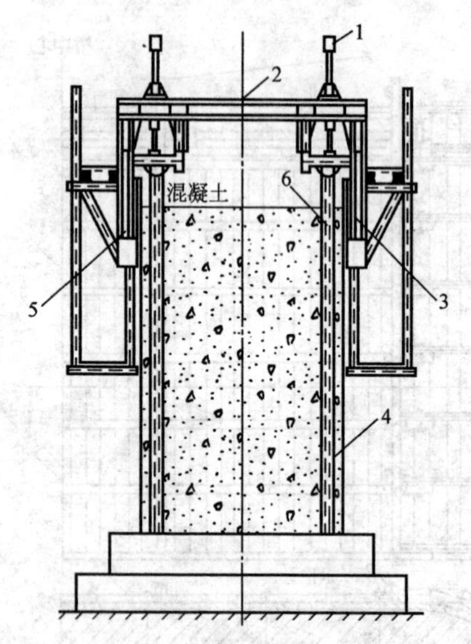


图 7-20　滑升模板构造

1—人工螺杆千斤顶；2—顶架；3—围圈；4—套筒；5—模板；6—顶杆

（二）墩台混凝土浇筑

1. 墩台施工前应在基础顶面放出墩、台中线和墩、台内、外轮廓线的准确位置。

2. 现浇混凝土墩、台钢筋的绑扎应和混凝土的灌筑配合进行。在配置垂直方向的钢筋时应有不同的长度，以便同一断面上的钢筋接头能符合施工规范的有关规定。水平钢筋的接头也应内外、上下互相错开。钢筋保护层的净厚度，应符合设计规范要求。

3. 注意掌握混凝土的浇筑速度。混凝土的配制、输送及灌筑速度应符合：

$$v \geqslant \frac{Ah}{t} \tag{7-2}$$

式中　$v$——混凝土配制、输送及浇筑的容许最小速度（$m^3/h$）；

$A$——浇筑的面积（$m^2$）；

$h$——浇筑层的厚度（m）；

$t$——所用水泥的初凝时间（h）。

如混凝土的配制、输送及浇筑需要时间较长，则应符合：

$$v \geqslant \frac{Ah}{t-t_0} \tag{7-3}$$

式中 $t_0$——混凝土的配制、输送及浇筑所消耗的时间（h）。

混凝土浇筑层厚度，根据使用的振动方法确定。

若墩台截面积不大时，混凝土应连续一次浇筑完成，以保证其整体性。如墩、台截面积过大时，应分段分块浇筑。

4. 为防止混凝土在倾入模板时离析，当落差较大时应采用串筒。

5. 大体积混凝土应参照下述方法控制混凝土水化热温度：

（1）用改善集料级配、降低水灰比、掺入混合料、掺入外加剂、掺入片石等方法减少水泥的用量；

（2）采用水化热低的大坝水泥、矿渣水泥、粉煤灰水泥或低强度等级水泥；

（3）减小浇筑层厚度，加快混凝土散热速度；

（4）混凝土用料应避免日光暴晒，以降低用料的初始温度；

（5）在混凝土内埋设冷却管通水冷却。

6. 在混凝土浇筑过程中，应随时观察所设置的预埋螺栓、预留孔、预埋支座的位置是否移动，若发现移位应及时校正。浇筑过程中还应注意模板、支架情况，如有变形或沉陷应立即校对并加固。

7. 高大的桥台，若台身后仰，本身自重力偏心较大，为平衡台身偏心，施工时应随同填筑台身四周路堤土方同步砌筑或浇筑台身，防止桥台后倾或向前滑移。未经填土的台身施工高度一般不宜超过 4m，以免偏心引起基底不均匀沉陷。

## 第四节　墩台帽与盖梁

墩（台）帽均位于墩（台）身以上、支座以下位置，一般为钢筋混凝土结构，当跨度较大时也可设计为预应力混凝土结构。

### 一、施工放样

一般在墩、台混凝土灌注至或砌石砌至离墩、台帽下缘约

30～50cm 高度时测出墩、台纵横中心轴线，并开始竖立墩、台帽模板，安装锚栓孔或安装预埋支座垫板，绑扎钢筋等。桥台台帽放样时应注意不要以基础中心线作为台帽背墙线。模板立好后，在灌注混凝土前应再次复核，以确保墩、台帽中心、支座垫石等位置、方向和高程不出差错。

## 二、墩台帽模板

### (一) 重力式墩（台）帽模板

在墩、台帽高程以下 25～30cm 处即停止填腹石的砌筑，开始安装墩、台帽模板。先用两根大约 15cm×15cm 的方木用长螺栓拉夹于墩帽下，如图 7-21、7-22 所示，然后再在方木上安装墩帽模板。台帽模板亦可用木料支承在锥体上。

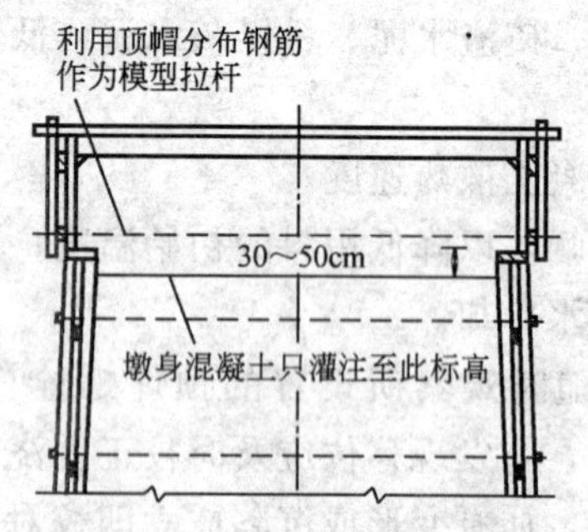


图 7-21　混凝桥墩墩帽模板

### (二) 悬臂墩帽

当桥墩不高时，可利用桥墩基础边竖支架，在悬出的支架上立模，如图 7-23 (*a*) 所示。如桥墩较高时，可预先在墩身上部预埋螺栓 2～3 排，以锚定牛腿支架、承托模板，如图 7-23 (*b*) 所示。模板的安装程序为：在支架上先安装好底模板；墩上绑扎或整体吊放墩帽钢筋；竖立侧面模板；装横挡螺栓、横向支

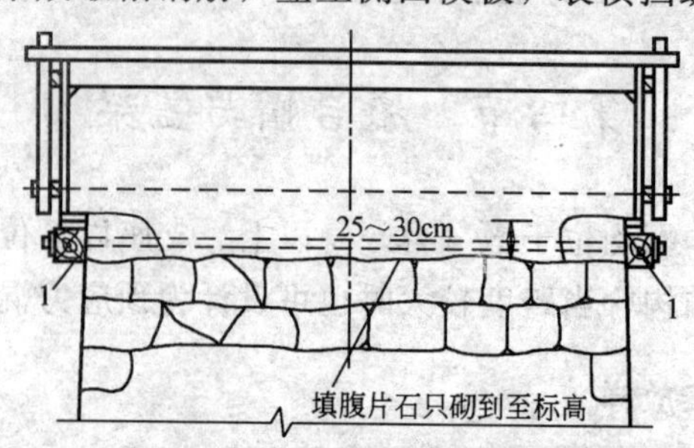


图 7-22　石砌桥墩墩帽模板

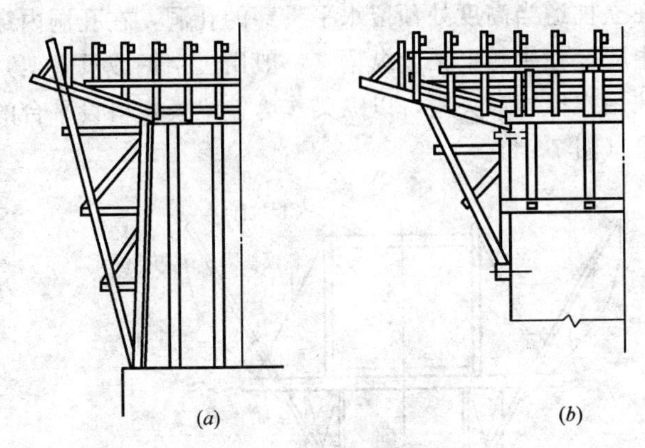


图 7-23　悬臂墩帽模板

撑、拉杆和斜撑。

悬臂墩帽混凝土应由墩中部向悬臂端顺序浇筑。帽高在50cm以上时，应分层浇筑，使模板受力较均匀，并便于混凝土振动密实。

## 三、盖梁支架与模板

### （一）盖梁支架

桩柱墩帽亦称盖梁，一般为现浇钢筋混凝土或现浇预应力混凝土结构，需要搭设支架并立模浇筑。

盖梁支架一般可搭设满堂式扣件钢管支架或满堂式碗扣钢管支架，此种支架结构简单、受力明确，一般情况下不需要复杂的计算与设计，但当立柱较高、盖梁下为深谷、河流等复杂情况时施工较为复杂且造价较高，有时需要配套的搭设支架平台，费工费时，局限性较大。

针对盖梁圬工体积小、重量轻的特点，可充分利用已浇筑完毕立柱（最好是双柱或三柱式墩台）竖向承重能力，采用无支架施工方案。

无支架施工是利用已施工完毕的立柱作为竖向承重结构，在立柱适当高度处用两个半圆形夹具将立柱夹紧，在半圆夹具探出牛腿或在立柱适当高度处预留水平贯穿的孔洞，在孔洞内穿入型钢作为牛腿，在牛腿上架设纵梁（一般用工字钢或贝雷架）并将整排桩柱用螺栓相对夹紧，以纵梁作为盖梁模板搭设平台的一种施工技术（图 7-24）。

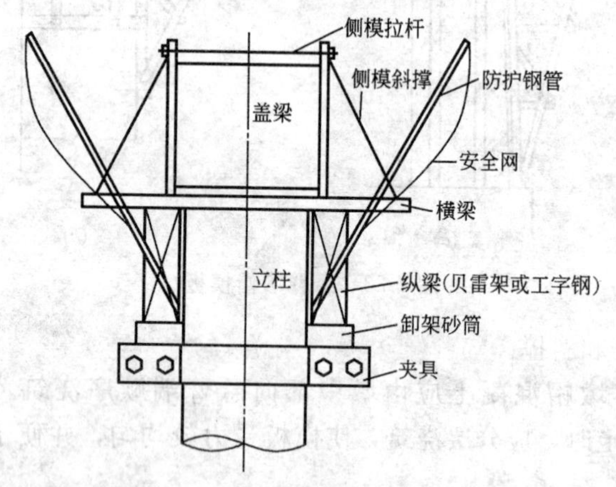


图 7-24　盖梁无支架施工示意图

相对于落地式满堂支架，无支架施工有许多显著优点：

1. 彻底克服了不良地段搭设落地支架的难题，无需作任何支架基础加固处理及搭设桩基支架平台，可应用于淤泥、软基、峡谷、深水等困难地段浇筑盖梁；

2. 由于无需作支架基础加固及搭设支架平台，且竖向承重充分利用了永久性构件，而不是钢管扣件等临时材料，从而使支架成本下降，经济效益显著；

3. 劳动强度显著降低，工期缩短；

4. 纵梁挠度等可精确计算，因此能充分保证施工的精度；

5. 对河道泄洪无任何不利影响，能够满足有些河道预计泄洪要求。

（二）盖梁模板

盖梁模板有定型钢模板、竹胶大模板、组合钢模板等形式，一般采用侧模包地模式，结构同墩台帽模板。

# 第八章　混凝土梁桥上部结构施工

## 第一节　就地浇筑施工

近年来，桥梁的结构形式有了很大发展，由于地形和构造的要求需要建造如变宽度桥、斜桥、弯桥等复杂桥梁，同时也由于支架模板已经大量使用钢制标准杆件，装配式钢模板已经成批应用，使用就地浇筑的施工方法，使桥梁的整体性好，施工可靠，不需大型起重设备。

### 一、支架与模板

(一) 支架的形式及材料

与脚手架不同，支架是用以支撑砌筑或现浇构件模板的竖向承重构件，支架按其构造可分为满堂支柱式、梁式和梁支柱式(图 8-1)。

支柱式构造简单，常用于陆地或不通航的河道，或桥墩不高的小跨径桥梁。

当支架下有通车或通航要求时，可选择梁式支架。梁式支架依其跨径可采用工字钢、钢板梁或钢桁梁作为承重梁，当跨径小于 10m 时可采用工字梁，跨径大于 20m 可采用钢桁架。梁可以支承在墩边支架上，也可支承在桥墩上预留的托架或在桥墩处临时设置的横梁上。

梁柱式支架可在大跨径桥上使用，梁支承在支架或临时墩上而形成多跨连续支架。

满堂式支架按材料又分为满堂木支架、满堂钢管支架。目前

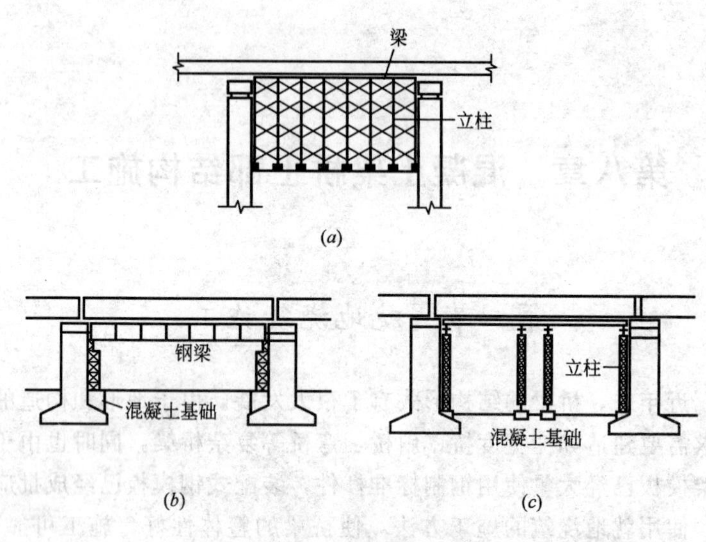


图 8-1　支架构造图

（a）支柱式；（b）梁式；（c）梁支柱式

应用最多的是采用 WDJ 碗扣式满堂钢支架。WDJ 碗扣式多功能脚手架是一种先进的承插式钢管脚手架，它由立杆、横杆、可调顶托、可调底座等构件组成，能够快速的组成单、双排脚手架、模板支架、爬升脚手架、悬挑脚手架等，避免了螺栓作业，拼拆快速省力，较扣件式钢管支架快 3～5 倍。由于碗扣架各杆件轴线交于一点，节点在框架平面内，接头具有可靠的抗弯、抗剪、抗扭力学性能，结构安全稳固，承载能力较扣件式钢管支架大大提高。

碗扣支架的杆件长度为 0.3m 的模数，因此搭设支架的地面需要平整，当在斜坡上搭设时，支架基础需要做成台阶，台阶高差应为 0.3m 的模数。由于碗扣架有可调的顶托和底座，因此在进行方便微调支架高度的同时也可以兼做卸架设备。

（二）支架设计

支架设计应根据设计跨径、通航及行车要求、荷载大小、地基承载力、季节性条件、成本控制、工期要求等进行选择适合的类型。然后进行结构受力验算，绘制详细图纸，编制支架设计说明书并制定支架安装、使用、拆卸、保养等有关技术安全措施和注意事项。

一般可将脚手架与支架合并设计。

1. 设计荷载。计算支架及模板时，应考虑下列荷载并按表8-1进行荷载组合。

(1) 模板、支架自重；

(2) 新浇混凝土、钢筋混凝土或其他圬工结构物的重力。一般混凝土重力取24kN/m³，钢筋混凝土取25kN/m³；

(3) 施工人员和施工材料、机具等行走运输或堆放的荷载。当计算模板即直接承受模板的肋木时，取2.5kN/m²；计算肋木下的梁时，取1.5kN/m²；计算支架立柱时，取1.0kN/m²。验算单板时取集中荷载，人力挑担子取1.3kN；手推车运送混凝土取1.5kN；双轮车运送混凝土取2.5kN；

(4) 振动混凝土时产生的荷载。振动混凝土所产生的荷载取1.0kN/m²；

(5) 新浇混凝土对侧面模板的压力；

(6) 其他可能产生的荷载，如雪荷载、冬季保温设施荷载等。

当计算强度用及稳定性时，可按(1)+(2)+(3)+(4)+(6)荷载组合；当验算挠度时可采用(1)+(2)+(6)荷载组合计算。

2. 支架设计。满堂支架的设计可根据设计荷载，将各杆件简化成在不同约束条件下的细长杆件进行计算，一般在受压时其极限承载能力受稳定性控制，因此设计时需要按其失稳时的压力作为其设计承载力。

碗扣式脚手架的额定承载力，见表8-1。

对于梁式支架，可根据所采用梁的材料，将之简化成简支梁或连续梁，对其抗弯、稳定性、挠度等指标进行验算。

梁式支架下的立柱可按轴心受压或偏心受压构件进行强度、稳定性验算，其轴心荷载可按梁下支座反力计算。

碗扣式构件额定承载力　　表 8-1

| 构件名称 | 搭设参数 | 额定设计荷载(kN) |
| --- | --- | --- |
| 立杆 | 横杆步距 0.6m | 40 |
| | 横杆步距 1.2m | 30 |
| | 横杆步距 1.8m | 25 |
| | 横杆步距 2.4m | 20 |
| 0.9m 横杆 | 跨中集中荷载 $P$ | 6.77 |
| | 均布总荷载 $Q$ | 14.81 |
| 1.2m 横杆 | 跨中集中荷载 $P$ | 5.08 |
| | 均布总荷载 $Q$ | 11.11 |
| 1.5m 横杆 | 跨中集中荷载 $P$ | 4.06 |
| | 均布总荷载 $Q$ | 8.80 |
| 1.8m 横杆 | 跨中集中荷载 $P$ | 3.39 |
| | 均布总荷载 $Q$ | 7.40 |

3. 卸架设备。支架设计中一定要考虑卸架，常用的卸架设备有三角木锲（图 8-2*a*、*b*）、砂筒（图 8-2*c*）以及可调顶托（图 8-2*d*）。三角木锲及砂筒常用作梁式支架、拱架中，可调顶托常

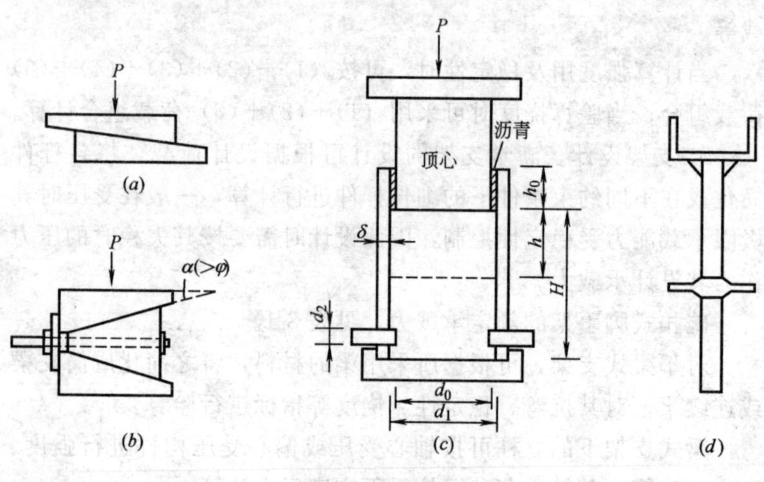


图 8-2　卸架设备

用于满堂式碗扣支架及扣件式钢管支架中。

4. 支架设计注意事项

(1) 支架虽为临时结构，但它要承受桥梁的大部分恒重，因此必须有足够的强度、刚度，同时支架的基础要可靠，构件结合要紧密，并要有足够的纵、横、斜的连接杆件，使支架成为整体；

(2) 对河道中的支架要充分考虑洪水和漂流物的影响；

(3) 支架在受荷后有变形和挠度，在安装前要进行计算，设置预拱度，使结构的外形尺寸和标高符合设计要求；

(4) 落架时要对称、均匀，不应使主梁发生局部受力状态。

(三) 现浇上部模板类型及构造

用于现浇的上部构件模板常用以下类型：

1. 组合钢模板。组合钢模板由钢模板与配件两大部分组成。钢模板又分通用模板和专用模板两大类，但模板拼缝多，浇筑的构件表观较差。

2. 胶合板模板。该类模板有木胶合板、竹胶合板和钢框覆面板三类。用于现浇桥梁上部的模板目前常用竹胶板，规格尺寸除 1m×2m 以外，大都以英制 3ft×6ft 及 4ft×8ft 为基础折算成公制计算。

竹胶板厚度常用的有 12mm 及 15mm 两种。

3. 组合钢竹模板。组合钢竹模板是以轧制的异型钢为边框，特制的型钢为主肋和次肋焊成框架，以高强度竹胶板为面板组成的模板。

4. 全钢整体大模板。用型钢做骨架，冷轧钢板做面板，焊成整体式支架模板，其骨架常采用不等边角钢或槽钢，面板常用 4～6mm 冷轧板。骨架形状、分布密度、选材大小应根据混凝土结构尺寸通过计算选用。因其板面大，刚度好，拼缝少，混凝土表面较平整光滑。整体全钢支架大模板适用于等截面的箱梁翼缘板外侧模板，此时模板支架下部支承，见图 8-3。

若采用挂篮现浇施工，则整体全钢支架大模板可做成与现浇

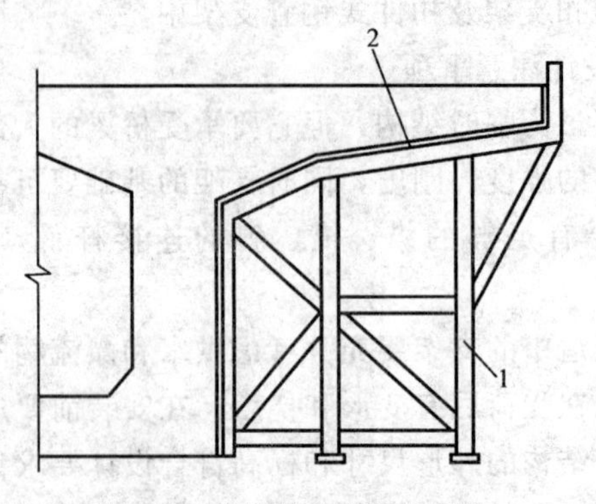


图 8-3 全钢整体支架大模板

1—支架；2—钢板（厚 4～5mm）

段等长支承在箱梁底部的承梁平台上。若现浇箱梁为变截面，此时支架大模板悬挂安装较适合，便于调整。

预应力混凝土 T 形梁的侧模一般都采用整体全钢支架大模板，每节模板长度根据 T 梁结构和吊装能力做成 2～5m 长度不等的节段。

5. 现浇箱梁内模。现浇箱梁内模可做成可周转使用的木模，通常由支承及板材组成，由于内模不外露，对于混凝土接触面的光洁度要求不高，但由于模板承受的压力较大，因此对模板的强度、刚度等要求较高。

为便于拆模，通常将内模做成多节，每节 2～4m，浇筑完箱梁底板后将内模放入并固定好，然后浇筑侧面及顶板，为将模板取出，常在顶板开设天窗，内模取出后将天窗用吊模的形式浇筑。

由于内模周转次数少，木模造价高，且需要开设天窗，因此有时内模采用的镁菱土、石膏等按内腔尺寸浇筑而成，浇筑混凝土后不再取出，造价较低且施工方便。

## 二、施工预拱度

在支架上浇筑梁式上部构造时，在施工时和卸架后，上部构造要发生一定的下沉和产生一定的挠度。因此为使上部构造在卸架后能满意地获得设计规定的外形，须在施工时设置一定数值的预拱度。

在确定预挠度时应考虑下列因素：

1. 卸架后上部构造本身及活载一半所产生的竖向挠度 $\delta_1$；
2. 支架在荷载作用下的弹性压缩 $\delta_2$；
3. 支架在荷载作用下的非弹性变形 $\delta_3$；
4. 支架基底荷载作用下的非弹性沉陷 $\delta_4$；
5. 由混凝土收缩及温度变化而引起的挠度 $\delta_5$。

上部构造和支架的各项变形值之和，即为应设置之预拱度最高值，最高值设置在梁的跨径中点。其他各点的预拱度，应以中间点为最高值，以梁的两端为零，按直线或二次抛物线比例进行分配。

### 三、混凝土的浇筑

1. 简支梁混凝土的浇筑。跨径不大的简支梁桥，可在钢筋全部扎好之后，将梁与板沿跨径全部长度分层浇筑，或用斜层法从两端对称地向跨中浇筑，在跨中合拢。为避免支架不均匀沉陷的影响，浇筑工作宜尽量快速进行，以便在混凝土失去塑性前完成。

较大跨径梁桥，可分层或用斜层法先浇筑纵横梁，待纵横梁浇筑后，再沿桥的全宽浇筑桥面板混凝土，此时桥面板与纵横梁间应设置工作缝。采用斜层浇筑时，混凝土的适宜倾斜角与混凝土稠度有关，一般为 20°～25°。

当桥面较宽混凝土数量较大时，可分成单元分别浇筑。每个单元的纵横梁应沿其全长分层浇筑或用斜层法浇筑。分成纵的单元浇筑时，应在纵梁间的横梁上留置工作缝，于纵横梁分别浇筑完成后再填缝连接。在此种情况下，桥面板仍应在各单元纵横梁浇筑完成后，以全面积一次浇筑完成，不设工作缝。板与梁间的水平接缝如前所述。

2. 悬臂梁、连续梁混凝土的工作缝及浇筑程序

(1) 设置工作缝的原因。悬臂梁桥及连续梁桥的上部构造，在中墩处为整体连续的结构。桥墩为刚性支承，桥跨下的支架为弹性支承，在浇筑上部构造的混凝土时，桥墩和支架将发生不均匀沉降。因此，必须采取有效措施，以防上部构造在桥墩处产生裂缝。

通常采用的方法是，于桥墩上设置临时工作缝，待梁体混凝土浇筑完成、支架稳定、上部构造沉降停止后，再将此工作缝填筑起来。

另外，混凝土在空气中凝固时，由于水分的蒸发，将使混凝土发生收缩。如果一次浇筑时间过长，则在梁体中会发生收缩裂缝（纵向分布钢筋和主筋仅能部分地避免收缩裂缝）。因此如设工作缝即可避免此收缩裂缝。

为避免不均匀沉降，可同时采用预压支架的方法。即预先对支架施加与梁体相同重量的荷重，使支架预先完成变形。预压的荷载可随混凝土的浇筑进程逐步拆除。此法的加卸工作量很大，仍以设置工作缝为宜。

(2) 工作缝设置的位置。工作缝的强度一般比梁的整体强度小，因此，其位置应设在主梁拉应力与剪应力最小处，一般设在桥墩顶部和支架的顶部或其附近。

(3) 工作缝的构造。工作缝两端以木板与主梁体隔开、并留出分布加强钢筋的孔洞。由主梁底一直隔到桥面板顶部，木板外侧用垂直木条钉牢。工作缝宽度一般为 80～100cm。工作缝两端穿过隔板设置长 65cm、直径 8～12cm 的分布负筋，上下间距 10cm。

(4) 混凝土浇筑程序。下图是一上部构造为五跨一联的钢筋混凝土连续空心板梁，每跨 14.68m，桥面净空 10m，支架采用满布式钢支架，空心板梁内模采用钢圆筒，混凝土用泵车浇筑。其浇筑程序及工作缝的设置如图 8-4 所示。图中数字为混凝土浇筑顺序，箭头所指为浇筑的方向。

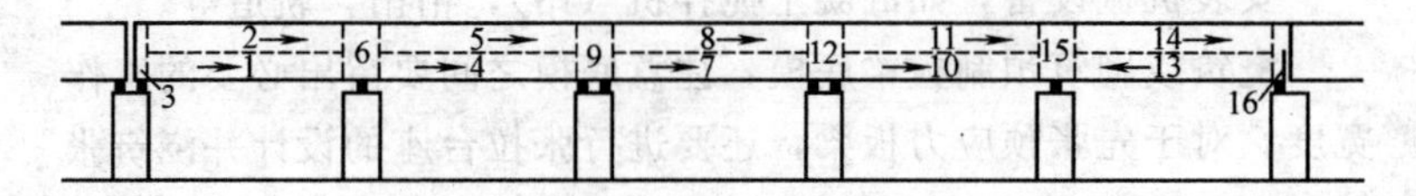


图 8-4　五跨一联空心板梁浇筑程序

## 第二节　预制装配钢筋混凝土板梁施工

预制装配施工是将在预制厂或桥梁施工现场预制的梁运至桥位处，使用一定的起重设备进行安装和完成横向连接组成桥梁的施工方法。由于预制装配施工可节省大量施工器材，改善生产条件，施工速度快，因此是简支板、梁桥的主要施工方法。

预制梁的安装是预制装配施工的关键工序，随着我国交通运输事业的发展，桥梁施工机械化的程度不断提高。在选择安装方法时，可根据桥位的条件、机具设备情况、工期、经济、操作工人的技术水平等因素考虑。

预制梁的安装需要有较大起吊能力的机具，施工中高空作业多，在安装前要进行周密的计划，要对机具的设备进行检查和必要的验算，在安装中严格遵守操作规程，加强安全措施，以保证安全施工。

### 一、预制场地准备

根据施工现场条件，运输条件，水电供应，吊装方案、经济指标等方面的要求，综合确定预制场地位置。

根据吊装顺序，底模周转次数，混凝土运输及成品梁吊装等方案，结合预制场地形条件、下一步梁板运输等方面，进行场地布置，其中包括板梁底模的摆放、钢筋加工场、混凝土搅拌机位置、材料存放场地等规划，画出预制场平面布置图。

对预制场进行平整并硬化。硬化方案可根据实际情况选择灰土或水泥混凝土。

安装机械设备，如混凝土搅拌机（站），桁吊，轨道等。

浇筑或砌筑预制板梁底模，注意底模之间要留出必要的工作宽度。对于先张预应力板梁，还要进行张拉台座的设计并浇筑张拉台。

## 二、梁板预制

### （一）模板

1. 实心板模板。图 8-5 为装配式钢筋混凝土预制实心模板构造。底模模板也可采用砌砖并砂浆抹面代替，图中小木桩只在地基较软的情况下采用。

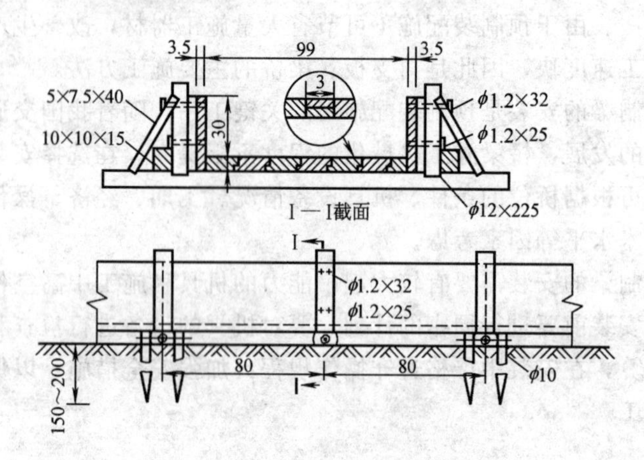


图 8-5 实心板模板图

2. 空心板模板。图 8-6 为装配式钢筋混凝土预制空心板的横截面构造，底模用混凝土浇筑并用水磨机磨光；侧模采用了木模，背肋采用槽钢，上下设 $\phi$20mm 拉杆，其中下部拉杆穿过了底模的预留孔，每 70cm 一道；芯模采用木模，它是形成空心所必需的特殊模板，其结构形式直接影响到制作是否简便经济，装拆是否方便，周转率是否高的问题。为了便于搬运装拆，每根梁的模板分成两节。木壳板的侧面装置铰链，使壳板可以转动。芯模的骨架和活动撑板，每隔 70cm 一道。撑板下端的半边朝梁端

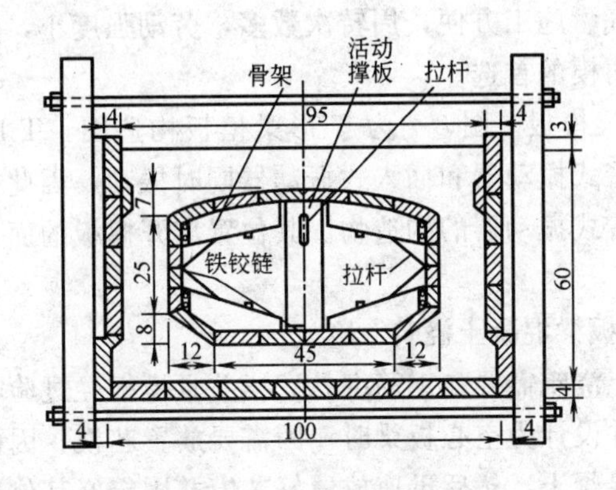


图 8-6　空心板梁芯模构造

一侧用铰链与壳板连接，安装时借榫头顶紧壳板纵面的上下斜缝，并在撑板上部设置 $\phi$20mm 的拉杆。撑板将壳板撑实后，在模壳外用铅丝捆扎以防散开或变形。拆模时只需用拉杆将撑板从顶部拉脱，并借铰链先松开左半模板，取出后再脱右半模板。

当空心板梁内腔呈圆形或椭圆形时，内模常采用橡胶气囊，橡胶气囊一端有充气嘴，在空心板浇筑完地板混凝土后，将气囊表面套上塑料薄膜袋，在未充气的状态下将芯模牵引到钢筋笼中，打开阀门，利用空压机进行充气到规定压力（注意气压表的数值，防止充爆），关闭阀门。这样充满气体的气囊便呈现出了设计的形状，形成混凝土内模。

混凝土初凝后，将气囊放气阀打开，放气脱模。

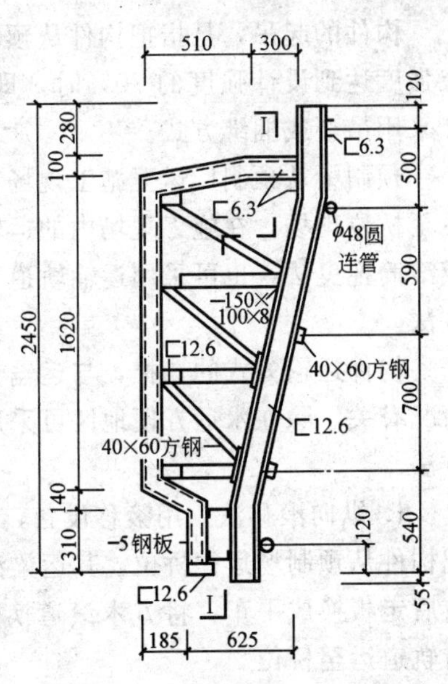


图 8-7　T 梁模板横截面构造

橡胶气囊施工方便，周转次数多，劳动强度小，是大批量预制作业中内模的首选。

3. T梁模板。图8-7为T形梁模板构造图，T形梁在浇筑时采用附着式振动器和插入式振动器同时振动，因此模板上要设计悬挂附着式振动器的构造物。其位置离开模板的面板越近效果越好。

（二）板梁混凝土浇筑

混凝土浇筑需要在钢筋绑扎完毕并且模板经过验收合格后进行，当构件设计为空心板梁时，因需要放置芯模，因此需首先浇筑好底板混凝土，然后迅速放置好芯模并固定好其位置，然后浇筑侧面混凝土及顶板混凝土。底板及侧面混凝土间隔浇筑时间不得超过混凝土的初凝时间。

侧面混凝土倾倒及振动时要对称进行，以免芯模移位。

## 三、预制梁的起吊和运输

构件的起吊，是指把构件从预制的底座上移出来。一般混凝土强度达到设计强度的70%时，即可进行起吊。起吊可根据设计采用吊环或捆绑方式。

预制梁从预制厂运至施工现场称场外运输，常用大型平板车运至桥位现场；在施工现场内的运输称为场内运输，可采用平车或滚筒拖曳法，也可采用运输轨道平板车运输，或轨道龙门架等方法。

构件运输方式的选择，与运输长短、构件轻重、道路好坏等情况有关。除在水运方便地区可采用船舶运输外，一般采用下列方法。

1. 纵向滚移法。用滚移设备，以电动绞车（卷扬机）牵引，把构件从预制场运往桥位，其运梁滚移布道如图8-8所示。若将前后走板换成平车，将方木滚道换成轨道，可将梁搁在平车上，沿轨道运至桥位。

2. 纵向滑移法。在构件底部前后搁一些聚四氟乙烯板，用

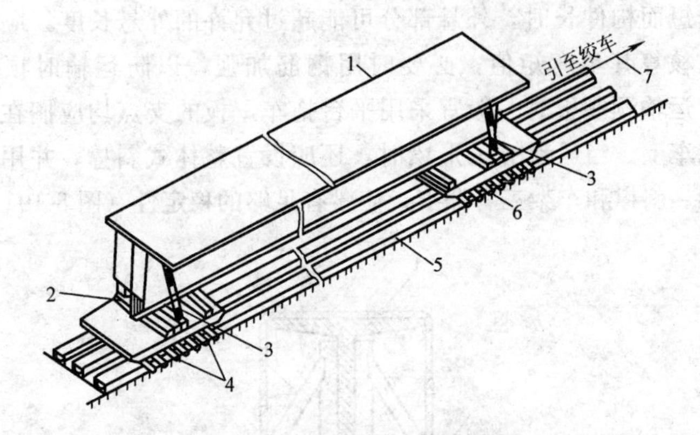


图 8-8　纵向滚移法运梁布置

1—预制梁；2—保护混凝土的垫木；3—临时支撑；4—后走板及滚筒；5—方木滚道；6—前走板及滚筒；7—牵引钢丝绳

钢轨代替滑道，用电动绞车作牵引便可将构件拖至桥位。此法适用于空心板的纵向移动。

3. 汽车运输。若构件预制场离桥位较远，可采用汽车运输。把构件吊装在拖车或平台拖车上，由汽车牵引运往桥位。拖车仅能运 10m 以下的预制梁；平台拖车可运 20m 的 T 形梁（图 8-9）。

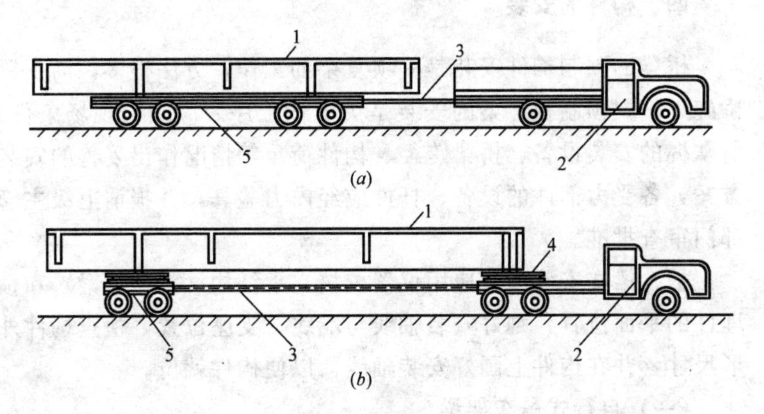


图 8-9　汽车运梁

(a) 拖车；(b) 平台拖车

1—预制梁；2—主车；3—连接杆；4—转盘装置；5—拖车

当车短而构件长时，外悬部分可能超过允许的外悬长度，应在预制前核算其负弯矩值，必要时用钢筋加强，以防运输时顶面开裂。运输预制板时一般宜采用平台拖车，板的支点均应搁在主车与拖车上。当运预制 T 形梁时，还应设置整体式斜撑，并用绳索将梁、斜撑和车架三者捆牢，使梁有足够的稳定性（图 8-10)。

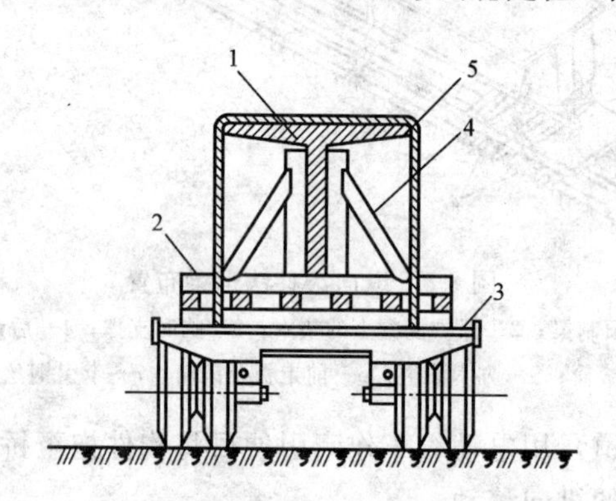


图 8-10　T 形梁在汽车上的稳定措施

1—T 形梁；2—支点木垛；3—汽车；4—木支架；5—捆绑绳索

## 四、构件的安装

桥梁的预制构件安装是一项复杂的工作，方法很多，简支梁桥施工中，预制板、梁的安装是关键性工序。应结合现场条件、所掌握的安装设备、桥梁跨径、构件荷重等情况作出妥善的安装方案，各受力部件的设备、杆件应经内力验算，并报请上级主管部门审查批准。

板、梁在安装前，应用仪器校核支承结构（墩台盖梁）和预埋件的平面位置，划好安装轴线与端线、支座位置，检查构件外形尺寸，并在构件上画好安装轴线，以便构件就位。

（一）自行式吊车架梁

临岸或陆上桥墩的简支梁，场内又可设置行车通道的情况下，用自行式吊车（汽车吊车或履带吊车）架设十分方便。此法视吊装重量不同，可采用一台吊车“单吊”（起吊能力为荷载重的 2～3 倍）或两台吊车“双吊”（每台吊车的起吊能力为荷载重的 0.85～1.5 倍），其特点是机动性好，架梁速度快。一般吊装能力为 50～3500kN。

（二）扒杆导梁法

扒杆导梁是以扒杆、导梁为主体，配合运梁平车和横移设备使预制梁从导梁上通过桥孔，由扒杆起吊就位。起重量一般为 50～150kN。

（三）双导梁穿行式导梁悬吊安装

双导梁穿行式导梁悬吊安装，就是在左右两组导梁上安置起重行车，用卷扬机将梁悬吊穿过桥孔，再行落梁、横移、就位。起重量一般为 600kN 左右，施工布置如图 8-11 所示。

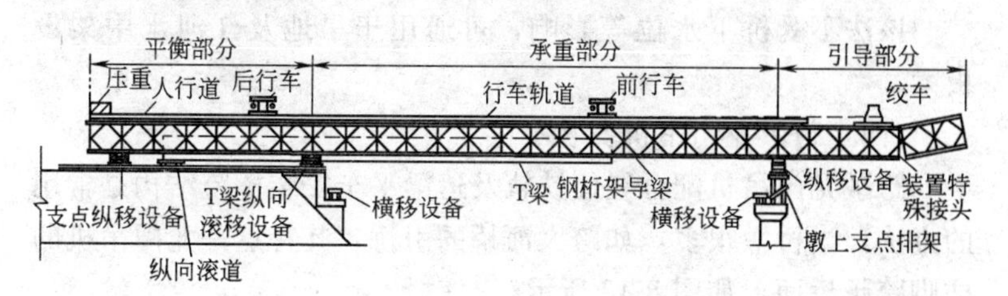


图 8-11　穿式导梁的构造及施工布置

1. 准备工作

（1）架设导梁。穿式导梁悬吊安装中所用的导梁，一般采用钢桁架组拼，横向用框架连接。导梁架设采用在陆上拼装后拖过桥孔，组拼长度约为安装孔梁长的 2.5 倍，在平衡部分的尾部适当加压，则组拼长度稍可缩减。

（2）在导梁的承重部分铺设轨道，在其平衡、引导两部分铺设人行便道。

（3）安装起重行车，起重行车安装在导梁上，它在绞车牵引下，沿轨道纵向运行。

2. 安装工作

（1）用纵向滚移法把预制梁运来，穿过导梁的平衡部分，使梁前端进入前行车的吊点下。

(2) 用前行车上的卷扬机把梁的前端吊浮。

(3) 由绞车牵引前行车前进至梁的后端进入后行车的吊点下，再用后行车上的卷扬机把梁后端亦吊离滚移设备，继续牵引梁前进。

(4) 梁前进至规定位置后，即开动前、后行车的起吊卷扬机，将梁落在横向滚移设备上。

3. 落梁就位。梁横移至设计位置后，可用千斤顶、马凳或扒杆将梁搁在支座上。

穿式导梁悬吊安装，不受河水影响，操作也较方便，一孔架设完毕后，可将穿式导梁拖至下一桥孔架梁。但需大量钢桁架，只宜在有条件的大桥工程中采用。

该法不受桥下水位等影响，可通用于旱地及江河水中架设板梁。

(四) 跨墩龙门吊机安装

跨墩龙门吊机配合轻便铁轨及运梁平车安装桥跨结构是常用的方法，当桥墩很多，如跨大河桥的引桥，其特点是龙门吊机的柱脚跨越桥面，如图 8-12 所示。

1. 准备工作

(1) 在顺桥方向的墩台两侧修筑便道，当有浅水时，应修建栈桥，并于其上铺设轨道；

(2) 拼装前、后两副龙门架并竖立好。

2. 安装工作：构件用轻轨运至龙门架下、桥孔的侧面，即可起吊、横移、下落就位。具体操作此处不再重复。

跨墩龙门吊机安装，具有安全、方便、生产效率高等优点。但由于龙门架的支承点遇河水是不行的，因此其应用受到季节性限制，只有在旱桥、干涸或浅水河道上才是可行的；若龙门吊机要通过河床断面时，还需考虑是否要封航这一问题；当桥墩很高时，龙门架的柱脚也相应增高，既不稳定，又不经济，显然不适宜。

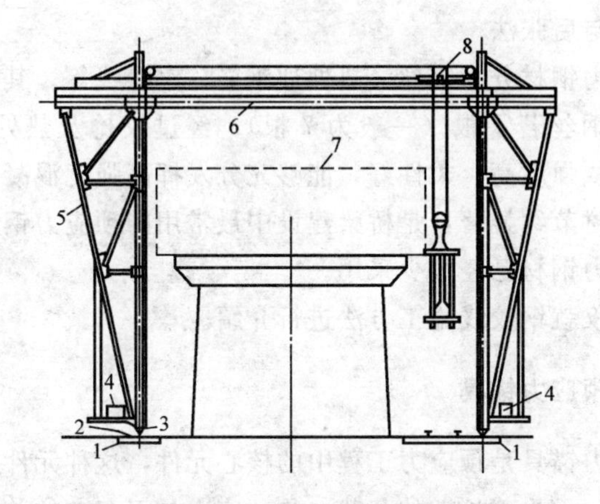


图 8-12　用龙门吊机安装

1—枕木；2—钢轨；3—跑轮；4—卷扬机；5—立柱；
6—横梁；7—结构轮廓；8—起重吊车

（五）联合架桥机架设法

本方法系以钢导梁配合龙门架、蝴蝶架和滑车、链滑车、千斤顶、绞车等辅助设备架设安装预制梁的一种架设法。

导梁用工字钢或贝雷架组成，片数由安装重力计算确定。导梁顶面铺设轨枕和钢轨，钢轨与路堤或已架好的梁上的轨道相接。需要安装的预制梁用平车通过导梁上的轨道运到待安装的桥孔上。梁的架设及横移同跨墩龙门吊。

该方法不设桥下支架，不受洪水威胁，架设过程中不影响桥下通车、通航。缺点是架设设备用钢材较多，较适用多孔简支装配式桥。

## 第三节　预应力混凝土桥梁施工

预应力混凝土是指预先在钢筋混凝土构件受拉区施加预压力，让其工作时抵消受荷载作用产生的拉应力，并用以限制混凝土裂缝。根据混凝土浇筑与施加预加拉力的先后顺序不同，可分为先张法与后张法。

预应力钢材分为钢丝、热处理钢筋、钢绞线等。其中钢绞线是将碳素钢丝若干根（一般为 7 根），经过绞捻及热处理制成。由于钢绞线强度高，柔性好，能够充分发挥高强度混凝土的受压性能，钢材节约显著，是桥梁建设中最常用的预应力钢材。目前其他预应力钢材已经很少采用。

下面仅就钢绞线施工方法进行介绍。

## 一、预应力锚具

预应力锚具是预应力工程中的核心元件，这种元件永久置于混凝土中，承受着长期的荷载，是预应力是否存在的关键。

与不同的预应力钢筋相适应，锚具（夹具）有钢丝束镦头锚固体系、精轧螺纹钢筋体系、和钢绞线夹片锚固体系等，按锚固原理又分为支承锚固、锲紧锚固、握裹锚固和组合锚固等体系。其中钢绞线可采用有夹片锚具（JM）及锲片锚具（XM、QM、OVM、YM）两种锚固体系，在预应力混凝土构件中目前最常用的是 OVM 系列。

锚具由锚环和夹片两部分组成（图 8-13）。锚环内壁呈圆锥形，与夹片锥度相吻合。夹片有 3 片式（互成 120°）和 2 片式（2 个半圆片），圆片的圆心部分开成凹槽，并刻有细齿。锚环采用 45 号钢制造并经热处理，夹片采用 15 号铬钢或 45 号钢制造并经热处理。

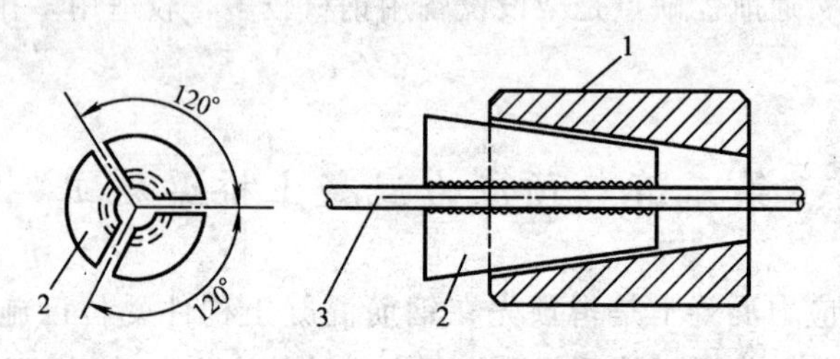


图 8-13　穿心式锚具

1—锚环；2—夹片；3—钢筋（钢绞线）

锚具在后张预应力施工中根据用途分为工作锚和工具锚。工作锚留在构件两端不再取下来，成为构件的一个部分；而用以夹住预应力筋进行张拉的锚具称为工具锚，可取下重复使用，通常情况下工作锚与工具锚可使用同一种锚具，也可将一套锚具用作一次工具锚后再应用于工作锚。

特别注意的是，锚具材料的优劣，热处理工艺的好坏，直接影响锚具的可靠性，危及操作人员和结构的安全，因此，在选择生产厂家和进行锚具验收时一定要认真慎重。

## 二、千斤顶

目前预应力张拉一般采用以高压油泵为驱动力的穿心式液压千斤顶。千斤顶有单作用千斤顶、双作用千斤顶等，单作用千斤顶只完成张拉一个动作，双作用千斤顶能完成张拉、顶压两个动作，千斤顶有多种型号，其选择要与所采用的锚具相配套。

与 OVM 锚具配套的千斤顶为 YCW 系列 A 型千斤顶，它是在原 YCW 系列千斤顶结构上改进而成的，以便于与国际接轨。该系列千斤顶是一种通用性较强的张拉机具，以主机为主，当配用不同的附件时，可适用于张拉 OVM 型夹片群锚、DM 型镦头锚和 LZM 型冷铸锚。广泛用于先张及后张预应力混凝土结构。

## 三、先张预应力工艺

先张法是指先张拉钢筋，后浇筑构件混凝土的方法。即先在张拉台座上按设计规定的张拉力张拉筋束，并用锚具临时锚固，再浇筑构件混凝土，待混凝土达到要求强度（一般不低于设计强度的 70％）后放张（即将临时锚固松开或将筋束剪断），通过筋束与混凝土之间的粘结作用将筋束的回缩力传递给混凝土，使混凝土获得预压应力。

先张法的优点是施工工序简单，筋束靠粘结力自锚，不必耗费特制的锚具，而临时固定所用的锚具都可以重复使用，一般称为工具式锚具或夹具。在大批量生产时，先张法构件比较经济，质量也比较稳定。

先张法的缺点是一般只适合生产直线配筋的中小型构件，大型构件由于需配合弯矩与剪力沿梁长度的分布而采用曲线配筋，这使得施工设备和工艺复杂化，而且需配备庞大的张拉台座，同时构件尺寸大，起重、运输也不方便，当预制构件较少时，构件需分摊的台座等费用大，相对造价较高，经济性差。

(一) 台座

台座是先张法生产中的主要设备之一，用于承受张拉预应力钢筋的反力，要求有足够的强度、刚度和稳定性。台座按构造形式不同，可分为压柱式和墩式两类。

1. 压柱式台座。压柱式台座主要由底板（台面）、支承梁（压柱）、横梁、定位钢板和固端装置几部分组成，如图 8-14 所示。

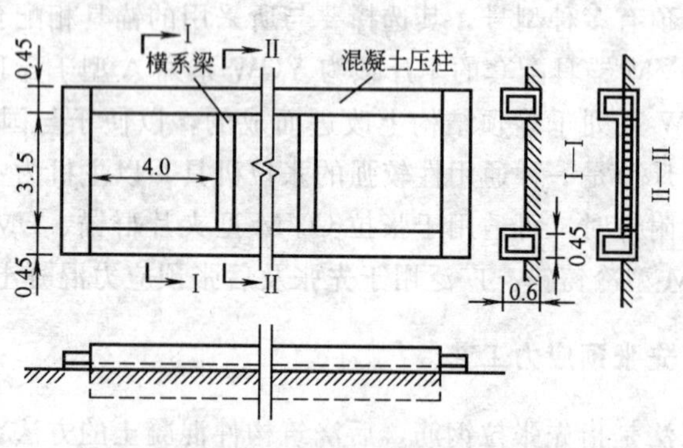


图 8-14 压柱式台座（尺寸单位：m）

台座的底板有整体式混凝土台面和装配式台面两种，作为预制构件的底模，要求平整、光滑、排水畅通，且地基不产生不均匀沉降。压柱式台座的支承梁是细长的压杆，要求有足够的压曲稳定性和抗压强度。横梁是将预应力钢筋的张拉力传给支承梁的横向构件，常用型钢制成。设计时，要根据横梁的跨径、张拉力的大小确定截面尺寸，并保证其刚度和稳定性要求。定位钢板用来固定预应力钢筋的位置，用钢板制成（上面打孔），其厚度应保证承受张拉力后具有足够的刚度。定位钢板上孔的位置按梁体预应力钢筋的位置设置，孔径比钢筋直径大 2～5mm，以便于穿筋。固定端装置设在非张拉端，用于固定钢筋位置，并在梁预制完成后放松钢筋，它仅在一端张拉的后座上使用。

目前，固定生产的桥梁预制厂多采用长线压柱式台座，即在一条生产线上可以同时预制若干构件，大大提高了生产效率。

2. 墩式台座。墩式台座亦称重力式台座，如图 8-15 所示。它是靠自重和土压力来平衡张拉力产生的倾覆力矩，并靠土壤的反力和摩擦力抵抗水平位移。在地质条件良好、台座张拉线较长的情况下，采用墩式台座可节约大量混凝土。墩式台座由台面、承力架、横梁和定位钢板等组成。承力架要求承受全部张拉力，在制造时要保证承力支架变形小、经济、安全、便于操作等，其他部分与压柱式台座相同。

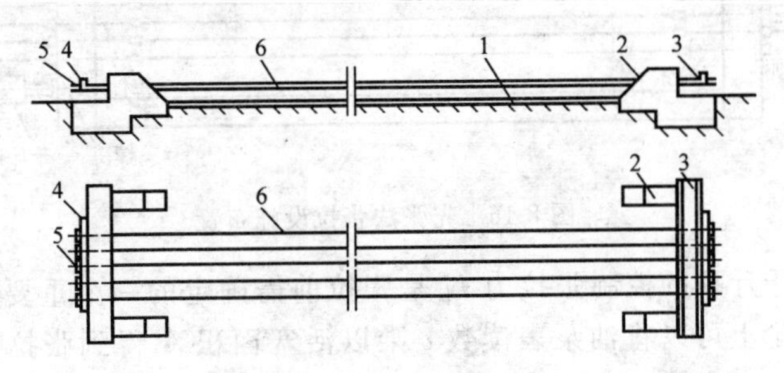


图 8-15 重力式台座

1—台面；2—承力架；3—横梁；4—定位钢板；5—夹具；6—预应力筋

（二）预应力筋的制备

对于桥梁的预应力空心板梁、T 梁等，常用的预应力钢筋为高强度钢绞线。

钢筋下料时，应按照钢绞线的计算长度、工作长度和原材料的试验数据确定下料长度，为节约钢筋，在台座张拉端和锚固端尽量用拉杆和连接器代替预应力筋，减少预应力筋的工作长度。

在长线台座上同时生产几片梁时，下料长度应包括梁与梁间连接器的长度。

（三）预应力筋张拉

预应力筋的张拉工作必须严格按照设计要求和张拉操作规程进行。张拉可分成单根张拉和多根整批张拉两种，主要利用各类液压拉伸机（由千斤顶、油泵、高压油管、油压表组成）进行。

1. 张拉前的准备工作。张拉前应先在横梁上安装预应力筋的定位钢板，同时检查其孔位和孔径是否符合设计要求。安装定位钢板时要保证最外侧和最下层预应力筋的混凝土保护层尺寸。对于长线台座，预应力筋需要先用连接器临时串联，在检查钢筋数量、位置和张拉设备后，方可进行张拉。先张法的张拉设施布置如图 8-16 所示。

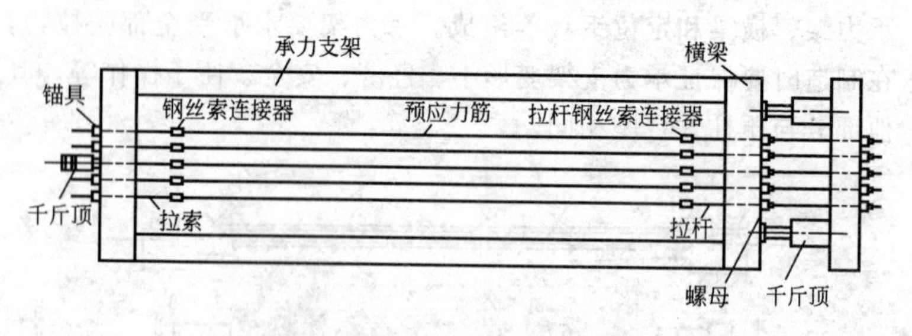


图 8-16　先张法张拉设施布置

千斤顶的控制张拉力 $N$ 是张拉前需确定的一个重要数据，从理论上可以将油泵表读数 $c$ 乘以活塞面积 $A$ 得到张拉力 $N$，即 $N=cA$，但实际上油缸与活塞间有摩阻力存在，另外油压表本身也有示值误差。因此，在使用前就要用标准压力计（如压力环或传感器等）和标准油压表按 5t（50kN）一级来测定所用千斤顶的校正系数 $k_1$ 和油压表的校正系数 $k_2$。千斤顶的实际张拉值 $N'$为：

$$N'=\frac{cA}{k_1 k_2} \tag{8-1}$$

或者，需要达到张拉力值 $N$ 时，换算的油压表读数应为：

$$c'=k_1 k_2 \frac{N}{A} \tag{8-2}$$

式中　$k_1$——所用千斤顶理论计算吨位与标准压力计实测吨位之比，它随压力值的不同而变化（可用压力环顶压检测），一般为1.02～1.05，如大于1.05，则应检修活塞与垫圈；

$k_2$——所用油压表读数与标准油压表读数之比，它不应有±0.5%以上的偏差，过大时宜换新油压表。

在张拉过程中要十分重视施工安全。在张拉前要对张拉设备、锚具作认真检查；使用千斤顶时不准超载；在两端张拉千斤顶的后方不准站人或通过行人；张拉时要有统一指挥，按操作程序施工。

2. 张拉工艺。先张法工艺流程见图8-17。

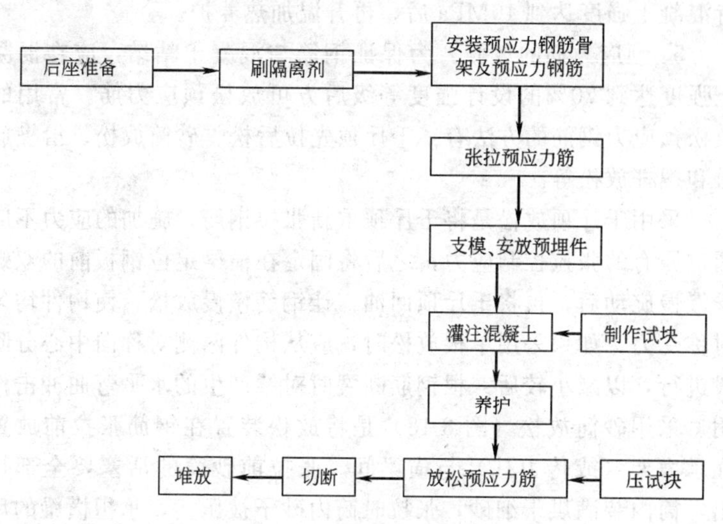


图8-17　先张法工艺流程图

钢绞线一般成组张拉，用锚具夹上的螺钉调整初应力，使每根筋的初应力基本一致，才能保证质量。钢筋或钢丝张拉时，要根据设计规定的控制张拉力进行，同时测量伸长值，张拉时应采用应力与伸长值双控技术，如发现伸长值异常，应停止张拉，查明原因。

3. 张拉程序。预应力筋张拉程序有两种：

(1) 0→105%控制应力$\xrightarrow{\text{持荷 2min}}$控制应力；

(2) 0→103%控制应力。

以上两种张拉程序是等效的。

4. 混凝土的浇筑和养护。混凝土的浇筑必须一次完成，不允许留设施工缝。混凝土的强度等级不得小于C40。叠层生产预应力构件时，下层构件的混凝土强度要达到8～10MPa后才可浇筑上层构件的混凝土。

为加快施工进度，增加模板周转次数，条件许可时可采用蒸气养生。当采用蒸气养护时，为减少温差引起的预应力损失，应用二次升温法养护混凝土，即开始养护时控制温差不超过20℃，待混凝土强度达到10MPa后，再升温加热养护。

5. 预应力筋的放张。为保证钢筋与混凝土粘结，应在混凝土强度达到70%的设计强度等级后方可放松预应力筋。常用的放松预应力钢筋的方法有：千斤顶先拉后松、砂筒放松、滑楔放松和螺杆放松等。

采用千斤顶放松是将千斤顶重新张拉钢筋，施加的应力不应超过原有的张拉控制应力，之后将固定在横梁定位钢板前的双螺母慢慢旋动后，再将千斤顶回油，让钢筋慢慢放松，使构件均匀对称受力。如果采用单根放松时，应从构件两侧对称向中心分阶段进行，以减小较后一根钢筋断裂时对梁产生的水平弯曲冲击作用。采用砂筒放松（图8-18）是将放松装置在钢筋张拉前放置在承力架（或传力柱）与横梁间。张拉前砂筒的活塞要全部拉出，筒内装满烘干细砂，张拉时筒内砂子被压实，承担横梁的反力。放松钢筋时，打开出砂口，活塞缩回，钢筋逐渐放松。砂筒放松易于控制，其结构见图8-18。

预应力筋放张后，即可割板端外露部分钢筋，然后移走。

## 四、后张法预应力施工

后张法预应力先浇筑构件混凝土，并在其中预留穿束孔道

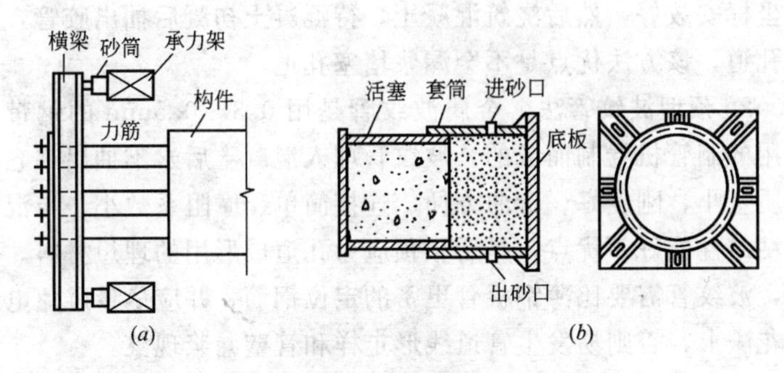


图 8-18 砂筒放松示意

(a) 砂筒布置；(b) 砂筒构造

(或设套管)，待混凝土达到要求强度（一般不低于设计强度的70%）后，将筋束穿入预留孔道内，将千斤顶支承于混凝土构件端部，张拉筋束，使构件也同时受到反向压缩。待张拉到控制拉力后，用特制的锚具将筋束锚固于混凝土上，使混凝土获得并保持其预压应力。最后，在预留孔道内压注水泥浆，以保护筋束不致锈蚀，并使筋束与混凝土粘结成为整体，并浇筑梁端封头混凝土。

后张法的优点是靠工作锚具来传递和保持预加应力，不需要专门的张拉台座，便于在现场施工配置曲线形预应力筋的大型和重型构件，因此，目前在公路桥梁上得到广泛应用。

后张法的缺点是需要预留孔道、穿束、压浆和封锚等工序，所以施工工艺较复杂，并且耗用的锚具和预埋件等增加了用钢量和制作成本。

目前桥梁中预应力钢材基本采用高强度低松弛的钢绞线，下面从钢绞线的制备、孔道成形、张拉工艺、孔道压浆及封锚等方面介绍后张法的基本工艺流程。

（一）孔道成形

孔道留设是制作后张法构件的关键工序，预留孔道的质量直接影响预应力筋能否顺利张拉。孔道留设的方法有以下几种：

1. 胶管抽芯法。胶管需定做，在混凝土浇筑前将胶管按设计坐标安放好，然后浇筑混凝土，待混凝土初凝后抽出胶管，形成孔道，该方法优点是不会漏浆堵塞孔道。

2. 预埋波纹管法。金属波纹管是用 0.3～0.5mm 的钢带由专用的制管机卷制而成的。波纹管埋入混凝土后永不抽出，它具有质量小、刚度好、弯曲方便、连接简单、摩阻系数小、与混凝土粘结性能好等优点，是后张预应力孔道成形用的理想材料。但是，波纹管需要比薄钢板管更密的定位钢筋，并应尽量避免电焊火花溅上，否则易发生管道线形走样和管壁漏浆现象。

（二）钢绞线的制备与穿束

钢绞线下料长度等于孔道净长加构件两端的预留长度，固定端的预留长度为锚具厚度加 30mm，张拉端的预留长度应根据千斤顶参数选择。

钢绞线的切断宜采用砂轮切断机，以保证切口平整、线头不乱。当采用氧气—乙炔切割时，张拉时应注意避开热影响区段的钢绞线。不允许采用电弧焊切割下料，以免钢绞线可能因产生意外打火而造成损伤。

钢绞线可单根穿入孔道，也可整束穿入孔道。采用单根穿入时，应按一定的顺序进行，以免钢绞线在孔道内的打叉现象。采用整束穿入时，钢绞线应排列理顺，沿长度方向每隔 2～3m 用细钢丝绑扎一道，防止错乱。

钢绞线一般是在混凝土达到一定强度后张拉前穿入，对于长距离钢绞线，有时也可在波纹管定位后混凝土浇筑前将钢绞线穿入，其优点是穿束容易，能有效避免因波纹管漏浆导致的孔道阻塞事故。但间隔时间长时容易生锈，对质量造成一定影响。

（三）张拉工艺

后张法预应力筋张拉前，对设备的校验、千斤顶控制张拉力的计算等与先张法相同。

当跨径大于或等于 25m 时，宜采用两端同时张拉。张拉工艺流程如图 8-19 所示。

后张也应采用双控，当采用自锚体系时，张拉程序可按以下

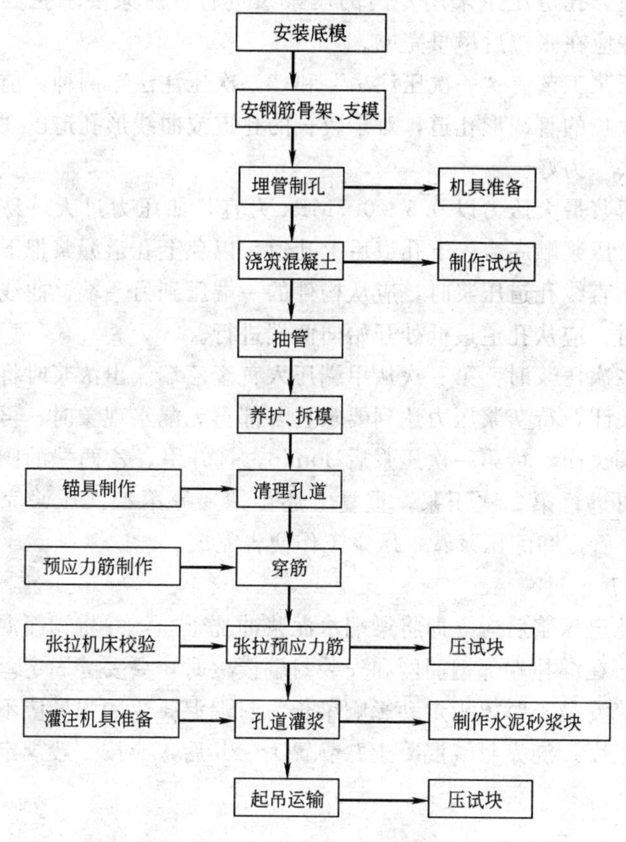


图 8-19　后张法工艺流程图

进行：

普通松弛力筋 0→初应力→1.03$\sigma_k$→(锚固)；

低松弛力筋 0→初应力→$\sigma_k$（持荷 2min 锚固）；

当采用顶锚体系时，可按以下程序进行：

0→初应力→1.05$\sigma_k$（持荷 2min)→$\sigma_k$（锚固)。

（四）孔道压浆

孔道压浆是为了保护预应力筋不致锈蚀，并使预应力筋与混凝土梁体粘结成整体，从而既能减小锚具的受力，又能提高梁的耐久性。孔道压浆采用专门的压浆泵进行，压浆要求密实、饱满，并应在张拉后尽早完成。

压浆工艺有“一次压注法”和“二次压注法”两种，前者用于不太长的直线形孔道，对于较长的孔道或曲线形孔道以“二次压注法”为好。

压浆最大压力以 0.5～0.7MPa 为宜，如压力过大，易胀裂孔壁。压浆顺序应先下孔道后上孔道，以免上孔道漏浆把下孔道堵塞。直线孔道压浆时，应从构件的一端压到另一端，曲线孔道压浆时，应从孔道最低处开始向两端进行。

二次压浆时，第一次从甲端压入直至乙端流出浓浆时将乙端的阀关闭，待灰浆压力达到要求且各部再无漏水现象时，再将甲端的阀关闭。待第一次压浆后 30min，打开甲、乙两端的阀，自乙端再进行第二次压浆，重复上述步骤，等第二次压浆完成经 30min 后，卸除压浆管，压浆工作便告完成。

（五）封端

孔道压浆后应立即将梁端水泥浆冲洗干净，并将端面混凝土凿毛。在绑扎端部钢筋网和安装封端模板时，要妥善固定，以免在浇筑混凝土时模板走动影响梁长。封端混凝土的强度应不低于梁体强度。浇完封端混凝土并静置 1～2h 后，应按一般规定进行洒水保湿养护。

## 第四节　上部结构其他施工方法简介

### 一、悬臂施工法

悬臂施工法建造顶应力混凝土梁桥时，不需要在河中搭设支架，而直接从已建墩台顶部逐段向跨径方向延伸施工，每延伸一段就施加预应力使其与已建部分联结成整体（图 8-20）。如果将悬伸的梁体与墩柱体做成刚性固结，这样构成了能最大限度发挥悬臂施工优越性的预应力混凝土 T 形刚架桥。鉴于悬臂施工时

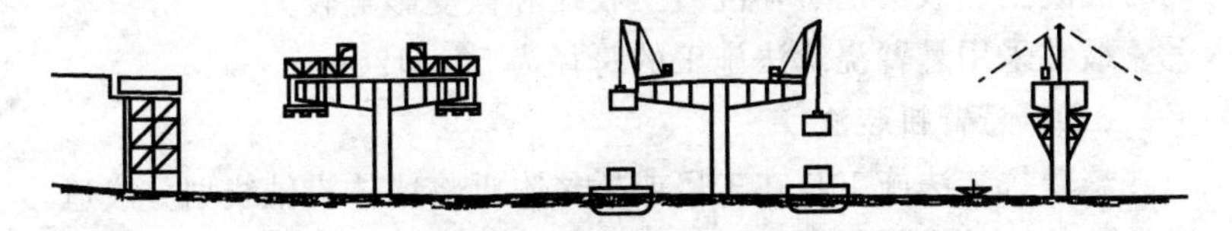

图 8-20　悬臂施工法概貌

梁体的受力状态，与桥梁建成后使用荷载下的受力状态基本一致，即施工中所施加的预应力，也是使用荷载下所需预应力的一部分，这就既节省了施工中的额外耗费，又简化了工序，使得这类桥型在设计与施工上达到完满的协调和统一。

按照梁体的制作方式，悬臂施工法又可分为悬臂浇筑和悬臂拼装两类。下面分别介绍这两种方法和施工中的临时固结措施。

（一）悬臂浇筑法

悬臂浇筑施工系利用悬吊式的活动脚手架（或称挂篮）在墩柱两侧对称平衡地浇筑梁段混凝土，每浇筑完一对梁段，待达到规定强度后就张拉预应力筋并锚固，然后向前移动挂篮，进行下一梁段的施工，直到悬臂端为止，其基本程序如下：

1. 在墩顶利用托架浇筑 0 号段并实施墩梁临时固结系统，0 号段长度一般为 5～10m；

2. 在 0 号段上安装悬臂挂篮，向两侧依次对称的分段浇筑主梁直至合拢段，每段长度一般为 3～5m；

3. 在临时支架或梁端与边墩间的临时托架上支模浇筑现浇段；

4. 改装挂篮托架，浇筑合拢段。

悬臂浇筑法施工的主要优点是：不需要占地很大的预制场地；逐段浇筑，易于调整和控制梁段的位置，且整体性好；不需要大型机械设备；主要作业在设有顶棚、养生设备等的挂篮内进行，可以做到施工不受气候条件影响；各段施工属严密的重复作业，需要施工人员少，技术熟练快，工作效率高等。主要缺点是：梁体部分不能与墩柱平行施工，施工周期较长，而且悬臂浇筑的混凝土加载龄期短，混凝土收缩和徐变影响较大。

最常采用悬臂浇筑法施工的跨径为 50～120m。

（二）悬臂拼装法

悬臂拼装法施工是在工厂或桥位附近将梁体沿轴线划分成适当长度的块件进行预制，然后用船或平车从水上或从已建成部分桥上运至架设地点，并用活动吊机等起吊后向墩柱两侧对称均衡地拼装就位，张拉预应力筋。重复这些工序直至拼装完悬臂梁全部块件为止。

预制块件的长度取决于运输、吊装设备的能力，实践中已采用的块件长度为 1.4～6.0m，块件重量为 14～170t。但从桥跨结构和安装设备统一来考虑，块件的最佳尺寸应使重量在 35～60t 范围内。

预制块件要求尺寸准确，特别是拼装接缝要密贴，预留孔道的对接要顺畅。为此，通常采用间隔浇筑法来预制块件，使得先完成块件的端面成为浇筑相邻块件时的端模。在浇筑相邻块件之前，应在先浇块件端面上涂刷隔离剂，以便分离出坑。在预制好的块件上应精确测量各块件相对标高，在接缝处作出对准标志，以便拼装时易于控制块件位置，保证接缝密贴，外形准确。

预制块件的悬臂拼装可根据现场布置和设备条件采用不同的方法来实现。当靠岸边的桥跨不高且可在陆地或便桥上施工时，可采用自行式吊车、门式吊车来拼装。对于河中桥孔，也可采用水上浮吊进行安装。如果桥墩很高、或水流湍急而不便在陆上、水上施工时，就可利用各种吊机进行高空悬拼施工。

## 二、顶推施工法

预应力混凝土连续梁顶推法施工的构思，源出于钢桥架设中普遍采用的纵向拖拉法。但由于混凝土结构自重大，滑道设备过于庞大，而且配置承受施工中变号内力的预应力筋也比较复杂，因而这种方法未能很早实现。随着预应力混凝土技术的发展和高强低摩阻滑道材料（聚四氟乙烯塑料）的问世，至 20 世纪 60 年代初，前联邦德国首创用此法架设预应力混凝土桥梁获得成功。目前，推顶法施工已作为架设连续梁桥的先进工艺，在世界各国得到了广泛的应用。

顶推法施工的基本工序为：在桥台后面的引道上或在刚性好的临时支架上设置制梁场，集中制作（现浇或预制装配）一般为等高度的箱形梁段（约 10～30m 一段），待有 2～3 段后，在上、下翼板内施加能承受施工中变号内力的预应力，然后用水平千斤顶等顶推设备将支承在四氟塑料板与不锈钢板滑道上的箱梁向前推移，推出一段再接长一段，这样周期性地反复操作直至最终位置，进而调整预应力（通常是卸除支点区段底部和跨中区段顶部的部分预应力筋，并且增加和张拉一部分支点区段顶部和跨中区段底部的预应力筋），使满足后加恒载和活载内力的需要，最后，将滑道支承移置成永久支座，至此施工完毕。

由于四氟板与不锈钢板间的摩擦系数约为 0.02～0.05，故对于梁重即使达 100000kN，也只需 5000kN 以下的力即可推出。

顶推法施工又可分单向顶推和双向顶推以及单点顶推和多点顶推等。图 8-21（*a*）表示一般单向单点顶推的情况。顶推设备只设在一岸桥台处。在顶推中为了减少悬臂负弯矩，一般要在梁的前端安装一节长度约为顶推跨径 0.6～0.7 倍的钢导梁，导梁应自重轻而刚度大。单向顶推最宜于建造跨度为 40～60m 的多跨连续梁桥。当跨度更大时，就需在桥墩间设置临时支墩，国外已用顶推法修建了跨度达 168m 的桥梁。至于顶推速度，当水平千斤顶行程为 1m 时，一个顶推循环需 10～15min。国外最大速度已达到 16m/h。

对于特别长的多联多跨桥梁也可以应用多点顶推的方式使每联单独顶推就位，如图 8-21（*b*）所示。在此情况下，在墩顶上均可置顶推装置，且梁的前后端都应安装导梁。

图 8-21（*c*）示出三跨不等跨连续梁采用从两岸双向顶推施工的图式。用此法可以不设临时墩而修建中跨跨径更大的连续梁桥。

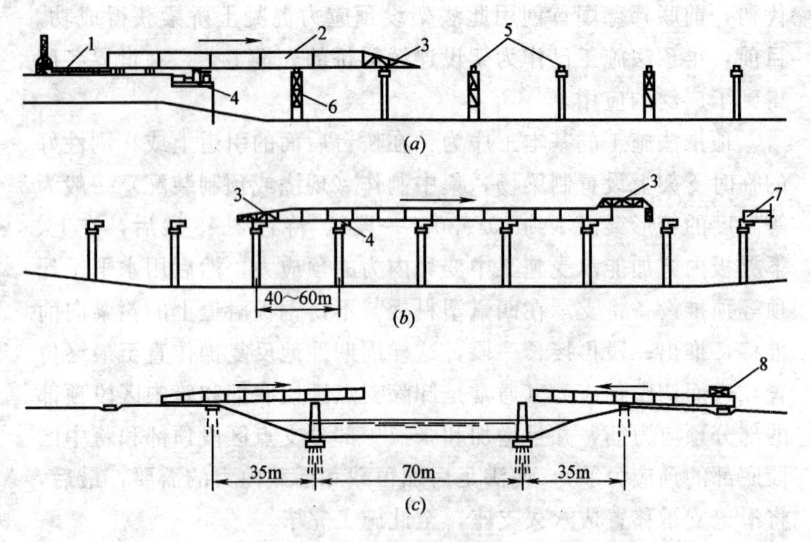

图 8-21　连续梁顶推法施工示意图

（a）单向单点顶推；（b）按每联多点顶推；（c）双向顶推

1—制梁场；2—梁段；3—导梁；4—千斤顶装置；5—支座；6—临时墩；7—建成梁段；8—平衡重

顶推施工中采用的主要设备是千斤顶和滑道。根据不同的传力方式，顶推工艺又有推头式或拉杆式两种。

图 8-22 表示推头式顶推装置。图 8-22（a）是设置在桥台上进行顶推的布置，利用竖向千斤顶将梁顶起后，就启动水平千斤顶推动竖顶（推头），由于推头与梁底间橡胶垫板（或粗齿垫板）

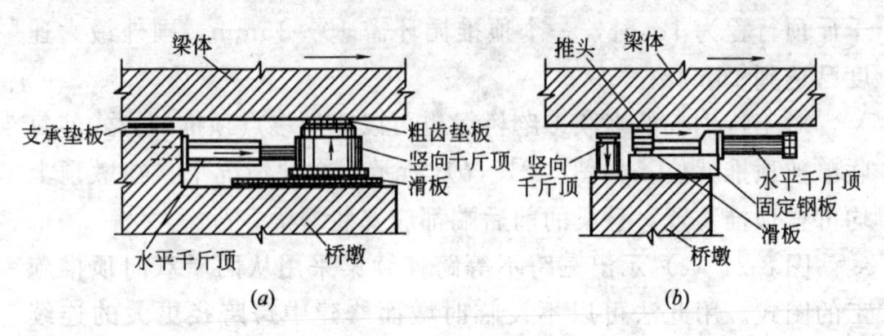

图 8-22　推头式顶推装置

的摩擦力显著大于推头与桥台间滑板的摩擦力，这样就能将梁向前移动。一个行程推完后，降下竖顶使梁落在支承垫板上，水平千斤顶退回，然后又重复上循环将梁推进（图 8-22*b*）。

为多点顶推时安装在桥墩上的顶推装置。顶推时梁体压紧在推头上，水平顶拉动推头使其沿钢板滑移，这样就将梁推动前进。水平顶走完一个行程后，用竖顶将梁顶起，水平顶活塞杆带动推头退回原处，再落梁并重复将梁推进。推头式顶推工艺的主要特点是在顶推循环中必须有竖向千斤顶顶起和放落的工序。

图 8-23 示出拉杆式顶推装置的布置。图中 8-23（*a*）的顶推工艺为：水平千斤顶通过传力架固定在桥墩（台）顶部靠近主梁的外侧，装配式的拉杆用连接器接长后与埋固在箱梁腹板上的锚固器相连结，驱动水平千斤顶后活塞杆拉动拉杆，使梁借助梁底滑板装置向前滑移，水平顶每走完一个行程后，就卸下一节拉杆，然后水平顶回油使活塞杆退回，再连接拉杆并进行下一顶推循环。也可以用图 8-23（*b*）中所示穿心式水平千斤顶来拉梁前进，在此情况下，拉杆的一端固定在梁的锚固器上，另一端穿过水平顶后用夹具锚固在活塞杆尾端，水平顶每走完一个行程，活

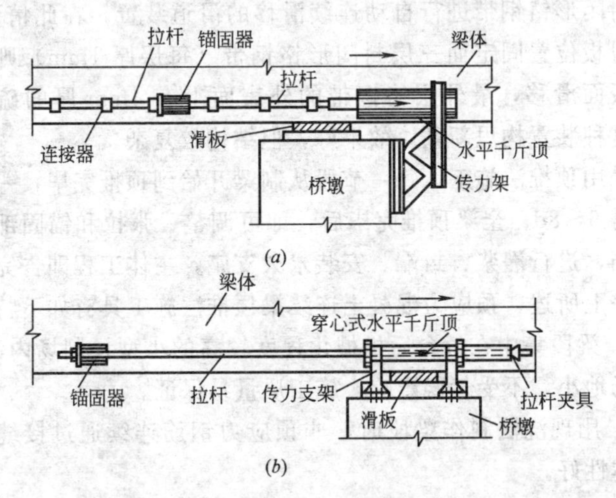


图 8-23　拉杆式顶推装置

塞杆退回，夹具自动放松然后重新用夹具锚固拉杆并进行下一顶推循环。采用拉杆式顶推装置的主要优点是在顶推过程中不需要用竖顶作反复顶梁和落梁的工序，这就简化了操作并加快了推进速度。

必须注意，在顶推过程中要严格控制梁体两侧千斤顶同步运行。为了防止梁体在平面内发生偏移（特别在单点顶推的场合），通常在墩顶梁体旁边可设置横向导向装置。

图 8-24 示出顶推法常用的滑道装置，它由设置在墩顶的混凝土滑台、铬钢板和滑板所组成。滑板则由上层氯丁橡胶板和下层聚四氟乙烯板镶制而成，橡胶板与梁体接触使增大摩擦力，而四氟板与铬钢板接触使摩擦力减至最小，借此就可使梁体滑移前进，图 8-24（*a*）的构造当滑板从铬钢板的一侧滑移到另一侧时必须停止前进而用竖顶将梁顶起，将滑板移至原来位置，然后再使竖顶回油将梁落在滑板上，再重复顶推过程。国内常用图 8-24（*b*）所示利用接下和喂入滑板的方式使梁连续滑移，这样可节省竖顶的操作工序，加快顶进速度，但应注意滑板进出口处要做成顺畅的弧面，不然容易损坏昂贵的滑板。图 8-24（*c*）示出利用封闭形铬钢带进行自动连续滑移的滑道装置，在此情况下，四氟滑板位置固定而三层封闭形铬钢带（每层厚 1mm）则不断沿氟板面滑移，最外层铬钢带的外表面上有 4mm 厚的硫化橡胶，这种装置构思新颖，效果好，但结构较复杂。

采用顶推法施工，每一节段从制梁开始到顶推完毕，一个循环约需 6～8d；全梁顶推完毕后，即可调整、张拉和锚固部分预应力筋，进行灌浆、封端、安装永久支座，主体工程即告完成。

综上所述，预应力混凝土连续梁顶推法施工具有如下特点：

1. 梁段集中在桥台后机械化程度较高的小型预制场内制作，占用场地小，不受气候影响，施工质量易保证。

2. 用现浇法制作梁段时，非预应力钢筋连续通过接缝，结构整体性好。

3. 顶推设备简单，不需要大型起重机械就能无支架建造大

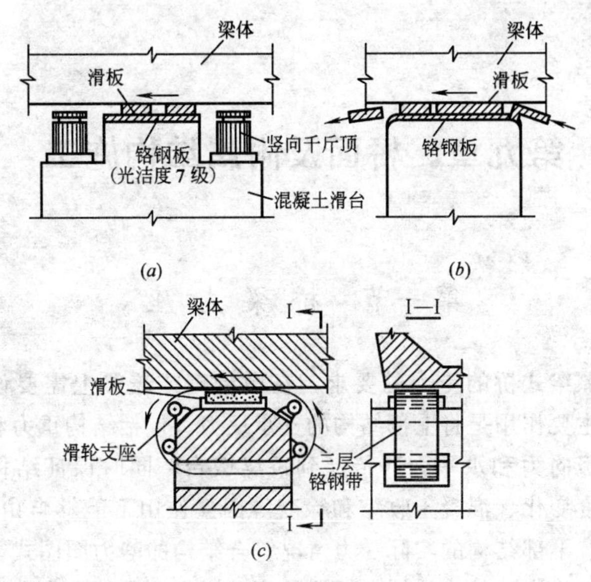

图 8-24　滑道装置

跨径连续梁桥，桥愈长经济效益愈好。

4. 施工平稳、安全、无噪音，需用劳动力既少，劳动强度又轻。

5. 施工是周期性重复作业，操作技术易于熟练掌握，施工管理方便，工程进度易于控制。

采用顶推法施工的不足之处是：一般采用等高度连续梁，会增多结构耗用材料的数量，梁高较大会增加桥头引道土方量，且不利于美观。顶推过程受力和梁体使用阶段受力不同，梁体顶推就位后，要调整各截面预应力筋的数量。此外，顶推法施工的连续梁跨度也受到一定的限制。

# 第九章　桥面及附属结构施工

## 第一节　桥 梁 支 座

按照梁式桥的受力的要求，在墩台帽或盖梁上需要设置支座，其主要作用是将上部结构的支承反力（包括结构重力和活载引起的竖向力和水平力）传递到桥梁墩台，同时保证结构在活载、温度变化、混凝土收缩和徐变等因素作用下能够自由变形，以使上、下部结构的实际受力情况符合结构的静力图图式。

按支座变形的可能性，桥梁的支座一般分为固定支座和活动支座两种。固定支座既要固定主梁在墩台上的位置并传递竖向压力，又要保证主梁发生挠曲时在支承处能自由转动。活动支座只传递竖向压力，但它要保证主梁在支承处既能自由转动又能水平移动。

桥梁支座按材料可分为简易垫层支座和橡胶支座。

### 一、简易垫层支座

跨径小于5m的涵洞，可不设专门的支座结构，而采用由几层油毛毡或石棉做成的简易支座。为防止墩、台顶部前缘与上部结构相抵，通常将墩台顶部的前缘削成斜角（图9-1）。

### 二、板式橡胶

橡胶支座具有构造简单、加工方便、造价低、结构高度小、安装方便和使用性能良好的优点。此外，它能方便的适应任意方向的变形，故特别适应于宽桥、曲线桥和斜交桥。橡胶的弹性还

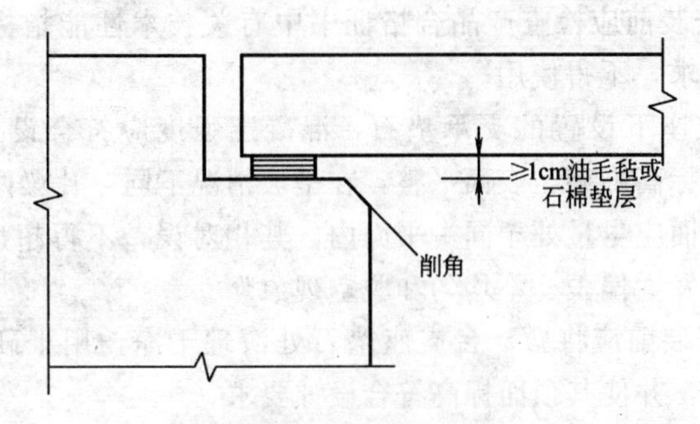


图 9-1　简易垫层支座

能削减上、下部结构所受的动力作用，对于抗震十分有利。在当前，橡胶支座已经得到越来越广泛的使用。

橡胶支座一般可分为板式橡胶支座、聚四氟乙烯滑板式橡胶支座、球冠圆板式橡胶支座和盆式橡胶支座四类。

（一）板式橡胶支座

板式橡胶支座有圆形和方形两种，它是由几层橡胶和薄钢板叠合而成，如图 9-2 所示。它的活动机理是利用橡胶的不均匀弹性压缩实现转角 $\theta$，利用其剪切变形实现水平位移 $\Delta$。

板式橡胶支座安装施工要点：

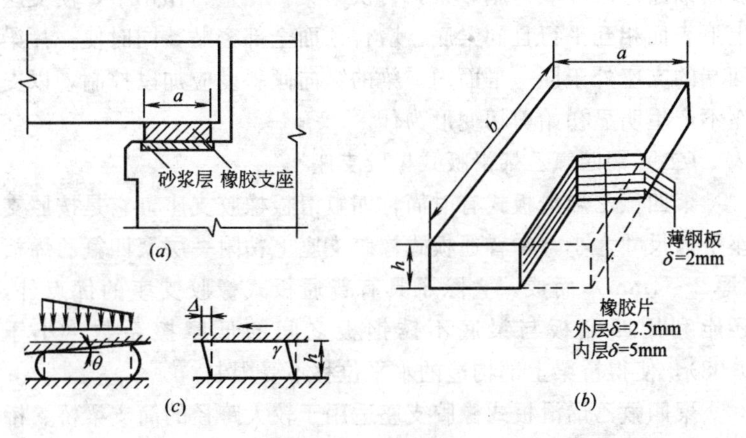


图 9-2　板式橡胶支座结构及受力示意图

1. 安装前应检查产品合格证书中有关技术性能指标，如不合设计要求，不得使用。

2. 支座下设置的支承垫石，混凝土强度应符合设计要求，顶面要求标高准确，表面平整，在平坡情况下同一片梁两端支承垫石水平面应尽量处于同一平面内，其相对误差不得超过 3mm，避免支座发生偏歪、不均匀和脱空现象。

3. 安装前应将墩、台支座垫石处清理干净，用干硬性水泥砂浆抹平，并使其顶面标高符合设计要求。

4. 将设计图上标明的支座中心位置标在支承垫石及橡胶支座上，橡胶支座准确安放在支承垫石上，要求支座中心线同支承垫石中心线相重合。

5. 吊装梁、板前，抹平的水泥砂浆必须干燥并保持清洁和粗糙。梁板安放时，必须仔细，使梁、板就位准确且与支座密贴。就位不准时或支座与梁板不密贴时，必须吊起，采取垫钢板等措施并使支座位置在允许偏差内，不得用撬棍移动梁、板。

板式橡胶支座安装后若出现个别脱空、受力不均匀、支座发生较大的初始剪切变形、支座偏压严重、侧面异常鼓出等现象，应当进行调整。调整方法一般是用千斤顶顶起梁端，在支座上下表面铺涂一层环氧树脂砂浆，再次落梁，在重力作用下，使支座上下表面相互平行且同梁底、墩台顶面全部密贴，同时使一片梁两端的支座处于同一平面内。梁的纵向倾斜度应加以控制，以支座不产生明显初始剪切变形为佳。

（二）聚四氟乙烯滑板式橡胶支座

聚四氟乙烯滑板式有时简称四氟滑板橡胶支座，它是按照支座平面尺寸大小，在普通板式橡胶支座上粘附一层聚四氟乙烯板（厚 2～4mm）而成。它除了具有普通板式橡胶支座的优点外，还能利用四氟板与梁底不锈钢板之间的低摩擦系数（小于 0.08），使得桥梁上部构造的水平位移不受限制。

聚四氟乙烯滑板式橡胶支座适用于较大跨径的简支梁桥、桥面连续的梁桥和连续梁桥；此外，还可用于连续梁顶推施工的滑块。

四氟板表面应设置贮油槽，支座四周设置防尘设施，安装时应注意以下要点：

1. 墩台上设置的支承垫石，其标高应考虑预埋的支座下钢板厚度，或在支承垫石上预留一定深度的凹槽，将支座下钢板用环氧树脂砂浆粘结于凹槽内。

2. 在支座下钢板上及四氟滑板式支座上标出支座位置中心线，两者中心线重合放置，为防止施工时移位，应设置临时固定措施。安装时宜在与年平均气温相差不大时进行。

3. 梁底预埋有支座上钢板，与四氟滑板式支座密贴接触的不锈钢板嵌入梁底上钢板内，或用不锈钢沉头螺钉固定在上钢板上，并标出不锈钢板中心线位置。安装支座时，不锈钢板、四氟板表面均应清洁、干净，在四氟板表面涂上硅脂油，落梁时要求平稳、准确、无振动，梁与支座密贴，不得脱空。

4. 支座正确就位后，拆除临时固定装置，采取安装防尘围裙措施。

（三）球冠圆板式橡胶支座

球冠圆板式橡胶支座是一种改进后的圆形板式支座，其中间层橡胶和钢板布置与圆形板式橡胶支座完全相同，只是在支座顶面用纯橡胶制成球冠形表面，球冠中心橡胶最大厚度为4～10mm，如图9-3所示。

球冠圆板橡胶支座传力均匀，可明显改善或避免支座底面产出偏压、脱空等不良现象，适用于弯桥、坡桥、斜桥、宽桥及大跨径桥。

球冠支座安装方法与板式橡胶支座基本相同。

（四）盆式橡胶支座

当竖向力较大时，应使用盆式橡胶支座，它是由不锈钢滑板、聚四氟乙烯板、盆环、氯丁橡胶块、钢密封圈、钢盆塞及橡胶防水圈组成，其一般构造如图9-4所示。

盆式橡胶支座是利用设置在钢盆中的橡胶板达到对上部结构

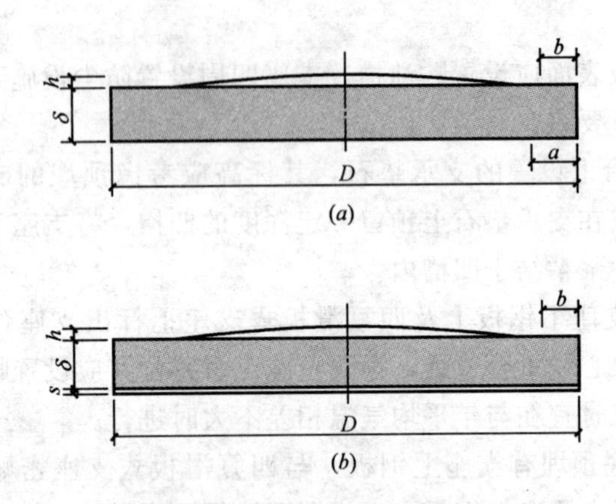


图 9-3　球冠支座结构图

(*a*) TCYB 球冠圆板式橡胶支座；(*b*) TCYB 聚四氟乙烯球冠圆板式橡胶支座

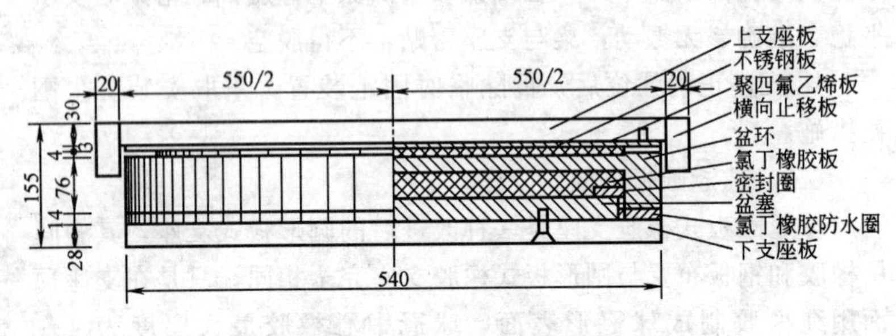


图 9-4　盆式橡胶支座结构图

具有承压和转动的功能，利用聚四氟乙烯板和不锈钢板之间的平面滑动来适应桥梁的水平位移要求。

盆式橡胶支座按其工作特征可以分为固定支座、多向活动支座和单向活动支座三种。与板式橡胶支座相比，盆式橡胶支座具有承载能力大、水平位移量大、转动灵活等优点，因此特别适用于大跨径桥梁。

盆式橡胶支座施工要点主要是：

1. 支座规格和质量应符合设计要求，支座组装时其底面与顶面（埋置于墩顶和梁底面）的钢垫板必须埋置密实。垫板与支座间平整密贴，支座四周不得有 0.3mm 以上的缝隙，严格保持清洁。活动支座的聚四氟乙烯板和不锈钢板不得有刮伤、撞伤。氯丁橡胶板块密封在钢盆内，要排出空气，保持紧密。

2. 活动支座安装前用丙酮或酒精仔细擦洗各相对滑移面，擦净后在四氟板的储油槽内注满硅脂类润滑剂，并注意硅脂保洁；坡道桥注硅脂应注意防滑。

3. 盆式橡胶支座的顶板和底板可用焊接或锚固螺栓栓接在梁体底面和墩台顶面的预埋钢板上。采用焊接时，应防止烧坏混凝土；安装锚固螺栓时，其外露螺杆的高度不得大于螺母的厚度；现浇梁底部预埋的钢板或滑板，应根据浇筑时的温度、预应力张拉、混凝土收缩与徐变对梁长的影响，设置相对于设计支承中心的预偏值。

## 第二节　桥梁伸缩装置

为了保证桥跨结构在气温变化、活载作用、混凝土收缩与徐变等影响下按静力图式自由地变形，就需要使桥面在两梁端之间以及在梁端与桥台背墙之间设置横向伸缩缝。伸缩缝的构造有简有繁，视桥梁变形量的大小和活载轮重而异，其作用是不但要保证主梁能自由变形，而且要使车辆在伸缩缝处能平顺地通过并防雨水、垃圾泥土等渗入阻塞。对于城市桥梁还应使缝的构造在车辆通过时减小噪声。伸缩缝构造应使施工和安装方便。其部件除本身要有足够的强度外，应与桥面铺装部分牢固连接。对于敞露式的伸缩缝要便于检查和清除缝下沟槽的污物。

### 一、钢板伸缩缝

钢板伸缩缝以钢板作为跨缝材料，其构造如图 9-5 所示。适用梁端变形量在 4～6cm 以上的情况。用一块厚度约为 10mm 的钢板搭在断缝上，钢板的一侧焊在锚固于铺装层混凝土内的角钢上，另一侧可沿着对面的角钢自由滑动。对面角钢的边缘焊上一

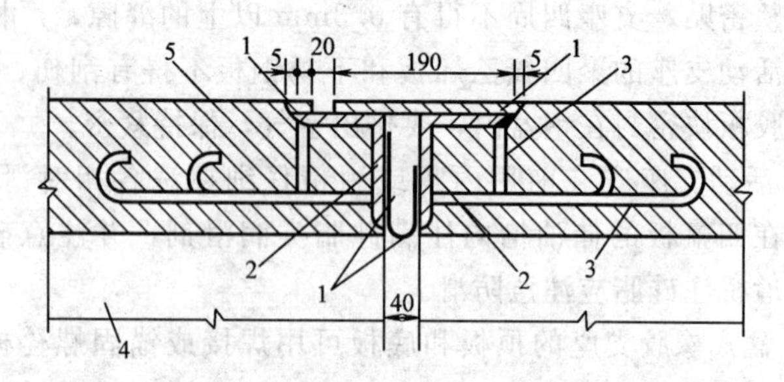


图 9-5 钢板伸缩缝（尺寸单位：mm）

1—钢板；2—角钢；3—钢筋；4—行车道块件；5—行车道铺装层

条窄钢板，以挡住桥面沥青砂面层。一侧固死的钢板伸缩缝，当车辆驶过时，往往由于梁端转动或挠曲变形引起的冲击作用使结构损坏。

如果梁端的变形量更大，还可采用两侧同时滑动的钢板伸缩缝，或者采用更加完善的梳形齿式钢板伸缩缝构造。

钢板伸缩缝的构造比较复杂，消耗钢材也较多，但能适应较大的变形量。在施工中应特别注意护缘角钢与混凝土的锚固要牢靠，角钢下的混凝土要浇筑密实。

## 二、橡胶伸缩缝

它是以橡胶板作为跨缝材料，其构造如图 9-6 所示。这种伸缩缝的构造简单，使用方便。

## 三、毛勒伸缩缝

毛勒伸缩缝是采用热轧整体成型的异型钢材及密封橡胶等构件组成的伸缩装置。根据型钢的形状又分为 C 型、E 型、F 型等，对弯桥、坡桥、斜桥、宽桥适应能力强，可满足各种桥梁结构使用要求，位移量为 20～80mm。构造见图 9-7。

其施工安装程序如下：

1. 按照设计图纸提供的尺寸，在梁端（或板端）与梁端，

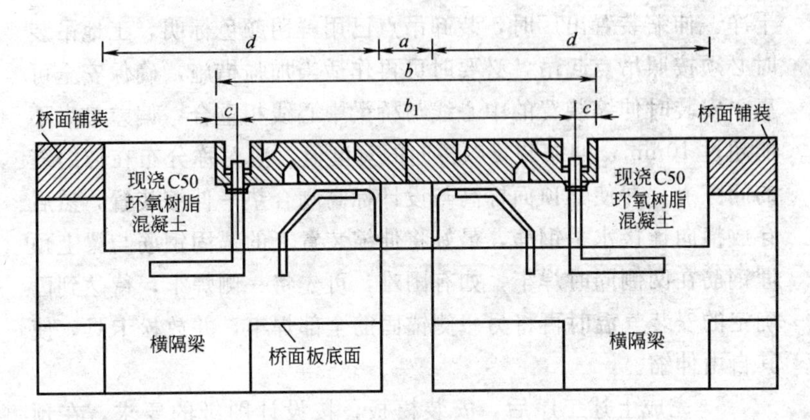


图 9-6 橡胶伸缩缝

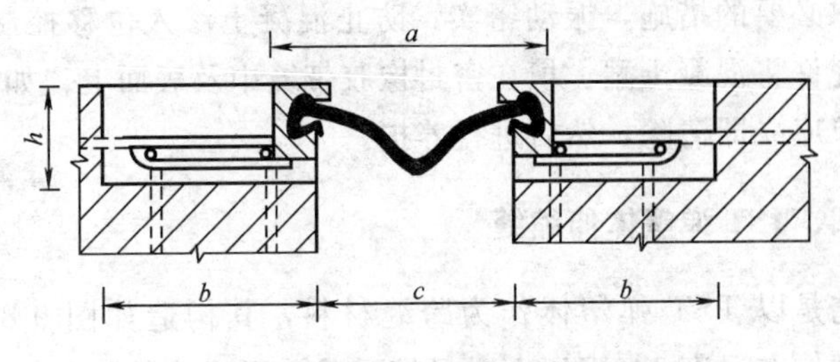


图 9-7 GQF-C 型系列伸缩缝装置断面图

梁端与桥台处预留安装伸缩装置的槽口，并按图纸要求预埋锚固钢筋，如主筋需与锚固筋焊接时，应满足桥梁施工规范的有关规定。

2. 伸缩装置一般由工厂用专车运往工地。当伸缩装置需要在工地存放时，应垫离地面至少 30cm，不得露天存放。

3. 伸缩装置上桥前，必须先检查施工完成后的主梁（或板）两端缝间隙量与设计值是否一致，预埋的锚固钢筋或构件位置是否准确。

安装之前，必须按安装时实际温度调整组装定位值，并由施工安装负责人检查签字后方可用专用卡具将其固定。

4. 伸缩装置吊装就位前，应将预留槽内混凝土凿毛并清扫干净。伸缩装置出厂时，装卸吊点已用鲜明颜色标明，工地吊装时必须按照吊点起吊，必要时可再作适当加强措施，确保安全可靠。安装时伸缩装置的中心线与桥梁中心线相重合，偏差最大不能超过 10mm；伸缩装置顺桥向的宽度值，应对称分布在伸缩缝的间隙上，并使其顶面标高与设计标高吻合垫平伸缩装置，然后穿放横向连接水平钢筋，最好将伸缩装置上的锚固钢筋与梁上预埋钢筋在两侧同时焊牢，如有困难，可先将一侧焊牢，待达到已确定的安装气温时再将另一侧锚固筋全部焊牢，并放松卡具，使其自由伸缩。

5. 完成上述工序后，安装模板，按设计图纸的要求，在预留槽口内浇筑 C30 以上强度的环氧树脂混凝土。浇筑混凝土时应采取必要的措施，振动密实，防止混凝土渗入位移控制箱内，并不允许将混凝土溅、填在密封橡胶带缝中及表面上，如果发生此现象应立即清除，然后进行养护。

## 四、TST 弹塑体伸缩缝

它是以 TST 弹塑体作为跨缝材料，其构造如图 9-8 所示。该弹塑体在温度 140℃以上时呈熔融状，可以直接浇灌；在低温下具有弹性和防水性。小缝直接浇灌；大缝添加碎石，适用于伸缩量为 0～50mm 的桥梁伸缩缝。

TST 弹塑体伸缩缝所用石子直径约为 2～3cm，少量米石直

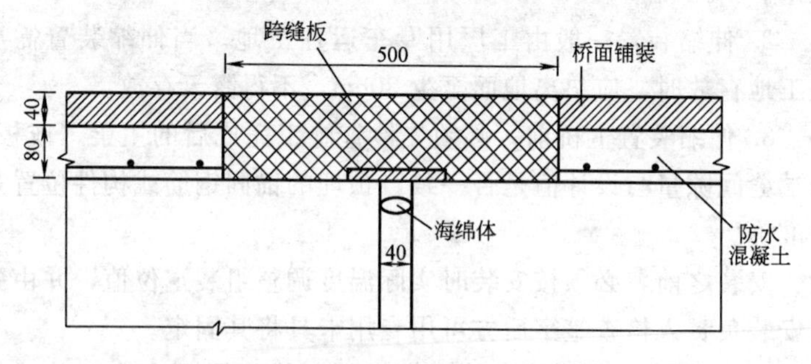


图 9-8　TST 弹塑体伸缩缝构造（尺寸单位：mm）

径小于0.5cm。施工采用分层铺浇法，其步骤如下：

1. 在板端间隙填入海绵体，不留空隙；

2. 在槽底、槽边涂刷活性粘合剂，注意均匀无堆积，晾干10～15min；

3. 浇入熔化的TST，并用刮板均匀涂抹在槽底和槽边，厚约1～2mm；

4. 放置跨缝板，注意对中压紧，并每隔300mm钉一个定位钉；

5. 铺入炒热的石子2～4cm厚，摊平；

6. 浇TST淹没石子，注意槽口两边TST必须饱满；

7. 再铺入第二层石子2～4cm厚，摊平振动，根据槽口深度不同，可两或三次铺浇，但最后一次铺石子要略高于槽口，振动后用刮板刮平石子，再振动一次，然后浇上TST，淹没石子。

(5～7)步是为防止冷却，应由一端分段向另一端做，每次1m循序渐进。

## 第三节　桥面防水层

桥面的防水层，设置在行车道铺装层下边，它将透过铺装层渗下的雨水汇积到排水设施排出。桥面防水层有卷材防水层、涂料防水层及水泥砂浆防水层等几种类型。

### 一、卷材防水层

热铺卷材防水层，应采用石油沥青油毡、沥青玻璃布油毡、再生胶油毡等。铺贴石油沥青卷材，必须使用石油沥青胶结材料；铺贴焦油沥青卷材，必须使用焦油沥青胶结材料。

防水层所用的沥青，其软化点应较基层及防水层周围介质的可能最高温度高出20～25℃，且不低于40℃。沥青胶结材料的加热温度，应符合国家标准《屋面工程施工及验收规范》有关规定。耐酸沥青胶应采用角闪石粉、辉绿岩粉、石英粉或其他耐酸矿物粉为填充料；耐碱沥青胶应采用滑石粉、石棉粉、石灰石粉、白云石粉或其他耐碱的矿物粉为填料。

底板卷材防水层可以垫层混凝土或水泥砂浆找平层作为基层，侧墙卷材防水层可以水泥砂浆找平层或直接以钢筋混凝土侧墙作为基层。基层必须牢固、平整、洁净；铺贴卷材前应尽量干燥；基层表面的阴阳角处，均应做成圆弧形或钝角。

铺贴卷材前，表面应用冷底子油满涂铺匀，待冷底子油干燥后方可铺贴卷材。卷材铺贴应符合下列规定：

1. 卷材铺贴前应保持干燥，并应将表面的云母、滑石粉等清除；

2. 卷材搭接长度，长边不应小于 10cm，短边不应小于 15cm；上下两层和相邻两幅卷材的接缝相互错开，上下层卷材不得相互垂直；

3. 粘贴卷材的沥青胶厚度，一般为 1.5～2.5mm，不得超过 3mm；

4. 在转角处，卷材的搭接缝应留置在底面上距侧墙不小于 60cm 处；

5. 在底板和墙角面处的卷材防水层，应在铺设前先将转角抹成钝角或圆弧形，铺设时并应在防水层上加铺附加层，附加层一般可采用两层同样的油毡或一层沥青玻璃布油毡，铺贴时应按转角处的形状粘贴紧密；当转角由三个不同方向表面构成时，除附加层外，应加一层沥青玻璃布油毡或金属片予以加固；

6. 粘贴卷材应展平压实，卷材与基层和各层卷材间必须粘结紧密，并将多铺的沥青胶结材料挤出，搭接缝必须封缝严密，防止出现漏水；粘贴完最后一层卷材后，表面应再涂一层厚为 1～1.5mm 的热沥青胶结材料；

7. 卷材防水层铺贴时的气温不应低于+5℃，否则应在暖棚中进行。沥青胶工作温度不低于 150℃。

**二、涂料防水层**

涂料防水层是在混凝土结构表面上涂刷防水涂料以形成防水

层或附加防水层。防水涂料可使用沥青胶结材料或合成树脂、合成橡胶的乳液或溶液。在较潮湿的基面上涂刷防水涂料时，应采用湿固型涂料或乳化沥青、阳离子氯丁橡胶乳化沥青等亲水性涂料。各层防水涂料之间可放置玻璃纤维布、合成纤维布、麻布或无纺增强布，以形成一种增强涂料防水层。

涂料防水层施工前的基层表面必须平整、密实、洁净。

（一）沥青胶结材料防水层施工的规定：

1. 基层表面应涂满冷底子油，并宜使其干燥；

2. 沥青胶结材料防水层一般涂两层，每层厚 1.5～2.0mm；

3. 沥青胶结材料所用沥青的软化点、加热温度和使用温度，可参照卷材防水层；

4. 沥青胶结材料防水层施工温度不得低于－20℃，如温度过低，必须采取保温措施。

在炎热季节施工时，应采取遮阳措施，防止烈日暴晒，沥青流淌。

（二）合成树脂或合成橡胶乳液、溶液的防水涂料施工的规定：

1. 乳液或溶液防水涂料的配合比应按照设计规定或涂料说明书办理，配制时应搅拌均匀。

2. 防水涂料可用手工抹压、涂刷或喷涂，厚度应均匀一致，每道涂料厚度应按不同涂料确定，一般为 1.0～3.0mm。

3. 第一层涂层涂刷完毕，必须干燥结膜后，方可涂刷下一层，一般涂 2～3 层。涂刷第一层时必须与混凝土密实结合，不得夹有空隙。

4. 涂料中如配合有挥发性溶剂时，应在 3～4h 内完成。

5. 涂料防水层中夹有玻璃丝布等夹层时，应在涂刷一遍涂料后，逐条紧贴玻璃丝布并扫平、压紧，使胶结料吃透布面。涂贴应均匀，不得有起鼓、翘边、绉折、流淌等现象。玻璃丝布搭接要求，可参照卷材防水层办理。

最后一层玻璃丝布上应涂刷一遍胶结材料及一层保护层。

6. 施工时最低气温，当采用水乳型橡胶沥青时，不低于+5℃。雨天及大风天不得施工。

### 三、水泥砂浆防水层

水泥砂浆防水层分为掺外加剂的水泥砂浆防水层、刚性多层作法防水层两种。

水泥砂浆防水层应符合下列规定：

1. 水泥宜采用普通水泥或膨胀水泥，亦可采用矿渣水泥，侵蚀性环境中的水泥砂浆防水层，应按设计规定选用水泥，严禁使用过期、结块、失效水泥；

2. 外加剂宜采用减水剂或氯化物金属盐类防水剂；

3. 砂宜用中砂；

4. 水宜用不含有害物质的洁净水；

5. 水泥砂浆中水泥和砂的配合比，一般可采用 1：2～1：2.5（体积比）；水灰比可采用 0.4～0.45；坍落度可用 7～8cm；纯水泥浆水灰比可采用 0.4～0.6；

6. 底层表面平整、粗糙、干净和湿润，不得有积水；

7. 刚性多层作法的防水层，各层宜连续施工，紧密贴合，不留施工缝；

8. 水泥砂浆应分层铺设，每层厚度 5～10mm，前层初凝后再铺设后一层，总厚度不宜小于 20mm；

9. 铺抹的最后一层，应将表面压光；

10. 采用水泥砂浆与纯水泥浆交替铺设的方法时，应先铺设纯水泥浆，再铺设水泥砂浆，可交替铺设 4～5 层。

水泥砂浆在气温不低于 5℃的条件下施工和养护，养护期不少于 7～10 昼夜；水泥砂浆强度达到设计强度后方可承受水压。

## 第四节　桥 面 铺 装

桥面铺装即行车道铺装。它的作用在于保护桥面板防止车轮、履带的直接磨损，并免受雨水的侵蚀，且对车辆轮重的集中荷载起分布作用。

行车道铺装有多种形式：有水泥混凝土、沥青混凝土、沥青表面处治和泥结碎石等。水泥混凝土和沥青混凝土桥面铺装用得较广，能满足各项要求。沥青表面处治和泥结碎石铺装，耐久性较差，仅在低等级桥梁上使用。

装配式钢筋混凝土、预应力混凝土梁桥常采用水泥混凝土或沥青混凝土桥面铺装。水泥混凝土铺装的造价低，耐磨性能好，适应重载交通，但养生期长，日后修补较麻烦。沥青混凝土铺装质量轻，维修省时；养护方便，但易老化和变形。

## 一、沥青桥面铺装

桥面铺装采用沥青混凝土铺筑时，为防止沥青混凝土中的集料损坏防水层，宜在防水层上先铺一层沥青砂作保护层。

## 二、水泥混凝土桥面铺装

桥面铺装采用水泥混凝土铺筑时，有两种方式：一种方式是全桥面铺装防水混凝土，其厚度一般为6～8cm；另一种方式是在桥面铺装上再设置7cm厚的防水混凝土。防水混凝土层铺筑完成后，须及时覆盖和养护，并在混凝土达到设计强度后才能通车。

## 三、桥面铺装施工注意事项

对预应力混凝土梁式桥，不论是预制梁还是现浇梁，由于预应力的作用，在抵消自重影响后，梁体将产生上挠度，之后又因混凝土的徐变收缩、预应力损失、桥面铺装等二部恒载及活载的作用等因素，均会对梁体挠度造成一定影响。当上挠度过大时，将使桥面铺装施工产生困难，导致桥面铺装层在跨中较薄而支点处较厚，从而不能满足设计厚度的要求。因此，除应在梁体施工时采取有效措施控制过大的上挠度外，当梁体的实际上挠度已较大，并不可避免将对桥面铺装层的施工造成不利影响时，应采取调整桥面标高等措施，以保证铺装层的厚度。

## 第五节 桥面系施工

桥面上设置的护轮安全带、路缘石、防撞护栏、装饰块、人行道、栏杆及照明灯柱等都属于桥面系施工的范畴。

对大多数桥梁而言，桥面系施工的主要工作内容是小型块件的预制和安装，随着道路等级的提高和大跨径桥梁的不断兴建，现浇混凝土防撞护栏和金属防撞护栏的施工也已非常普遍。由于小型块件的混凝土体积较小，工序虽简单但较繁琐，块件数量多，所耗费的工时亦多，而施工产值却不高，所以块件预制和安装的质量往往不被重视。

桥面系的施工，不仅要满足桥梁使用功能上的要求，对外观质量也应有较高的要求。在施工中，除应采取合理的工艺控制方法保证预制块件的质量外，安装（或现浇）施工的重点是控制好线形和标高两个方面，使其协调一致，平顺美观。

### 一、护轮安全带和路缘石

护轮安全带可以做成预制块件安装或与桥面铺装层一起现浇。预制的安全带块件有矩形截面和肋板截面两种，见图 9-9，以矩形截面最为常用。现浇的安全带宜每隔 2.5～3m 做一断缝，以避免与主梁的收缩不一致而被拉裂。

预制块件若采用人工搬运安装，每个块件的安装质量最大不应超过 200kg。安装前要精确放样，弯桥、坡桥要注意线形的平顺。块件必须坐浆安装，要落位准确，全桥对直，安装后线条直顺、整齐、美观。路缘石一般宽 8～35cm，与安全带相类似，其施工的方法和工艺要求亦与护轮带相同。

### 二、人行道

人行道顶面一般高出桥面 25～30cm，按人行道板安装在主

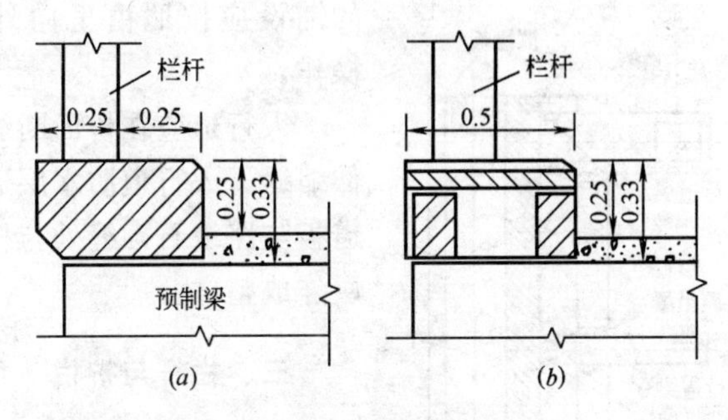

图 9-9　安全带（尺寸单位：m）
（*a*）矩形；（*b*）肋板式

梁上的位置分搁置式和悬臂式，见图 9-10；预制块件分整体式和分块式，见图 9-11。

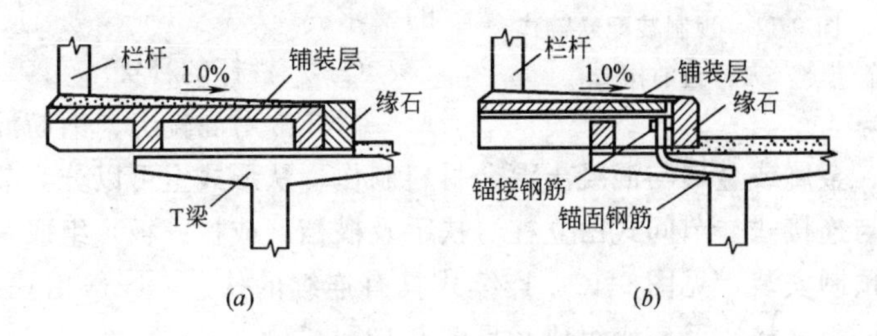

图 9-10　人行道
（*a*）搁置式；（*b*）悬臂式

有吊装能力时，可将人行道板和梁整体分块预制，整块悬砌出边梁之外，使施工快而方便。分块式人行道板，预制块件小而轻，但施工繁琐，整体性差。

人行道板一般是预制拼装，也可现浇。在预制或现浇人行道板时，要注意预留出安装灯柱、栏杆的位置，埋设好预埋件。

人行道梁必须采用稠水泥砂浆坐浆安装，并以此来形成人行道顶面的横向排水坡；安装悬臂式人行道板时，需注意将构件上设置的钢板与桥面板内的锚栓焊牢后，完成了人行道梁的锚固，才可安砌或浇筑人行道板，对设计无嵌固的人行道梁，人行道板

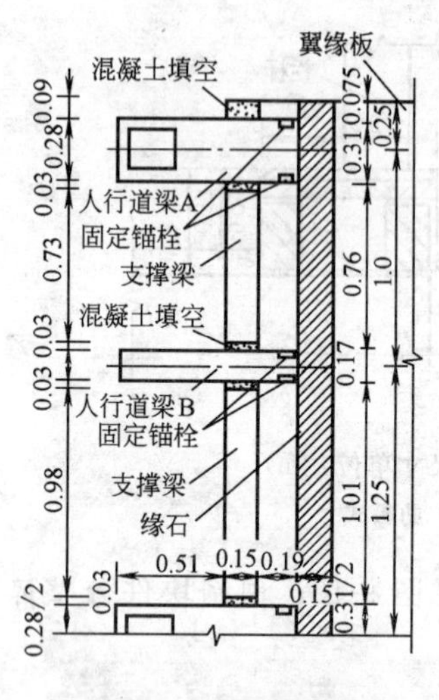


图 9-11　预制装配悬臂式人行道的构造

的铺设应按照由里向外的次序操作。

人行道应在桥面断缝处做成伸缩缝。人行道防水层通过人行道板与路缘石砌缝处与桥面防水层连成整体。

## 三、栏杆与护栏

栏杆是桥梁工程的重要组成部分，对桥梁工程的评价起着直观的作用。栏杆施工不仅要保证质量，还要满足艺术造型和美观的要求。

（一）栏杆的种类

栏杆常用混凝土、钢筋混凝土、金属或金属与混凝土混合材料制作，从形式上可以分为节间式与连接式。节间式由立柱、扶手及横档（或栏杆板）组成，便于预制安装，见图 9-12。连续式具有连续的扶手，一般由扶手、栏杆板（柱）及底座组成，见图 9-13。

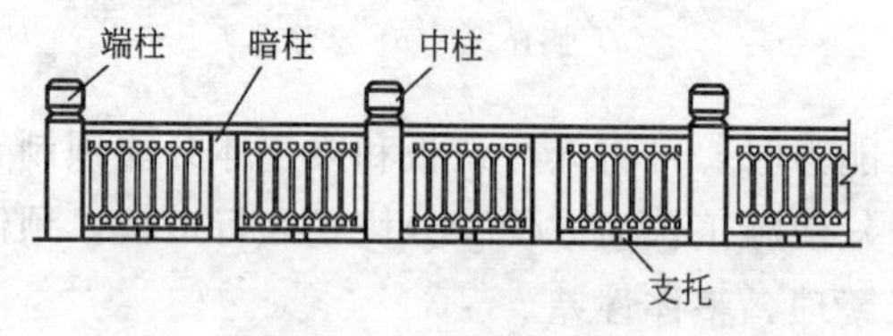


图 9-12　节间式栏杆

按栏杆的实用目的可分为人行栏杆和防撞栏杆（防撞护栏）两种。人行栏杆只保障行人安全，却不能抵挡在意外情况下机动车辆的冲撞；防撞栏杆（防撞护栏）除能保障行人的安全外，还能在意外情况下，对机动车起阻障作用，抵挡车辆的冲撞，使车辆不致失控而冲出护栏以外发生事故，见图 9-14。

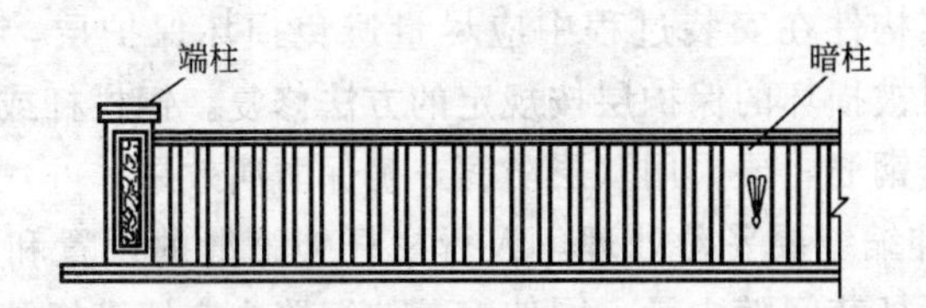


图 9-13　连续式栏杆

（二）栏杆（护栏）施工的一般规定和要求。

1. 安装或现浇栏杆（护栏）应在人行道板施工完成后进行，对钢筋混凝土护栏还必须在跨间的支架及脚手架拆除以后，桥跨处于自承的状态下才可进行。

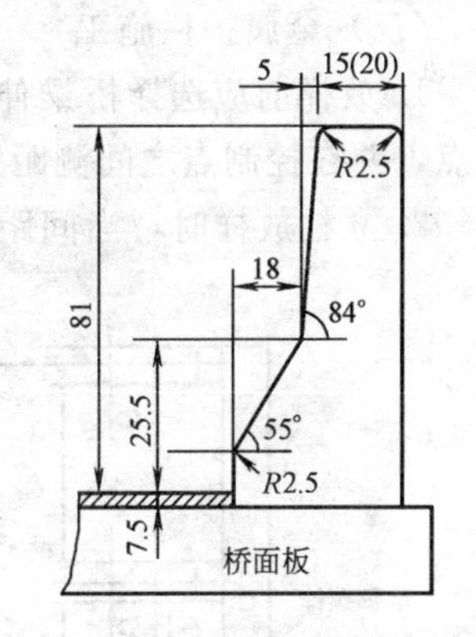


图 9-14　钢筋混凝土墙式护栏（单位：cm）

2. 金属制栏杆（护栏）构件在安装前应进行质量检查和试验，只有被确认符合质量标准的栏杆（护栏）产品才能使用，并应按设计图或产品供货商提供的详细施工安装方法进行施工。

3. 栏杆（护栏）必须全桥对直、校平（弯桥、坡桥要求平顺）；栏杆（护栏）顶的标高应符合设计要求，以使线形顺适，外表美观，不得有明显的下垂和拱起。竣工后的栏杆（护栏）中线、内外两个侧面及相同部位上的各个杆件等，均应分别在一条直线或一个平面上。

4. 栏杆（护栏）的连接必须牢固。钢筋混凝土墙式护栏宜采用就地浇筑的方法进行施工，当采用预制件时，护栏与桥面板（人行道板）间需进行特殊的连接设计；人行栏杆立柱就位和嵌固是施工的重点，必须严格保证填充水泥砂浆（或混凝土）的强度、捣实及养生工作符合要求。

5. 栏杆（护栏）的外表应平整、光洁、美观，钢筋混凝土栏杆（护栏）不应出现蜂窝、麻面，不合规格的构件一定要废除，金属构件在安装过程中应尽量避免损坏保护层，安装完成后，应对被损坏的保护层按规定的方法修复。钢栏杆或混合式栏杆的外露钢筋，要采用双层防腐，确保防腐效果。

6. 伸缩缝要妥善处理。人行栏杆伸缩缝的设置和施工质量需保证栏杆节间随主梁一同伸缩，伸缩缝内应填满橡胶或沥青胶泥等弹性、不透水的材料，不应有松散的砂浆和活动时有可能剥落的砂浆薄皮。

（三）金属护栏施工

1. 放样前应选择桥梁伸缩缝或胀缝附近的端部立柱作为控制点，并在控制点之间测距定位。

2. 立柱放样时，当间距出现零数时，可用分配的办法使之符合横梁规定的尺寸。立柱一般宜等距设置。

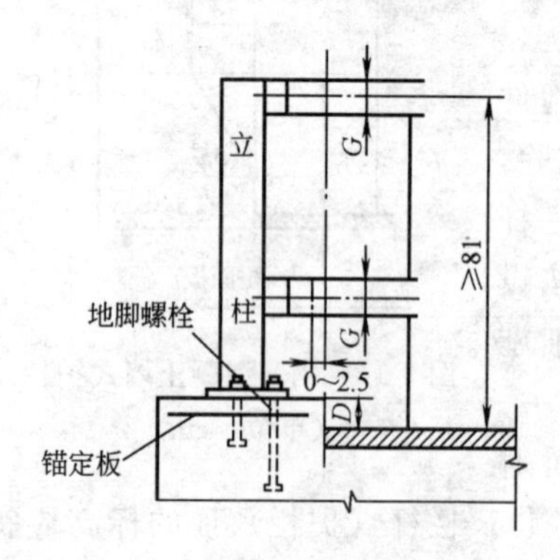


图 9-15 金属制桥梁栏杆
（单位：cm）

3. 定位后，在桥面板（或人行道板）上准确地设置预埋件（如锚固螺栓或套筒），见图 9-15。并采取适当措施，保护预埋件在桥梁施工期间免遭损坏。

4. 护栏安装前应对立柱预埋件的位置进行复测，符合设计要求后方能安装立柱和横梁。

5. 安装前应做好施工场地的各项准备工作，安装过程中应特别注意螺栓扭矩，焊缝间距、桥梁伸缩缝和胀缝的设置间距。

6. 横梁和立柱的位置应准确。连接螺栓和拼装螺栓初始不宜过早拧紧，以便在安装过程中充分利用横梁和立柱法兰盘的长圆孔进行调整，使其线形顺适，不应出现局部的凹凸现象，最后拧紧螺栓。

7. 对于焊接的金属护栏，所有外露接头在焊接后应做磨光或补漏的清面工作。

## 四、灯柱

灯柱常用钢管或铸铁管架立，一般采用钢筋（或钢板）焊接（或螺栓锚固）在桥面预埋的锚栓上，再用水泥砂浆填缝固定。

安装灯柱时，必须在全桥对直和校平，对坡桥、斜桥则要求平顺。

灯柱施工的一般要求：

1. 安装前对构件要进行全面检查，符合质量要求才能使用；

2. 灯柱按设计的位置准确放样；

3. 灯柱的连接必须牢固，线条顺直、整齐、美观，电路安全可靠；

4. 灯柱的竖直度：顺桥向、横桥向均不大于 10mm。

# 第十章 拱桥上部结构施工

## 第一节 拱桥施工方法概述

拱桥施工方法主要根据其结构形式、跨径大小、建桥材料、桥址环境的具体情况以及方便、经济、快速的原则而定。

### 一、石拱桥与混凝土预制块拱桥

石拱桥根据其用料不同可以是片石拱、块石拱或料石拱；根据其布置形式又可以是实腹式石板拱或空腹式石板拱和石肋拱。对石拱桥，目前主要采用拱架施工法。拱架种类很多，包括木拱架、钢拱架和钢木组合拱架、扣件式钢管拱架以及斜拉式贝雷平梁拱架等。采用拱架施工的关键在于拱架结构合理、计算正确(包括预拱度设置和加载与落架程序)。另外，对桥下无交通需要的小跨径旱桥或季节性河流上的拱桥还可以采用土牛拱胎施工法。

混凝土预制块拱桥施工与石拱桥相似。

### 二、钢筋混凝土拱桥

钢筋混凝土拱桥是中、大（特大）型拱桥的主要形式，包括钢筋混凝土箱板拱桥、箱肋拱桥、钢管混凝土拱桥等。拱桥从结构立面上可分为上承式桥、下承式桥和中承式桥。根据不同情况，有多种施工方法可供选择。在允许设置拱架或无足够吊装能力的情况下，各种钢筋混凝土拱桥均可采用在拱架上现浇或组拼拱圈的拱架施工法。

为了节省拱架用材，使上、下部结构同时施工，缩短工期，可采用预制装配施工，另外，钢筋混凝土桥还可以根据两岸地形及施工现场的具体情况采用转体施工法。

### 三、桁架拱桥、桁式组合拱桥

桁架拱桥、桁式组合拱桥一般采用预制拼装施工。对小跨径桁架拱桥可采用有支架安装，对不能采用支架安装的大跨径桁架拱桥则采用无支架安装，其安装方法包括缆索吊装、悬拼安装及转体安装等。

### 四、刚架拱桥

刚架拱桥一般也采用预制拼装施工，安装可以采用有支架施工、少支架施工或无支架施工。

## 第二节　拱　　架

砌筑石拱桥或混凝土预制块拱桥以及就地浇筑混凝土或钢筋混凝土拱圈等时，需要搭设拱架，以支承全部或部分拱圈和拱上建筑的重力，并保证拱圈的形状符合设计要求。拱架的种类很多，按其使用的材料可分为木拱架、钢拱架、竹拱架、竹木混合拱架、钢木组合拱架以及土牛胎拱架等形式；拱架按结构形式可分为排架式、撑架式、扇形式、桁架式、组合式、叠桁式、斜拉式等等。所谓土牛拱胎是在缺乏木材和钢材及少雨地区，先在桥下用土或沙、卵石填筑一个土胎（俗称土牛），然后在上面砌筑拱圈，待砌成之后将填土清除即可。

在设计和安装拱架时，应结合桥位处地形、地基等实际条件进行多方面的技术经济比较。主要原则是拱架要有足够的强度、刚度和稳定性。同时，拱架作为施工临时结构，要求构造简单，受力明确，制作及装拆容易方便，并能重复使用，以加快施工进度，减少施工费用。

## 一、常见拱架构造

（一）木拱架

木拱架一般有排架式、撑架式、扇形式、叠桁式及木桁架式等。市政桥梁常用的是排架式拱架，如图 10-1 所示。其特点是排架间距小，结构简单且稳定性好，适用于干岸河滩上流速小，不受洪水威胁的不通航河流上的桥孔。

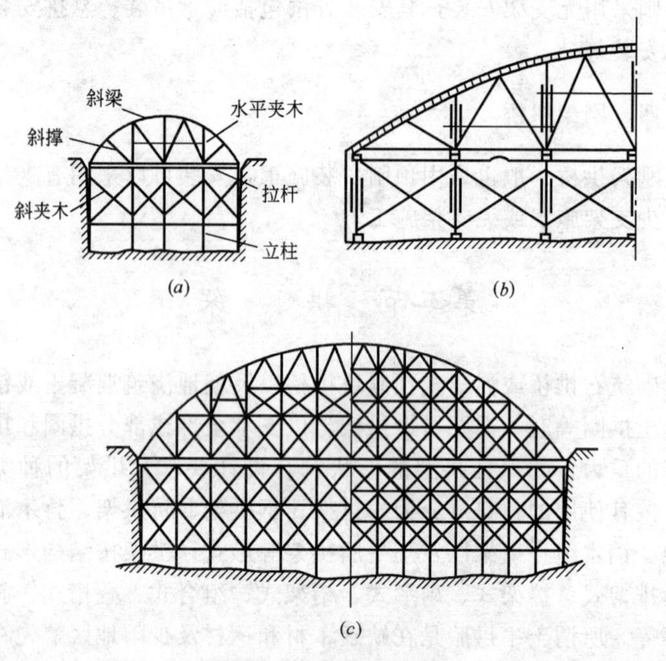


图 10-1 排架式木拱架

(*a*) *L*：8～15m；(*b*) *L*：20～30m；(*c*) *L*：40～60m

排架式拱架一般分为上下两部分，下部为支架，上部为拱架（拱盔）。支架的构造基本与木桥相同，但在纵横方向均应设置水平撑和斜撑（或剪力撑），以使排架稳定。较高的支架可采用框架式结构，但两半跨构造上应尽量对称，上下游应设斜撑或拉索。

拱圈的弧度由弧形木（梳形木）实现，一般跨度2～3m，弧形木上缘应按拱圈或拱肋的内侧弧线制成弧形。

当拱度不大、矢高不超过立柱或斜撑木料的长度时，拱架的水平拉杆可设置于起拱线的水平位置上，当拱跨较大和矢高较高时，可提高拉杆的位置。

拱架的横向间距由拱圈重力大小决定，一般为1.2～1.7m。间距较大时，模板下需设置横梁，其间距一般可取60～70cm。各片拱架间需设夹木连接。

拱架的卸落设备，一般设置在拱架水平拉杆与支架帽木之间的上下立柱相对应处。跨径较大时，可设置于弧形木下支点处。

拱架各杆件的连接力求紧密，可用铁夹板、硬木夹板、螺栓、扒钉等铁件或硬木连接。

（二）钢拱架和钢木组合拱架

1. 工字梁钢拱架。工字梁钢拱架可采用两种形式：一种是有中间木支架的钢木组合拱架；一种是无中间木支架的活用钢拱架。

钢木组合拱架是在木支架上用工字钢梁代替木斜梁，以加大斜梁的跨度，减少支架用量。工字钢梁顶面可用垫木垫成拱模弧线。但在工字梁接头处应适当留出间隙，以防拱架沉落时顶死。钢木组合拱架的木支架常采用框架式。如图10-2所示。

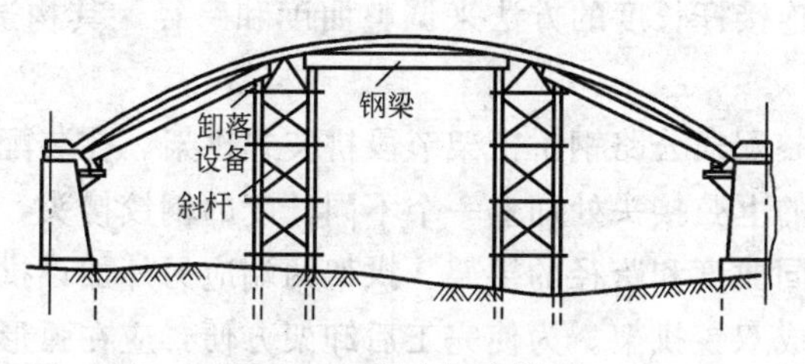


图10-2　钢木组合拱架

工字梁活用钢拱架，构造简单，拼装方便，且可重复使用，其构造形式见图10-3所示。它适用于施工期间需保持通航、墩台较高、河水较深或地质条件较差的桥孔。拱架由工字钢梁基本

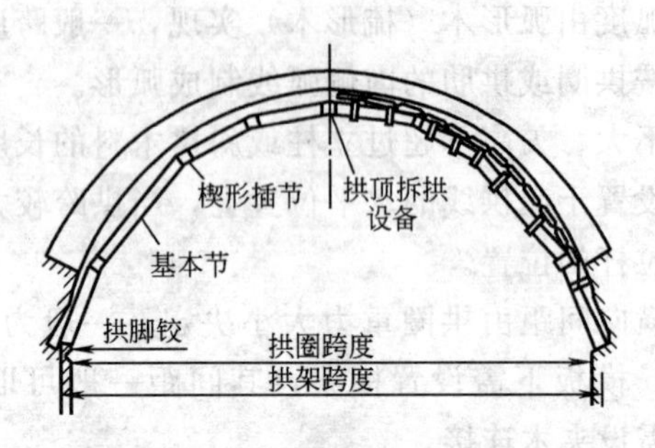


图 10-3　工字钢活用钢拱架

节（分成几种不同长度）、楔形插节（由同号工字钢截成）、拱顶铰及拱脚铰等基本构件组成。工字钢梁与工字钢梁、工字钢梁与楔形插节的连接，是通过在侧面用角钢和螺栓或在上下面用拼接钢板连接的。基本节一般由两个工字钢梁横向平行拼组而成。用基本节段和楔形插节连成拱圈的全长时即组成一片拱架。

2. 钢桁架拱架

（1）常备拼装式桁架型拱架。此种拱架由标准节段、拱顶段、拱脚段和连接杆等以钢销或螺栓联结而成。一般钢桁架式拱架采用三铰拱，以使拱架能适应施工荷载产生的变形。拱架横桥向可由若干组拱片组成，每组的拱片数及组数依桥梁跨径、荷载大小和桥宽而定，每组拱片及各组间由纵、横联结系联成整体。可用变换连接杆长度的方法来调整曲度和跨径，其构造如图 10-4 所示。

（2）装配式公路钢桥桁架节段拼装式拱架。在装配式公路钢桁架节段的上弦接头处加上一个不同长度的钢铰接头，即可拼装成各种不同曲度和跨径的拱架。拱架两端应另外加设拱脚段及支座，以构成双铰拱架。为使完工后卸架方便，应在弧形木下设置木楔。拱架的横向稳定则由各片拱架间的抗风拉杆、撑木及风缆等设备来保证。

（3）万能杆件拼装式拱架。用万能杆件补充一部分带钢铰的连接短杆，也可拼装成钢拱架。拼装时，先拼成桁架节段，再用

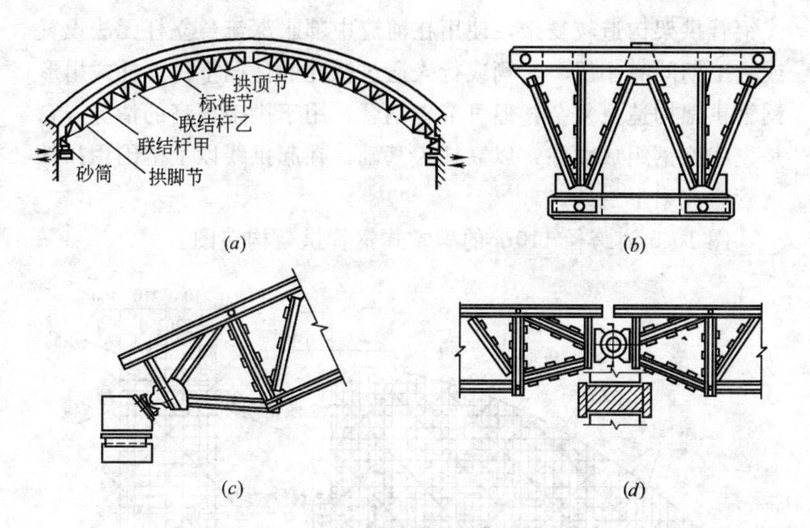


图 10-4 常备拼装式桁架型拱架

(*a*) 常备拼装式；(*b*) 标准节；(*c*) 拱脚节；(*d*) 拱顶

长度不同的连接短杆连成不同曲度和跨径的拱架。

(4) 装配式公路钢桥桁架或万能杆件桁架与木拱盔组合的钢木组合拱架。此种拱架是由钢桁架及其上面的帽木、立柱、斜撑、横梁及弧形木等杆件构成。它较适用于双曲拱桥施工。其挠度可通过试验得到或在拱架安装后进行预压实测求得。

(三) 扣件式钢管拱架

将房建施工用的钢管脚手架移植到拱桥施工中作为拱架，修建的跨径已由 40m 发展到 110m，拱架高度已达 30m。不仅在陆地上，在水深 7m 左右的河流中也可使用扣件式钢管拱架。较木支架相比，钢管拱架可以节约大量的木材。

1. 扣件式钢管拱架的主要形式。一般有满堂式、预留孔满堂式及立柱式扇形等几种。

满堂式钢管拱架用于高度较小，在施工期对桥下空间无特殊要求的情况。预留孔满堂式钢管拱架是在满堂式拱架中利用扣件钢管做成小拱，形成通道，其跨径可达 20m 左右。预留孔满堂式钢管拱架构造较复杂，使用在河流中部水深流急立杆无法设置或施工期间有小船、车辆或行人通过桥孔的情况下。立柱式扇形钢管拱架构造更复杂，但可节省钢管，用于拱架很高的情况。它是先用型钢组成立柱，以立柱为基础，在起拱线以上范围用扣件钢管组成扇形拱架。

图 10-5 为跨径 110m 的满堂式钢管拱架构造图。

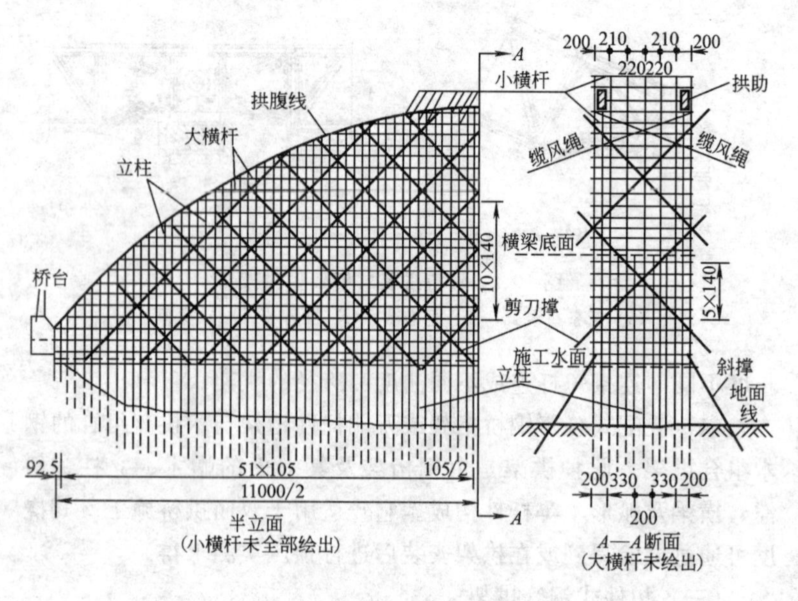


图 10-5　跨径 110m 的满堂式钢管拱架（cm）

图 10-6 所示钢管拱架是在拱肋下用型钢组成的刚架（或用贝雷桁片组成）拼成 4 排 40m 左右的纵梁，置于万能杆件框架上，再在纵梁上用钢管扣件组成拱架。在横向两侧各拉两道缆风索，以加强拱架稳定性。

2. 扣件式钢管拱架的构造。扣件式钢管拱架一般不分支架和拱盔部分。它是一个空间框架结构，所有杆件（钢管）通过各种不同形式的扣件实现联结，也不需设置卸落拱架的设备。钢管直径一般为 $\phi$48.25mm、壁厚 3.5mm；也有采用 $\phi$50mm、壁厚

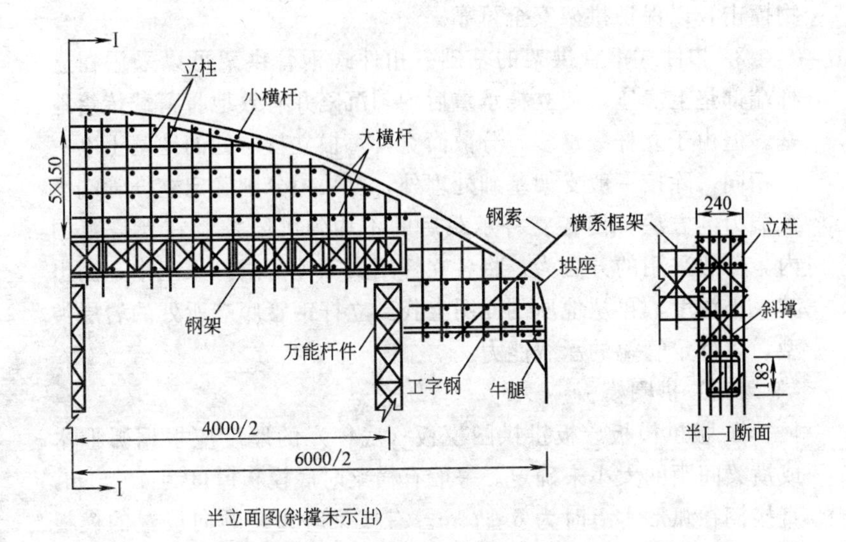


图 10-6 下部有通航等要求的钢管拱架

3mm 的钢管的。扣件式钢管拱架（见图 10-5）一般由立杆（立柱）、小横杆（顺水流方向）、大横杆（顺桥轴线方向）、剪刀撑、斜撑、扣件和缆风索组成，并以各种形式的扣件（如直角扣件、回转扣件和套筒扣件）联结各杆件。

立杆是承受和传递荷载给地基的主要受力杆件，常用 $\phi$48.25mm 钢管。立杆的间距应按计算确定，一般纵向间距取 1.0～1.2m，横向间距取 0.5～1.1m 为宜。

顶端小横杆是将模板、混凝土构件重力、施工临时荷载传给立杆的主要受力构件，其余小横杆起横向联结立杆的作用。

大横杆起纵向联结立杆的作用。一般大横杆的间距不宜大于 1.5m。

扣件是把各杆件联结成整体钢管拱架的关键，直角扣件依靠它与钢管的摩擦力来传递荷载，对接扣件（套筒扣件）既传力又是立杆接长的手段。

扣件式钢管拱架，在整个施工期间，应避免洪水冲击或漂浮物撞击，以保证拱架安全可靠。

3. 扣件式钢管拱架的基础。扣件式钢管拱架可以采用在立杆端部垫上底座，使立杆承重后均匀沉陷并有效地将荷载传给地基。但由于立杆数量多，分散面宽，每根立杆所处的地基土不一定相同，除按一般支架基础处理外，可采用分别确定立杆管端承载能力的方法，使各立杆承载后的不均匀沉陷控制在允许范围内。一般采用的方法为：将各立杆用人工锤击法打入土中，测出其入土深度，再从地质剖面图上找到立杆钢管底端所处的岩层类型，以确定管端的承载能力。

（四）拱圈模板

1. 板拱模板。板拱拱圈模板（底模）的厚度应根据弧形木或横梁间距的大小来确定。一般有横梁时底模板厚度为 4～5cm，直接搁在弧形木上时为 6～7cm。有横梁时为使顺向放置的模板与拱圈内弧线圆顺一致，可预先将木板压弯。压弯的方法是：每 4 块木板一叠，将两端支起，在中间适当加重，使木板弯至正矢符合要求为止，施压约需半个月左右的时间。40m 以上跨径的拱桥模板可不必事先压弯。

石砌板拱拱圈的模板，应在拱顶处预留一空当，以便于拱架的拆卸。在预留空当处应留置孔洞，以便清洗落入空当内的砂浆。底模铺好后，应标出桥中心线、拱圈中线、拱圈边线及其他有关各点。

混凝土和钢筋混凝土板拱拱圈模板，板面应刨平，拼缝应严密以防漏浆。拱顶处应铺设一段活动木板。间隔缝处应设间隔缝模板并应在底模或侧模上留置孔洞，待分段浇筑完成后再堵塞孔洞，以便清除杂物。侧面模板应在样台上按拱圈弧线大样分段制作。在拱轴线与水平面倾角较大区段，应设置顶面盖板，以防混凝土流失。

模板顶面标高误差不应大于计算跨径的 1/1000，且不应超过 3cm。

2. 肋拱拱肋模板。拱肋模板如图 10-7 所示。其底模与混凝

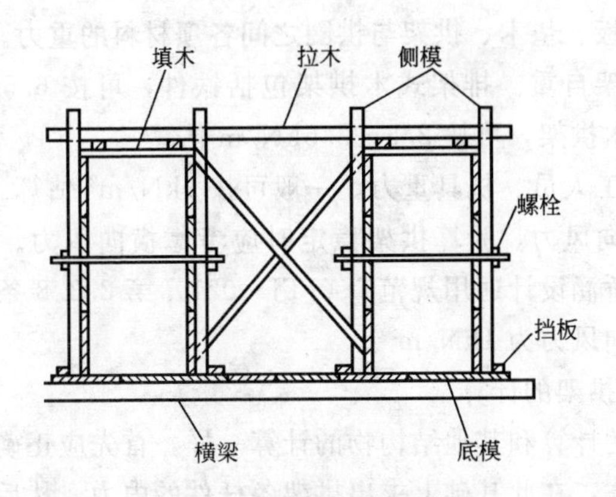


图 10-7　肋拱拱肋模板截面

土或钢筋混凝土板拱拱圈底模基本相同。拱肋之间及横撑间的空档也可不铺底模。

拱肋侧面模板，一般应预先按样板分段制作，然后拼装在底模板上，并用拉木、螺栓拉杆及斜撑等固定。安装时，应先安置内侧模板，等钢筋入模后再安置外侧模板。模板宜在适当长度内设一道变形缝（缝宽约 2cm），以避免在拱架沉降时模板间相互顶死。

拱肋间的横撑模板与上述侧模构造基本相同，处于拱轴线较陡位置时，可用斜撑支撑在底模板上。

处于拱轴线较陡区段的拱段，应设置拱肋盖板，并随浇筑混凝土进度而装钉盖板。

## 二、拱架的设计计算

（一）拱架的计算荷载

1. 拱圈圬工重力。在不分环砌筑拱圈时，按全部拱圈厚度计算拱圈圬工重力。分环砌筑拱圈时，按实际作用于拱架的环层计算拱圈圬工重力，一般可计入拱圈总重力的 60％～75％。

双曲拱桥，一般仅考虑拱肋和拱波的重力或仅考虑拱肋的重力。

2. 模板、垫木、拱架与拱圈之间各项材料的重力。

3. 拱架自重。排架式木拱架包括铁件，可按 6.5kN/m³ 估算。三铰木拱架，可按 2.5～3.5kN/m 估算。

4. 施工人员、机具重力。一般可按 2kN/m² 估算。

5. 横向风力。验算拱架稳定时应考虑横向风力。其值可参考《公路桥涵设计通用规范》（JTJ—021）第 2.3.8 条计算，也可假定横向风力为 1kN/m²。

（二）拱架的计算

拱架的计算和其他结构物的计算一样，首先应正确选择合理的计算图式，在此基础上求出拱架各杆件的内力，然后根据求得的内力选择杆件截面或验算预先假定的截面的应力。为了保证拱架有足够的刚度，还要对拱架的受弯构件进行挠度验算及拱架的整体抗倾覆稳定验算。

## 三、拱圈和拱架的测量放样

（一）拱架测量

拱式拱架，应按照拱架放样图上支座的坐标，将支座位置测放到墩台牛腿上。测量宜以桥位中心线和墩台中心线两条基线为基准。应先测出上下游最外侧拱架片的中心线，再测出最外侧两拱架片的支座中心位置，然后测出其余拱架片支座中心位置。各支座位置处的牛腿必须水平、标高应符合设计标高要求，如有偏差须进行调整。测量方法见图 10-8。

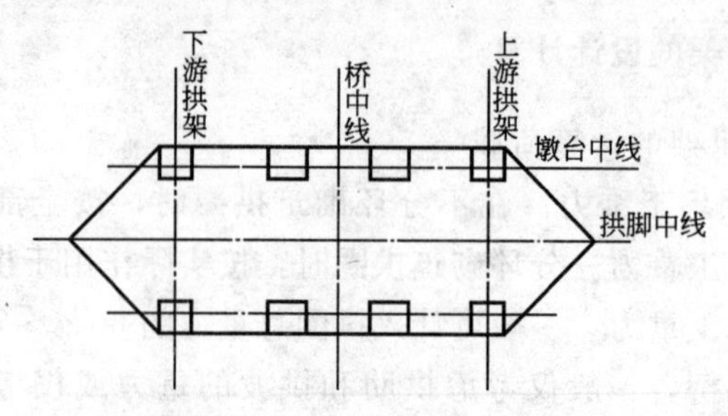


图 10-8　拱架支座中心放样

安装钢拱架时，先按测得的支座位置安装就位，然后精确测出拱架各节点的实际坐标，如实际各节点标高与设计和放样图有出入，应以弧形木或垫木进行调整，使模板弧形符合设计拱圈内弧曲线形状要求。

满布式拱架（包括叠桁式、扣件式钢管拱架）各杆件和组件位置的测量，都应以桥中心线和墩台中心线两个方向的基线为基准进行引测；应使用标准的或统一的钢尺丈量。其误差限制的一般规定如下：

1. 起拱线以上部分拱架立柱的纵轴在平面内与设计位置的偏差不超过 30mm；

2. 拱肋与桥中心线之间距离偏差不超过±10mm；

3. 拱圈和拱肋的底模标高误差不超过＋10mm 或－5mm。

各片拱架在同一节点处的标高应尽量一致，以便于拼装平联杆件，扣件式钢管拱架及风力较大地区的拱架，必须设置缆风索。

（二）拱圈放样

1. 放样平台的铺设。大、中跨悬链线拱桥的施工，一般均须先在放样台上放出拱圈大样，以确定拱块形状和尺寸、拱圈分段位置、各项杆件的位置和尺寸，并进行块件等编号。拱圈大样一般采用 1∶1 的比例。放样平台可选择在桥位附近较平坦和宽敞的地方（或场所）。在拱圈和拱架两半孔对称时，放样平台面积只须满足半孔尺寸要求；两半孔不对称时则需按全孔尺寸要求铺设。平台的表面应平整、不积水（有 3%～5%的单向坡）且坚实。为此，一般在整平地面后，在其上再夯填一层三合土或砂砾，再铺抹一层水泥砂浆或夯筑一层石灰土。

2. 拱圈和拱肋的放样。拱圈和拱肋一般采用坐标法放样。

（1）如图 10-9 所示，以拱顶为原点；用经纬仪放出 $x$-$x$ 及 $y$-$y$，两坐标基线及 $A$-$A$、$B$-$B$、$C$-$C$、$D$-$D$ 等辅助线，并以对角线校核之。

（2）按拱轴线方程算出拱轴线、拱腹及拱背内外弧线各预定

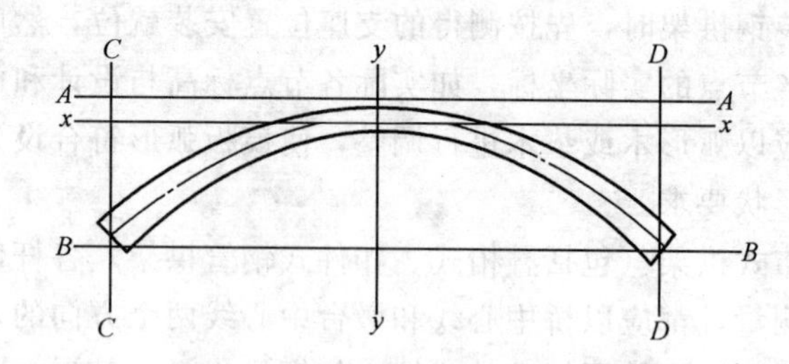


图 10-9　拱圈或拱肋坐标法放样

点的纵横坐标，也可由公式计算或用表查出这些点坐标（如图10-10）。

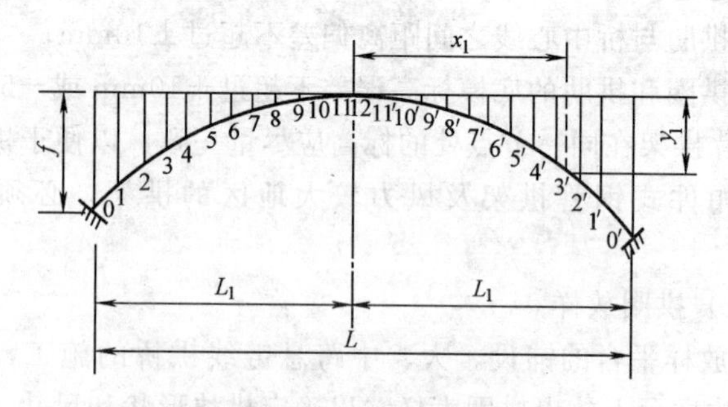


图 10-10　悬链线拱轴坐标计算图

等截面悬链线拱轴线方程为：

$$y=\frac{f}{m-1}(\text{ch}k\xi-1) \tag{10-1}$$

式中　$y$——以拱顶为坐标原点，拱轴上任意点的纵坐标；

$f$——拱的计算矢高；

$m$——拱轴系数，$m=g_j/g_\text{d}$；

$g_j$——拱脚截面处结构重力集度；

$g_\text{d}$——拱顶截面处结构重力集度；

$k$——系数，按下式计算：

$$k=\ln(m+\sqrt{m^2-1}) \tag{10-2}$$

$\xi$——以拱顶为坐标原点，拱轴线上任意点的横坐标 $x$ 与计算跨径 $L$ 一半之比，即 $\xi=2x/L$。

由于按公式计算比较繁琐，可以编程或利用电子表格的计算功能进行计算。

## 四、拱架的卸落与拆除

(一) 卸落拱架的期限

拱圈必须在砌筑完成后 20～30d 左右，待砌筑砂浆强度达到设计强度的 70%以后才能卸落拱架。此外还须考虑拱上建筑、拱背填料、连拱等因素对拱圈受力的影响，尽量选择对拱体产生最小应力的时机为宜，过早或过迟卸架都将对拱圈受力不利。一般情况下，卸架期限应选择在下列阶段并符合以下规定：

1. 实腹式拱在护拱、侧墙完成后；
2. 空腹式拱在拱上小拱横墙完成后、小拱圈砌筑前；
3. 裸拱卸架时，应对裸拱进行截面强度及稳定性验算，并采取必要的稳定措施；
4. 如必须提前卸架，应适当提高砂浆（或混凝土）强度或采取其他措施；
5. 较大跨径拱桥的拱架卸落期限，一般在设计中有明确规定，应按设计规定进行。

(二) 拱架卸落的程序和方法

拱架卸落的过程，就是由拱架支撑的拱圈的重力逐渐转移给拱圈自身来承担的过程，为了对拱圈受力有利，拱架不能突然卸除，而应按一定的卸架程序和方法进行。在卸架中，只有当达到一定的卸落量时，拱架才能脱离拱圈体并实现力的转移。

下面简述满布式拱架的卸落程序：

拱架所需的卸落量 $h$ 为拱圈体弹性下沉量与拱架弹性回升量之和，可通过计算得出。该卸落量 $h$ 为拱顶卸落量，拱顶两侧各支点的卸落量按直线比例分配，如图 10-11 所示。

为了使拱圈体逐渐均匀的降落和受力，各支点和各循环之间

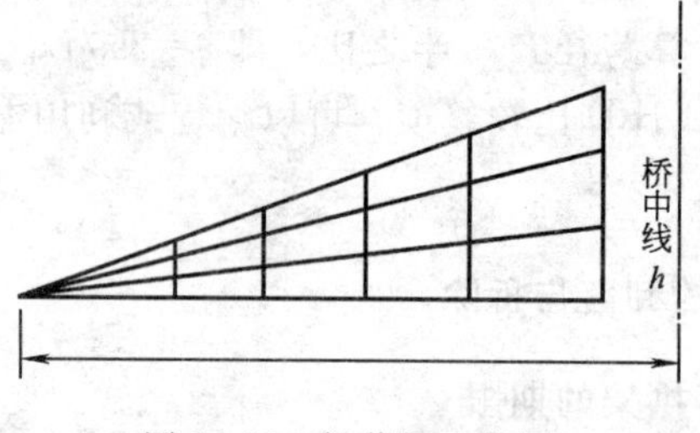


图 10-11　卸落量示意图

分成几次和几个循环逐步完成。各次和各循环之间要有一定的间歇。间歇后将松动的卸落设备顶紧，使拱圈体落实。

满布式拱架可根据算出和分配的各支点的卸落量，从拱顶开始，逐步同时向拱脚对称卸落，横向的几个砂筒同时放砂，速度一致，统一指挥。要检视拱圈边棱，用两组水准仪测量拱顶及1/4 点处的高程变化。

## 第三节　石块及混凝土砌块拱圈砌筑

用石块砌筑的拱桥叫石拱桥，石块按设计要求又可分为粗料石、块石、片石等。在拱架上砌筑拱圈时，拱架将随荷载的增加而不断变形，有可能使已砌部分圬工产生裂缝，为了保证在整个砌筑过程中拱架的受力均匀，变形最小，使拱圈的质量符合设计要求，必须选择适当的砌筑方法和顺序。一般可根据跨径的大小，分别采用不同的砌筑方法。

在多跨连拱拱桥的施工中，应考虑与邻孔的对称均衡问题，以防桥墩承受过大的单向推力。因此，当为拱式拱架时，应适当安排各孔砌筑程序；当为满布式拱架时，应适当安排各孔拱架的卸落程序。

### 一、拱圈砌筑程序

#### (一) 拱圈按顺序对称连续砌筑

跨径16m以下的拱圈，当采用满布式拱架施工时，可以从拱脚至拱顶依顺序对称地砌筑，在拱顶合龙；当采用拱式拱架时，对跨径10m以下的拱圈，应在砌筑拱脚的同时，预压拱顶以及拱跨1/4部位。

（二）拱圈分段、分环、分阶段砌筑

1. 分段砌筑

（1）采用满布式拱架砌筑的跨径在16m以上25m以下的拱圈和采用拱式拱架砌筑的跨径在10m以上25m以下的拱圈，可采取每半跨分成三段的分段对称砌筑方法。每段长度不宜超过6m，分段位置一般在拱跨1/4点及拱顶（3/8点）附近。当为满布式拱架时，分段位置宜在拱架节点上。

如图10-12所示，先对称地砌Ⅰ段和Ⅱ段，后砌Ⅲ段，或各段同时向拱顶方向对称砌筑，最后砌筑拱顶合龙。

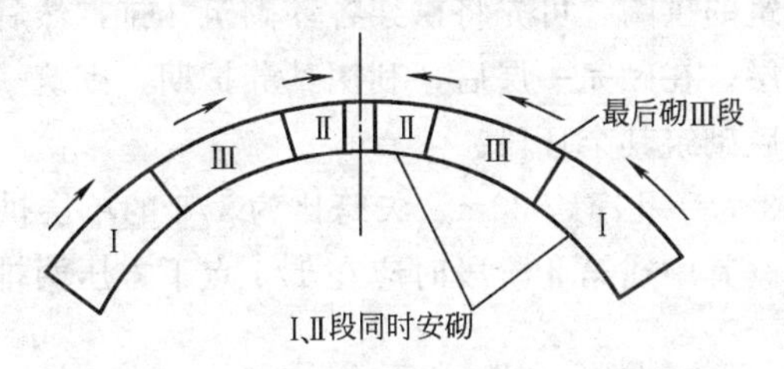


图10-12 跨径小于25m的拱圈分段砌筑程序

（2）跨径大于25m时，应按跨径大小及拱架类型等情况，在两半跨各分成若干段，均匀对称地砌筑。每段长度一般不超过8m。

分段砌筑时应预留空缝，以防拱圈开裂（由于拱架变形而产生的），并起部分预压作用。空缝数量视分段长度而定，一般在拱脚、1/4点、拱顶及满布式拱架的节点处必须设置空缝。

2. 分环分段砌筑。较大跨径石拱桥的拱圈，当拱圈较厚，由三层以上拱石组成时，可将全部拱圈分成几环砌筑，砌一环合龙一环。当下环砌完并养护数日后，砌缝砂浆达到一定强度时，再砌筑上环。按此方法砌筑时，下环可与拱架共同负担上环之重力，因而可减轻拱架荷载，节省拱架用料。其所能减轻拱架荷载的数值，依所分环数、上下环厚度及砌缝砂浆硬化程度等情况而定。

分环砌筑时各环的分段方法、砌筑程序及空缝的设置等，与一次砌筑时完全相同，但上下环间应犬牙相接。

3. 分阶段砌筑。砌筑拱圈时，为争取时间和使拱架荷载均匀，变形正常，有时在砌完一段或一环拱圈后的养护期间，工作并不间歇，而是根据拱架荷载平衡的需要，紧接着将下一拱段或下环层砌筑一部分。此种前后拱段和上下环层分阶段交叉进行的砌筑方法，称为分阶段砌筑法。

不分环砌筑拱圈的分阶段方法，通常是先砌拱脚几排，然后同时砌筑拱顶、拱脚及 1/4 点等拱段，上述三个拱段砌到一定程度后，再均匀地砌筑其余拱段。

分环砌筑的拱圈，可先将拱架各环砌筑几排，然后分段分次砌筑其余环层。在砌完一层后，利用其养护期，砌筑一次环拱脚之一段，然后砌筑其余环段。

图 10-13 为一孔净跨 30m、矢跨比为 1/5 的单层拱圈分阶段砌筑示意图。其中在第Ⅱ阶段时应在 1/4 点下方压两排拱石。

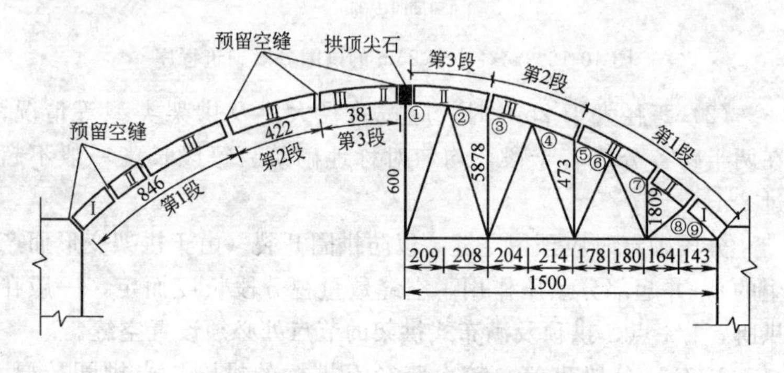


图 10-13　跨径为 30m 的单层拱圈分段砌筑

图 10-14 为一孔净跨 65m、矢跨比为 1/6 的石拱圈分阶段砌筑示意图。

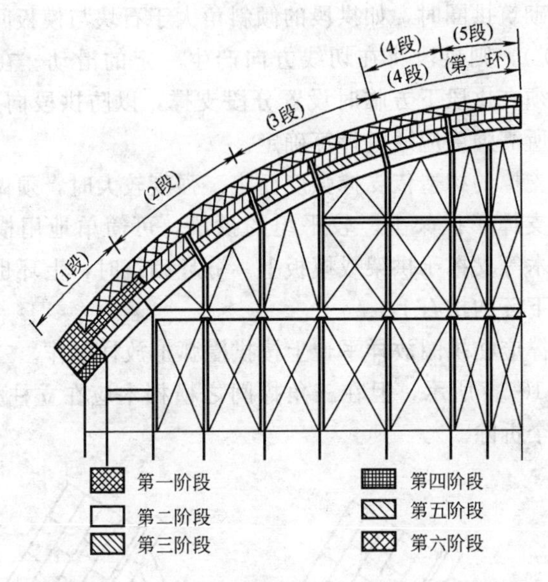


图 10-14 跨径 65m 的石拱圈分阶段砌筑示意图

较大跨径拱圈的分阶段砌筑方法，一般在设计文件中有规定，应按设计文件的规定进行。

## 二、拱圈砌筑

### （一）预加压力砌筑法

预加压力砌筑法即是在砌筑前，在拱架上预加一定重力，以防止或减少拱架弹性和非弹性下沉的砌筑方法。此法对于预防拱圈产生不正常变形和开裂较为有效。所需压重材料以利用拱圈本身准备使用的拱石较为简便和节省。加压顺序应与计划砌筑顺序一致。砌筑时，应尽量利用附近压重拱石就地安砌，随撤随砌，使拱架保持稳定。在采用刚性较强的拱架时，可仅预压拱顶，预压拱顶时，可将拱石堆放在该段内，或当时即将该段砌筑完。

压重材料不能利用拱石时，也可采用砂袋等其他材料。对于刚性较差的拱架，预压须均匀地进行，不可单纯压顶。

### （二）分段支撑

分段砌筑拱圈时，如拱段的倾斜角大于石块与模板间的摩擦角（约20°），则拱段将在切线方向产生一定的滑动。在这种情况下，必须在拱段下方临时设置分段支撑，以防拱段向下滑动。分段支撑所需强度应通过计算确定。

分段支撑的构造依支撑强度而定。强度较大时，须做成三角支撑并须支撑于拱架上。较平坦的拱段，可简单地用横木、立柱、斜撑木等支撑于拱架或模板上。分环砌筑时，上环也可用撑木支撑在下环的拱石上。

三角撑应在拱圈放样平台上按拱圈弧形放样制作。三角撑的构造如图10-15所示，但在三角撑间之横档木应在立柱处断开，以便于逐个拆除。

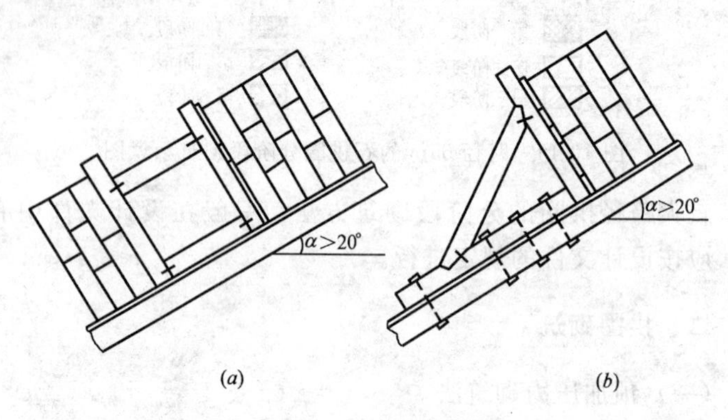


图10-15 分段支撑

(a) 支撑支顶在下一拱段上；(b) 支撑支顶在模板上

三角撑在安装时，须防止螺栓孔过松，并须将螺栓拧紧。

（三）空缝的设置及填塞

1. 空缝的设置。分段砌筑拱圈时，应在拱脚、拱顶石两侧、各分段点等处设置空缝；小跨径拱圈不分段砌筑时，应在拱脚附近临时设置空缝。预留的空缝位置应正确，形状应规则，空缝宽度宜为3～4cm。在靠近拱圈底面和侧面处，缝宽应与周围砌缝相同。沿空缝的拱石，靠空缝一面应加工凿平，此拱石形状如图

10-16 所示。

2. 空缝的垫隔。为保证在砌筑拱圈过程中，空缝的宽度和形状不发生改变，同时能将上侧拱段压力传到下侧拱段及墩台上去，应在空缝中设置坚硬垫块。垫块可采用铁条或水泥砂浆预制块。砌筑跨径≥16m 的拱圈，拱跨 1/4 点及其以下的空缝一般采用铁条作为垫块；1/4 点以上的空缝可用体积比为 1∶1 的水泥砂浆预制块作为垫块。砌筑跨径 16m 以下的拱圈时，所有空缝均可采用体积比为 1∶2 的水泥砂浆预制块作为垫块。在拱圈砌筑过程中，空缝应保持清洁，不进杂物。用铁条垫隔空缝的方法如图 10-17 所示。

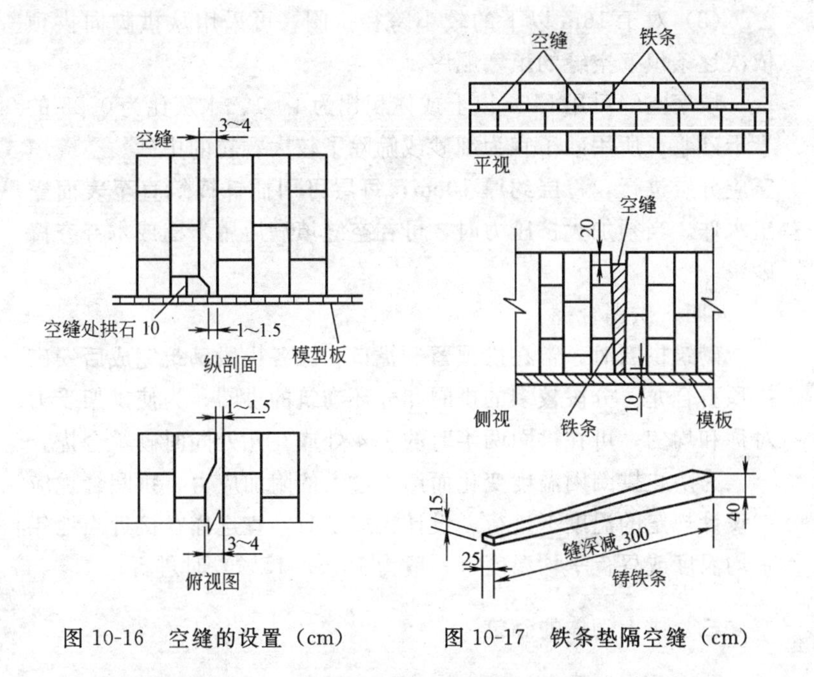


图 10-16 空缝的设置（cm）

图 10-17 铁条垫隔空缝（cm）

3. 空缝的填塞。空缝的填塞应在所有拱段及拱顶石砌完后进行；分环砌筑时，空缝的填塞应在整环拱石砌完后进行；当须用大力夯实空缝砂浆以增加拱圈应力时，空缝的填塞应在拱圈砌完且砌缝砂浆强度达到设计强度的 70%后，拱架卸落前进行。

空缝的填塞宜在一天中较低温度时进行，特别是当采用填塞空缝砂浆使拱合拢时，应注意选择最后填塞空缝的合拢时间。

填塞空缝应在两半跨对称进行，空缝的填塞顺序一般根据拱圈的跨径及拱架的种类不同可分成以下几种。

（1）对于跨径较大并用钢拱架施工的拱圈，以及跨径较小且用木拱架施工的拱圈，可以采用先填拱脚，次填拱顶，最后填塞1/4点附近各空缝的填塞顺序。

（2）对于各种跨径的拱圈，都可采用各空缝同时填塞的顺序。当用于小跨径拱桥时，同时用力夯填空缝砂浆可使拱圈拱起。

（3）对于16m以下的较小跨径拱圈，可采用从拱脚向拱顶依次逐条填塞空缝的填塞顺序。

填塞空缝可用M20以上或体积比为1∶1、水灰比为0.25的半干砂浆。所用砂子宜为细砂或筛除了较大颗粒的中砂。空缝填塞应分层进行，每层约厚10cm，每层可用插钎捣筑直至表面露出水珠。当须加大挤压力时，可在空缝填满后用木槌或木夯夯捣砂浆。

（四）拱圈合拢

砌筑拱圈时，常在拱顶留一拢口，在各拱段砌筑完成后安砌拱顶石合龙。分段较多的拱圈和分环砌筑的拱圈，为使拱架受力对称和均匀，可在拱圈两半跨的1/4处或在几处同时砌筑合拢。

为防止拱圈因温度变化而产生过大的附加应力，拱圈合拢应在设计规定的温度下进行。设计无规定时，宜选择在接近当地年平均温度或昼夜平均温度（一般为10％～15％）时进行。

### 三、拱上砌体的砌筑

拱上砌体的砌筑，必须在拱圈砌筑合拢和空缝填塞后，经过数日养护，待砌缝砂浆强度达到30％时才能进行。养护时间一般不少于3昼夜，跨径较大时应酌情延长。

砌筑实腹式拱的拱上砌体时，应将侧墙等拱上砌体分成几部分，由拱脚向拱顶对称地作台阶式砌筑（如图 10-18 所示）。拱腹填料可随侧墙砌筑顺序及进度进行填筑。填料数量较大时，宜在侧墙砌完后再分部进行填筑。实腹式拱应在侧墙与桥台间设伸缩缝使两者分开。

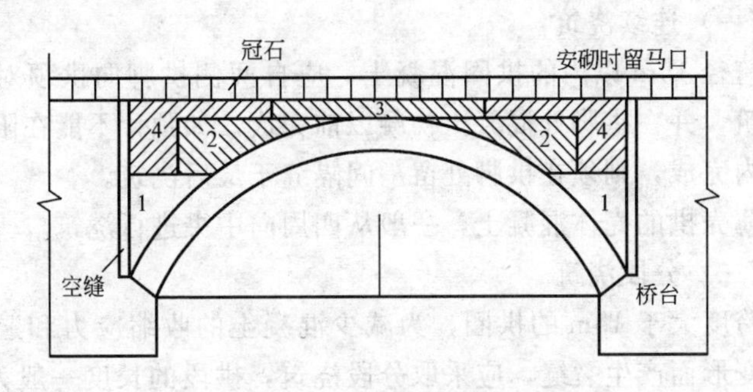


图 10-18 拱上砌体砌筑程序

注：图中数字为砌筑顺序

为防止空腹拱桥的腹拱受到主拱圈卸落拱架时的变形影响，可在主拱圈砌完后，先砌腹拱横墙，然后待卸落拱架后，再砌筑腹拱拱圈。腹拱上的侧墙，应在腹拱拱铰处设置变形缝。较大跨径拱桥拱上砌体的砌筑程序，一般在设计文件中均有规定，应按设计文件的规定进行。

## 第四节 钢筋混凝土拱圈就地浇筑

### 一、浇筑程序

上承式拱桥浇筑一般可分成三个阶段进行：

第一阶段浇筑拱圈及拱上立柱的柱脚；

第二阶段浇筑拱上立柱、联结系及横梁等；

第三阶段浇筑桥面系。

后一阶段的混凝土应在前一阶段混凝土具有一定强度后才能浇筑。拱圈的拱架，可在拱圈混凝土强度达到设计值的 70％以上后，在第二阶段或第三阶段开始前拆除，但应事先对拆除拱架后拱圈的稳定性进行验算。

## 二、拱圈（拱肋）浇筑

### （一）连续浇筑

跨径15m以内的拱圈混凝土，应自两侧拱脚向拱顶对称连续浇筑，并在拱脚处混凝土初凝以前完成。如预计不能在限定的时间内完成，则须在拱脚处留一间隔缝于最后浇筑。

薄壳拱的壳体混凝土，一般从四周向中央进行浇筑。

### （二）分段浇筑

跨度大于15m的拱圈，为减少混凝土的收缩应力和避免因拱架变形而产生裂缝，应采取分段浇筑，拱段的长度一般为6～15m。划分拱段时，必须使拱顶两侧能保持均匀和对称。在拱架挠曲线为折线的拱架支点、节点等处，一般宜设置分段点并适当预留间隔缝。如预计变形较小且采取分段间隔浇筑时，也可减少或不设间隔缝。间隔缝的位置应避开横撑、隔板、吊杆及刚架节点等处。间隔缝的宽度以便于施工操作和钢筋连接为度，一般为30～100cm。为防止延迟拱圈合龙和拱架拆除时间，间隔缝内的混凝土可采用比拱圈标号高一级的半干硬性混凝土。

拱段的浇筑程序应符合设计规定，在拱顶两侧对称地进行，以使拱架变形保持均匀和最小。

拱圈填充间隔缝合龙时，应由两拱脚向拱顶对称进行。间隔缝与拱段的接触面应事先按工作缝进行处理。填充间隔缝合龙的时间应符合下列条件：

1. 拱圈混凝土强度应达到设计值的70%以上；

2. 合拢时温度应符合设计要求，如无设计规定时，一般宜在接近当地的年平均温度或在5～15℃之间进行。

### （三）箱形板拱或肋拱的浇筑

箱形板拱和肋拱，一般采用分环、分段的浇筑方法。分段的方法与上述方法相同。分环的方法一般是分成两环或三环。分两环浇筑时，先分段浇筑底板，然后分段浇筑腹板、隔板与顶板。分三环浇筑时，先分段浇筑底板，然后分段浇筑腹板和隔板，最后分段浇筑顶板。分环分段浇筑时，可采取分环填充间隔缝合拢和全拱完成后最后一次填充间隔缝合拢两种不同的合龙方法。分环填充间隔缝合拢时，已合龙的环层可产生拱架作用，在灌注上面环层时可减轻拱架负荷，但工期较一次合拢长。

采用最后一次合龙时，仍必须一环一环地灌注，但不是浇完一环合龙一环，而是留待最后一起填充各环间隔缝合龙。此时，上下环的间隔缝应互相对应和贯通，其宽度一般为 2m 左右，有钢筋接头的间隔缝为 4m 左右。

图 10-19 所示为一孔跨径 146m 的箱形拱圈分环（3 环）和分段（9 段）浇筑方法。

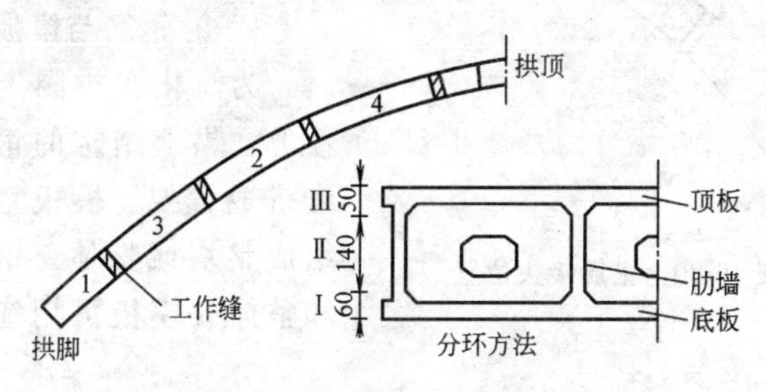


图 10-19　箱形拱圈浇筑

（四）拱肋联结系浇筑

当采用拱肋同时浇筑和卸落拱架时，各拱肋横向联结系应与拱肋浇筑同时施工并卸落拱架；当采用拱肋非同时浇筑和卸落拱架时，应在各拱肋卸架后再浇筑横向联结系。

（五）钢筋的绑扎

无铰拱钢筋混凝土拱圈的主钢筋常须伸入墩台内，因此在浇筑墩台混凝土时应按设计要求的位置和深度将其端部预埋入混凝土内。为便于预埋，主钢筋端部可截开，但须使各根钢筋的接头按规定错开。

为适应拱圈在浇筑过程中的变形，主钢筋或钢筋骨架一般不

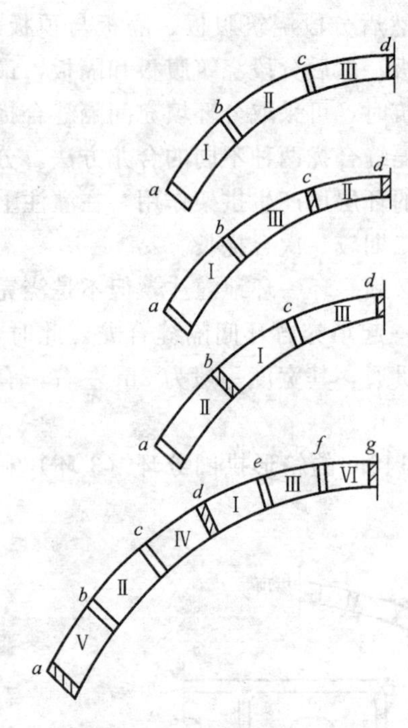

图 10-20　主筋接头位置

应使用通长钢筋，应在适当位置的间隔缝中设置接头。最后浇筑的间隔缝则为必设接头之处。主筋接头位置如图 10-20 所示，有阴影处为有钢筋接头之间隔缝。

分环浇筑时，可分环绑扎，各种预埋钢筋应临时加以固定，并在浇筑混凝土前进行检查和校正。

## 三、拱上建筑

### （一）钢筋与模板

为简化在拱圈上进行的作业，拱上结构的钢筋宜预先拼成骨架，模板宜预先拼组成整块或整体。钢筋骨架和整体式模板可用缆索吊车运至拱上安装。

### （二）混凝土浇筑

拱上建筑混凝土浇筑应自拱顶向拱脚或自拱脚向拱顶对称进行。大跨径拱桥拱上建筑的浇筑程序，按拱圈最有利的受力情况进行。

立柱混凝土应从底部到顶一次浇完，其顶端施工缝应设在横梁承托的底面（见图 10-21*a*）。当立柱上横梁与桥面板直接连接时，横梁应与立柱同时浇筑。

梁与板一般应同时浇筑，当不得不分开浇筑时，其工作缝应设在板肋底面上（见图 10-21*b*）。桥面混凝土应在前后伸缩缝间一次浇完。

对采用有支架施工的大跨径拱桥，为确保施工过程中支架与

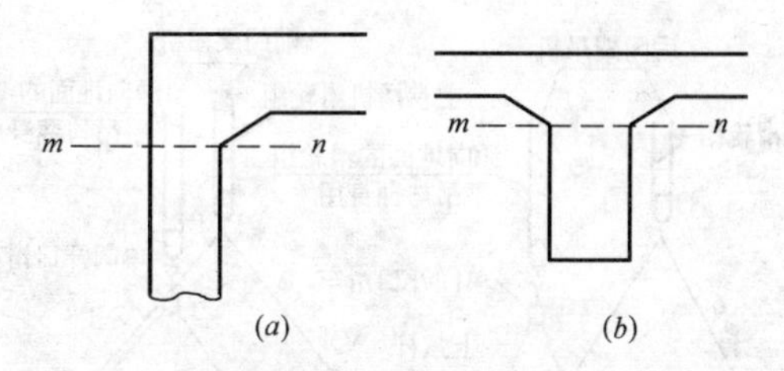


图 10-21 拱上结构工作缝的设置（$mn$ 为工作缝）

结构的强度、刚度、稳定要求以及结构线形，有必要进行专门的施工控制。

## 第五节 桁架拱桥与刚架拱桥安装

桁架拱桥与刚架拱桥，由于构件预制装配，具有构件重量轻、安装方便、造价低等优点，因此在全国各地被广泛应用。

### 一、桁架拱桥安装

（一）施工安装要点

桁架拱桥的施工吊装过程包括：吊运桁架拱片的预制段构件至桥孔，使之就位合拢，处理接头。与此同时随时安装桁架拱片之间的横向联结系构件，使各片桁架拱片联成整体。然后在其上铺设预制的微弯板或桥面板，安装人行道悬臂梁和人行道板。

桁架拱片的桁架段预制构件一般采用卧式预制，实腹段构件采用立式预制，故桁架段构件在脱离预制底座出坑之后和安装之前，需在某一阶段由平卧状态转换到竖立状态。这个转换是由吊机的操作来完成的。其基本步骤是先将桁架段构件平吊离地，然后制动下弦杆吊索，继续收紧上弦杆吊索，或者制动上弦杆吊索，缓慢放松下弦杆吊索，这样构件就在空中翻身。

图 10-22 表示桁架拱片的桁架段在用两台轨道龙门吊机吊运构件的预制场上起吊出坑和空中翻身时的吊点起吊设备布置。

安装工作分为有支架安装和无支架安装。前者适用于桥梁跨

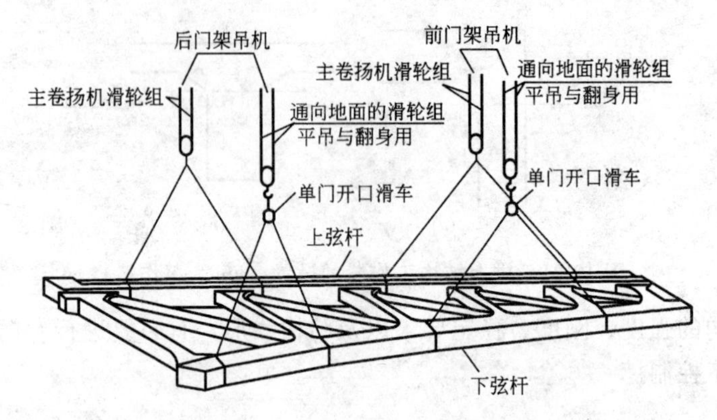


图 10-22　桁架段吊点起吊设备布置

径较小和具有河床较平坦、安装时桥下水浅等有利条件的情况；后者适用于跨越深水和山谷或多跨、大跨的桥梁。

（二）有支架安装

有支架安装时，需在桥孔下设置临时排架。桁架拱片的预制构件由运输工具运到桥孔后，用浮吊或龙门吊机等安装就位，然后进行接头和横向联结。

吊装时，构件上吊点的位置和数目与吊装的操作步骤应合理地确定和正确地规定，以保证安装工作安全和顺利地进行。

排架的位置根据桁架拱片的接头位置确定。每处的排架一般为双排架，以便分别支承两个相连接构件的相邻两端，并在其上进行接头混凝土的浇筑或接头钢板的焊接等。第一片就位的预制段常采用斜撑加以临时固定。以后就位的平行各片构件则用横撑与前片暂时联系，直到安上横向联结系构件后拆除。斜撑系支承于墩台和排架上，如斜撑能兼作压杆和拉杆，则仅用单边斜撑即可。横撑可采用木夹板的形式。

当桁架拱片和横向联结系构件的接头均完成后，即可进行卸架。卸架设备有木楔、木马或砂筒等。卸架按一定顺序对称均匀地进行。如用木楔卸架，为保证均衡卸落，最好在每一支承处增设一套木楔，两套木楔轮流交替卸落。一般采用一次卸架。卸架后桁架拱片即完全受力。为保证卸架安全成功，在卸架过程中，要对桁架拱片进行仔细的观测，发现问题及时停下处理。卸架的时间宜安排在气温较高时进行，这样较易卸落。

在施工跨径不大、桁架拱片分段数少的情况下，可用固定龙门架安装。这时在桁架拱片预制段的每个支承端设一龙门架。河中的龙门架就设在排架上。龙门架可为木结构或钢木混合结构，配以倒链葫芦。龙门架的高度和跨度，应能满足桁架拱片运输和吊装的净空要求。安装时，桁架拱片构件由运输工具运至固定龙门架下，然后由固定龙门架起吊、横移和下落就位。其他操作与浮吊安装同。

当桥的孔数较多，河床上又便于沿桥纵向铺设跨墩的轨道时，可采用轨道龙门架安装。龙门架的跨度和高度，应按桁架拱片运输和吊装的要求确定。桁架拱片构件在运输时如从墩、台一侧通过，或从墩顶通过，则龙门架的跨度或高度就要相应增大。龙门架可采用单龙门架或双龙门架，根据桁架拱片预制段的重量和起吊设备的能力等条件确定。施工时，构件由运输工具或由龙门架本身运至桥孔，然后由龙门吊机起吊、横移和就位。跨间在相应于桁架拱片构件接头的部位设有排架，以临时支承构件重力。

对多孔桁架拱桥，一般每孔内同时设支承排架，安装时则逐孔进行。但卸架须在各孔的桁架拱片都合龙后同时进行。卸架程序和各孔施工（加恒载）进度安排必须根据桥墩所能承受的最大不平衡推力的条件考虑。总的说来，桁架拱桥的加载和卸架程序不如其他拱桥要求严格。

（三）无支架安装

无支架安装，是指桁架拱片预制段在用吊机悬吊着的状态下进行接头和合龙的安装过程。常采用的有塔架斜缆安装、多机安装、缆索吊机安装和悬臂拼装等。

塔架斜缆安装，就是在墩台顶部设一塔架，桁架拱片边段吊起后用斜向缆索（亦称扣索）和风缆稳住再安中段。一般合拢后即松去斜缆，接着移动塔架，进行下一片的安装。塔架可用A字形钢塔架，也可用圆木或钢管组成的人字扒杆。塔架的结构尺寸，应通过计算确定。斜缆是安装过程中的承重索，一般用钢丝绳。钢丝绳的直径根据受力大小选定。斜缆的数量和与桁架拱片联结的部位，应根据桁架拱片的长度和重量来确定。一般说来，长度和重量不大的桁架拱片，只需用一道斜缆在一个结点部位联结即可；如果长度和重量比较大，可用两道斜缆在两个结点部位联结。联结斜缆时，须注意不要左右偏位，以保证桁架拱片悬吊时的竖直。可利用斜缆和风缆调整桁架预制段的高程和平面位置，待两个桁架预制段都如法吊装就位并稳住后，再用浮吊等设备吊装实腹段合拢。待接头完成、横向稳住后，松去斜缆。用此法安装，所用吊装设备较少，并无需设置排架。

多机安装就是一片桁架拱片的各个预制段各用一台吊机吊装，一起就位合拢。待接头完成后，吊机再松索离去，进行下一片的安装。这种安装方法，工序少，进度快，当吊机设备较多时可以采用。

用上述两种无支架安装方法时，须特别注意桁架拱片在施工过程中的稳定性。为此，应采取比有支架安装更可靠的临时固定措施，并及时安装横向联结系构件。第一片的临时固定，拱脚端可与有支架安装时一样用木斜撑固定，跨中端则用风缆固定，其余几片也可采用木夹板固定。木夹板除了在上弦杆之间布置外，下弦杆之间也应适当地设置几道。

对于多孔桁架拱桥，安装时须注意邻孔间施工的均衡性。吊装过程可用支架或不用支架，接头形式可为湿接头或干接头。

### 二、刚架拱桥安装

刚架拱桥上部结构的施工分有支架安装和无支架安装两种。安装方法在设计中确定内力图式时即已决定，施工时不得随便更改。采用无支架施工时（浮吊安装或缆索吊装），首先将主拱腿一端插入拱座的预留槽内，另一端悬挂，合龙实腹段，形成裸拱，电焊接头钢板；安装横系梁，组成拱形框架；再将次拱腿插入拱座预留槽内，安放次梁，焊接腹孔的所有接头钢筋和安装横系梁，立模浇筑接头混凝土，完成裸肋安装；将肋顶部分凿毛，安装微弯板及悬臂板，浇筑桥面混凝土封填拱脚。

# 第十一章　排水工程的基本知识

## 第一节　排水系统的作用

### 一、排水工程

水是人们日常生活和从事一切活动不可缺少的物质。在人们的日常生活中，盥洗、淋浴和洗涤等都要使用水，用后便成为污水。现代城镇的住宅，人们利用卫生设备排除污水，并随污水排走粪便和废弃物。生活污水含有大量腐败性的有机物以及各种细菌、病毒等致病的微生物，也含有为植物生长所需要的氮、磷、钾等肥分，应当予以适当地处理和利用。

在城镇，从住宅、工厂和各种公共建筑中不断地排出各种各样的污水和废弃物，需要对这些污水和废弃物及时妥善地处理或利用。

在工业企业中，几乎没有一种工业不用水。在总用水量中，工业用水量占有相当的比例。水经生产过程使用后，绝大部分成为废水。工业废水中工艺冷却废水一般只是温度的提高，污染轻，经适当的处理即可循环使用，但有的则挟带着大量的污染物质，如酚、氰、砷、有机农药、各种重金属盐类、放射性元素和某些相当稳定生物难于降解的有机合成化学物质，甚至还可能含有某些致癌物质等。这些物质多数既是有害的和有毒的，但也是有用的，必须妥善处理或回收利用。

在工业生产和人民日常生活中会产生大量的污水，如不加以控制和妥善处理、任意直接排入水体（江、河、湖、海、地下水）或土壤，便会使地下水和土壤受到严重污染，破坏原有的自然环境，造成环境污染，这是由于污水中含有毒物和有机物。毒物过多将毒死水中或土壤中原有的生物，破坏原来的生态平衡。而生态系统一旦遭到破坏，就会影响自然界生物与生物、生物与环境之间的物质循环和能量转化，给自然界带来长期的严重的危害。为了保护环境避免上述情况的发生，现代化城市就需要建设一整套将城市污水、工业废水、降水（雨水、冰雪融化水等）用完善的管渠系统、泵站及处理厂等各种设施，有组织地加以排除和处理，以达到保护环境，变废为宝，保证人们的正常生产和生活的目的的工程，这样的工程就称为排水工程。

## 二、污水的种类

人类的生活和生产使用水的过程中，水会受到不同程度的污染，改变了其原有的化学成分和物理组成，这些水就成为污水和废水。按其来源的不同可分为：生活污水、工业废水、城市污水、降水。

1. 生活污水：是指人们日常生活中用过的水。包括从厕所、浴室、盥洗室、厨房、食堂、洗衣房等处排出的水，它来自住宅、公共场所、机关、学校、医院、商店以及工厂中的生活间部分。

生活污水一般不含有毒物质，但是它有适于微生物繁殖的条件，含有大量细菌和病原体，从卫生学角度来看具有一定的危害性，这类污水需要经过处理后才能排入水体、灌溉农田或再利用。

2. 工业废水：是指在工业生产中排出的废水，它来自工矿企业。由于各种工厂的生产类别、工艺过程，使用的原材料以及用水成分的不同，使工业废水的水质变化很大。

工业废水按照污染程度不同，可分为生产废水和生产污水两类。

生产废水是指在生产过程中受到轻度污染的污水，或水温有所增高的水。

生产污水是指在生产使用过程中受到严重污染的水。污水中的有害或有毒物质往往是宝贵的工业原料，应尽量回收，为国家创造财富，同时也可减轻污水的污染程度。

生产废水和生产污水两种，前者污染轻微，通常经过适当处理后即可在生产过程中重复利用，或直接排入水体；后者大部分具有危害性，污染程度较重，是处理的对象，必须经过处理后方能排放，或在生产中使用。

3. 城市污水：它是生活污水和工业废水的混合物。以消费为主的城市其比例为工业：生活＝1：2 此比例与采用处理方法有关。城市污水的水质主要由工业污水所占的比例以及综合水质来决定。

4. 降水：是指在地面流泄的雨水和冰雪融化的水。降水常称雨水。这类水大部分比较清洁，但径流量大，若不及时排泄能使居民区、工厂等遭受淹没，交通受阻、积水危害、严重影响人们的正常生活和生产。降雨量的大小决定城市径流量和农业径流量。通常，暴雨危害最为严重，是排水的主要对象之一。冲洗街道和消防用水等，由于其性质和雨水相似，也并入雨水。一般情况下雨水不需处理，可直接就近排入水体。

总之，污水的最终处置或者是返回到大自然水体、土壤、大气；或者是经过人工处理，使其再生为一种资源回到生产过程。根据不同的生产要求，经过处理后的污水其最后出路有：一是排放水体；二是灌溉农田；三是重复使用。

### 三、排水系统的作用和任务

排水系统是由管道系统（排水管网）和污水处理系统（污水处理厂）组成，它在我国现代建设中有着十分重要作用。

排水系统的基本任务是保护环境免受污水污染和及时排除雨水或冰雪融化水，以促进工农业生产的发展和保障人民的健康与正常生活。其主要内容包括：一是收集城区各种降水并及时排至各种自然水体中；二是收集各种污水并及时地将其输送至适当地点；三是对污水妥善处理后排放或再利用。

排水系统在我国现代化建设中起着十分重要的作用。

从环境保护方面讲，排水系统有保护和改善环境，消除污水危害的作用。

从卫生角度讲，排水系统的兴建对保障人民的健康具有深远的意义。

从经济上讲，水是生活和生产都必不可缺少的资源，水资源的短缺，已成为世界性的问题，而水体的污染，又加重了水资源的缺乏，这必然会影响到工农业生产和人民的生活。

总之，排水系统作为国民经济的一个组成部分，对保护环境、促进工农业生产和保障人民的健康，具有巨大的现实意义和深远的影响。作为从事排水工作的工程技术人员，应当充分发挥排水工程在现代化建设中的积极作用，使经济建设、城乡建设与环境建设同步规划、同步实施、同步发展、以实现经济效益、社会效益和环境效益的统一。

## 第二节　排水系统的体制及选择

### 一、排水系统的体制

在城市和工业企业中通常有生活污水、工业废水和降水。这些污水是采用一个管渠系统来排除，或是采用两个或两个以上各自独立的管渠系统来排除，污水的这种不同排除方式所形成的排水系统，称作排水系统的体制（简称排水体制）。

排水系统的体制，一般分为合流制和分流制两种类型。

（一）合流制排水系统

是将生活污水、工业废水和降水在同一个管渠内排除的系统。

根据污水、废水、雨水混合汇集后的处置方式不同，可分为下列三种情况：

1. 直泄式合流制：管渠系统布置就近坡向水体，分若干排出口，混合的污水不经处理直接泄入水体。我国城市旧城区的排水方式大多是这种系统，但是，随着现代化工业与城市的发展，污水量不断增加，水质日趋复杂，所造成的污染危害很大。因此，这种直泄式合流制排水系统目前不宜采用。

2. 全处理合流制：污水、废水、雨水混合汇集后全部输送到污水厂处理后再排放。这对防止水体污染，保障环境卫生方面当然是最理想的，但需要主干管的尺寸很大，污水处理厂的容量也增加很多，基建费用相应增高，很不经济。因此，这种方式在实际情况下也很少采用。

3. 截流式合流制：在街道管渠中合流的生活污水、工业废水和雨水，一起排向沿河的截流干管，在截流干管处设置溢流井，并在干管下游设污水厂。晴天和初降雨时所有污水都排送至污水厂，经处理后排入水体，随着降雨量的增加，雨水径流也增加，当混合污水的流量超过截流干管的输水能力后，就有部分混合污水经溢流井溢出直接排入水体（见图 11-1）。国内外在改造老城市的合流制排水系统时，通常采用这种方式。

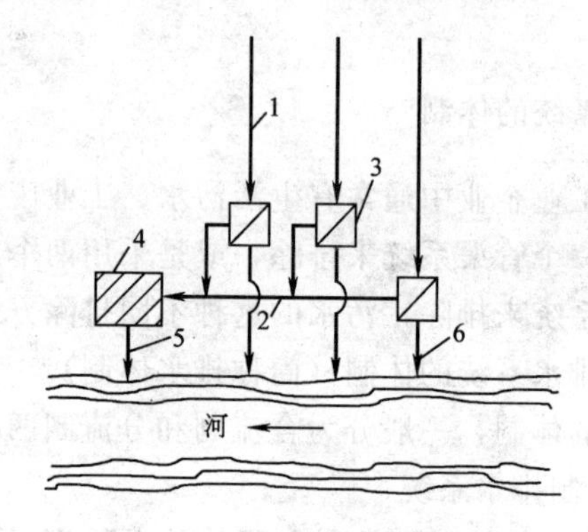


图 11-1　截流式合流制排水系统

1—合流干管；2—截流主干管；3—溢流井；4—污水厂；

5—出水口；6—溢流出水口

（二）分流制排水系统

将生活污水、工业废水和雨水分别在两个或两个以上各自独立的管渠系统内排除的排水系统（图 11-2）。排除生活污水和工业废水的系统称污水排水系统；排除雨水的系统称雨水排水系统。通常分流制排水系统又分为下列两种：

1. 完全分流制：分别设置污水和雨水两个管渠系统，前者用于汇集生活污水和部分工业废水，并输送到污水处理厂，经处理后再排放；后者汇集雨水和部分工业废水，就近直接排入水体。

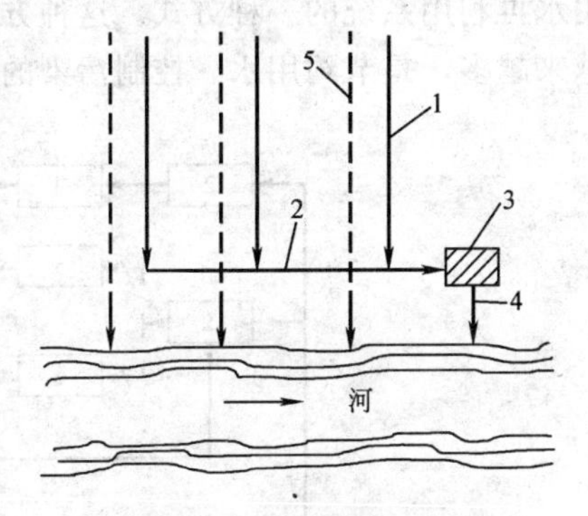

图 11-2　分流制排水系统

1—污水干管；2—污水主干管；3—污水厂；4—出水口；5—雨水干管

2. 不完全分流制：城市中只有污水管道系统而没有雨水管渠系统，雨水沿着地面、道路边沟壑明渠泄入天然水体。这种体制只有在地形条件有利时采用。对于新建城市或地区，有时为了急于解决污水出路问题，初期采用不完全分流制，先只埋设污水管道，以少量经费解决近期迫切的污水问题。待将来配合道路工程的不断完善，增设雨水管渠系统，将不完全分流制改成完全分流制。对于地势平坦、多雨易造成积水地区，不宜采用不完全分流制。

## 二、排水体制的选择

近年来，为了解决可用水资源减少和水质不断恶化的问题，以及随着污染物排放标准的提高，提出了污水资源化问题，出现了以城市污水的处理水作为工业用水或杂用水新水源再利用系统（或称城市污水回用系统）。不同的再利用途径，其对水质的要求不相同。杂用水的范围很广，包括公共、公用和高层建筑中的厕所冲洗用水、洗车用水、洒水、消防用水、空调用水，以及在工业上用作设备冷却水等。这种系统对解决水源不足、有效利用水资源、减少污水排放量、控制河流水质污染、改善和保护生态环境具有很大作用。图 11-3 为城市污水的处理水作工业用水和杂用水再利用系统的一种方式。这种方式在工厂给水排水中用得也越来越多，是节约用水、控制污染的好方法。

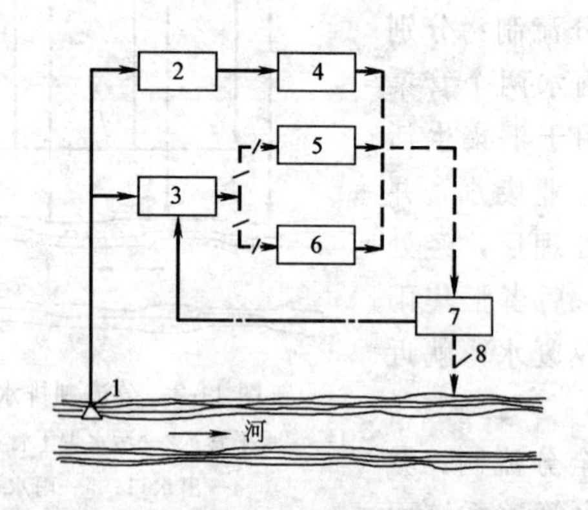


图 11-3　城市污水再利用系统

1—取水；2—给水厂；3—再利用水厂；4、5、6—用户；

7—污水处理厂；8—处理水排入水体

合理地选择排水体制，是城市排水系统规划中一个十分重要的问题。它关系到整个排水系统是否实用，能否满足环境保护要求，同时也影响排水工程的总投资、初期投资和经营费用。对于目前常用的分流制和合流制的分析比较，可从下列几方面说明。

1. 环境保护方面：如果采用合流制将城市生活污水、工业废水和雨水全部截流送往污水厂进行处理，然后再排放，从控制和防止水体的污染来看，是较好的，但这时截流主干管尺寸很大，污水厂容量也增加很多，建设费用也相应地增高。采用截流式合流制时，降雨初期的雨水可送到污水处理厂处理，这对保护环境是有利的，但随着降雨量的增加，有部分污水通过溢流井直接排入水体，实践证明，这种排水方式会使河道污染日益严重。

对于分流制排水系统，将城市污水全部送到污水厂处理，对保护环境十分有利；但初期雨水径流未加处理直接排入水体，是其不足之处。国外对雨水径流的水质调查发现，雨水径流特别是初降雨水径流对水体的污染相当严重。分流制虽然具有这一缺点，但它比较灵活，比较容易适应社会发展的需要，一般又能符合城市卫生的要求，所以在国内外获得广泛采用，而且也是城市排水系统体制发展的方向。

2. 基建投资方面：据国外有的经验认为合流制排水管道的造价比完全分流制一般要低 20%～40%，可是合流制的泵站和污水厂却比分流制的造价要高。由于管渠造价在排水系统总造价中占 70%～80%，影响大，所以合流制的总造价一般还是比完全分流制的低。从节省初期投资考虑，采用不完全分流制具有较大的经济意义，因为初期只建污水排除系统而缓建雨水排除系统，这样可分期建设，节约初期投资费用，同时不完全分流制施工期限短，发挥效益快，随着城市发展，可再逐步建造雨水管渠。我国过去很多新建的工业基地和居住区均采用不完全分流制排水系统。

3. 维护管理方面：晴天时污水在合流制管道中只是部分流，雨天时才接近满管流，因而晴天时合流制管内流速较低，易于产生沉淀。但据经验，管中的沉淀物易被暴雨水流冲走，这样，合流管道的维护管理费用可以降低。但是，晴天和雨天时流入污水厂的水量变化很大，增加了合流制排水系统污水厂运行管理中的复杂性。而分流制系统可以保持管内的流速，不致发生沉淀，同时，流入污水厂的水量和水质比合流制变化小得多，污水厂的运行易于控制。

4. 施工方面：合流制管线单一，减少与其他地下管线、构筑物的交叉，管渠施工较简单。但在建筑物有地下室情况下采用合流制，遇暴雨时有可能倒流入地下室内，合流制安全性不如分流制。

总之，排水系统体制的选择是一项很复杂很重要的工作。应根据城镇及工业企业的规划、环境保护的要求、污水利用情况、原有排水设施、水质、水量、地形、气候和水体等条件，从全局出发，在满足环境保护的前提下，通过技术经济比较，综合考虑确定。由于截流式合流制对水体污染严重，危害环境，所以新建地区排水系统一般应采用分流制。但在附近有水量充沛的河流或近海，发展又受到限制的小城镇地区；在街道较窄地下设施较多，修建污水和雨水两条管线有困难的地区；或在雨水稀少，废水全部处理的地区等，采用合流制排水系统有时可能是有利和合理的。

### 三、排水系统的主要组成部分

（一）城市污水排水系统的主要组成

城市污水包括生活污水和工业废水两大部分，将工业废水与生活污水采用同一排水系统就组成了城市污水排水系统。它是由下列几部分组成：

1. 室内污水管道系统和设备；
2. 室外污水管道系统；
3. 污水泵站及压力管道；
4. 污水处理与利用构筑物；
5. 排入水体的出水口。

（二）工业废水排水系统的主要组成

根据企业性质及其行业不同产生废水的性质也不同，当废水所含物质的浓度不超过国家规定的排入城市排水管道的允许值时，可直接排入城市污水管，当浓度超标时必须经收集处理后排入城市污水管或排放水体，也可再利用。工业废水排水系统主要由以下几部分组成：

1. 车间内部的管道系统和设备：主要用于回收各生产设备排出的工业废水，并将其送到车间外部的厂区管道系统中去；
2. 厂区管道系统：埋设在工厂内，用于收集并输送各车间排出的工业废水的管道系统；
3. 污水泵站及压力管道，用来输送废水；

4. 废水处理站：主要是处理和利用废水；

5. 出水口。

（三）天然降水排水系统的主要组成

该系统承担排除城镇的雨水、雪水，包括冲洗街道和消防用水。其主要组成部分包括：

1. 房屋雨水管道系统和设备：其作用是收集建筑物屋面的雨雪水，并将其排入室外管渠中去，主要包括建筑物屋面上的天沟、雨水斗和水落管，同时包括雨水室内排水系统；

2. 室外雨水管道系统：包括街坊、庭院或厂区雨水管道系统和街道雨水管道系统，由雨水口检查井和管道组成；

3. 排洪沟：其作用是将可能危害居住区及厂矿的山洪及时拦截并将其引至附近的水体；

4. 雨水泵站；

5. 雨水出水口。

## 第三节　排水管渠的材料

### 一、管渠材料的要求

排水管渠应具有抗破坏性的要求。排水管道必须具有足够的强度，以承受外部的荷载和内部的水压，外部荷载包括土壤的重量—静荷载，以及由于车辆运行所造成的动荷载。

根据管道受压、管道埋设地点及土质条件，压力管道（泵站压力管）一般都采用金属管、钢筋混凝土管或预应力钢筋混凝土管，因为它们足以能够满足对强度要求的需要。在地震区，施工条件较差的地区（地下水位高、有流砂等）以及穿越铁路等，亦可采用金属管。而在一般地区的重力流管道通常采用陶土管、混凝土管、钢筋混凝土管。

排水管渠应具有抵抗污水中杂质的冲刷和磨损的作用，也应该具有抗腐蚀的性能，以免在污水或地下水的侵蚀作用（酸、碱或其他）下很快损坏。

根据排除的污水性质。当排除生活污水及中性或弱碱性的工业废水时，上述各种管材都能使用。排除碱性的工业废水时可用铸铁管或砖渠，也可在钢筋混凝土渠内做塑料衬砌。排除弱酸性的工业废水可用陶土管或砖渠。排除强酸性的工业废水时可用耐酸陶土管及耐酸水泥砌筑的砖渠或用塑料衬砌的钢筋混凝土渠。

排水管渠必须不透水，以防止污水渗出或地下水渗入。因为污水从管渠渗出至土壤，将污染地下水或邻近水体；或者破坏管道及附近房屋的基础。地下水渗入管渠，不但降低管渠的排水能力，而且将增大污水泵站及处理构筑物的负荷。

排水管渠的内壁应整齐光滑，使水流阻力尽量减小。

排水管渠应就地取材，并考虑到预制管件及快速施工的可能，以便尽量降低管渠的造价及运输和施工的费用。

总之，对管渠材料的要求应满足排水工程的使用，同时，还要合理地进行选择管渠材料，合理地进行选择管渠材料对降低排水系统的造价影响很大。因此，选择排水管渠材料时应综合考虑技术性、抗破坏性、耐腐蚀性、抗渗性、光滑性、经济性及其他方面的因素。

## 二、混凝土管和钢筋混凝土管

混凝土和钢筋混凝土管适用于排除雨水、污水，可在专门的工厂预制，也可在现场浇制。分混凝土管、轻型钢筋混凝土管、重型钢筋混凝土管三种。管口通常有承插式、企口式、平口式。如图 11-4 所示。

混凝土管和钢筋混凝土管便于就地取材，制造方便。而且可以根据抗压的不同要求，制成无压管、低压管、预应力管等，所以在排水管道系统中得到普遍应用。混凝土管和钢筋混凝土管除用作一般自流排水管道外，钢筋混凝土管及预应力钢筋混凝土管亦可用作泵站的压力管及倒虹管。它们的主要缺点是抗酸、碱侵蚀及抗渗性能较差、管节短、接头多、施工复杂。另外大管径管

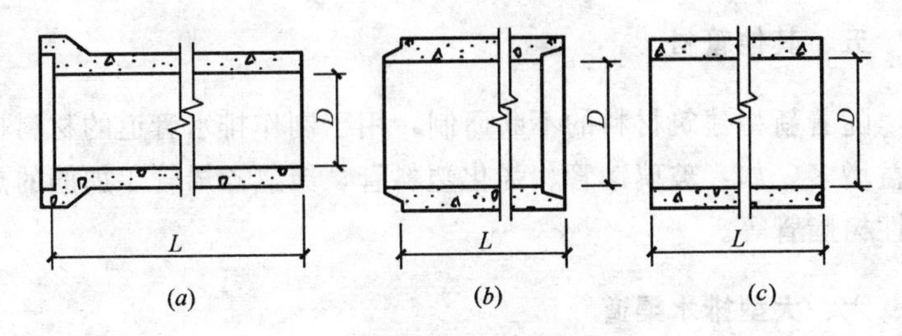


图 11-4 混凝土管和钢筋混凝土管

(*a*) 承插式；(*b*) 企口式；(*c*) 平口式

的自重大，搬运不便。

### 三、陶土管

陶土管是由耐火土经焙烧制成，一般是承插式。陶土管直径一般不超过 500mm，长度一般为 1000mm。带釉的陶土管内外壁光滑，水流阻力小，不透水性好，耐磨损，抗腐蚀。但陶土管质脆易碎，不宜远运，不能受内压，抗弯抗拉强度低，不宜敷设在松土或埋深较大的地方。此外，管节短，需要较多的接口，增加施工费用。

由于陶土管耐酸抗腐蚀性好，又能满足污水管道在技术方面的一般要求，常用于排除酸性废水，或管外有侵蚀性地下水的污水管道。

### 四、金属管

常用的金属管有铸铁管和钢管，室外重力流排水管道一般很少采用金属管，只有在排水管道承受高内压、高外压或对渗漏要求特别高的地方，如排水泵站的进出水管，穿越铁路、河道的倒虹管或房屋基础时，才采用金属管。但多半是低压铸铁管或不适合做给水管道的次品。金属管质地坚硬、抗压、抗震性强，管节长。但价格较贵，对酸碱的防腐蚀性较差，在采用时必须涂刷耐腐蚀的涂料并注意绝缘。

### 五、其他管材

随着新型建筑材料的不断研制，用于制作排水管道的材料也日益增多。如：玻璃钢管、强化塑料管、聚氯乙烯管、加筋的热固性树脂管等。

### 六、大型排水渠道

排水管道的管径一般小于2m，当管道断面不能满足设计要求时，通常就在现场建造大型排水渠道。大型排水渠道通常用的建筑材料有砖、石、混凝土块和现浇钢筋混凝土等。

砖砌渠道在排水工程中广泛应用，常用断面有圆形、拱形、矩形等。当砖质地良好时，砖砌渠道能抵抗污水和地下水的侵蚀作用，很耐久。因此能用于排泄有腐蚀性的废水。在石料丰富的地区也可以用块石砌筑管渠，就地取材，虽然较为费工，但比较坚固和耐久。

## 第四节　排水管道的接口

排水管道的不透水性和耐久性，在很大程度上取决于敷设管道时接口的质量。据统计，排水管道出现的问题，有70%以上是管道接口的问题。所以，管道接口应具有足够的强度、不透水、能抵抗污水或地下水的侵蚀，具有一定的弹性，并且施工方便。

### 一、接口的形式

根据接口的弹性，一般将接口分为柔性、刚性和半柔半刚性三种形式。

（一）柔性接口

柔性接口允许管道纵向轴线交错3～5mm或交错一个较小的角度，而不致引起渗漏。柔性接口一般用在地基软硬不一，沿管道轴向沉陷不均匀的无压管道上。柔性接口施工复杂，造价较高，在地震区采用有它独特的优越性。

（二）刚性接口

刚性接口不允许管道有轴向的交错，但比柔性接口施工简单、造价较低，因此采用较广泛。刚性接口抗震性能差，用在地基比较良好，有带形基础的无压管道上。

（三）半柔半刚性接口

介于上述两种接口形式之间，使用条件与柔性接口类似。

## 二、接口的方法

（一）水泥砂浆抹带接口

属于刚性接口。在管子接口处用 1∶2.5～3 水泥砂浆抹成半椭圆形或其他形状的砂浆带，带宽 120～150mm。一般适用于地基土质较好的雨水管道，或用于地下水位以上的污水支线上。企口管、平口管、承插管均可采用此种接口。见图 11-5。

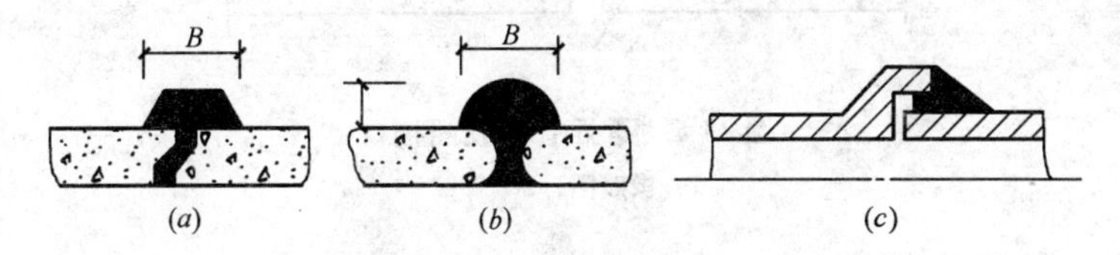


图 11-5 水泥砂浆抹带接口

(*a*) 企口；(*b*) 平口；(*c*) 承插口

（二）钢丝网水泥砂浆抹带接口

属于刚性接口。将抹带范围的管外壁凿毛，抹 1∶2.5 水泥砂浆一层厚 15mm，中间采用 20 号 10×10 钢丝网一层，两端插入基础混凝土中，上面再抹砂浆一层厚 10mm。适用于地基土质较好的具有带形基础的雨水、污水管道上。见图 11-6。

（三）承插式橡胶圈接口

属柔性接口。此种承插式管道与前所述承插口混凝土管不同，它在插口处设一凹槽，防止橡胶圈脱落，该种接口的管道有配套的“O”形橡胶圈。此种接口施工方便，适用于地基土质较

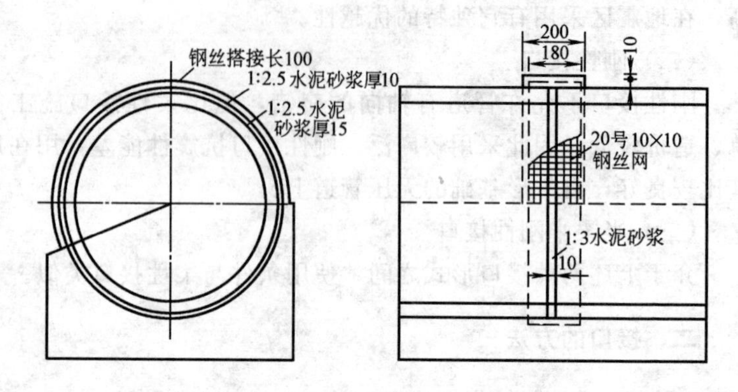


图 11-6　钢丝网水泥砂浆抹带接口

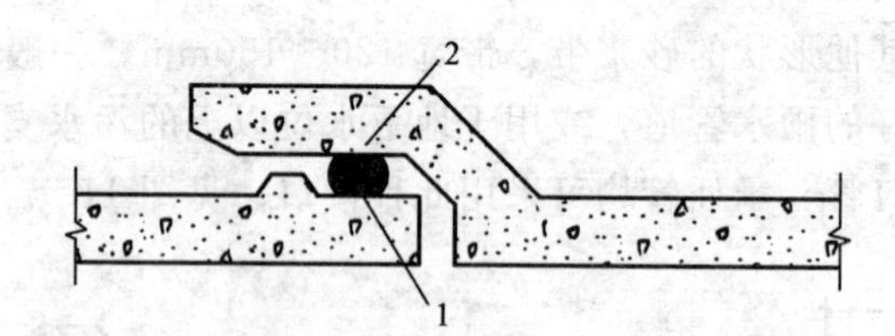


图 11-7　承插管橡胶圈接口

1—橡胶圈；2—管壁

差，地基硬度不均匀或地震区。接口形式如图 11-7 所示。

（四）企口式橡胶圈接口

属柔性接口。接口形式如图 11-8 所示。是从国外引进的新型工艺。配有与接口配套的“q”形橡胶圈。该种接口适用于地

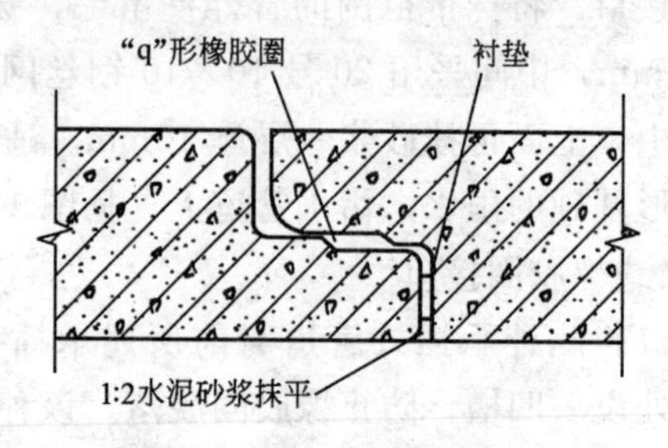


图 11-8　企口管橡胶圈接口

基土质不好，有不均匀沉降地区，既可用于开槽施工，也可用于顶管施工。

（五）预制套环石棉水泥（或沥青砂）接口

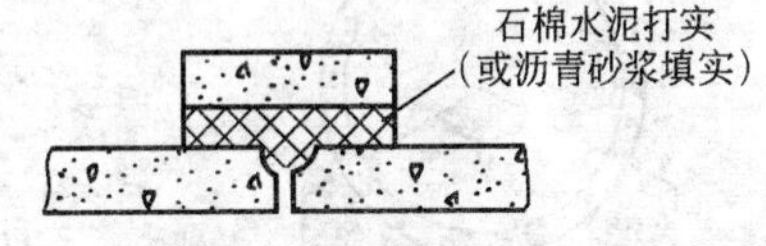


图 11-9　预制套环石棉水泥（沥青砂）接口

如图 11-9 所示。属于半柔半刚性接口。石棉水泥重量比为水∶石棉∶水泥＝1∶3∶7（沥青砂配比为沥青∶石棉∶砂＝1∶0.67∶0.67)。适用于地基不均匀地段，或地基经过处理后管道可能产生不均匀沉陷且位于地下水位以下，内压低于 10m 高水柱的管道上。

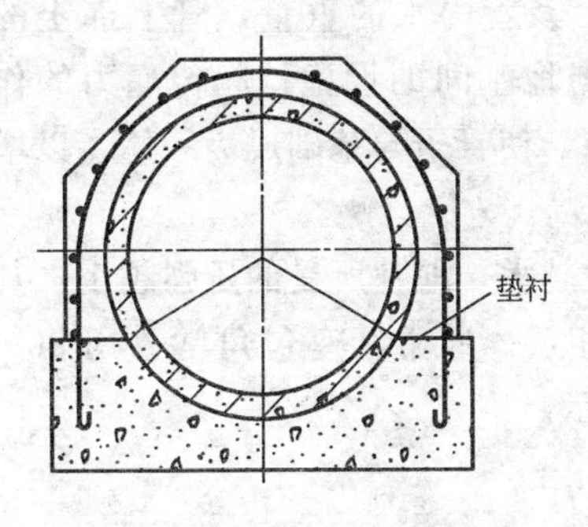


图 11-10　现浇混凝土套环接口

（六）现浇混凝土套环接口

如图 11-10 所示，为刚性接口。适用于加强管道接口的刚度，可根据设计需要选用。

另外，顶管施工时采用的接口形式与开槽施工不同，顶管施工的接口形式将在掘进顶管法施工中介绍。

## 第五节　排水管道的基础

### 一、管道基础和管座

合理设计管道基础，对于排水管道使用寿命和安装质量有较大影响。在实际工程中，有时由于管道基础设计不周，施工质量较差，发生基础断裂、错口等事故。

管道设置基础及管座的目的，在于减少管道对地基的压强，同时也减少地基对管道的作用反力。前者不使管子产生沉降，后

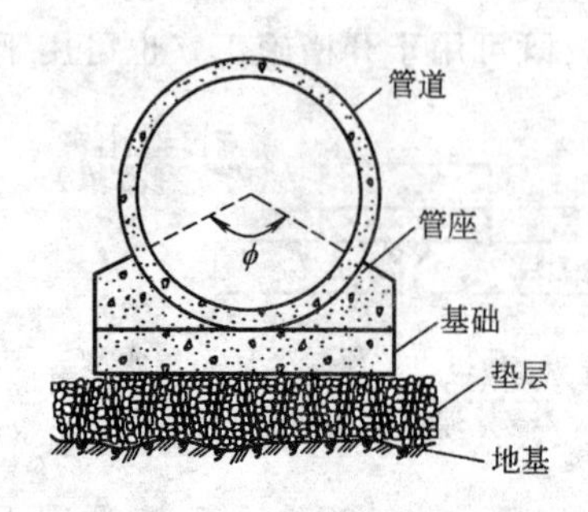


图 11-11　管道基础示意图

者不致压坏管材。并使下部管口严密、防止漏水。排水管道基础一般由地基、基础和管座三个部分组成，如图 11-11 所示。

地基指沟槽底的土壤部分。常用的有天然地基和人工地基。地基承受管子和基础的重量以及管内水的重量，管上部土的荷载及地面荷载。基础指管子与地基间的设施，起传递力的作用。管座指管子与基础间的设施，使管子与基础成为一体，以增加管道的刚度。

试验证明，管座包的中心角越大，地基所受的压强越小，其管子所受反作用也越小，否则相反。通常管座包角常采用 90°、135°、180°三种。如图 11-12 所示。

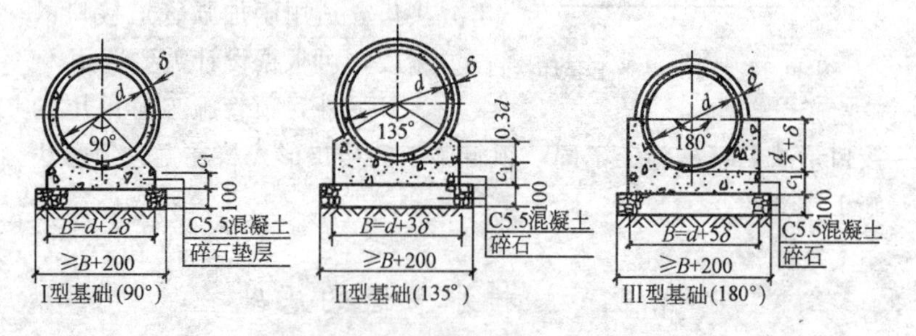


图 11-12　混凝土基础与管座

排水管道的基础和一般构筑物基础不同。管体受到浮力、土压、自重等作用，在基础中保持平衡。因此，管道基础的形式，取决于外部荷载的情况、覆土的厚度、土壤的性质及管道本身的情况。

## 二、几种常见的排水管道基础

1. 弧形素土基础：在原土上挖成弧形管槽，弧度中心角采用60°～90°，管道安装在弧形槽内。它适用于无地下水且原土干燥并能挖成弧形槽，管径为150～1200mm，埋深0.8～3.0m的污水管线，但当埋深小于1.5m，且管线敷设在车行道下，则不宜采用。

2. 砂垫层基础：在沟槽内用带棱角的中砂垫层厚200mm，它适用于无地下水、坚硬岩石地区，管道埋深1.5～3.0m，小于1.5m时不宜采用。

3. 灰土基础：灰土基础适用于无地下水且土质较松软的地区，管道直径150～700mm，适用于水泥砂浆抹带接口，套管接口及承插接口。弧度中心角常采用60°，灰土配合比为3∶7（重量比）。

4. 混凝土基础：混凝土基础分为混凝土带形基础和混凝土枕基两种。

混凝土枕基只在管道接口处设置，采用C10混凝土，它适用于干燥土壤雨水管道及污水支管上，管径＜900mm的水泥砂浆接口及管径＜600mm的承插接口。

混凝土带形基础是沿管道全长铺设的基础，按管座的形式不同分为90°、135°、180°、360°四种管座基础。这种基础适用于各种潮湿土壤，及地基软硬不均匀的排水管道，管径为200～2000mm，无地下水时在槽底原土上直接浇混凝土基础。有地下水时常在槽底铺15～20cm厚的卵石或碎石垫层，然后才在上面浇混凝土基础，一般采用强度等级为C10的混凝土。当管顶覆土厚度在0.7～2.0m时采用90°基础；管顶覆土厚度为2.0～3.5m时用135°基础；管顶覆土厚度在3.5～6m时采用180°基础；特殊情况下采用360°基础。在地震区，土质特别松软，不均匀沉陷严重地段，最好采用钢筋混凝土带形基础。

## 第六节　排水管渠的附属构筑物

为了排除雨水、污水，除管渠本身外，还需在管渠系统上设置某些附属构筑物，如检查井、跌水井、雨水口、倒虹管、出水口、溢流井等，我们将主要介绍检查井和雨水口的作用和构造。泵站是排水系统上常见的建筑物，本书将在第十四章详细阐述。

管渠系统上的构筑物，有些数量很多，它们在管渠系统的总造价中占有相当比例。例如：为便于管渠的维护管理，通常都应设置检查井，对于污水管道，一般每50m左右设置一个，这样，每公里污水管道上的检查井就有20个之多。因此，如何使这些构筑物建造的合理，并能充分发挥其最大作用，是排水管渠系统设计和施工中的重要课题之一。

## 一、检查井

1. 检查井的作用。检查井通常设在管渠交汇、转弯、管渠尺寸或坡度改变处，跌水处等，为便于对管渠系统作定期检查和清通，在相隔一定距离的直线管段上也必须设置检查井。检查井在直线管段上的最大间距见表11-1。

**直线管道上检查井间距** **表11-1**

| 管别 | 管径或暗渠净高(mm) | 最大间距(m) | 常用间距(m) |
|---|---|---|---|
| 污水管道 | ≤400 | 40 | 20～35 |
| | 500～900 | 50 | 35～50 |
| | 1000～1400 | 75 | 50～65 |
| | ≥1500 | 100 | 65～80 |
| 雨水管道和合流管道 | ≤600 | 50 | 25～40 |
| | 700～1100 | 65 | 40～55 |
| | 1200～1600 | 90 | 55～70 |
| | ≥1800 | 120 | 70～85 |

2. 检查井的构造。检查井构造的主要要求，一是能顺畅地汇集和传输水流，二是便于养护工作。

检查井主要有圆形、矩形和扇形三种类型。从构造上看三种类型检查井基本相似，主要由井基、井身、井盖、盖座和爬梯组成。

## 二、雨水口

1. 作用：雨水口是在雨水管渠或合流管渠上收集雨水的构

筑物。街道路面上的雨水首先经雨水口通过连接管道流入排水管渠。

2. 构造：雨水口的构造包括进水箅、井筒和连接管三部分。雨水口的形式：有平箅式、侧箅式，以及为排除集中雨水而设的联合式。

3. 材料：雨水口的进水箅可用铸铁或钢筋混凝土、石料制成。

4. 施工方法：雨水口以连接管与街道管渠的检查井相连。当排水管道直径大于800mm时，也可在连接管与排水管道连接处不另设检查井，而设连接暗井。连接管的最小管径为200mm，坡度一般为0.01，长度不宜超过25m。将几个雨水口用同一连接管相连叫雨水口的串联，雨水口串联个数一般不宜超过3个。

### 三、出水口

1. 作用：管道和明渠的尾端无论排入河湖还是排入渠道，都要有出水口。

2. 形式：为使污水与水体混合较好，污水管渠出水口一般采用淹没式，其位置除考虑上述因素外，还应取得当地卫生主管部门的同意。雨水管渠出水口可以采用非淹没式，其底标高最好在水体最高水位以上，一般在常水位上，以免水体水倒灌。

# 第十二章　排水管道的开槽施工

## 第一节　施工前准备工作

### 一、准备工作内容

施工前准备工作包括：图纸会审、施工现场核查与工程协调、施工组织设计编制、施工测量、施工沿线排水、施工交底、封堵排水管道端头等项目。

### 二、准备工作的要求

（一）图纸会审

排水管道工程施工前，应由设计单位进行设计交底，并应提出在正常施工情况下对周围环境的影响程度和防治技术要求。

当施工单位发现施工图有错误或与实际情况不符时，应及时向建设单位和设计单位提出设计变更要求。

图纸会审由建设单位组织召开，建设单位应邀请有关单位参加，将会审意见写入“图纸会审纪要”文件内，发送各有关单位。

（二）施工现场核查与工程协调

施工前认真分析地质资料中各项内容，必要时应对工程关键部位补作详细查探，勘察间距应保持地质断面有可靠的连续性，取土深度宜符合表 12-1 的规定。

施工前应进行现场调查，掌握沿线下列情况和有关资料：现有排水系统情况；沿线可利用的电源、水源、道路、场地和临时

**排水管道工程地质勘探取土深度　　　　表 12-1**

| 工 程 类 别 | | | 取土深度(m) |
|---|---|---|---|
| 基坑工程(沉井、地下墙) | | | $\geqslant 2.3H$ |
| 管道工程 | 开槽埋管 | | $\geqslant 2H$ |
| | 顶管 | 黏性土层 | $h+D+3$ |
| | | 砂性土层 | $h+D+5$ |

注：① $H$ 为开挖深度（m），$h$ 为覆土深度，$D$ 为管节外径（m）；

② 如有沉降控制要求，取土深度应考虑计算所需要的压缩层厚度，如不够还应加深。

设施；施工图纸上标明的各种测量标志；各种地下公用事业管线的情况；地上、地下建筑物的情况；施工范围内的绿化设施和树木；施工范围内的架空线的设置情况；施工范围内的临时堆场；在郊县施工，应了解占用农田情况；施工期内路上交通和航运情况；气象与潮汐资料。

开工前，应召开施工配合会议，按有关规定办好各种工程许可执照，经有关主管单位同意后方可施工。

（三）施工组织设计编制

施工前必须编制施工组织设计，包括：施工说明书（工程概况、施工部署、施工方法以及确保质量、安全、文明、工期和采用新技术的措施等）；施工设计图（总平面图、断面图以及施工工艺图等）；施工计划表（工程进度计划表、材料成品供应计划表、机具设备需求计划表、劳动力及技术工种计划表等）；工程预算表（施工图预算、工料机分析单和降低工程成本指标等）。

经审批后的施工组织设计应作为组织施工、质量监督和工程结算的依据。

（四）施工测量

施工前建设单位应组织有关部门向施工单位进行现场交桩，提供资料，办完交接手续。综合性工程宜使用两个以上永久水准点进行校核；有两个以上施工单位共同进行施工的工程，其衔接处相邻设置的水准点和控制桩，应相互校测，其偏差应进行调整。

临时水准点的设置应符合下列要求：临时水准点的数量应根据需要设置，管道沿线一般间隔200m不应少于一个；应设置在稳固地段和方便观测的位置上；应与沿线泵站、桥梁、道路的高程相衔接。

（五）施工沿线排水

排水管道施工，应有可靠的临时排水措施；对沟槽、顶管基坑和工地仓库应采取有效保护措施，经常配备一定数量的抽水设备，以利排出积水；临时排水措施和设施，应有专人管理和检查。

（六）施工交底

施工负责人应根据工程部位和工序要求，向操作人员进行施工交底，内容包括工程意义、设计要求、施工方法、质量、安全、文明施工等目标和措施，切实贯彻施工组织设计的内容。

工程关键部位必须按施工技术设计要求组织专题施工交底，并贯彻落实。

上述工作完成后，还必须办理书面交底手续。

（七）封堵废弃排水管道管口

封堵管道端头的使用范围：原有管道对新建管道施工有影响时；新建的管道工程中已有部分投入使用；新建管道根据设计水头要求，需进行磅水的质量检验。封堵废弃排水管道管口应达到不渗漏、不倒坍、拆除方便的要求。

## 第二节　沟槽开挖与支撑

### 一、管道的埋深

通常，污水管网占污水工程总投资的50％～70％，而构成污水管道造价的挖填沟槽、沟槽支撑、湿土排水、管道基础、管道铺设各部分的比重，与管道的埋设深度及开槽支撑方式有很大关系。因此，合理地确定管道埋深对于降低工程造价是十分重要的。在土质较差、地下水位较高的地区，若能设法减小管道埋深，对于降低工程造价尤为明显。

（一）管道埋设深度有两个意义

1. 覆土厚度—指管道外壁顶部到地面的距离；

2. 埋设深度—指管道内壁底到地面的距离。

这两个数值都能说明管道的埋设深度，见图 12-1。为了降低造价，缩短施工期，管道埋设深度愈小愈好。但覆土厚度应有一个最小的限值，否则就不能满足技术上的要求。这个最小限值称为最小覆土厚度。

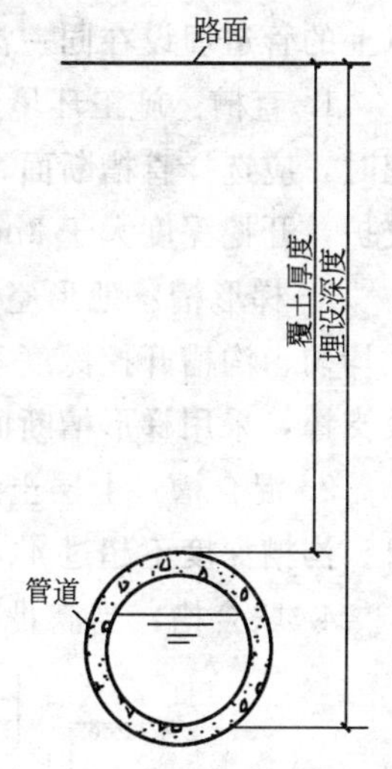

图 12-1　覆土和埋深示意图

（二）污水管道的最小覆土厚度，一般应满足下述三个因素的要求

1. 必须防止管道内污水冰冻和土壤冻胀而损坏管道。

2. 必须防止管壁因地面荷载而受到破坏。从这一因素考虑并结合各地埋管经验，车行道下污水管最小覆土厚度不宜小于 0.7m。非车行道下的污水管道若能满足管道衔接的要求以及无动荷载的影响，其最小覆土厚度值也可适当减少。

3. 必须满足街坊污水连接管衔接的要求。污水出户管的最小埋深一般采用 0.5～0.6m，所以街坊污水管道起点最小埋深也应有 0.6～0.7m。

除考虑管道的最小覆土厚度外，还应考虑最大埋深问题。污水在管道中依靠重力从高处流向低处。当管道的坡度大于地面坡度时，管道的埋深就愈来愈大，尤其在地形平坦的地区更为突出。埋深愈大，则造价愈高，施工期也愈长。管道埋深允许的最大值称为最大允许埋深。该值的确定应根据技术经济指标及施工方法而定，一般在干燥土壤中，最大埋深不超过 7～8m；在多水、流砂、石灰岩地层中，一般不超过 5m。

## 二、沟槽断面的选择

### （一）常用的沟槽断面形式

在给水排水管道开槽法施工中，常用的沟槽断面形式有直槽、梯形槽、混合槽和联合槽等。其中联合槽适用于两条或两条以上的管道埋设在同一沟槽内。

1. 直槽：施工环境狭窄、周围地下管线密集的施工场合开挖时，应选择直槽断面，开挖深度小于 3m 的沟槽宜采用横列板支护，开挖深度大于 3m 的沟槽宜采用钢板桩支护。

2. 梯形槽：地形空旷、地下水位较低、地质条件较好、土质均匀、沟槽开挖深度不超过 3m、有较好的堆土场地时，可不设支撑，采用梯形槽断面。

3. 混合槽：上层土质较好、下层土质松软，当环境条件许可、沟槽深度不超过 4.5m 时，可采用混合槽断面。

4. 联合槽：当满足以下条件时，平行敷设雨污水管道可以

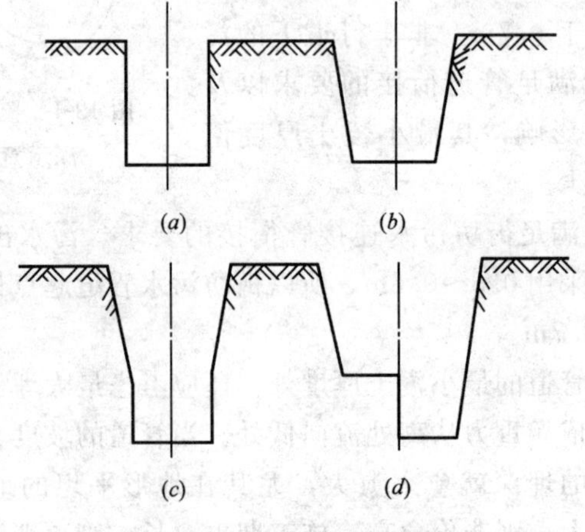


图 12-2　沟槽断面种类

(a) 直槽；(b) 梯形槽；(c) 混合槽；(d) 联合槽

采用同沟槽施工方法。如图 12-2 所示。

（二）沟槽断面设计

合理确定沟槽的开挖断面，有利于简化施工程序，为管道施工创造方便条件，并能保证工程质量和施工任务，在保证设计要求条件下，施工中做到最大限度的减少开挖土方量。选定沟槽断面，应考虑以下几项因素：土的种类、地下水水位、管道断面尺寸、管道埋深、沟槽开挖方法、施工排水方法及施工环境等。沟槽断面尺寸（参见图 12-3）。

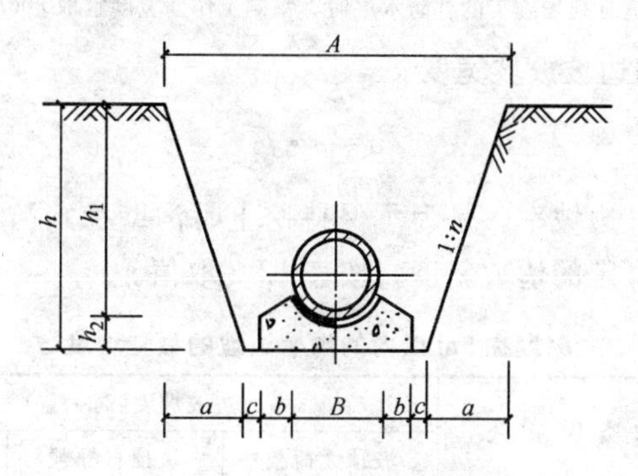


图 12-3　沟槽断面尺寸设计

1. 沟槽底宽 $W$

$$W=B+2b+2c \tag{12-1}$$

式中　$B$——管道外径；

$b$——肩宽；

$c$——工作面宽度。

工作面宽度 $c$ 的确定，应根据管道结构、管道断面尺寸及施工方法，每侧工作面宽度应符合表 12-2 要求。

2. 沟槽深度 $h$

$$h=h_1+h_2 \tag{12-2}$$

式中　$h_1$——管底设计标高；

$h_2$——管道基础高度。

**管道一侧的工作面宽度（mm）** **表 12-2**

| 管道结构的外缘宽度($D_1$) | 管道一侧的工作面宽度($c$) | |
|---|---|---|
| | 非金属管道 | 金属管道 |
| $D_1 \leqslant 500$ | 400 | 300 |
| $500 < D_1 \leqslant 1000$ | 500 | 400 |
| $1000 < D_1 \leqslant 1500$ | 600 | 600 |
| $1500 < D_1 < 3000$ | 800 | 800 |

注：① 槽底需设排水沟时，工作面宽度（$c$）应适当增加；

② 管道有现场施工的外防水层时，每侧工作面宽度宜取 800mm。

3. 沟槽边坡放坡宽度 $a$

$$a = n \cdot h \tag{12-3}$$

式中 $n$——边坡率，是为了保持挖土时沟壁稳定防止坍塌，取定的边坡斜度，按表 12-3 取值。

**深度在 5m 以内的沟槽边坡的最陡坡度** **表 12-3**

| 土的类别 | 边坡坡度(高：宽) | | |
|---|---|---|---|
| | 坡顶无荷载 | 坡顶有静载 | 坡顶有动载 |
| 中密的砂土 | 1：1.00 | 1：1.25 | 1：1.50 |
| 中密的碎石土(填物为砂土) | 1：0.75 | 1：1.00 | 1：1.25 |
| 硬塑的黏质粉土 | 1：0.67 | 1：0.75 | 1：1.00 |
| 中密的碎石类土(填物为砂土) | 1：0.50 | 1：0.67 | 1：0.75 |
| 硬塑的粉质黏土、黏土 | 1：0.33 | 1：0.5 | 1：0.67 |
| 老黄土 | 1：0.10 | 1：0.25 | 1：0.33 |
| 软土(井点降水后) | 1：1.00 | — | — |

注：① 静载指堆土或材料等，动载指机械挖土或汽车运输作业等。静载或动载距挖方边缘的距离应保证边坡和直立壁的稳定，堆土或材料应距挖方边缘 0.8m 外，高度不超过 1.5m；

② 当有成熟施工经验时，可不受本表限制。

4. 沟槽顶宽

$$A = W + 2 \cdot n \cdot h \tag{12-4}$$

式中符号意义同前。

当沟槽挖深较大时，应合理确定分层开挖的深度，并应符合下列规定：

（1）人工开挖沟槽的槽深超过 3m 时应分层开挖，每层的深度不宜超过 2m。

（2）人工开挖多层槽的层间留台宽度：放坡开槽时不应小于 0.8m；直槽时不直小于 0.5m；安装井点设备时，不应小于 1.5m。

（3）采用机械挖槽时，沟槽分层的深度应按机械性能确定。

## 三、沟槽及基坑土方量计算

### （一）沟槽土方量计算

为编制工程预算及施工计划，在开工前和施工过程中都要计算土方量。沟槽土方量的计算可采用断面法，其计算步骤如下：

1. 划分计算段。

将沟槽纵向划分成若干段，分别计算各段的土方量。每段的起点一般为沟槽坡度变化点、沟槽转折点、断面形状变化点、地形起伏突变点等处。

2. 确定各计算段沟槽断面形式和面积。

3. 计算各计算段的土方量。如图 12-4 所示，计算公式如下：

$$V=\frac{F_1+F_2}{2}\cdot L \tag{12-5}$$

式中 $V$——计算段的土方量（$m^3$）；

$L$——计算段的沟槽长（m）；

$F_1$、$F_2$——计算段两边横断面面积（$m^2$）。

### （二）基坑土方量计算

基坑土方量可按立体几何中柱体体积公式计算，每侧工作间

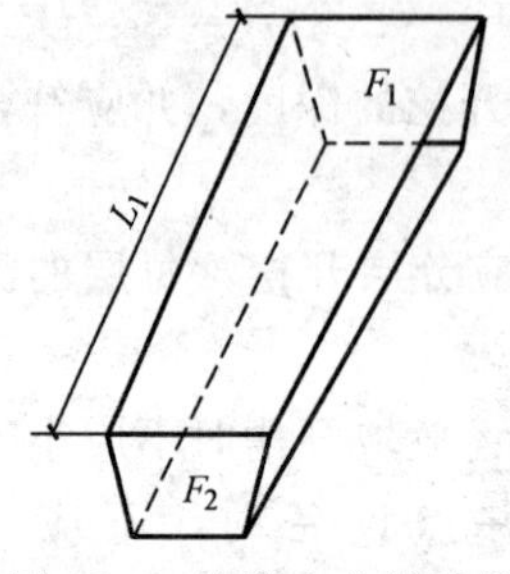

图 12-4　沟槽土方量计算

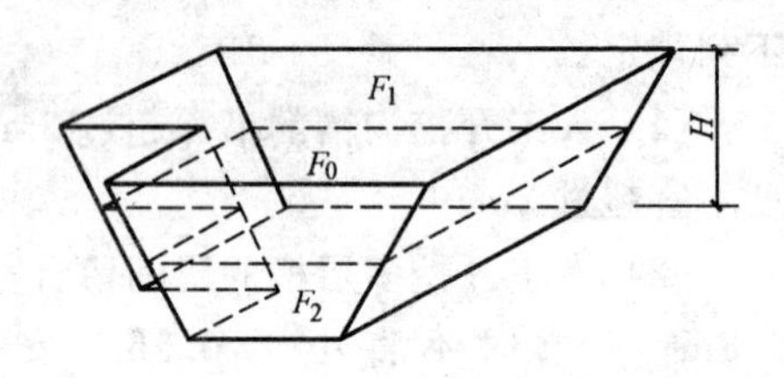

图 12-5　基坑土方量计算

宽度为 1～2m。如图 12-5 所示，其计算公式为：

$$V=\frac{H}{6}(F_1+4F_0+F_2) \tag{12-6}$$

式中　$V$——基坑土方量（$m^3$）；

$H$——基坑深度（m）；

$F_1$、$F_2$——基坑上下底面积（$m^2$）；

$F_0$——基坑中断面的面积（$m^2$）。

## 四、沟槽开挖

（一）沟槽的测量控制

1. 管道工程开工前沟槽的测量准备工作

沟槽的测量控制工作是保证管道施工质量的先决条件。管道工程开工前，应进行以下测量工作：

（1）核对水准点，建立临时水准点；

（2）核对接入原有管道或河道的高程；

（3）测设管道坡度板、管道中心线、开挖沟槽边线及附属构筑物的位置；

（4）堆土堆料界限及其他临时用地范围。

临时水准点应设置在不受施工影响，而且明显固定的建筑物上。对所有测量标志，在施工中应妥善保护，不得损坏，并经常校核其准确性。临时水准点间距以不大于 100m 为宜，且使用前应当校测。

2. 沟槽的测量控制方法

沟槽的测量控制方法较多，比较准确方便的方法是坡度板法（如图 12-6 所示）。

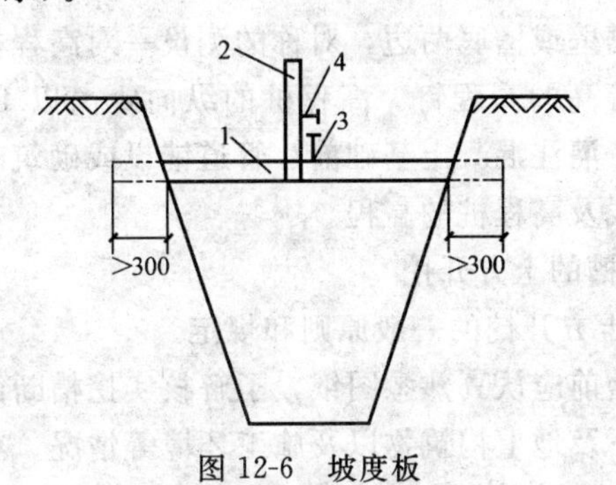


图 12-6 坡度板

1—坡度板；2—高程板；3—中心钉；4—高程钉

坡度板的埋设方法如下：坡度板埋设的间距，排水管道一般为 10m。管道纵向折点和附属构筑物处，应根据需要增设一块坡度板，坡度板距槽底的高度不应大于 3m。人工挖土时，沟槽坡度板一般应在开槽前埋设；机械挖土则在机械挖土后，人工清底前埋设。坡度板应埋设牢固并加以保护，板顶不应高出地面（设于底层槽者，不应高出槽台面），两端伸出槽边不应小于 30cm。板的截面一般采用 5cm×15cm（木板）。坡度板上应钉管线中心钉和高程板，高程板上钉高程钉。中心钉控制管道中心线，高程钉控制沟槽和管底高程。相邻两块坡度板的高程钉至槽底或管底的垂直距离相等，则两个高程钉的连线的坡度即为底坡度，该连线称为坡度线。坡度线上任何一点到管底的垂直距离是一常数，称为下反数。具体作法是：

（1）管线中心钉钉在坡度板的顶面；

（2）高程板钉在坡度板的侧面上，应保持相互垂直，所有高程板宜钉在管道中线的同一侧；

（3）高程钉钉在高程板靠中线的一侧；

(4) 坡度板上应标明桩号（检查井处的坡度板同时应标明井号）及高程钉至各有关部位的下反常数。变换常数处、应在坡度板两侧分别书写清楚，并分别标明其所用的高程钉。

受地面或沟槽断面等条件限制，不宜埋设坡度板的沟槽，可在沟槽两侧槽壁或槽底两边，对称的测设一对高程桩，每对高程桩上钉一对等高的高程钉。高程桩的纵向距离以 10m 为宜。在挖槽见底前、灌注混凝土基础前、管道铺设或砌筑前，应及时校测管道中心线及高程桩的高程。

（二）沟槽的土方开挖

1. 沟槽土方开挖的一般原则和规定

(1) 挖槽前应认真熟悉图纸，了解核实挖槽断面的土质、地下水位、地下及地上构筑物以及施工环境等情况。合理地确定沟槽断面，选用施工方法和施工机械，并制定必要的安全措施，以确保施工质量、工期及安全。

(2) 沟槽若与原地下管线相交叉或在地上建筑物、电杆、测量标志等附近挖槽时，应采取相应加固措施。如遇电讯、电力、给水等管线时，应会同有关单位协调解决。

(3) 当管道需穿越道路时，应组织安排车辆行人绕行，设置明显标志。在不宜断绝交通或绕行时，应根据道路的交通量及最大通行荷载，架设施工临时便桥，并应积极采取施工措施，加快施工进度，尽早恢复交通。

(4) 施工期间，应根据实际情况铺设临时管道或开挖排水沟，以解决施工排水和防止地面水、雨水流入沟槽。

(5) 沟槽内的积水，应采取措施及时排除，严禁在水中施工作业。当施工地区含水层为砂性土或地下水位较高时，应采取井点排水或集水井排水，地下水位降至基底以下 0.5～1.0m 后开挖。

(6) 沟槽及基坑开挖时，应先确定开挖顺序和分层开挖深度。如相邻沟槽开挖时，应遵循先深后浅或同时进行的施工顺序。当接近地下水位时，应先完成标高最低处的挖方，以便在该处集中排水。在土方开挖过程中，当挖到设计标高后，应会同设计监理单位验槽。

(7) 土方开挖不得超挖，防止对基底土的扰动。采用机械挖土时，应使槽底留 20cm 左右厚度土层，由人工清槽底。若个别地方超挖时，应用与基底土相同的土质分层夯实达到要求的密实度。挖槽过程中若发现坟穴、枯井、土质不均匀等特殊问题时，应由设计单位确定地基处理方案，并办理变更设计手续。

(8) 挖出的土方应根据施工环境、交通等条件，妥善安排堆存位置。搞好土方调配，多余土方应及时外运。

沟槽每侧临时堆土时，应保证槽壁土体稳定和不影响施工。并且应符合有关施工规范并注意下列事项：

1) 不得影响建筑物、各种管线和其他设施的安全；

2) 不得掩埋消火栓、管道闸阀、雨水口、测量标志以及各种地下管道的井盖，且不得妨碍正常使用；

3) 人工挖槽时，堆土高度不宜超过 1.5m，且距槽口边缘不宜小于 0.8m；

4) 施工时有施工机具或车辆通行，其堆土边缘至槽口边缘的距离应根据运输机具而定；

5) 雨季施工不宜靠近房屋、墙壁推土，并采取措施防止雨水流入沟槽。

(9) 沟槽的开挖质量应符合：

1) 不扰动天然地基或者地基处理后应符合设计要求；

2) 槽壁平整，边坡坡度符合施工设计的规定；

3) 沟槽中心线每侧的净宽不小于式 (12-1) 中 $W$ 值的一半；

4) 槽底高程的允许偏差：开挖土方时应为±20mm；开挖石方时应为：+20mm、−200mm。

2. 沟槽与基坑开挖的方法

(1) 人工开挖。沟槽深度在 3m 以内，可直接用人工开挖。超过 3m 用铁锹挖土时，向沟槽边上翻土已十分困难，多用辘轳吊土或用少先吊、卷扬机吊土。

(2) 机械开挖

1) 单斗挖土机。在给水排水工程中，广泛采用单斗挖土机开挖沟槽和基坑。

单斗挖土机为循环式挖土机械，每个工作循环由 4 个动作组成：土斗切土；抬起土斗；将土斗回转至卸土处卸土；回转土斗到切土处准备再一次切土。

单斗挖土机有正向铲、反向铲、拉铲、合瓣铲四种。一般正铲、反铲挖土深度较浅，拉铲可以挖较深的沟槽，合瓣铲可以在水下挖泥砂。

2) 多斗挖土机。多斗挖土机又称挖沟机、纵向多斗挖土机。与单斗挖土机比较，它有下列优点：挖土作业是连续的，在同样条件下生产效率较高；开挖每单位土方量所需要的能量消耗较低；开挖的槽底和槽壁较整齐；能在连续挖土的同时，将土自动卸在沟槽一侧。

挖沟机不宜开挖坚硬的土和含水量较大的土。宜于开挖黄土、粉质土等。

3) 推土机。推土机操作灵活、运行方便、所需工作面小，既可挖土，又可作短距离运土，适用于切土深度不大的场地整平、铲除腐殖土并运送到附近的卸土区；开挖深度不大于 1.5m 的基坑；回填基坑和沟槽；平整其他机械卸置的土堆，运送松散的硬土和岩石以及砂石材料等。

推土机按其操纵机构的不同，分为液压操纵和钢丝操纵两大类型。

4) 铲运机。铲运机是不平整场地中使用最广泛的一种土方机械，该机操纵简便灵活，不需其他机械配合，能综合完成铲土、运土、卸土、填筑、压实等多项工序，行驶速度较快，适用于大面积场地平整、开挖大面积浅基坑和沟槽、填筑堤坝等挖运土方工程。

铲运机按行走方式不同，分为自行式和拖式两类。自行式铲运机运行速度快，适用于800～3500m的运距。拖式铲运机适用于80～800m的运距，以600m以内较适宜，当运距为200～350m时效率最高，如采用双联铲运或挂大斗铲运时，运距可增至1000m。

5）液压挖掘装载机。液压挖掘装载机是装有数种不同功能的工作装置的施工机械，如反向铲土、装载、起重、推土等。

常用的反铲的斗容量为0.2$m^3$，最大挖深4m，最大回转角度180°，故常用于中、小型管道沟槽的开挖。

常用的装载斗容量为0.6$m^3$，最大提升高度4.2m，用于场地平整，清除树根、块石等作业。

这种小型机械是液压传动的，机身结构紧凑，动作灵活，适用于一般大型机械不能适应的施工场地。

## 五、沟槽支撑

### （一）支撑的目的和要求

支撑是防止沟槽土壁坍塌的一种临时性挡土结构，创造安全的施工条件。由木材或钢材做成。支撑的荷载就是原土和地面荷载所产生的侧土压力。沟槽支撑与否应根据土质、地下水情况、槽深、槽宽、开挖方法、排水方法、地面荷载等因素确定。一般情况下，沟槽土质较差、深度较大而又挖成直槽时，或高地下水位、砂性土质并采用表面排水措施时，均应支设支撑。支设支撑可以减少挖方量和施工占地面积，减少拆迁。但支撑增加材料消耗，有时影响后续工序的操作。

支撑结构应满足下列要求：

1. 牢固可靠，进行强度和稳定性计算和校核。支撑材料要求质地和尺寸合格，保证安全。

2. 在保证安全的前提下，节省用料。宜采用工具式钢支撑。

3. 便于支设和拆除，并便于后续工序的操作。

### （二）支撑的种类及其适用条件

支撑形式有横撑、竖撑和板桩撑等。横撑和竖撑由撑板、立柱和撑杠组成。支撑依靠各杆件的压力和摩擦力连接起来。支撑分疏撑和密撑两种。疏撑是撑板之间有间距，分单板撑、井字撑和稀撑等。密撑是各撑板之间密接铺设。根据土压力和土的密实程度选用支撑的形式，有时可在沟槽的上部设疏撑，下部设密撑。

1. 横撑（图 12-7）用于土质较好、地下水量较小的沟槽。随着沟槽逐渐挖深而设，因此支设容易，但在拆除时首先拆除最下层的撑板和撑杠，因此，施工不安全。

2. 竖撑（图 12-8）用于土质较差、地下水量较大或有流砂的情况。竖撑的特点是撑板可在开槽过程中先于挖土插入土中，在回填以后再拔出，因此，支撑和拆撑都较安全。

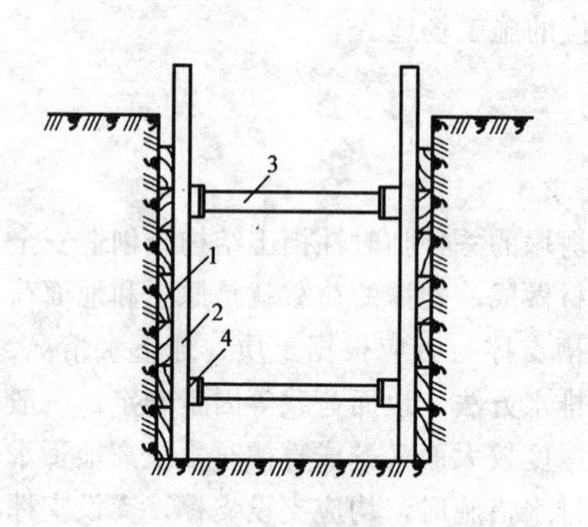


图 12-7　横撑

1—撑板；2—纵梁；3—横撑；4—木楔

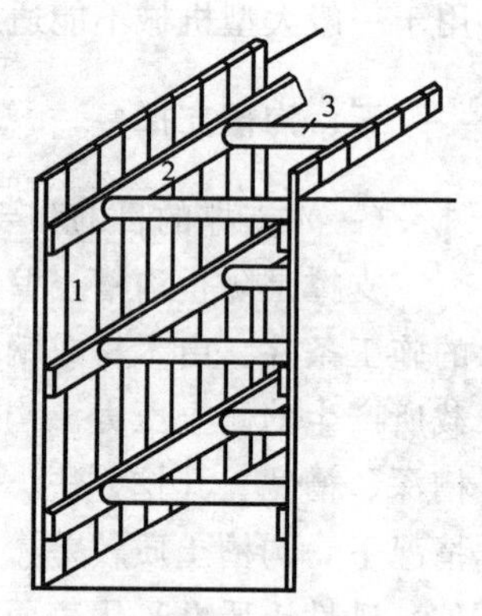


图 12-8　竖撑

1—撑板；2—横木；3—撑杠

（1）撑板分木撑板和金属撑板两种。木撑板不应有裂纹等缺陷。竖撑板应使用金属撑板。常用的金属撑板由钢板焊接于槽钢上拼成，槽钢间用型钢联系加固。金属撑板每块长有 2m、4m、6m 等多种规格。

（2）立柱和横杠通常采用槽钢。

（3）撑杠由撑头和圆套管组成，如图 12-9，撑头为一丝杠，以球铰连接于撑头板，带柄螺母套于丝杠。应用时，将撑头丝杠

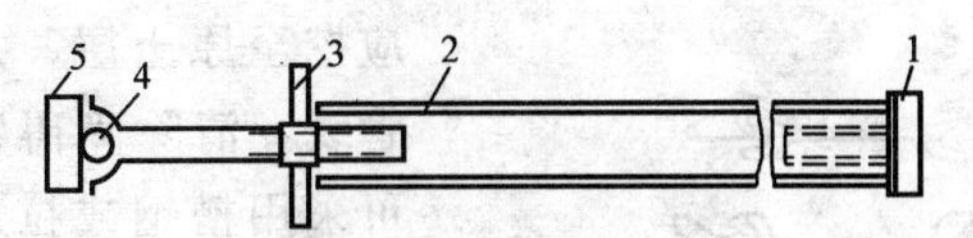


图 12-9　工具式撑杠

1—撑头板；2—圆套管；3—带柄螺母；4—球铰；5—撑头板

插入圆管内，旋转带柄螺母，柄把止于套管端，而丝杠伸长，则撑头板就紧压立柱，使撑板固定。这种工具式撑杠的优点是支设方便，使用灵活。只要更换圆套管长度，可适应于各种不同的槽宽。

3. 板桩撑是将桩垂直地打入槽底下一定深度，如图 12-10 所示。目前常用的钢桩板为槽钢或工字钢或特制的钢桩板，如图 12-11。

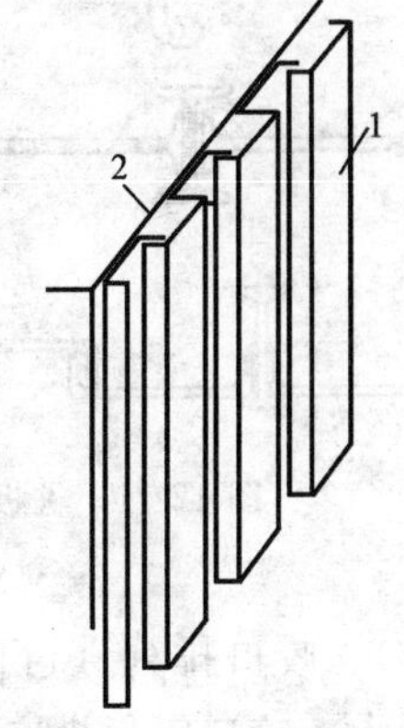


图 12-10　板桩撑

1—钢板桩；2—槽壁

桩板与桩板之间一般采用啮口连接，以提高板桩撑的整体性和水密性。

采用特殊断面桩板的目的是为了提高桩板间的啮合作用，或为了提高桩板的惯性矩，或上述两者兼合。从结构上说，板桩撑可以不设横板与撑杠。但是，如果桩板入土深度不足，仍应辅之以横板与撑杠。

根据工程具体情况、土质及地下水位等条件，可在开槽前或槽挖至 0.5～1.0m 深时，垂直打入地下一定深度，然后继续开挖，但要始终保持板桩在开挖工作面以下一定深度，可防止地下水从槽帮渗入沟槽内，可以延长地下水的渗径，有效地防止流砂渗入。在各种支撑中，板桩撑是安全度最高的支撑，板桩撑在沟槽开挖及其以后各工序施工中，始终起保证安全的作用。因此，在弱饱和土层中，经常采用板桩撑。

（三）钢板桩施工要求

根据沟槽开挖边线先挖钢板桩槽，宽度为 0.6～0.8m，深度

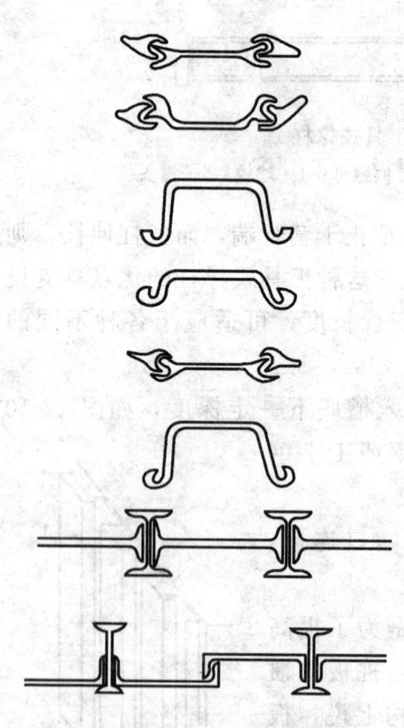
图 12-11　桩板的断面

应挖至原土层，并暴露地下管线，清除障碍物。钢板桩可采用槽钢或拉森板桩，槽钢长度为 6～12m，拉森板桩长度为10～20m。钢板桩入土深度应根据沟槽开挖深度、土层性质、施工周期、施工荷载、地面超载以及支撑布置等因素经计算后确定，根据上海地区特点和施工经验，板桩入土深度（$T$）与沟槽深度（$H$）的比值 $\alpha$（$\alpha = T/H$）可按下列情况取用：在一般土质条件下，沟槽深度 5m 以内，$\alpha$ 值宜取 0.35；沟槽深度 5～7m 时宜取 0.5；沟槽深度 7m 以上时宜取 0.65。钢板桩排列有平行排列（UUU）、间隔排列（U U）、咬口排列（UՈU）、密咬排列（UՈՈ）等几种，如图 12-12 所示。咬口钢板桩应咬合紧密，板桩挺直，垂直度不大于露出高度的 1.5%；打桩时钢板桩顶部应戴桩帽，打桩时做到横平竖直，宜用定位夹板夹住打桩，如出现板桩入土过慢，桩锤回弹过大，应查明原因，进行处理后方可继续施打。

挖土深度至 1.2m 时，必须撑好头挡板，以后挖土与撑板应交替进行，一次撑板高度宜为 0.6～0.8m，若遇土层松软或天气恶化，应提前撑好挡板。

（四）倒撑

倒撑是指在施工过程中，更换立柱和撑杠的位置的过程，见图 12-13。例如：当原支撑妨碍下一工序进行时、原支撑不稳定

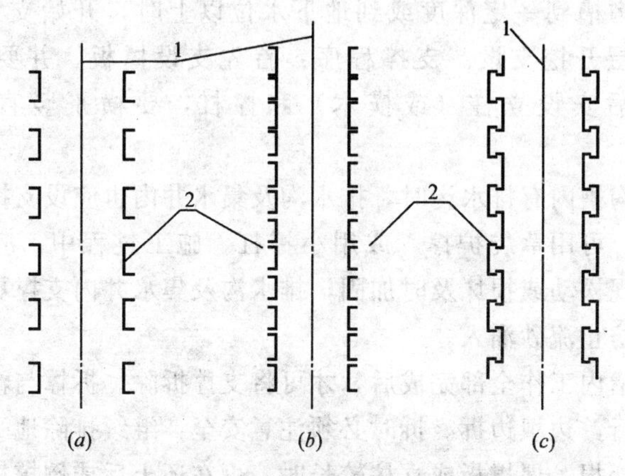


图 12-12　钢板桩支撑平面布置

（*a*）间隔排列；（*b*）无间隔排列；（*c*）咬口排列

1—沟槽中心线；2—钢板桩

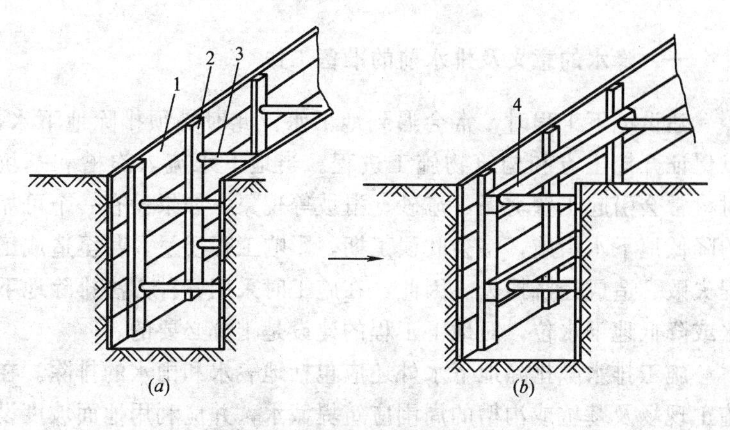


图 12-13　倒撑

（*a*）倒撑前支撑图；（*b*）倒撑后支撑图

1—撑板；2—纵梁；3—横撑；4—横梁

时、一次拆撑有危险时或因其他原因必须重新安设支撑时，均应倒撑。

（五）支撑的设置和拆除

挖沟槽到一定深度或到地下水位以上时，开始支设支撑，然后逐层开挖支设。支撑程序：首先支设撑板，并要紧贴槽壁，然后安设立柱（或横木）和撑杠，要横平竖直，支设牢固。

当沟槽内有排水沟时，排水沟及集水井内也应设支撑。为防止流砂，可用草袋护撑，或用小撑杠。施工过程中，应随时检查，发现松动或损坏及时加固，排水沟及集水井内支撑更应密切注意，防止流砂涌入。

沟槽内工作全部完成后，才可将支撑拆除。拆撑与沟槽回填同时进行，边填边拆。拆时必须注意安全，继续排除地下水，避免材料耗损。遇撑板或立柱较长时，可在还土后或倒撑后拆除。

## 第三节 施工降水

### 一、降水的意义及排水前的准备工作

建设地下工程时，常会遇到地下水，此时必须排除地下水，以保证开挖土方和构筑物施工进程。当地下水流入沟槽和基坑时，常会引起土壁坍塌、流砂、滑坡等现象，如果没有一个可靠的降低地下水措施，将会耽误工期，影响工程质量，甚至造成工程失败、造成经济损失。因此，在施工时采用各种方法排除地下水或降低地下水位，对地下工程的建设是十分必要的。

施工排水除排除地下水外还应包括地表水和雨水的排除。在施工现场及基坑或沟槽的周围应筑堤截水，并应利用地面坡度设置沟渠，把地面水疏导它处，一旦流入沟内，应及时排除。

施工排水方法分为坑内排水及人工降低地下水位两种。坑内排水也称明沟排水，是把流入沟槽内或基坑内的地下水汇集到集水井内，然后用水泵抽走；人工降低地下水位是在沟槽基坑开挖之前，预先将地下水位降低到沟槽基坑底面以下，形成干槽施工的条件。

选择施工排水的方法时，应根据土层的渗透能力，降水深度，设备状况及工程特点等因素，经周密考虑后确定。

在进行施工排水工作前，还应做好下面几项工作：

1. 对工地范围内水文地质资料调查研究。

2. 挖土深度及规模的确定。

3. 施工场地排水现状及设备能力的了解。

4. 制定土方开挖进度计划。

5. 电源、排水通路、设备安装，抽出地下水后沉砂装置等的落实。

6. 降低地下水后，对周围建筑物影响程度的估计及补救措施的制定。

## 二、集水井排水法

集水井排水也称明沟排水，其排水系统组成如图 12-14 所示。在开挖沟槽内先挖出排水沟，将沟槽内的地下水流入排水沟，再汇集到集水井内，然后再用水泵将水排除。

(一) 集水井

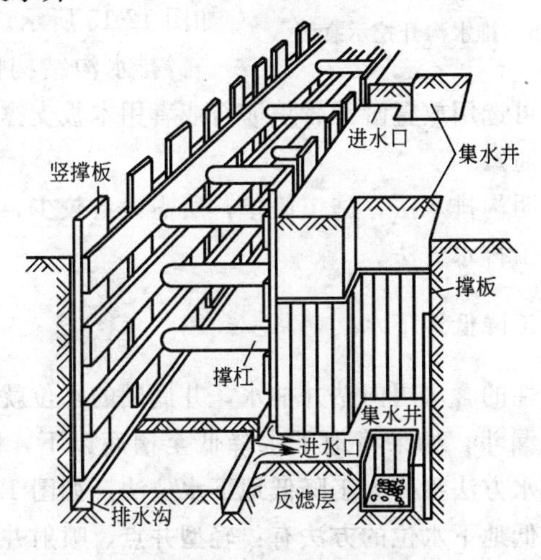


图 12-14　明沟排水系统

集水井一般布置在沟槽一侧，距沟槽底边1.0～2.0m，每座井的间距与含水层的渗透系数、出水量的大小有关，一般间距为50～80m左右。

集水井井底应低于沟槽底1.5～2.0m，保持有效水深1.0～1.5m，并使集水井水位低于排水沟内水位0.3～0.5m为宜，如图12-14所示。

集水井应在开挖沟槽之前先施工。集水井井壁可用木板密撑、直径600～1250mm的钢筋混凝土管、竹材等支护一般带水作业，挖至设计深度时，井底应用木盘或填卵石封底，防止井底涌砂，造成集水井四周坍塌。

（二）排水沟

当沟槽开挖接近地下水位时，视槽底宽度和土质情况，在槽底中心或两侧挖出排水沟，使水流向集水井。排水沟断面尺寸一般为30cm×30cm。排水沟底低于槽底30cm，以3%～5%坡度坡向集水井。如图12-15所示。

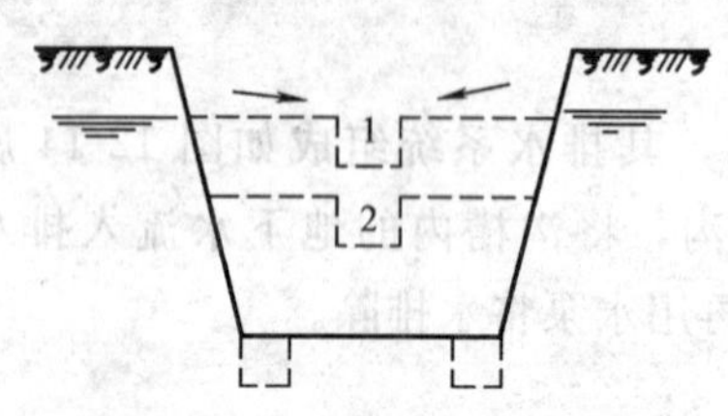

图12-15　排水沟开挖示意图

排水沟结构依据土质和工期长短，可选用放置缸瓦管填卵石或者用木板支撑等形式，以保证排水畅通。

集水井明沟排水法，施工简单，所需设备较少，是工程中常用的一种施工排水方法。

### 三、人工降低地下水

在非岩性的含水层内钻井抽水，井周围的水位就会下降，并形成倒伞状漏斗，如果将地下水降低至槽底以下，即可干槽开挖。这种降水方法称为人工降低地下水位法。如图12-16所示。

人工降低地下水位的方法有：轻型井点、喷射井点、电渗井点、深井井点等。选用时应根据地下水的渗透性能、地下水水

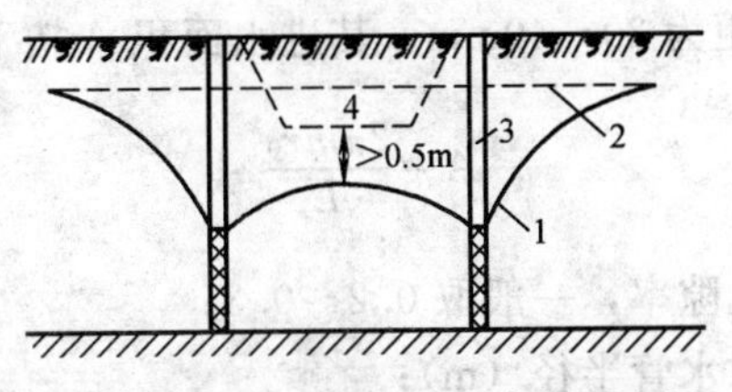

图 12-16　人工降低地下水位示意图

1—抽水时水位；2—原地下水位；

3—井管；4—基坑（槽）

位、土质及所需降低的地下水位深度等情况确定。本节重点介绍轻型井点系统的组成及降低地下水位的方法。

（一）轻型井点

1. 轻型井点系统适用条件及组成。轻型井点系统适用于含水层为砂性土（粉砂、细砂、中砂、粉质黏土、砂质粉土等），渗透系数在 1～80m/d，尤其是 2～50m/d 的土层，降水效果显著，降低水位为 3～7m，是目前工程施工中使用较广泛的降水系统，现已有定型的成套设备。

轻型井点系统由滤水管（也称过滤管）、井管、弯联管、总管、抽水设备等组成，如图 12-17 所示。

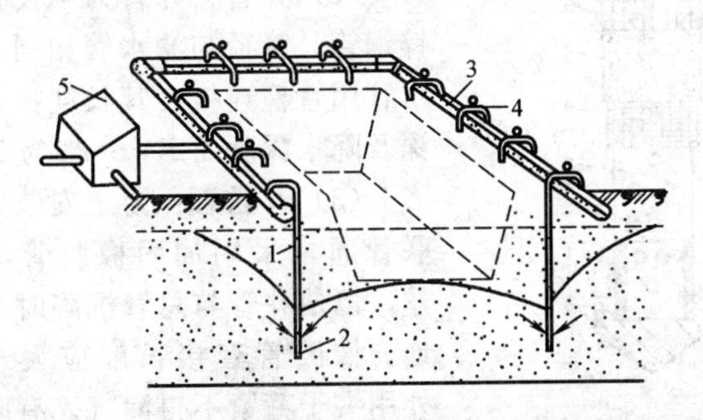

图 12-17　轻型井点系统的组成

1—井点管；2—滤水管；3—总管；4—弯联管；5—抽水设备

(1) 滤水管（过滤管）：一般用直径为 38～50mm，长度为 1～2m 的镀锌钢管制成。管壁上钻直径为 5mm 的孔眼呈梅花状布置，孔眼间距为30～40mm，其进水面积$A$按下式计算：

$$A=\frac{2\pi m r_0}{L} \tag{12-7}$$

式中 $m$——孔隙率，一般取0.2～0.3；

$r_0$——滤水管半径（m）；

$L$——滤水管长度（m）。

过滤管外壁包扎滤网，防止颗粒（砂）进入，其滤网的材料和网孔规格，可根据含水层颗粒粒径和地下水水质而定，一般可用黄铜丝网、钢丝网、不锈钢网、尼龙丝网、玻璃丝网、筛绢（生丝布）等。滤网一般包裹两层，内层滤网网眼为：粗砂层和软石层中用50～20个/$cm^2$；中砂层用60个/$cm^2$；粉砂层和细砂层中用100～70个/$cm^2$。外层滤网网眼为3～10个/$cm^2$。为了使水流畅通，滤水管与滤网间用10号钢丝绕成螺旋形将其隔开。过滤管下端用管堵封闭，有时还安装沉砂管，以使地下水夹带的砂粒沉积在沉砂管内。滤水管的构造如图12-18所示。

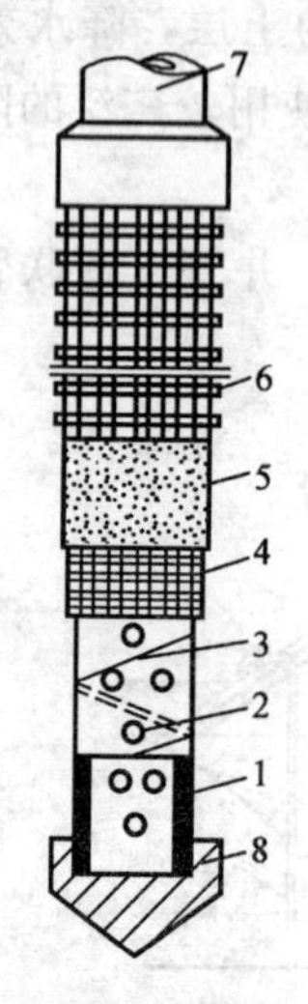

图12-18 滤水管构造
1—钢管；2—管壁上的滤水孔；3—铅丝；4—细滤网；5—粗滤网；6—粗铅丝保护网；7—井点管；8—铁头

（2）井管：井管为不设孔眼的镀锌钢管，管径与滤水管相同，并与滤水管用管箍连接。其长度视含水层埋深及降水深度而定，一般为5～7m。

（3）弯联管：为了安装方便，弯联管通常采用加固橡胶管，内有钢丝，以使井管与总管沉陷时有伸缩余地，橡胶管套接长度应大于10cm，外用夹子箍紧不得漏气。有时也可用透明的聚乙烯塑料管，以便随时观察井管的上水是否正常。用金属管件作为弯联管，其气密性好，但安装不方便。

（4）总管：总管一般采用直径为150mm的钢管，每节长为4～6m。管壁上焊有直径与井点管相同的短管，用于弯联管与总管的连接。短管的间距应等于井点管的布置间距。不同土质和降水要求所计算的井点管间距各不相同。因此，总管上的短管间距通常按井点管间距的模数选定，一般为0.8～1.5m，总管与总管之间采用法兰连接。

（5）抽水设备：轻型井点抽水设备有自引式、真空式和射流式三种，自引式抽水设备是用离心泵直接连接总管抽水，其地下水位降深仅为2～4m，适宜于降水深度较小的情况采用。

真空式抽水设备是用真空泵和离心泵联合工作。真空式抽水设备的地下水位降落深度为5.5～6.5m。真空式抽水设备组成较复杂，占地面积大，现在一般不用。

射流式抽水设备如图12-19所示。该装置具有体积小、设备组成简单、使用方便、工作安全可靠、地下水位降落深度较大等特点。因此被广泛采用。其工作过程如下：运行前将水箱内加满水，启动离心泵从水箱内抽水，经离心泵2加压的高压水在射流器的喷嘴处形成射流，使射流器内产生真空，从而也使总管、井管形成真空，地下水在大气压作用下经滤水管、井管及总管进入射流器，被高压水带入水箱。水箱内多余水经排出口排出。

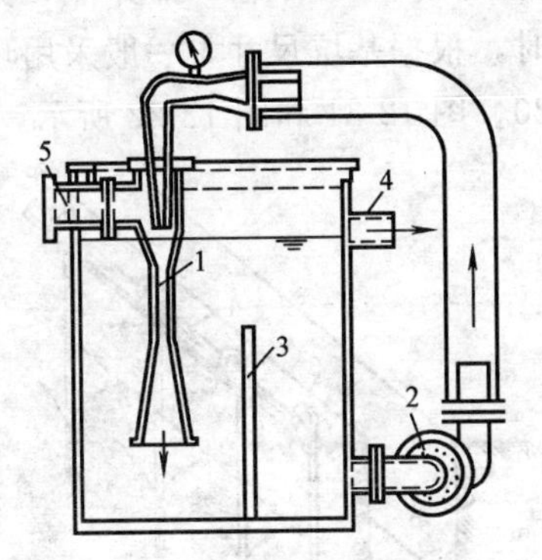

图12-19　射流式抽水设备
1—射流器；2—加压泵；3—隔板；4—排水口；5—接口

射流式抽水设备技术性能见表12-4。

2. 井点系统布置及要求

布置井点系统时，应将所有需降水的范围都包括在设计圈内，即在主要构筑物基坑和沟槽附近。

**射流式抽水设备技术性能　　表 12-4**

| 项　目 | 型 | 号 | | |
|---|---|---|---|---|
| | QJD-45 | QJD-60 | QJD-90 | JS-45 |
| 抽水深度(m) | 9.6 | 9.6 | 9.6 | 10.26 |
| 排水量($m^3$/h) | 45 | 60 | 90 | 45 |
| 工作水压力(MPa) | ≥0.25 | >0.25 | ≥0.25 | >0.25 |
| 电机功率(kW) | 7.5 | 7.5 | 7.5 | 7.5 |
| 外形尺寸(mm)(长×宽×高) | 1500×1010×850 | 2227×600×850 | 1900×1680×1030 | 1450×960×760 |

沟槽降水，应根据沟槽宽度、地下水水量、水位降深，采用单排或双排布置。当槽底宽小于 2.5m，地下水位降深不大于 4.5m 时，可采用单排井点，并布置在地下水上游。基坑降水时，根据基坑尺寸，一般采用环状布置。井点布置形式如图 12-20、图 12-21 和图 12-22 所示。

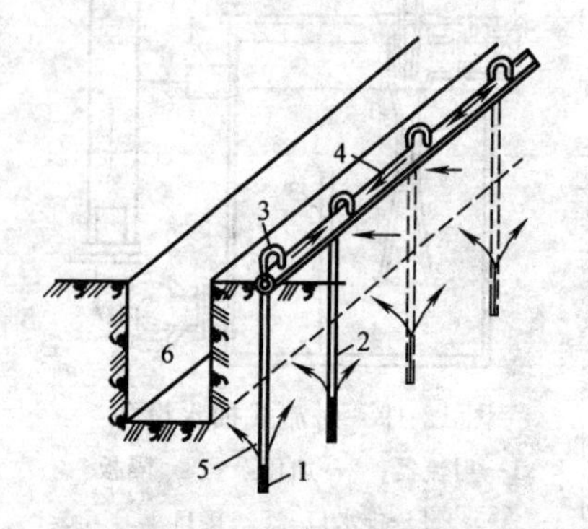


图 12-20　单排井点系统

1—滤水管；2—井管；3—弯联管；4—总管；5—降水曲线；6—沟槽

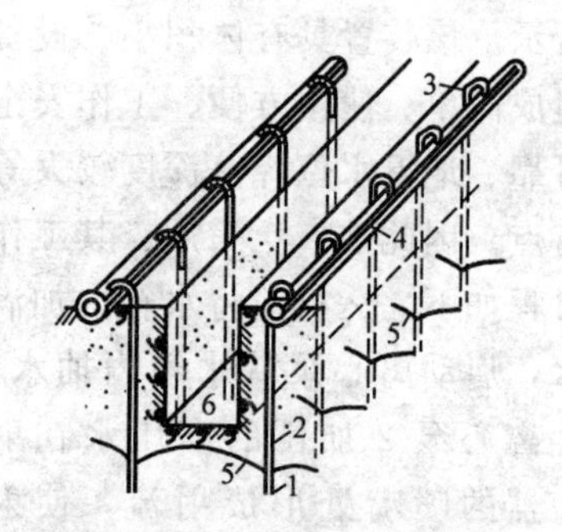


图 12-21　双排井点系统

1—滤水管；2—井管；3—弯联管；4—总管；5—降水曲线；6—沟槽

(1) 井点管平面定位：井点管距离沟槽或基坑上口外缘一般不小于 1.0m，以防井点局部漏气破坏真空，影响施工，但亦不宜太大，以免影响降水效果。井点间距一般为 0.8～1.6m，在总管末端及转角处应适当加密布置。

(2) 总管的布置：总管一般布置在井点管的外侧。为了保证

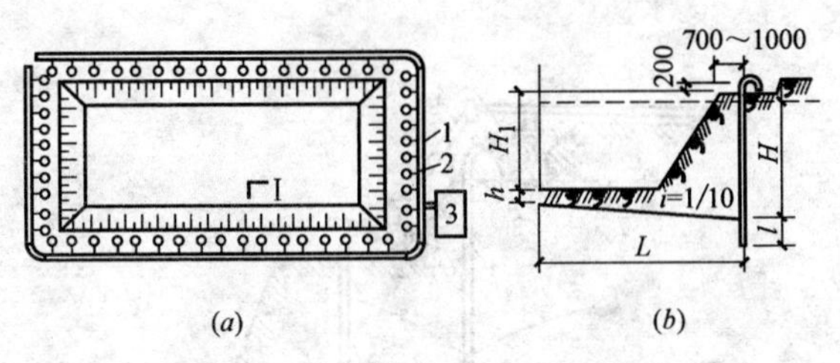


图 12-22 环形井点布置简图

（a）平面布置；（b）高程布置

1—总管；2—井点管；3—抽水设备

降水深度，一般情况下，总管位于原地下水位以上 0.2～0.3m。为此，总管和井点管通常是设在联合式沟槽内的二级台阶上。总管沿抽水流向应有1%～2%的落水坡度，坡向抽水设备。

轻型井点系统所能降低的地下水位一般为 3.5～4.0m，最高达 5.5～6.5m。当要求地下水位降低深度超过此限值时，也可采用多级轻型井点系统逐级降低地下水位。多级轻型井点系统的下级抽水设备应设在上级井点系统抽水后的稳定水位以上，而且下级井点系统是在上级井点系统已把水位降落，土方挖掘至该阶平台后才设置。如图 12-23 所示。

多级轻型井点系统是按轻型井点系统计算方法分层计算的。第一层井点系统降落后的地下水位，即为第二层井点计算的原地下水位，依此类推。一般下一级井点系统的降水深度较上一级降水深度递减 0.5m 左右。每阶平台宽度为 1.0～1.5m，以此确定每层沟槽的上口尺寸。

多级轻型井点系统的沟槽土方开挖量和预降时间，都较单级井点系统增加。并且多级轻型井点需要设备较多，安装管理麻烦，其土方开挖较大。当降水深度要求较大时，有条件的应考虑采用喷射井点或深井井点系统降低地下水位。

3. 井点系统施工

（1）井点系统的施工，其内容包括：冲沉井点管、安装总管

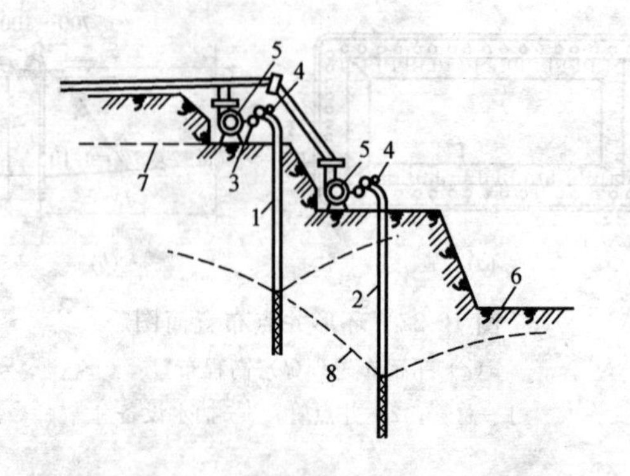


图 12-23　多层轻型井点降水示意图

1—第一层井点；2—第二层井点；3—总管；4—连接管；
5—水泵；6—坑（槽）；7—原地下水位；8—降水后水位

和抽水设备等。

井点管的冲沉可根据施工条件及土层情况选用下列方法：

1）当土质较松软时，宜采用高压水冲孔后，沉设井点管。

2）当土质比较坚硬时，采用回转钻或冲击钻冲孔沉设井点管。此外还有射水法。

（2）高压水冲孔沉设井点管法施工操作

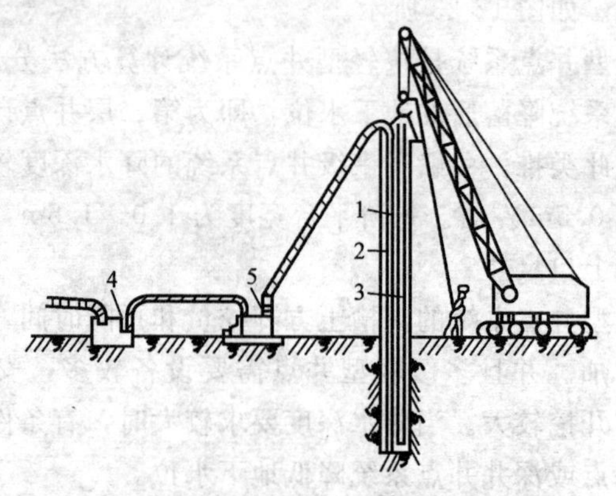


图 12-24　套管冲沉井点管

1—水枪；2—套管；3—井点管；4—水槽；5—高压水泵

1）高压水冲孔沉设井点管的组成：高压水冲沉井点管如图12-24所示。

套管用直径300～400mm、长6～8m钢管，底端呈锯齿形，水枪放在套管内。水枪直径为50～75mm的钢管，下端呈锥形缩口称为喷嘴，缩口直径为20mm，如图12-25所示。

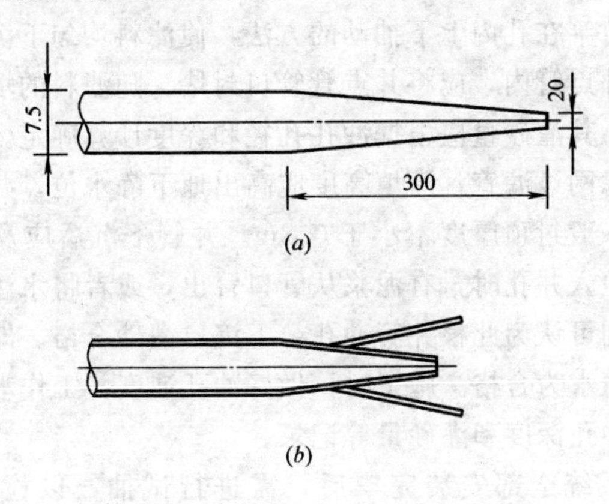


图12-25　冲孔水枪

(a) 普通水枪；(b) 带切片冲孔水枪

可在喷嘴周围安装切片，以便切土。由高压泵提供高压水，经喷嘴在土层中冲孔。工作的压力根据土质而定，参考表12-5选定。

冲孔所需水压力　　表12-5

| 土　　质 | 需水压力(MPa) | 土　　质 | 需水压力(MPa) |
| --- | --- | --- | --- |
| 褐黄色表土层 | 0.3～0.5 | 粉石、粉质黏土 | 0.2～0.4 |
| 淤泥质亚粘层薄粒砂 | 0.2～0.3 | | |

2）施工操作如下：用自行式起重机起吊水枪和套管，对准孔位垂直插入。启动高压水泵将高压水压入冲水管从喷嘴喷出。冲孔时，水枪应保持垂直，在土层中冲出井孔，水枪随之深入土中，冲孔孔径应为井点管外径加两倍管外滤层厚度，滤层厚度宜为10～15cm。冲孔深度应比滤水管深50cm以上，而且滤水管

的顶部高程，宜为井点管处设计动水位以下不小于0.5m。水枪冲至设计深度后应停留在原位，继续稍冲片刻，使底层泥浆随水浮出，减少泥浆沉淀。而后切断水源迅速提出水枪，立即下沉井点管，井点管应垂直居中放入孔中，放至规定深度后，应进行固定以防止沉落；随即用滤料在井点管与孔壁之间均匀地灌入；灌入时可用竹竿在孔内上下抽动的方法，使滤料均匀下沉。为防止将砂灌入井点管内，应将井点管管口封堵。随滤料的填入将套管慢慢拔出。其灌砂量应根据冲孔孔径和深度计算确定。并应使砂完全包住滤网过滤管，灌填高度应高出地下静水位，井孔应用黏土封填，一般封顶厚度不小于0.8m。井管下沉后应及时进行检查。当砂灌入井孔时，有泥浆从管口冒出，或者将水注入管内很快下渗，则可认为此根井管冲孔、下沉、灌砂合格。即可进行试抽水，以清水为合格。施工时，做好冲孔速度，工作水压力、冲孔孔径、冲孔深度和灌砂量等记录。

井点系统全部安装完毕后，需进行试抽，以检查系统运行是否良好和降水效果。试抽应在井点系统排除清水后才能停止。

(3) 井点管施工应注意的事项：

1) 井点管、滤水管及总管弯联管均应逐根检查管内不得有污垢、泥砂等杂物；

2) 过滤管孔应畅通，滤网应完好，绑扎牢固，下端装有丝堵时应拧紧；

3) 每组井点系统安装完成后，应进行试抽水，并对所有接头逐个进行检查，如发现漏气现象，应认真处理，使真空度符合要求；

4) 选择好滤料级配，严格回填，保证有较好的反滤层；

5) 井点管长度偏差不应超过±100mm、井点管安装高程的偏差也不应超过±100mm。

4. 井点系统的运转和拆除

(1) 井点系统的运转使用。井点系统使用过程中，应经常检查各井点出水是否澄清，滤网是否堵塞造成死井现象，并随时作好降水记录（格式见表12-6）。

**轻型井点降水运行记录** **表12-6**

施工单位____________工程名称____________

班　　组____________气　　候____________

降水泵房编号________机组类别及编号________

实际使用机组数量__________井点数量：开____根，停____根

观测日期：自____年____月____日____时至____年____月____日____时

| 观测时间 | | 降水机组 | | 地下水流量($m^3/h$) | 观测孔水位读数(m) | | | 记事 | 记录者 |
|---|---|---|---|---|---|---|---|---|---|
| 时 | 分 | 真空值(Pa) | 压力值(Pa) | | 1 | 2 | …… | | |
| | | | | | | | | | |
| | | | | | | | | | |

如有接头漏气和“死井”，查明原因立即处理。若发现有“死井”时。应将该井点关闭。用高压水进行反冲洗，使其恢复工作。

井点降水符合施工要求后方可开挖沟槽。应采取必要的措施，防止停电及机械故障导致泡槽等事故。待沟槽回填土夯实至原来的地下水位以上不小于50cm时，方可停止排水工作。在降水范围内若有建筑物、构筑物，应事先做好观测工作，并采取有效的保护措施，以免因基础沉降过大影响建筑物或构筑物的安全。

(2) 井点系统的拆除。井点系统的拆除，是在排水工作停止后进行的。用起重机拔出井点管。当拔井点管困难时，可用高压水进行冲洗后再拔。为了防止用吊车拔管造成井点管口损坏，可将拔管器套在井点管上用吊车拔管。拔管器如图12-26所示。

拔出的井点管过滤管应检修保养。井点孔一般用砂石填实；地下静水位以上部分，可用黏土填实。

（二）管井井点

当土质的渗透系数大，地下水丰富时，可用管井井点方法降水。其构造见图12-27所示。

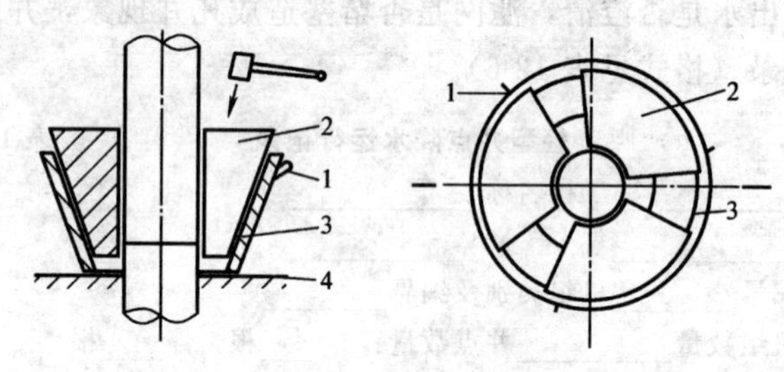


图 12-26 拔管器

1—吊环；2—楔块；3—锥形套筒；4—地面

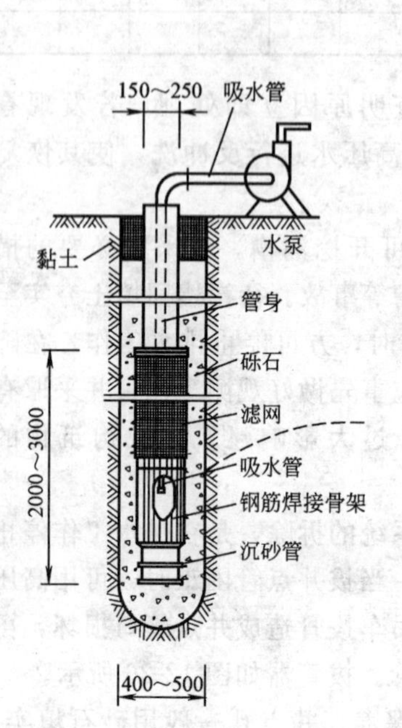


图 12-27 管井井点系统

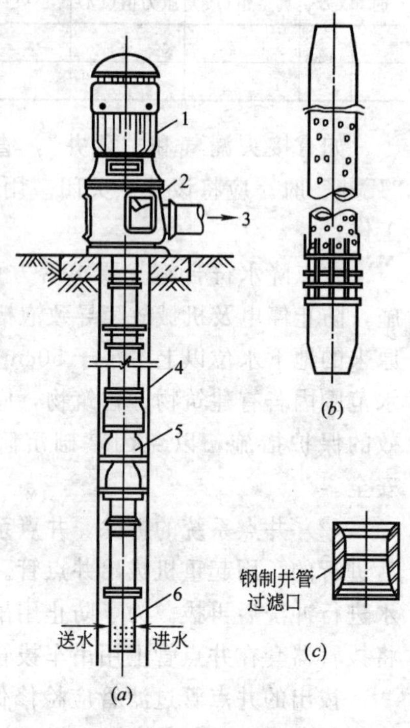


图 12-28 深井井点

(*a*) 深井泵抽水设备系统；(*b*) 滤网骨；
(*c*) 滤管大样

1—电机；2—泵座；3—出水管；
4—井管；5—泵体；6—滤管

管井井点的布置：沿基坑外围每隔 10～50m 一座。用钻机钻孔，成孔直径应比滤水井管外径大 200mm，下完井管后，在井管与土壁之间填充粒径为 3～15mm 的砾石，作为过滤层。

吸水管用直径为 50～100mm 的胶管或钢管，其底端应沉入管井抽吸时的最低水位以下。地面上安装清水泵或潜水泵，把管内水汲出。

滤水井管的材料有钢管、无砂混凝土管等，直径 150～250mm。用钢管时的过滤部分可用钢筋焊接骨架外包孔眼为 1～2mm 的滤网，长度 2～3m。

管井井点适用于中砂、粗砂、砾砂、砾石等土质中降水，当抽水机的排水量大于单井涌水量的数倍时，可把相邻的吸水管连接起来，一起抽吸。

（三）深井井点

当要求地下水位降落较深而土的渗透系数较大，可采用深井井点系统降水。深井系统由深井泵或深井潜水泵及井管滤网组成。井距一般为 20～30m。单井出水量一般为 30～80$m^3$/h。

深井井点系统如图 12-28 所示。施工程序是钻孔、安装井管、填滤料、洗井、安装泵体和电机、试抽。

钻孔可用冲击钻、回转钻或水冲法。终孔直径比井管外径大 300mm 以上。

井管一般采用钢管，其内径应比水泵外径大 50mm。滤管长度 1～2m。管壁孔隙率 30％～35％，用 12 号镀锌铅丝缠绕，丝距 1.5～2.5mm，滤管缠丝前应垫筋，以使铅丝与井管壁的间隙有 3mm 以上的缝隙以利通水。井点的下部装有沉砂管。

钻孔时，为了防止井壁坍塌，可采用泥浆护壁。

井管用起重机具起吊放入井孔。井管的垂直度应保证深井泵的正常工作。

井管装好后，应在管外四周均匀装填滤料，填入高度应高出含水层 0.5～0.7m，滤料上端用黏性土填实。滤料的粒径应根据含水层土质情况确定。

填完滤料后，洗井、安装泵体及电机，必须保证平衡、牢固，并有阻逆装置，然后投入运转。

(四) 土井法排水

土井法排水是在沟槽两侧，隔一定距离打土井一眼。土井的打法是用火箭锥旋转钻进，为防止井壁坍塌，投入黏土进行护壁，由于打井时不进行抽水，井内外水压力平衡，所以流砂等不被扰动。当土井打成后，放入混凝土滤管，在滤管外侧填入豆石及粗砂，然后用潜水泵抽水。这种方法简易可行，而且所需设备不多，故多被采用。施工后滤管不再拔出，将井回填即可。

## 第四节　流砂防治和地基土加固

### 一、流砂现象及防治

(一) 流砂现象及产生原因

1. 流砂现象是指粒径很小的细砂、粉砂和砂质粉土，在地下水的推动下，失去稳定而随地下水一起流动，这种现象称为流砂现象。

2. 产生原因：

(1) 外因：由于细砂、粉砂土孔隙很小，地下水渗透不通畅，而引起水力坡降较大，产生对砂土颗粒较大的水压力；

(2) 内因：由于砂土颗粒的浸水表观密度较小，使砂土颗粒失稳。

流砂现象产生会使沟槽内工作环境变差，不仅槽底土壤淤积，槽壁或槽底原土结构破坏；严重时，沟槽土壁因砂土流失而造成塌方，使附近地面及建筑物下沉开裂；还能将已建的槽内管道移动或下沉。

(二) 流砂现象防治

流砂现象防治的出发点在于阻止流砂流动和设法降低地下水位。常用的方法有：

1. 选择全年地下水位较低的季节施工。例如选择在冬季施工，此时地下水位较低，动水压力较小，不易发生流砂现象。但此方法不能满足全年施工的要求，且局限性很大。

2. 沿槽壁打入钢板桩。打入槽底以下约80～100cm，可以防治流砂现象。同时钢板桩要密，以免地下水挟带泥砂从板缝渗入槽内。

3. 人工降低地下水位。可采用井点系统抽取地下水防止流砂现象的产生，效果较好，适用于严重流砂现象的地区。

### 二、地基土加固

地基是承受包括基础在内的整个建筑物或构筑物的自重以及附加在建筑物和构筑物上的荷载的与基础相接触的那部分土层。因此地基必须具有足够的承载力。

管道工程一般铺设在未被扰动的原状土上，如果施工中，原状土被扰动而降低了其承载能力，使管道产生不均匀沉降造成管道裂缝，或管道穿过旧河床、苇塘、洼地、地表土松软地区等情况，需要考虑进行地基处理。

常用的地基处理方法：

1. 换土法：适用于较浅的地基处理地段，一般用于地基持力层扰动深度小于0.8m的情况下。如有地下水。可采用满槽挤入片石的方法。由沟的一端开始，依次向另一端推进。片石缝隙用级配砂石边挖边挤入片石。

2. 砂桩处理：适用于扰动深度为2m以内的情况。

3. 短木桩处理：适用条件基本上与砂桩处理适用条件相同。

4. 长桩处理：当槽底地基土扰动深度大于2m时，可采用长桩处理。

## 第五节 下管和稳管

### 一、下管

根据施工现场条件，进入施工现场的管材尽量沿管线分散堆放，以利下管。所谓下管就是将管节从沟槽上运到沟槽下的过程。下管分集中和分散下管。集中下管是将管节相对集中在沟槽的某处运送到沟槽内，然后再将管节运送到所需的位置。一般用于管径大、沟槽两侧堆土、场地狭窄或支撑槽等情况。分散下管是将管节沿沟槽边顺序排列，也称排管，依次下到沟槽内。一般用于较小管径、无支撑等有利于分散下管的环境条件。

管道安装前，应检查堆土情况是否符合规定，并检查沟槽尺寸，边坡、地基情况，同时还应检查管材、管件及配件等是否完好并符合设计要求。下管方法应根据管材种类、单节重量和长度、现场情况、机械设备情况等来选择。可分为人工下管和机械下管。

根据施工现场条件确定。一般人工下管适用于管径小、重量轻、施工现场狭窄、不便于机械操作、工程量小或机械供应有困难的条件下。机械下管适用于管径大、自重大，特别适用于大管径的承插口钢筋混凝土管及铸铁管、钢管等，也适用于沟槽深、工程量大且施工现场便于施工机械操作的条件。

（一）人工下管

1. 贯绳下管法：适用于管径小于300mm，管节长度不超过1m的混凝土管。用一端带有铁钩的粗绳钩住管道一端，绳子的另一端从管道内部穿过后由人工徐徐放松直至将管道放入槽底。

2. 压绳下管法：是一种最常用的人工下管方法。适用于中小型管道，方法灵活，经济实用。最常用的方法有人工压绳法、埋锚桩压绳法和竖管压绳法等三种。下管用的大绳应质地坚固、不断股、不腐朽、无夹心。

当管径小于600mm时，可采用人工压绳下管法，如图12-29所示。用两根大绳，分别套住管节的两端，然后分别将两根大绳的一端用数人脚踩牢固，并用手拉紧绳子的另一端在专人指挥下，徐徐放松绳子，直至将管节放至沟槽底部。为了节省人力，保证安全，有时也在槽边打入两根撬棍，利用大绳和撬棍的摩擦力，帮助下管。

图 12-29　人工压绳下管

1—撬棍；2—大绳

当管径较大时，也可采用竖管压绳下管法，如图 12-30 所示。在沟槽滑坡线以外立着埋下与所下管道直径相同的管节，其埋入深度一般取 1/2 管节长，内埋土方，将下管用的两根大绳按相反方向缠绕在立管上，绳子两端分别由人工操作，利用绳子与立管之间的摩擦力控制下管速度。

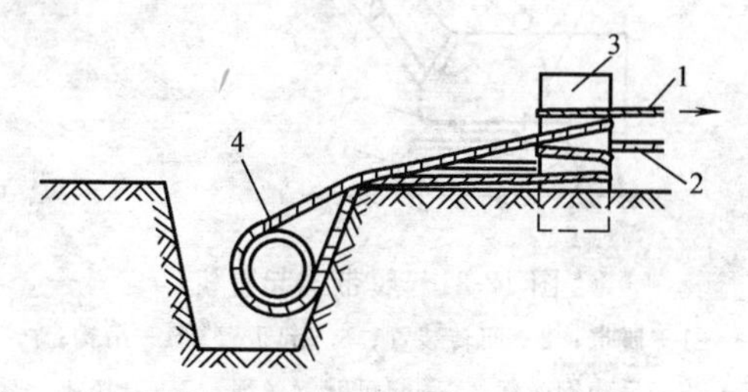


图 12-30　竖管压绳下管

1—放松绳；2—绳子固定端；3—立管；4—下管

3. 塔架下管法：在下管中，在三脚架和四角架上安装吊链，或与卷扬机配合，用来代替吊车的垂直吊运。先在沟槽上口铺设横跨沟槽的方木，然后将管节滚至方木上，利用塔架上的吊链或卷扬机上的吊钩将管节吊起，再撤去架设的方木，操作葫芦或卷扬机使管节徐徐下至沟槽底。适用于较大管径的集中下管。使用时塔架各承脚应用木板支设牢固、平稳，较高的塔架应有晃绳，塔架劈开程度较大时，塔架底脚应有绊绳。塔架与卷扬机配套下管时，卷扬机应固定牢固。在沟槽内，为防止下管过猛，撞坏管节或平基，可先在平基上铺一层草垫子，再顺铺两块撑板。下管处槽下不准站人。

（二）机械下管

有条件尽量采用机械下管。机械下管速度快、安全，而且可以减轻工人的劳动强度。机械下管一般采用汽车式起重机、下管机或其他起重机械。选择起重机以起吊重量、臂杆长度、回转半径为主要条件。按行走装置的不同，分为履带式起重机（见图12-31）、轮胎式起重机和汽车式起重机。

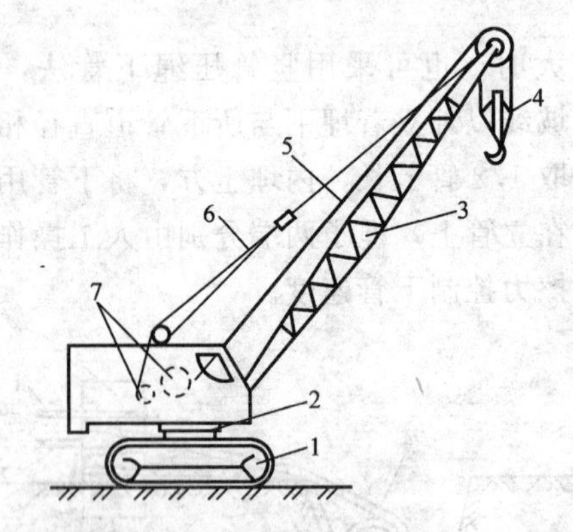


图 12-31　履带式起重机

1—履带；2—回转装置；3—起重臂；4—吊钩；
5—吊钩钢丝绳；6—起重臂钢丝绳；7—卷扬机

下管时机械沿沟槽移动，最好是单侧堆土，另一侧作为下管机械的工作面。若必须两侧堆土时，应保证有足够的机械行走和沟槽不致坍塌的距离，起重机距沟边至少有 1m 间隔，吊车下管不应一点起吊，采用两点起吊并找好重心，速度应均匀，回转平稳，下落时低速轻放，不得忽快忽慢和突然制动。槽下平基应作防冲击处理。吊管时，槽下施工人员必须远离下管处，严禁在被吊管节上站人。以免发生人员伤亡事故。

排管应从下游排向上游，管节承口应对向上游，插口对向下游，铺设前承口和插口应用清水刷净。

(三) 槽下运管

当采用集中下管时，下入沟槽内的管节还应按照管道的安装要求，均匀地分散在平基上。由于在槽下，特别是在支撑槽的槽下，使用机械运管非常困难，故这一工作一般都是由人工来完成。

1. 推管前的准备工作

(1) 平基混凝土的强度应达到5MPa以上。

(2) 平基清扫干净，如模板与平基相平时，模板可先不拆，以保证平基棱角完整。

(3) 已做了平基复测工作，且精度合格，并应有通知单。

(4) 为了防止运管时平基和管节碰撞而损坏，可在平基上顺管道方向铺好撑板。

(5) 倒撑应牢固可靠，最低一排横撑应高出管顶不小于20cm。

2. 推管方法

当管道直径在700mm以上时，一般采用人工横推法，当管径小于700mm时，沟槽较窄，管节转不过来，故采用滚杠竖推法。操作过程如下：

(1) 管道横推法：管道横推法在推管前及管道就位后，都应转管。转管时，在管节下垫一薄钢板使管身略高出平基面，操作人员扭动管身至正确方向为止。推管时，应有专人指挥，做到前后呼应，使管道安全就位。

(2) 管道滚杠竖推法：滚杠竖推法是在下管处预先放2～3根直径为50mm的钢管，作为滚杠，滚杠长度40～60cm。下管时，管节轻轻放在滚杠上，然后开始推管。推管中，后面滚杠退出后，再在管前填入滚杠，当管道即将就位时，不再继续填滚杠，直至滚杠全部退出为止。

不论采用横推法或滚杠竖推法，推管时管内不准站人，前进速度要慢于步行速度。当管道通过横撑时。注意头和手不发生挤伤事故。管节就位以后，管节两侧应用石块打眼垫牢。

下管时，一般为单根下入沟槽，有时为了减少沟内接口的工作量，在具有足够强度的管材和接口的条件下，也可以采用长串下管法。图 12-32 为焊接管长串下管法。

图 12-32　长串下管示意

## 二、稳管

稳管是将管子按设计的高程与平面位置稳定在地基或基础上。重力流管道的铺设高程和平面位置应严格符合设计要求。一般以逆流方向进行铺设，使已铺的下游管道先期投入使用，同时供施工排水所用。稳管时，相邻两管节底部应齐平，以免水中杂质阻塞而沉淀。为避免因紧密相接管口破损，便于勾管内缝，使柔性接口能承受少量弯曲，大口径管子两管端面之间应预留约 1cm 间隙。

压力管道铺设的高程和平面位置要求的精度可低些。通常情况下，铺设承插式管节时，承口朝来水方向，在槽底坡度急陡区间，应由低处向高处铺设。

金属管稳管时，不论是套环接口或承插接口，两管端面均应留约 1cm 缝隙，以吸收热膨胀。承插式铸铁管对口，通常是将插口撞进承口弹回少量距离留设的。

管线铺设曲率较大时，可调整管子预留间隙来安管。管口允许最大弯曲根据管径而定，但必须保证接口填料的尺寸。

橡胶圈接口的承插式铸铁管或钢筋混凝土管的稳管和接口同

时进行，即稳管和接口为一个工序。

（一）中线控制

中线控制主要用于重力流的排水管道。有下述两种方法。

1. 中心线法：在连接两块坡度板的中心钉之间的中线上挂一垂球，当垂球线通过水平尺中心时，表示管子已对中（图 12-33）。

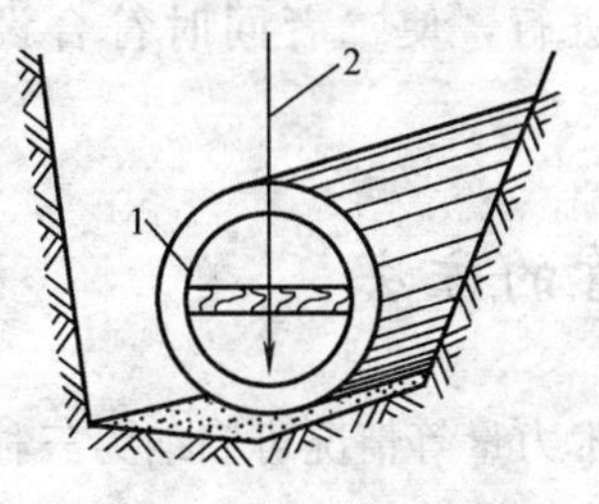


图 12-33 中心线对中法

1—水平尺；2—中心垂线

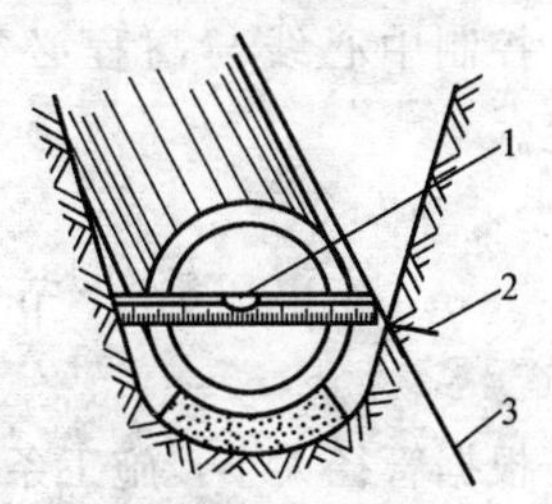


图 12-34 边线法

1—水平尺；2—边桩；3—边线

2. 边线法：边线两端栓在槽底或槽壁的边桩上。稳管时控制管子水平直径处外皮与边线间的距离为一常数，则管道处于中心位置（图 12-34）。用这种方法对中，比中心线法速度快，但准确度不如中心线法。金属给水管对中时，目估垂线在管道中心位置即可。

（二）高程控制

管道高程控制前，在坡度板上标出高程钉，如图 12-35 所

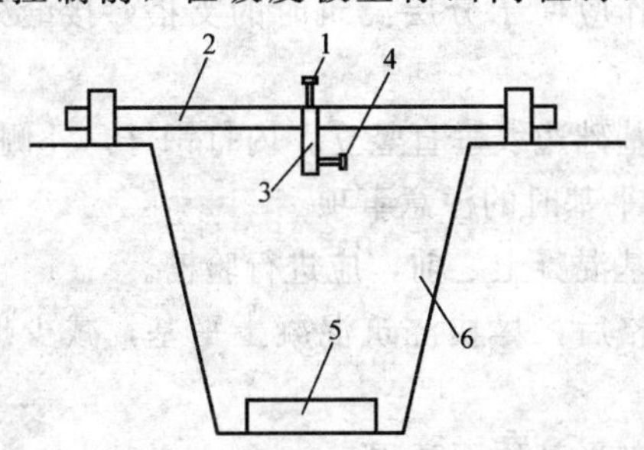


图 12-35 坡度板

1—中心钉；2—坡度板；3—立板；4—高程钉；
5—管道基础；6—沟槽

示。横跨沟槽的坡度板的间距为10～15m。坡度线上任何一点到管底的垂直距离是一个常数，称为下反数。高程控制时，使用丁字形高程尺，尺上刻有管底和坡度线之间距离的标记，即下反数的读数，将高程尺垂直放在管底，当标记和坡度线重合时，表明高程正确。

控制中心线与高程必须同时进行，使二者同时符合设计规定。

## 第六节　安管的方法

根据管径大小，施工条件和技术力量等情况可归纳为三种安管方法：即平基法、垫块法和“四合一”法。

### 一、平基安管法

（一）施工程序

支平基模板→浇筑平基混凝土→下管→稳管→支管座模板→浇筑管座混凝土→抹带接口→养护。

（二）基础混凝土模板

1. 可用钢木混合模板、木模板、土质好时也可用土模。有可能也可用15cm×15cm方木代替模板。

2. 模板制作应便于分层浇筑时的支搭，接缝处应严密，防止漏浆。

3. 模板沿基础边线垂直竖立，内打钢钎，外侧撑牢。

（三）浇筑平基时的注意事项

1. 浇筑平基混凝土之前，应进行验槽。

2. 验槽合格后，尽快浇筑混凝土平基，减少地基扰动的可能性。

3. 严格控制平基顶面高程。

4. 平基混凝土抗压强度达到5MPa以上时，方可进行下管，其间应注意混凝土的养护。遇有地下水时不得停止抽水。

（四）安管施工要点

1. 根据测量给定的高程和中心线，挂上中心和高程线，确定下反常数并做好标志；

2. 在操作对口时，待混凝土管下到安管位置，然后用人工移动管子，使其对中和找高程，对口间隙，管径≥700mm 按 10mm 控制，相邻管口底部错口应不大于 3mm；

3. 稳好后的管子，用干净石子卡牢，尽快浇筑混凝土管座。

（五）浇筑管座时的注意事项

1. 浇筑混凝土之前，平基应冲洗干净，有条件应凿毛；

2. 平基与管子接触的三角区应加强振捣，填满捣实；

3. 管径＞700mm，浇筑时应配合勾捻内缝；管径＜700mm，可用麻袋球或其他工具在管内来回拖拉，将渗入管内的灰浆拉平。

**二、垫块安管法**

按照管道中心和高程，先安好垫块和混凝土管，然后再浇筑混凝土基础和管座。用这种方法可避免平基和管座分开浇筑，有利于保证接口质量。

（一）施工程序

安装垫块→下稳管→支模板→浇筑混凝土基础与管座→接口→养护。

（二）安管注意事项

1. 在每节管下部放置两块垫块，设置要平稳，高程符合设计要求；

2. 管子对口间隙与稳平基法相同；

3. 管子安好后一定要用石子将管子卡牢，尽快浇筑混凝土基础和管座；

4. 安管时，防止管子从垫块上滚下伤人，管子两侧设保护措施。

（三）浇筑混凝土管基时注意事项

1. 检查模板尺寸、支设情况，并在浇筑混凝土前清扫干净；

2. 浇筑时先从管子一侧下灰，经振动使混凝土从管下部涌向另一侧，再从两侧浇筑混凝土，这样可防止管子下部混凝土出现漏洞；

3. 管子底部混凝土要注意捣密实，防止形成漏水通道；

4. 钢丝网水泥砂浆抹带接口，插入管座混凝土部分的钢丝网位置正确，结合牢固。

## 三、"四合一"施工法

在混凝土施工中，将平基、安管、管座、抹带 4 道工序连续进行的做法，称为"四合一"施工法。这种方法安装速度快、质量好，但要求操作熟练。适用于管径 500mm 以下管道安装，管径大，自重就大，混凝土处于塑性状态，不易控制高程和接口质量。

（一）施工程序

验槽→支模→下管→"四合一"施工→养护。

（二）"四合一"施工

1. 根据操作需要支模高度略高于平基或 90°基础面高度。因"四合一"施工一般将管子下到沟槽一侧压在模板上，如图12-36所示，所以模板支设应特别牢固。

2. 浇筑平基混凝土坍落度控制在 2～4cm，浇筑平基混凝土

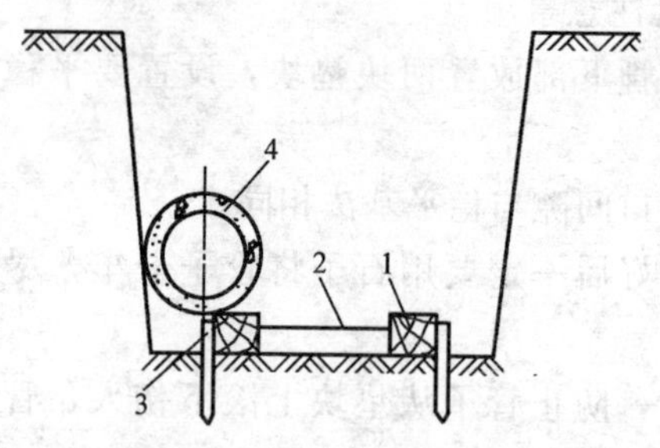


图 12-36 "四合一"支模排管示意图

1—方木；2—临时撑杆；3—铁钎；4—管子

面比平基设计面高出2～4cm，在稳管时轻轻揉动管子，使管子落到略高于设计高程，以备安装下一节时有微量下沉。当管径≤400mm，可将平基与管座混凝土一次浇筑。

3. 安装前先将管子擦净，管身湿润，并在已稳好管口部位铺一层抹带砂浆，以保证管口严密性。然后将待稳的管子滚到安装位置，用手轻轻揉动，一边找中心，一边找高程。达到设计要求为止。当高程偏差大于规定时，应将管子撬起，重新填补混凝土或砂浆，达到设计要求。

4. 浇筑管座混凝土，当管座为135°、180°包角时，平基模板与管座模板分两次支设时，应考虑能快速组装，保证接缝不漏浆。若为钢丝网水泥砂浆抹带时，应注意钢丝网位置正确。管径较小，人员不能进入管内勾缝时，可用麻带球将管口处的砂浆拉平。

5. 当管座混凝土浇筑完毕，应立即抹带，这样可使管座混凝土与抹带砂浆结合成一体。但应注意抹带与安管至少相隔2～3个管口，以免稳管时影响抹带的质量。

## 第七节　沟槽回填及要求

沟槽覆土应在管道隐蔽工程验收合格后进行。及早回填可保护管道的正常位置，避免沟槽坍塌，而且尽早恢复地面交通。覆土前必须将槽底杂物清理干净。沟槽回填施工包括还土、摊平、夯实、检查等工序。

### 一、还土

沟槽回填的土料大多是开挖出的素土，但当有特殊要求时，可按设计回填砂、石灰土、砂砾等材料。

1. 回填土的含水量。

回填土的含水量应按土类和采用的压实工具控制在最佳含水量附近。最佳含水量应通过轻型击实试验确定。当缺乏试验条件时，可参照表12-7中的数值选用。

**不同土类的最大干密度和最佳含水量　　表12-7**

| 土　类 | 塑性指数 | 最大干密度($g/cm^3$) | 最佳含水量(%) |
| --- | --- | --- | --- |
| 砂土 | <1 | 1.80～1.88 | 8～12 |
| 砂质粉土 | 1～7 | 1.85～2.08 | 9～15 |
| 粉土 | 1～7 | 1.61～1.80 | 16～22 |
| 粉质黏土 | 1～17 | 1.67～1.95 | 12～20 |
| 黏土 | >17 | 1.58～1.70 | 19～23 |

2. 回填原土或其他材料时应符合下列规定：

(1) 采用素土回填时不得含有有机物；冬季回填可均匀掺入部分冻土，其数量不得超过填土总体积的15%，且冻块尺寸不得大于10cm。

(2) 管道两侧及管顶以上0.5m范围内，不得回填大于50mm的砖、石、冻土或其他硬块；对有防腐绝缘层的直埋管道周围，应采用细颗粒土回填。

(3) 采用砂、石灰土或其他非素土回填时，其质量要求按设计规定执行。

(4) 不采用淤泥、腐殖土及液化状的粉砂、细砂等回填。

3. 还土注意事项

(1) 管道两侧和管顶以上50cm范围内的回填材料，应由沟槽两侧同时对称均匀分层回填，两侧高差不得超过30cm，以防管道位移。

(2) 填土时不得将土直接扔在管道上，更不得直接砸在管道抹带、接口上。

(3) 回填其他部位时，应均匀运土入槽，不得集中推入。

(4) 需拌合的回填材料，应在运入槽内前拌合均匀，不得在槽内拌合。

(5) 采用明沟排水时，还土应从两相邻集水井的分水岭处开始向集水井延伸。

## 二、摊平

管道两侧及管顶以上50cm范围内的覆土必须分层整平；管顶50cm以上覆土时，应分层整平和夯实，每层厚度应根据采用的夯（压）实工具和密实度要求而定。若使用推土机械或碾压机械碾压，管顶以上的覆土厚度不应小于70cm。

## 三、夯实

1. 夯实机具

(1) 蛙式夯：由夯头架、拖盘、电动机和传动减速机构组成。结构简单、轻便，目前工程中广泛使用。在填土最佳含水量情况下，每次虚铺土的厚度20～25cm。夯夯相连，夯打3～4遍即可达到回填土密实度95%左右。

(2) 内燃打夯机：以内燃机作为动力的打夯机。又称“火力夯”，由燃料供给系统、点火系统、配气机构、夯身夯足、操纵机构等部分组成。

启动时，须将机身抬起，使缸内吸入空气，雾化的燃油、汽油和空气在缸内混合，然后关闭气阀，靠夯身下落而将混合气体压缩，并经磁电机打火将其点燃，爆发后把夯抬高，落下后起到夯土作用。火力夯夯实沟槽、基坑及墙边墙角还土比较方便。每次虚铺土厚度为20～25cm。

(3) 履带式打夯机。履带式打夯机用履带式起重机提升重锤，锤形有梨形和方形，夯锤重量1～4t，夯击高度为1.5～5m。夯实土层的厚度每层最大可达300cm，它适用于沟槽上部夯实或大面积夯土工作。

(4) 压路机、振动压路机：在沟槽较宽，而且填土厚度超过管顶以上20cm时，可使用3～4.5t轻型压路机碾压，效率较高。每次虚铺厚度为20～30cm。振动压路机每次虚铺厚度不应大于40cm。碾压的重叠宽度不得小于20cm。压路机及振动压路机压实时，其行驶速度不得超过2km/h。

2. 夯实要求

（1）同一沟槽中有双排或多排管道的基础底面位于同一高程时，管道之间的回填压实应与管道与槽壁之间的回填压实对称进行。当基础底面的高程不同时，应先回填压实较低管道的沟槽，当与较高管道基础底面齐平后，再按上述方法进行。

（2）分段回填压实时，相邻段的接茬应呈阶梯形，且不得漏夯。

（3）回填土压实的每层虚铺厚度，应按采用的压实工具和要求的压实度确定。

（4）对一般压实工具，铺土厚度可参照表 12-8 中的数值选用。

**回填土压实每层的虚铺厚度** **表 12-8**

| 压实工具 | 虚铺厚度(cm) | 压实工具 | 虚铺厚度(cm) |
|---|---|---|---|
| 木夯、铁夯 | 不大于 20 | 压路机 | 20～30 |
| 蛙式夯、火力夯 | 20～25 | 振动压路机 | 不大于 40 |

（5）回填土每层的压实遍数，应按回填土的要求、压实度、采用的压实工具、回填土的虚铺厚度和含水量经现场试验确定。

## 四、检查

沟槽土方回填应分层进行并及时检查回填压实度，《给水排水管道工程施工及验收规范》对管道沟槽回填土压实度，规定如下：

1. 管道两侧回填土的压实度，不论修路与否皆应符合下列规定：

（1）圆形管道。混凝土管道、钢筋混凝土管道：不小于 90%；钢管道：不少于 95%；

（2）非圆形管道：按设计文件规定执行；设计文件无规定时，不应小于 90%；

（3）有特殊要求的管道，按设计文件执行；

(4) 回填土作为路基，且路基要求的压实度大于上述各款规定，应根据管道两侧所处路槽底以下深度范围，按表 12-9 执行。

**管道顶部以上沟槽回填土作为填方路基的最低压实度　　表 12-9**

| 深度范围(cm) | 条　件 | | 最低压实度(%) |
|---|---|---|---|
| 0～80 | 沟槽回填土与修路联合施工 | | 由修路单位压实 |
| | 沟槽回填土与修路不联合施工 | 快速路及主干路 | 98 或与修路部门协商 |
| | | 次干路 | 95 |
| | | 支路 | 92 |
| 80～150 | 快速路及主干路 | | 95 |
| | 次干路 | | 92 |
| | 支路 | | 90 |
| >150 | 快速路及主干路 | | 90 |
| | 次干路 | | 90 |
| | 支路 | | 90 |

注：① 表列深度范围均由路槽底算起；

② 管道顶部以上第一层回填土应虚铺 30cm，用轻型压实工具压实，检验表层 10cm 内的压实度，以不小于 90%为合格。以上各层压实度取样，以该层的平均压实度为准。

2. 管道顶部以上沟槽回填土作为路基时，回填土的压实度不应小于表 12-9 的规定。

3. 处于绿地或农田范围内的沟槽回填土，在原地面以下 50cm 范围内不应压实，但应将表面整平，并预留沉降量。

4. 管道位于软土层由于原土含水量过高不具备降低含水量条件，不能达到密实度时，管道两侧及管道顶部可回填石灰土、砂、砂砾或其他可以达到要求的材料。

5. 没有规划修路的沟槽回填土，管道顶部以上 50cm 范围内的压实度不应低于 85%；其余部位，当设计文件没有规定时，不应小于 90%。根据经验，沟槽各部分的回填土密度如图 12-37 所示。管顶以上 50cm 范围以内胸腔填土的密实度应不小于

95%，管顶50cm以上，根据当年修路情况确定。基坑回填的密实度一般为80%～90%。回填结束后使沟槽上土面略呈拱形，其拱高一般为槽上口宽的1/20，常取15cm。

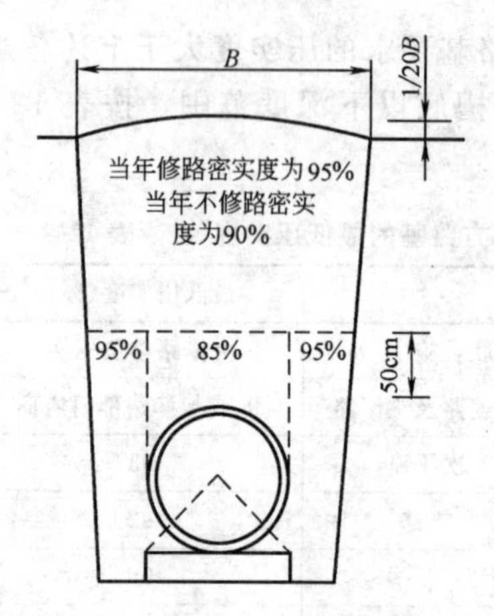


图12-37　沟槽还土密实度要求

**五、拆板**

横列板拆板和覆土应按自下而上的顺序逐层进行，每次拆板数不应超过三块，若遇到土质较差或支撑易走动，不得超过两块，靠近路面的两块撑板，应留撑一段时间。

拆板与覆土应交替进行。当天拆板应做到当天覆土、当天夯实。

板桩应在填土达到要求密实度后方可拔出，拔桩时应采取措施，减少板桩槽内带土。板桩宜采用间隔拔除，并及时灌砂，可适当冲水，帮助灌砂下沉；对于建筑物至沟槽边的距离较近以及地下管线密集等环境保护要求较高的地段，板桩拔除后应及时注浆。

## 第八节　管道质量检验与验收

### 一、密闭性试验

（一）闭水试验

1.闭水试验方法及步骤。规范规定污水、雨污水合流及大孔土、膨胀土地区的雨水管道，回填土前应采用闭水试验进行严密性试验。污水管道必须逐节（两检查井之间的管道为一节）作闭水（磅水）试验，雨水管道在粉砂地区至少必须每四节打磅一节，磅水检验合格后才能进行管道坞膀。直径等于或小于800mm的管道可采用磅筒磅水；直径等于或大于1000mm的管道可采用检查井（窨井）磅水。

磅水装置如图12-38、图12-39所示。

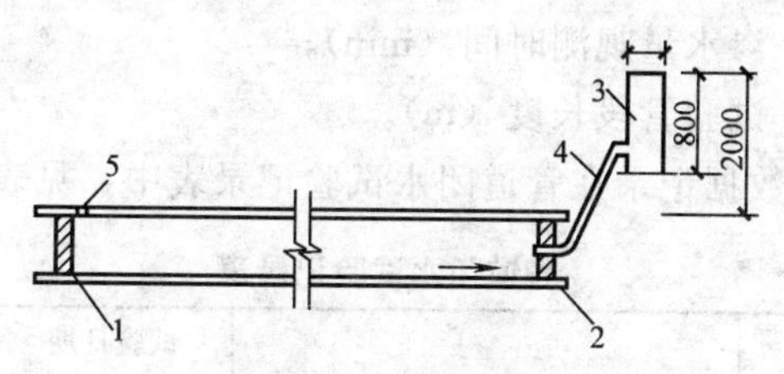


图12-38　磅筒磅水

1—上游封墙；2—下游封墙；3—磅筒；4—进水管；5—出气孔

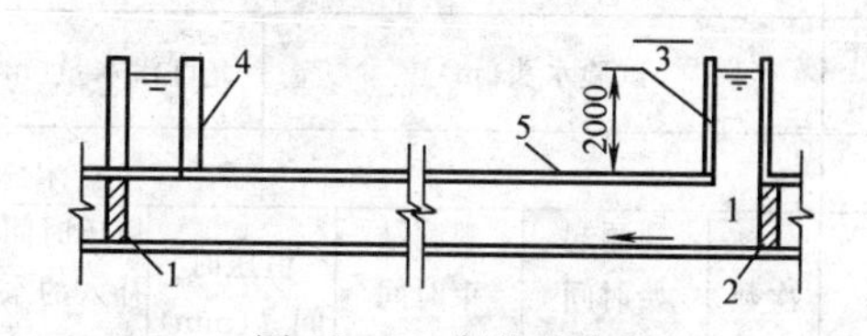


图12-39　窨井磅水

1、2—封强；3、4—检查井；5—管道

(1) 磅水试验步骤：

1) 当管道铺设和检查井砌筑完毕后，并达到足够强度，即可在试验段两端检查井内用砖砌筑厚24cm的闭水墙堵，经对管堵进行3～4d的养护后，充满水24h以上才能磅水。

2) 磅水水头应为检验段上游管道内顶以上2m，$\phi$1000mm以上的管道采用检查井磅水，若其井顶与管顶内顶的距离小于2m时，则磅水水头高度应至检查井井顶为止。

3) 磅水时应按要求水头高度先加水试磅20min，待水位稳定后才进行正式磅水，计算30min内水位下降的平均值。

(2) 计算填表。试验过程中，不断向试验管段内补水，保持水头恒定。实测渗水量按式(12-8)计算：

$$q=\frac{W}{T\times L} \tag{12-8}$$

式中 $q$——实测渗水量［L/(min·m)］；

$W$——补水量（L）；

$T$——渗水量观测时间（min）；

$L$——试验管段长度（m）。

将试验数据记录在管道闭水试验记录表中，见表12-10。

**管道闭水试验记录表** **表12-10**

<table>
<tr><td>工程名称</td><td colspan="3"></td><td colspan="2">试验日期</td><td>年 月 日</td></tr>
<tr><td>桩号及地段</td><td colspan="6"></td></tr>
<tr><td>管道内径(mm)</td><td colspan="2">管材种类</td><td colspan="2">接口种类</td><td colspan="2">试验段长度(m)</td></tr>
<tr><td></td><td colspan="2"></td><td colspan="2"></td><td colspan="2"></td></tr>
<tr><td>试验段上游设计水头(m)</td><td colspan="3">试验水头(m)</td><td colspan="3">允许渗水量[m³/(24h·km)]</td></tr>
<tr><td></td><td colspan="3"></td><td colspan="3"></td></tr>
<tr><td rowspan="5">渗水量测定记录</td><td>次数</td><td>观测起始时间 $T_1$(min)</td><td>观测结束时间 $T_2$(min)</td><td>恒压时间 $T$(min)</td><td>恒压时间内补入的水量 $W$(L)</td><td>实测渗水量 $q$ [L/(min·m)]</td></tr>
<tr><td>1</td><td></td><td></td><td></td><td></td><td></td></tr>
<tr><td>2</td><td></td><td></td><td></td><td></td><td></td></tr>
<tr><td>3</td><td></td><td></td><td></td><td></td><td></td></tr>
<tr><td colspan="6">折合平均实测渗水量[m³/(24h·km)]</td></tr>
<tr><td>外观记录</td><td colspan="2"></td><td></td><td></td><td></td><td></td></tr>
<tr><td>评语</td><td colspan="2"></td><td></td><td></td><td></td><td></td></tr>
</table>

施工单位： 试验负责人：

建立单位： 设计单位：

使用单位： 记录员：

(3) 闭水试验质量要求。当 $q$ 小于或等于允许渗水量时，即认为是合格。排水管道闭水试验允许渗水量见表12-11。当管径大于表中所规定的管径时，闭水试验允许的渗水量按式（12-9）计算。

$$Q=1.25\sqrt{D} \tag{12-9}$$

式中 $Q$——允许渗水量（$m^3/24h$）；

$D$——管道内径（mm）。

**无压力管道严密性试验允许渗水量　　表 12-11**

| 管材 | 管道内径(mm) | 允许渗水量[$m^3/(24h\cdot km)$] |
|---|---|---|
| 混凝土、钢筋混凝土管、陶管及管渠 | 200 | 17.60 |
| | 300 | 21.62 |
| | 400 | 25.00 |
| | 500 | 27.95 |
| | 600 | 30.60 |
| | 700 | 33.00 |
| | 800 | 35.35 |
| | 900 | 37.50 |
| | 1000 | 39.52 |
| | 1100 | 41.45 |
| | 1200 | 43.30 |
| | 1300 | 45.00 |
| | 1400 | 46.70 |
| | 1500 | 48.40 |
| | 1600 | 50.00 |
| | 1700 | 51.50 |
| | 1800 | 53.00 |
| | 1900 | 54.48 |
| | 2000 | 55.90 |

2. 管道坞膀及要求。承插式混凝土管和 $\phi$2700、$\phi$3000F 型钢承口式钢筋混凝土管在黏性土层中采用 C15 混凝土基础，在砂性土层中采用 C20 钢筋混凝土基础，坞膀应相应采用同强度等级的混凝土或钢筋混凝土，坞膀应在磅水检验合格之后进行，

无磅水检验要求的管道，应在接缝施工完毕后进行。

立模前管壁、基础表面均应干净，污泥应清除，面层积水应抽除。

坞膀模板应沿混凝土基础边线垂直支立，中心角呈 135°，斜面应拍实抹光。

混凝土的材料、拌合、浇筑和养护等应按照“管道基础”的有关条文规定。

混凝土坞膀应符合以下要求：混凝土应密实，与管壁紧密结合，混凝土强度不低于设计要求；钢筋混凝土承插管和企口管采用柔性接口，管道均采用中粗砂坞膀，其高度与管节中心齐平，中心角呈 180°，下料时应分层洒水振实拍平，其干重度不应小于 $16kN/m^3$。

（二）闭气试验

闭气试验具有与闭水试验相当的效果，其优越性是可以避免湿操作，并可节约大量试验用水，对于大管径或冬季施工更有利。

试验时，应在试验段两端的管口内安装管堵，管堵上设有充气孔及压力表，然后向管堵内充气，其压力为 0.15～0.2MPa，经检查完全严密后，再用空压机向管内充气至 3000Pa，由 3000Pa 降压至 2000Pa 的过程称稳压，历时不得少于 5min。当初步合格后，开始测定管内压力，观察由 2000Pa 降至 1500Pa 的时间，若压降时间不少于表 12-12 中的数值，即认为合格。

**最短压降时间表** **表 12-12**

| 管径(mm) | 300 | 400 | 500 | 600 | 700 | 800 | 900 | 1000 | 1100 | 1200 |
|---|---|---|---|---|---|---|---|---|---|---|
| 最短压降时间(s) | 60 | 95 | 125 | 155 | 185 | 215 | 250 | 290 | 330 | 370 |

管道封闭后，向管内充气达到 2000Pa 时，应用喷雾器喷洒发泡剂检查有无漏气现象。

由于气密性试验较水密性试验的难度大，试验段长度不宜超过 100m，即一座井附带两侧的管段为一单元，出现漏气时也便于检修。

当闭气包括检查井时，也应在井口内安装特制的堵头。

## 二、管道施工清理与验收

### （一）清场扫尾工作

1. 清场扫尾工作的内容及要求

（1）材料机具整理。工程施工应做到分段开、分段完、分段清的要求，剩余土方、旧料应及时清除，机具设备运离现场。新建及原有管道端头应全面清理，使排水通畅。

（2）原有工程恢复原状。因保护公用事业管线采取的加固措施，应会同有关单位商讨恢复原状的方案。路面修复后，配合交通管理部门，拆除施工护栏，恢复交通。

（3）新排及原有管道口应全面拆清。施工封堵的排水管道口，竣工时确因各种原因不能拆除的，应在竣工图上注明，填写“排水管道竣工交接封堵口清单”，并向接管单位办理移交手续。

2. 临时设施拆除。施工现场临时水、电设施、临时办公场所、工棚等也应及时拆除。

### （二）竣工验收资料及验收

1. 竣工资料准备

（1）隐蔽工程验收。排水管道工程在施工完毕后必须经过验收合格后方可投入使用，竣工验收分为初验和终验两个阶段。

竣工终验时，应核实竣工验收资料，并进行必要的复验和外观检查，其格式应符合有关规定。

（2）竣工资料的内容。竣工技术资料编制说明及总目录；工程概况；施工合同、施工协议、施工许可证；工程开工、竣工报告；施工组织设计及其审批文件；工程预算；工程地质勘察报告；控制点（含永久性水准点、轴线坐标）及施工测量定位的依据及其放样、复核记录；设计图纸交底及工程技术会议纪要、配合会议纪要；设计变更通知单、施工业务联系单、监理业务联系单、工程质量整改通知单；质量自检记录，分项、分部工程质量检验评定单；隐蔽工程验收单；材料、成品、构件的质量保证书或出厂合格证明书；工程质量事故报告及调查、处理、照片资料及上级部门审批处理记录；各类材料试验报告、质量检验报告；旋喷桩、树根桩、搅拌桩等地基加固处理工艺的施工记录；结构工程施工、验收记录；结构工程、相邻建筑物沉陷、位移定期观测资料；施工总结和新技术、新工艺、大型技术、复杂工程技术总结；监理单位质量评审意见；全套竣工图、初步验收意见单、竣工终验报告单及验收会议纪要；设备运转记录、设备调整记录；工程决算等。

2. 竣工资料归档。给水排水管道工程竣工验收后，建设单位应将有关设计、施工及验收文件和技术资料立卷归档。

# 第十三章　排水管道不开槽施工

## 第一节　概　述

### 一、不开槽施工技术介绍

1. 不开槽施工技术的特点

非开挖施工技术是相对于开槽技术而言的，是指在不开挖或者少开挖地表的条件下探测、检查、修复、更换和铺设各种地下公用设施的一种技术和方法。

相对于传统的管线铺设施工而言，不开槽施工技术具有不影响交通，不破坏环境、施工周期短、综合施工成本低、社会效益显著等优点。可以避免开槽施工对居民正常生活的干扰，以及对交通、环境、周边建筑基础的破坏和不良影响。能消除冬季和雨季对开槽施工的影响；不开槽施工不会阻断交通、不破坏绿地、植被、不影响商店、医院、学校和居民的正常生活和工作秩序。

现代不开槽技术可以高精度地控制地下管线的铺设方向、埋深，并可使管线绕过地下障碍。在开挖施工无法进行或不允许开挖施工的场合，可采用不开槽技术从其下方穿越铺设，并可将管线设计在工程量最小的地点穿越。

又有比较好的经济效益。在可比性相同的情况下，不开槽管线铺设、更换、修复的综合技术经济效益和社会效益均低于开挖施工，管径越大、埋深越大时越明显。为此，室外地下管道不开槽施工得到广泛应用。

2. 不开槽施工技术的应用

可以广泛用于穿越公路、铁路、建筑物、河流、以及在闹市区、古迹保护区、作物和植被保护区等条件下进行供水、煤气、电力、电信、石油、天然气等管线的铺设、更新和修复，还可以用在水平降排水工程、隧道工程（管棚）、基础工程（钢板/管桩、微型桩、土钉）、环境治理工程等领域。因而不开槽技术是地下管线铺设和修复的一种全新的方法。

不开槽施工一般适用于非岩性土层。在岩石层、松散的砂砾石层、含水层施工、或遇地下障碍物，都需要有相应的附加措施。因此，施工前应详细勘察施工地段的水文地质和地下障碍物等情况。

### 二、管道不开槽施工方法分类

管道不开槽施工方法很多，主要可分为以下几类：

1. 人工或机械掘进顶管；

2. 不出土的挤压土层顶管；

3. 盾构掘进衬砌成型管道或管廊等。

采用何种方法，要根据管道的材料和各项尺寸、土层性质、地下水情况、管线长度及其他因素（如穿越障碍物性质及占地范围等）选择。

## 第二节　掘进顶管法施工

在不开槽施工中，顶管法是最早使用的一种施工方法，它是用大功率的顶推设备将新管顶进至终点来完成铺设任务的施工方法。

顶管施工法根据铺设管道口径的大小又可分为小口径顶管施工法和大中口径的顶管施工法。设于英国伦敦的国际非开挖技术协会（ISTT）伦敦分会规定小口径管道为900mm以下，而在顶管法的发源地日本规定小口径为800mm以下。之所以存在这样的差异，主要是由于东西方人在体格上的差异所致。因此，可以认为小口径顶管施工法就是指管道直径不允许人员进入管内而只能通过遥感操作进行的管道顶进施工方法。

顶管法的排土方式可以是螺旋排土、浆液泵送、电瓶车、手推车或皮带输送排土。究竟选何种施工方法，应根据铺设管径、土层条件、管线长度以及技术经济比较等确定。

最初的顶管施工主要是利用人进入管内进行的人工挖掘法。在铺设人无法进入的小口顶管道时，则采用所谓的套管方式，即在大口径套管的保护下，先打通一条可以进入的管道，然后插入所要铺设的管道，再将管道的周围和土层固结在一起。可是，由于套管施工成本较高，工序繁琐，所以它只是在横穿轨道或短区间工程中得到了一些应用。后来，随着遥感顶进技术的不断发展，工程数量有了明显的增加，人进入管内作业的现象也逐渐减少。

小口径顶管施工法和大口径顶管法的施工基本相同，即先构筑一个顶进工作坑，由该坑向另一方向的目的工作坑通过顶管顶进管道，在管道的前端挖掘土层，并向后方运送土渣。在顶进工作坑里，施工人员进行管道连接、供电线的运送、顶进方向控制以及向坑外输送土渣等作业。

顶管法所用的顶进管有混凝土管、球墨铸铁管、树脂混凝土管、陶土管、聚氯乙烯管、钢管、强化塑料管等。应根据其使用目的以及地层的土质等因素来选择顶管的种类。以前，一提到顶管施工，很快想到的是大功率的千斤顶和能够承受其顶力的钢筋混凝土管或钢管；而现在，随着科学技术的不断发展，连承受力很低的聚氯乙烯管也能用于顶进施工。目前，聚氯乙烯管的累计施工长度已经超过钢筋混凝土管而名列第一。

工作坑在作业结束后，一般是改成检查井。但是在水下管道施工时，构筑工作坑所需的费用较大，所以应尽力延长顶进距离设法减小检查井的数量。

掘进顶管的工作过程如图 13-1 所示。首先选择工作坑位置，开挖工作坑；再按照设计管线的位置、高程和坡度，在工作坑底

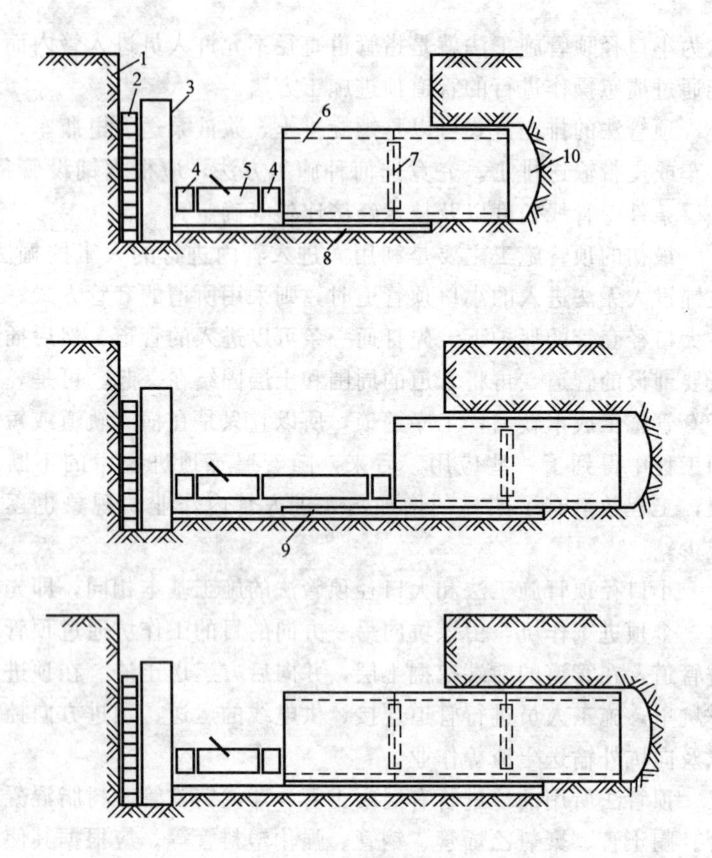


图 13-1 掘进顶管过程示意

1—后座墙；2—后背；3—立铁；4—横铁；5—千斤顶；6—管子；
7—内胀圈；8—基础；9—导轨；10—掘进工作面

修筑基础、设置导轨，把管子安放在导轨上顶进，顶进前，在管道前端开挖坑道，然后用千斤顶将管子顶入。一节管顶完，再连接一节管子继续顶进。千斤顶支撑于后背，后背支撑于原土后座墙或人工后座墙上。除直管外，顶管也可用于弯管的施工。

掘进顶管的管材有钢管、钢筋混凝土管、铸铁管等。为了便于管内操作和安放施工设备，采用人工掘进时，一般管道直径不应小于 1000mm；采用螺旋水平钻进，管径一般在 300～1000mm。

## 一、顶进设备

主顶进装置由多台千斤顶组成，一般为双数，如2、4、6、8台等。主顶千斤顶沿管道中心按左右对称布置。主顶进装置除了主顶千斤顶以外，还有千斤顶架，以支承主顶千斤顶；供给主顶千斤顶以压力油的是主顶油泵；控制主顶千斤顶伸缩的是换向阀。油泵、换向阀和千斤顶之间均用高压软管连接。

（一）液压千斤顶

液压千斤顶是顶进设备中的主要设备。千斤顶的能源来自液压泵输出的高压工作液。液压千斤顶的构造形式分活塞式和柱塞式两种，顶管一般采用双作用活塞式液压千斤顶。其原理为由电动机带动油泵，把压力油通过输送管道经分配器控制阀门送入千斤顶，推动活塞产生顶力。

液压千斤顶由控制箱和千斤顶组成，有手动控制和电动控制两种方式。

（二）顶铁

顶铁是顶管过程中传递顶力的工具，它的作用主要是把千斤顶的几个点的推力比较均匀地分布到钢筋混凝土管端面上，同时顶铁也可用来延长千斤顶的行程。若采用的主顶千斤顶的行程长短不能一次将管节顶到位时，必须在千斤顶缩回后在中间加垫块或几块顶铁。

顶铁根据安放位置和作用的不同，可分成顺铁、横铁和立铁。顺铁是在顶进过程中与顶镐的行程长度配合传递顶力，在顶镐与管子之间陆续安放。

顶铁的形式一般有矩形、O形顶铁及U形顶铁等，其断面见图13-2。

矩形顶铁用来作为顺铁。O形顶铁，主要用于保护管子端面，使端面传力均匀；U形顶铁是为了弥补千斤顶行程不足而用。其材料可用铸钢或用钢板焊接成型内灌注C28混凝土，其刚度和强度应经过计算。圆形或弧形顶铁的端面必须与管子端面

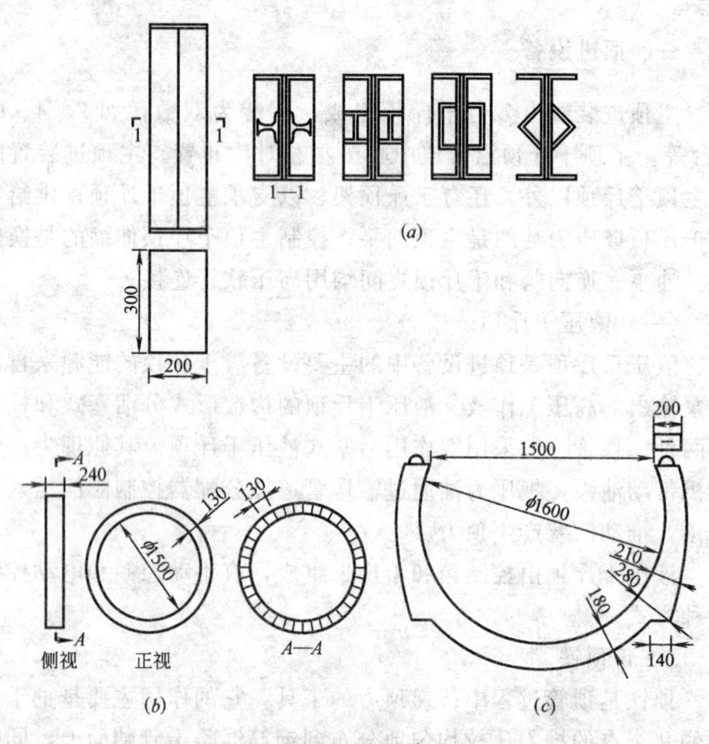

图 13-2 顶铁
(a) 矩形顶铁；(b) O 形顶铁；(c) U 形顶铁

形状吻合（企口或平口）。

（三）刃脚

刃脚装于首节管端部，用它先贯入土中预先切开土层，使后续管道在尽可能小的外壁摩擦力下向前推进。刃脚支撑作业空间，挡住挤压过来的土层，直到最后由后续管子来承受全部荷载和压力为止。刃脚挡护工作前壁，防止土层坍落，控制顶进管子按预定路线运动，保持偏差不超过允许范围。刃脚一般用钢板焊成。

（四）机头

在机械掘进时，将刃脚改为机头。机头也叫掘进机，是顶进过程中切开土层并向前推进的机构。掘进机有多种形式，主要有泥水式、泥浆式、土压式和岩石掘进机，根据机头形式的不同，顶管也被区分为泥水式、泥浆式、土压式和岩石式顶管。其中以泥水式和土压式最为普遍。机头是决定顶管成败的关键所在。

（五）其他辅助设备及工具

1. 工作台及棚架。工作台搭设在工作坑的顶面，主要采用型钢，上面铺设 15cm×15cm 方木，作为承重平台，中间留下管和出土的方孔为平台口，在平台口上设活动盖板。

起重架与防雨（雪）棚合成一体。罩以防雨棚布即为工作棚架。

2. 测量仪器。水准仪 1 台、经纬仪或激光导向仪 1 台。

3. 常用工具。顶管常用的工具有内涨圈（参见图 13-3）、硬木楔、水平尺、特制短高程尺、钢尺、垂球、小线、出土小车等。

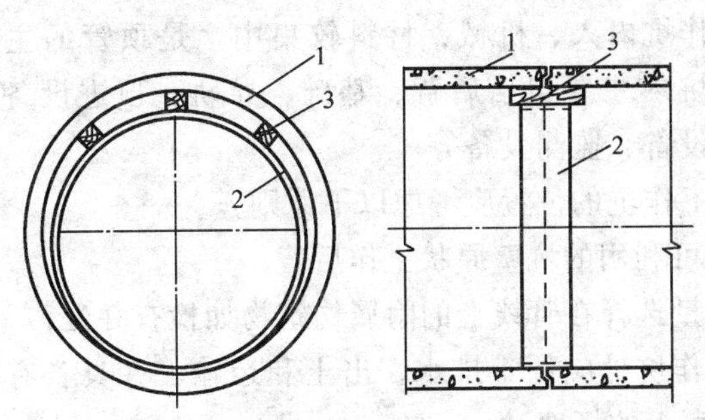


图 13-3　工具内涨圈示意图

1—混凝土管；2—内涨圈；3—木楔

4. 管节。常用的管节是钢筋混凝土管和钢管，其接口不允许有渗漏水现象。

5. 工具管。工具管是安装在管段前端的起到导向作用又能出土的，并具有其他功能的一种装置，它是顶管施工中的关键机具。

6. 中继间。在顶管顶进距离较长时，顶进阻力超出主顶千斤顶的总顶力，无法一次达到顶进距离，需要设置中继接力顶进装置即中继间。根据顶进距离的长短和后座墙所能承受反力的大小以及管外壁的摩擦力，确定放置中继间的数量。

7. 输土设备。输土设备有土斗车、电瓶车、土砂泵等。

8. 注浆系统。注浆系统由拌浆、注浆和管道等部分组成。拌浆是把注浆材料按一定配比搅拌成所需浆液。注浆是注浆泵把浆液以一定的压力和流量压入土体。管道分为总管与支管，是浆液输送的通道。

顶管施工就是正确综合使用上述几部分的设备和系统的全过程，它是一项综合性很强的施工工艺。

## 二、工作坑

### （一）工作坑位置的选定

工作坑是顶管过程中安放顶进设备的场所，也是管道的始发场所。工作坑内人、机械、材料较集中，是顶管的主要工作场所。工作坑内主要包括后背、基础、导轨、顶进设备、起吊设备、供电设备、监测设备等。

选择工作坑的位置应考虑以下原则：

1. 有可利用的坑壁原状土作后背；
2. 尽量选择在管线上的附属构筑物如检查井处；
3. 工作坑处应便于排水、出土和运输，并具备有堆放少量管材及暂存土的场地；
4. 工作坑应尽量远离建筑物；
5. 单向顶进时工作坑宜设在下游一侧。

### （二）工作坑的种类

从工作坑的使用功能上分为以下种类：

单向顶进坑、双向顶进坑、多向顶进坑及转角顶进坑，见图13-4。

### （三）工作坑的尺寸

一般开挖工作坑，其底部的平面尺寸应根据管径大小、管节

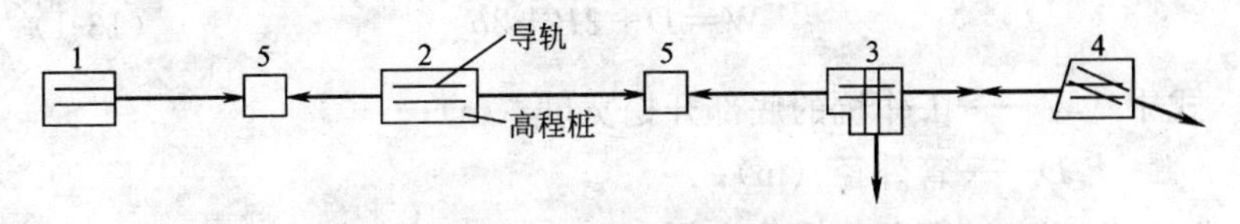


图 13-4　工作坑种类

1—单向坑；2—双向流；3—多向坑；4—转向坑；5—交汇坑

长度、操作设备、出土方式及后背长度等不同因素而定。

矩形工作坑的底部尺寸一般可按下式计算其宽度 $W$（见图 13-5）及长度 $L$（见图 13-6）。

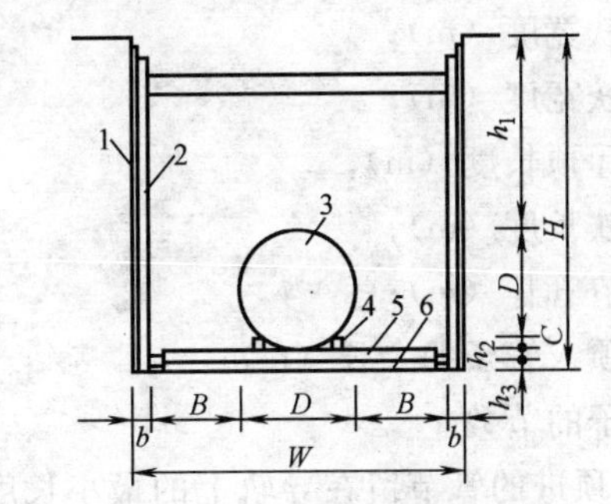


图 13-5　工作坑的底宽和高度

1—撑板；2—支撑立木；3—管子；4—导轨；

5—基础；6—垫层

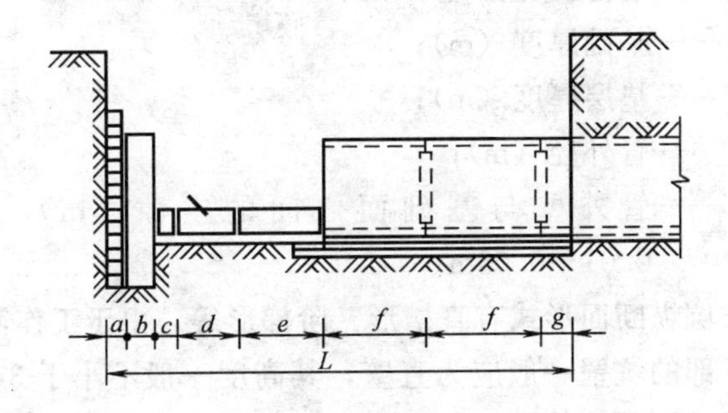


图 13-6　工作坑底的长度

$a$—后背宽度；$b$—立铁宽度；$c$—横铁宽度；$d$—千斤顶长度；$e$—顺铁长度；$f$—单节管长；$g$—已顶入管子的余长

$$W=D+2B+2b \tag{13-1}$$

式中 $W$——工作坑的底部开挖宽度（m）；

$D$——管外径（m）；

$B$——管两侧操作空间（m），一般为每侧 1.2～1.6m；

$b$——撑板厚度（m），一般采用 0.2m。

$$L=a+b+c+d+e+n\times f+g \tag{13-2}$$

式中 $L$——工作坑的底部开挖长度（m）；

$a$——后背宽度（m）；

$b$——立铁宽度（m）；

$c$——横铁宽度（m）；

$d$——千斤顶长度（m）；

$e$——顺铁长度（m）；

$f$——单节管长（m）；

$g$——已顶入管子的余长（m）；

$n$——管子的节数。

稳管时，已顶进的管节留在导轨上的最小长度一般为 0.3～0.6m。工作坑的深度见图 13-5。

$$H=h_1+h_2+h_3+C+D \tag{13-3}$$

式中 $h_1$——管道覆土厚度（m）；

$h_2$——基础厚度（m）；

$h_3$——垫层厚度（m）；

$D$——管外径（m）；

$C$——管外壁与基础面之间的空隙（m），一般为 0.01～0.03m。

工作坑纵断面形式有直槽形、阶梯形等。由于工作需要，工作坑最下部的坑壁一般应为直壁，其高度一般不小于 3m。如需开挖斜槽，则顶管前进方向两端应为直壁。土质不稳定的工作坑壁应支设支撑或板桩。如图 13-7 所示。

在松散土层或饱和土层内，经常采用沉井或连续壁方法修建工作坑。这种工作坑平面一般为圆形或方形。

为了顶进时校测管线位置，工作坑内应设置中心桩和高程桩，都由地面桩引入。

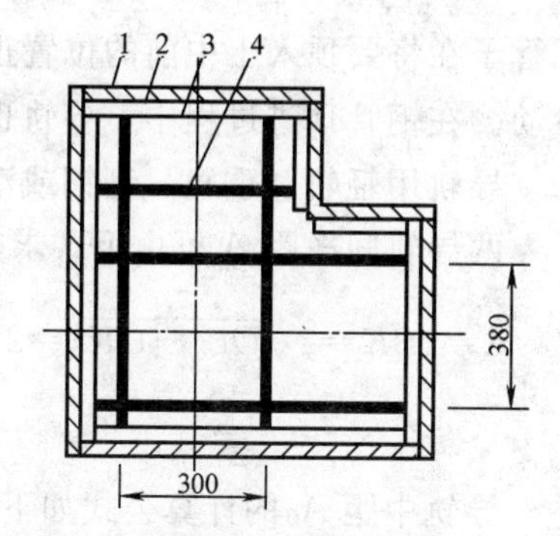


图 13-7 工作坑壁支撑（单位：cm）
1—坑壁；2—撑板；3—横木；4—撑杠

（四）工作坑基础

为了防止工作坑地基沉降，导致管子顶进位置误差过大，应在坑底修筑基础或加固地基。

含水弱土层通常采用混凝土基础。基础尺寸根据地基承载力、施工荷载、操作要求而定。基础宽不小于管外径，长度至少为 1.2～1.3 单节管长。基础一般厚度为 15～25cm，C10 混凝土，卵石垫层厚约 15cm。

为了安放导轨，应在混凝土基础内预埋方木轨枕。方木轨枕分横铺与纵铺两种。

密实地基土可采用木筏基础，由方木铺成，平面尺寸与混凝土基础相同，分密铺和疏铺两种。疏铺木筏基础的方木净距约为 40cm。

在粉砂地基并有少量地下水时，为了防止扰动地基，可铺设厚为 10～20cm 的卵石或级配砂石，在其上安装轨枕，铺设导轨。

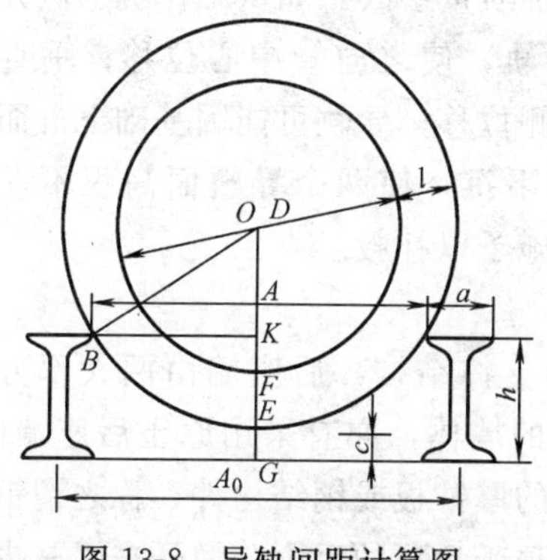


图 13-8 导轨间距计算图

（五）导轨

顶进导轨由两根平行的轨道所组成，其作用是使管节在工作井内有一个较稳定的导向，引导管子按设计的中心线和坡度顶入土中，保证管子在将要顶入土中前的位置正确，同时使顶铁能在导轨面上滑动。在钢管顶进过程中，导轨也是钢管焊接的基准装置。

导轨用轻轨、重轨、型钢或滚轮做成。

两导轨间净距 $A$ 可由下式求得（见图 13-8）：

$$A=2BK=2\sqrt{OB^2-OK^2}=2\sqrt{(D+2t)(h-c)-(h-c)^2} \tag{13-4}$$

导轨中距 $A_0$ 的计算公式如下：

$$A_0=a+A=a+2\sqrt{(D+2t)(h-c)-(h-c)^2} \tag{13-5}$$

式中 $D$——管子内径（m）；

$t$——管壁厚（m）；

$h$——钢导轨高度（m）；

$c$——管外壁与基础面的间隙，约为 0.01～0.03m。

导轨高程按管线坡度铺设。导轨用道钉固定于木筏基础的轨枕上，或固定于混凝土基础内预埋的轨枕上。导轨面的高程，可用刨削轨枕面使之下降或用垫铁使之上升的方法来调节到正确高程为止。为了简化安装工作，可根据不同管径预制成工具式钢导轨。还可采用滚轮式导轨，这种导轨的优点是可以调节两导轨的中距，而且可减少导轨对管子的摩擦。

施工时，导轨可能产生各种质量事故。如从工作坑一侧开挖坡道下管时，管子从侧面撞导轨，使之向管中心位移；垂直下管，管子撞击导轨，使之向两侧位移；导轨可能因基础下沉而下沉；基础纵向开裂，其中一半下沉，使两个导轨面高程不一致等。这些事故都需采用相应措施予以补救。

（六）后座墙与后背

后座墙与后背是千斤顶的支撑结构，后座墙由两大部分组成：一部分是用混凝土浇筑成的墙体，亦有采用原土后座墙的；另一部分是靠主顶千斤顶尾部的厚铁板或钢结构件，称之谓钢后背，钢后背的作用是尽量把主顶千斤顶的反力分散开来，减少对后座墙的单位面积的压力。经常采用原土后座墙。黏土、粉质黏土均可做原土后座墙。根据施工经验，管顶埋深 2～4m 浅覆土原土后座墙的长度一般需 4～7m。选择工作坑位置时，应考虑有无原土后座墙可以利用。

无法建立原土后座墙时，可修建人工后座墙。

在工作坑双向顶进时，已顶进的管段作为未顶进管段的后背。双向顶进时，就不必设后背和后座墙。

## 三、顶管测量及误差校正

### （一）顶管测量

顶管测量就是在施工过程中对第一节管子进行测量，因为首节管道顶进的方向和高程关系到整段管道的顶进质量，应勤测量、勤检查、勤纠偏。首节管道，每顶进 20～30cm，测量一次高程和中心线；正常顶进中，每顶进 50～100cm 测量一次。校正时，每顶进一镐即测量一次。由此可见只有第一节管子位置正确，才能保证全管段位置正确。顶管测量分中心测量和高程测量两种。

中心水平误差用经纬仪和垂线检查。

高程测量用水准仪在工作坑内进行，现在，用激光测量可以做到准确及时，是顶管测量的有效手段。

掘进顶管敷设的管道，通常情况下，重力流管道的中心水平允许误差为±30mm，高程误差为＋10mm 和－20mm。误差超过允许值，就要校正管子位置。

### （二）误差校正

产生顶管误差的原因很多，大部分是由于坑道开挖形状不正确引起的。开挖时不注意坑道形状质量、坑道一次挖进深度较大、在砂砾石层开挖，都会导致开挖形状不正确。工作面土质不均，管子会向软土一侧偏斜；千斤顶安装位置不正确会导致管子受偏心顶力；并列的两个千斤顶的出程速度不一致、管子两侧顺铁长度不等、后背倾斜，均会导致水平误差。在弱土层或流砂层内顶进，管端很易下陷，机械掘进的机头重量也会使管端下陷；管前端堆土过多会使管端下陷；顶力作用点不在管壁与坑壁摩擦力合力同一轴线，产生顶进力偶，均会产生高程误差。

由于顶进时管子间已有连接，误差是逐渐积累和逐渐校正的，形成误差和消除误差的长度为一弯折段。顶管施工中的误差校正是指将已偏斜的顶进方向校正到正确的方向。

顶管误差校正是逐步进行的，形成误差后不可立即将已顶好的管子校正到位，应缓缓进行，使管子逐渐复位，不能猛纠硬调，以防产生相反的结果。常用的校正方法有以下 3 种：

1. 超挖纠偏法：偏差为 1～2cm 时，可采用此法，即在管子偏向的反侧适当超挖，而在偏向侧不超挖甚至留坎，形成阻力，使管子在顶进中向阻力小的超挖侧偏向，逐渐回到设计位置。

2. 顶木纠偏法：偏差大于 2cm，在超挖纠偏不起作用的情况下可用此法。用圆木或方木的一端顶在管子偏向的另一侧内管壁上，另一端斜撑在垫有钢板或木板的管前土壤上，支顶牢固后，即可顶进，在顶进中配合超挖纠偏法，边顶边支。利用顶进时斜支撑分力产生的阻力，使顶管向阻力小的一侧校正。

3. 千斤顶纠偏法：方法基本同顶木纠偏法，只是在顶木上用小千斤顶强行将管子慢慢移位校正。

（三）对顶接头

对顶施工时，在顶至两管端相距约 1m 时，可从两端中心掏挖小洞，使两端通视，以便校对两管中心线及高程，调整偏差量，使两管准确对口。

## 四、掘进方法

工作坑布置完毕，开始挖土和顶进。掘进方法有人工掘进和机械掘进。

（一）人工掘进

挖土是保证顶进质量的关键，管前挖土的方向和开挖形状，直接影响顶进管位的准确性，因此，管前周围超挖应严格控制。

人工每次掘进深度，对于密实土质，管端上部可有≤1.5cm 的空隙，管端下部 135°中心角范围内不得超挖，一般等于千斤顶的顶程；土质较好时，挖土技术水平要求较高，则每次挖深在 0.5～0.6m，甚至在 1m 左右。开挖纵深过大，坑道开挖形状就不易控制，并易引起管子位置偏差。因此，长顶程千斤顶用于管前方人工挖土情况下，全顶程可分若干次顶进。地面有振动荷载时，要严格限制每次开挖纵深。

土质松散或有流砂时，为了保证安全和便于施工，在管前端安装管檐，操作人员在其内挖土防止坍塌伤人，如图 13-9 所示。施工时，先将管檐顶入土中，工人在檐下挖土。

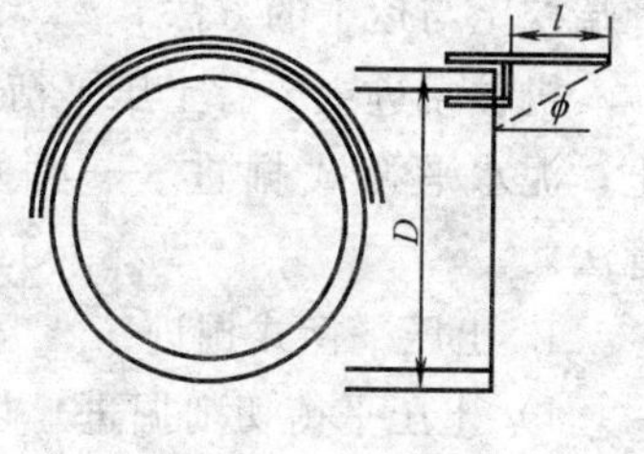

图 13-9 管檐

除管檐外，还可采用工具管（图 13-10）装在顶进管段的最前端。施工时把工具管先顶入土中，工人在工具管内挖土。

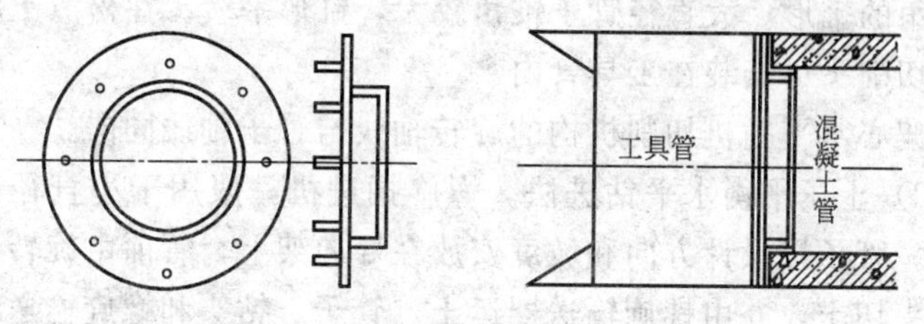

图 13-10 工具管

人工在管内挖土工作条件差，劳动强度大，应组织专人轮流操作。

前方挖出的土，应及时运出管外，以避免管端因堆土过多而下沉，并改善工作环境。可用卷扬机牵引或电动、内燃的运土小车在管内进行，分有轨和无轨运土两种，也可用皮带运输机运土。土运到工作坑后，由起重设备吊运到工作坑外。

利用千斤顶出镐，在后背不动的情况下，将被顶管道向前推进。顶进时应遵照“先挖后顶，随挖随顶”的原则。应连续作业，避免中途停止造成阻力增大，增加顶进难度。安装顶铁应顺直牢固，换用顶铁时，首先使用最长顶铁，减少顶铁数量。

（二）机械掘进

管端人工挖土劳动强度大，效率低，劳动环境恶劣；较小直径管子工人无法进入。管端机械挖土可避免上述缺点。

机械掘进与人工掘进的工作坑布置一般相同，不同处主要是管端挖土与运土的方法。

机械掘进主要有土压平衡式掘进——掘进机切土和输送机运土；泥水平衡式掘进——水力切土和泥浆输送；挤压掘进顶管法。

1. 土压平衡式掘进

1）土压平衡切削掘进。切削掘进有工作面呈平锥形的切削轮偏心径向切削、工作面呈锥形的偏心纵轴向切削。

偏心径向切削，主要由切削轮、刀齿组成。切削轮用于支撑或安装切削臂，固定于主轮并由主轮旋转而转动。刀齿架做成任意锥角的锥形。大直径管子锥角较大，锥形平缓。在松散土层掘进，切削头可安装在工具管内。

偏心水平钻机切削机构的旋转轴线与管子轴线同向。

2）土压平衡水平钻进法。螺旋掘进机一般用于小直径钢管顶进。管子按设计方向和坡度安放在导向架上，管前由旋转切削式钻头切土，并由螺旋输送器运土。管子、钻头和螺旋输送器借千斤顶顶进。一般情况下，管节和螺旋输送器段节长度相等。

这种施工方法安装方便，但顶进过程中可能产生较大的下沉误差。这种方法适用于短距离顶进，一般最大顶进长度在70～80m。

3）土压平衡刀盘切削法。掘进机构为球形框架或刀架，刀架上安装刀臂，切齿装于刀臂上。切削旋转的轴线垂直于管子中心线，刀架纵向掘进，切削面呈半球状。这种掘进装置的电动机装于工具管顶部，使工作面操作空间增大。刀盘切削法可用螺旋输送机排土，也可用泥浆泵排出含水量较多的泥浆。

2. 泥水平衡水力掘进法。水力掘进是利用高压水枪射流将切入工作管管口的土冲碎。水和土混合成泥浆状态输送出工作坑。

水力掘进装置如图 13-11 所示。

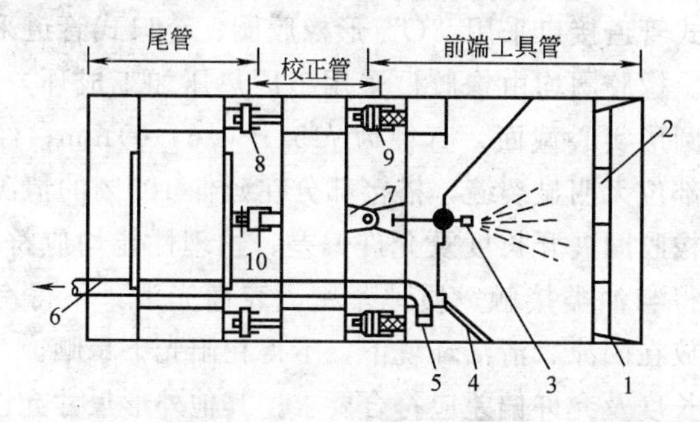


图 13-11 水力掘进装布置

1—刀刃；2—格栅；3—水枪；4—格网；5—泥浆吸入口；6—泥浆管；7—水平绞；8—垂直铰；9—上下纠偏千斤顶；10—左右纠偏千斤顶

3. 挤压掘进顶管法。挤压掘进顶管是在顶管前端安装一挤压切土工作管，由渐缩段、卸土段、校正段三部分组成。渐缩段为偏心大小头形成喇叭口，切口直径为 $D$、割口直径为 $d$，使土体在工具管渐缩段被压缩，然后被挤入卸土段并装在专用运土小车上，启动卷扬机，拉紧割口处钢丝绳，把进入的土体割下并运出管外。

此种方法可减少挖土、装土等笨重的体力劳动，加快施工进度，不会出现超挖，而且能使周围土体密实，有利于提高工程质量和安全生产。方向控制也较稳定。比机械、水力掘进顶管法构造简单、操作方便。较适宜在潮湿黏性土层中顶进或饱和淤泥层中较大管径的顶进。

除此之外，还有中继间顶进、泥浆套顶进和蜡覆顶进等施工方法。

**五、顶管接口**

在顶管过程中，需要不断地校正管节的高程和方向，柔性接口较易调整，故通常采用的接口为柔性接口。橡胶圈接口是排水管道中常用的柔性接口，能够保证管道不渗漏，具有抗弯、抗折等优点，适用于地下水位较高，地基不均匀沉降严重的污水管道。承插式管道接口采用“O”形橡胶圈；企口式管道采用“q”形橡胶圈。橡胶圈均由橡胶厂采用工厂热压加工成环。“O”形橡胶圈为圆形实心截面，直径为 $\phi15(+0.6, 0)$ mm；经弯曲试验，任何部位无明显裂缝，搭接部分在延伸 100％的情况下无明显分离；橡胶圈展开长度及允许偏差、物理性能均应符合要求；橡胶圈不得与油类接触；质地紧密、表面光滑，不得有空隙气泡；应安放在阴凉、清洁环境下，不得在阳光下暴晒。“q”形橡胶圈展开长度及允许偏差应符合要求；其他外形尺寸允许偏差应小于 6％；其余要求与“O”形橡胶圈一致。

## 第三节 盾构法施工

盾构法是暗挖隧道的专用机械在地面以下建造隧道的一种施工方法。如图 13-12 所示。盾构是在与隧道形状一致的盾构外壳内，装备着推进机构、挡土机构、出土运输机构、安装衬砌机构等部件的隧道开挖专用机械。采用此法建造隧道，其埋设深度可以很深而不受地面建筑物和交通的限制。近年来，由于盾构法在施工技术上的不断改进，机械化程度越来越高，对地层的适应性也越来越好。城市市区建筑、公用设施密集，交通繁忙，明挖隧道施工对城市生活干扰严重，特别在市中心，若隧道埋深较大，地质又复杂时，用明挖法建造隧道则很难实现。而盾构法施工城市地下铁道、上下水道、电力通讯、市政公用设施等各种隧道具有明显优点。此外，在建造水下公路和铁路隧道或水中隧道中，盾构法也往往以其经济合理而得到采用。

### 一、盾构的组成

（一）盾构的基本构造

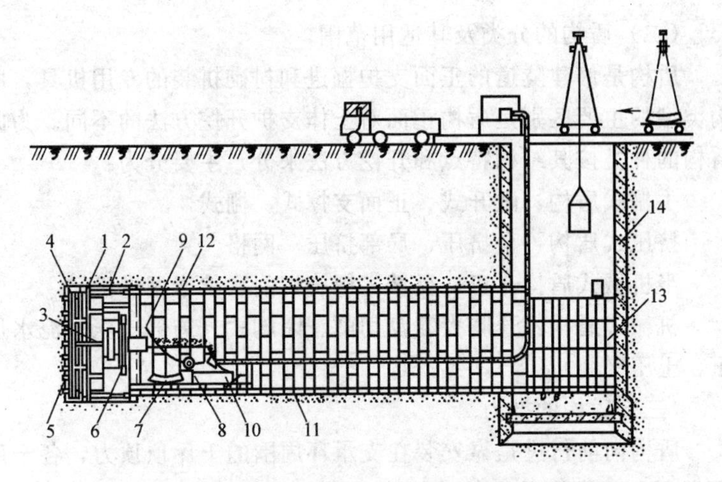


图 13-12 盾构法施工概貌示意图（网格盾构）

1—盾构；2—盾构千斤顶；3—盾构正面网格；4—出土转盘；5—出土皮带运输机；6—管片拼装机；7—管片；8—压浆机；9—压浆孔；10—出土机；11—由管片组成的隧道衬砌结构；12—在盾尾空隙中压浆；13—后盾装置；14—竖井

主要分为盾构壳体、推进系统、拼装系统三大部分，手掘式盾构的基本构造见图 13-13。

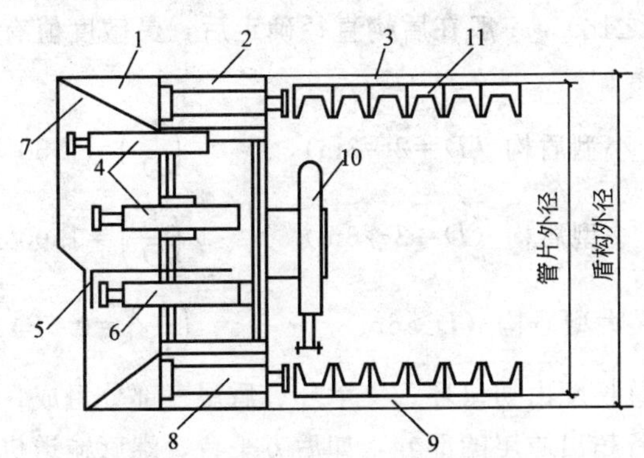


图 13-13 盾构基本构造示意图

1—切口环；2—支承环；3—盾尾；4—支承千斤顶；5—活动平台；6—平台千斤顶；7—切口；8—盾构千斤顶；9—盾尾空隙；10—管片拼装机；11—管片

(二）盾构的分类及其适用范围

盾构是修建隧道的正面支护掘进和衬砌拼装的专用机具，盾构类型的主要区别是盾构正面对土体支护开挖方法的不同。为此盾构的种类按其结构特点和开挖方法来分，主要分为：

手掘式盾构：敞开式、正面支撑式、棚式

挤压式盾构：全挤压、局部挤压、网格

半机械式盾构：正、反铲、螺旋切削、软岩掘进机

机械式盾构：开胸大刀盘切削、闭胸式（局部气压、泥水加压、土压平衡）。

（三）盾构的推力

盾构向前行进是靠安装在支承环周围的千斤顶顶力，各千斤顶顶力之和就是盾构的总推力，在计算推力时，一定要考虑周全，要将盾构施工全过程中可能遇到的阻力都计算在内。

盾构的总推进力必须大于各种推进阻力的总和，否则盾构无法向前推进。

（四）盾构长度和灵敏度

盾构长度主要取决于地质条件、隧道的平面形状、开挖方式、运转操作、衬砌形式和盾构的灵敏度（即盾壳总长 $L$ 与盾构外径 $D$ 之比）。一般在盾构直径确定后，灵敏度值有一些经验数据可参考：

小型盾构（$D=2\sim3\text{m}$） $\left(\frac{L}{D}\right)=1.50$

中型盾构（$D=3\sim6\text{m}$） $\left(\frac{L}{D}\right)=1.00$

大型盾构（$D>6\text{m}$） $\left(\frac{L}{D}\right)=0.75$

盾构总长度由切口环、支承环、盾尾三部分组成，它不包括盾构内设备超出盾尾的部分，如后方平台、螺旋输送机等。

（五）盾构直径

是指盾壳的外径，而与刀盘、稳定翼、同步注浆用配管等突出部分无关。盾构直径必须根据管片外径、盾尾空隙和盾尾钢板

厚度等设计要素确定，而盾尾空隙应根据管片的形状尺寸、隧道的平面形状、纠偏、盾尾密封结构的安装等进行确定。所谓盾尾空隙，是指盾壳钢板内表面与管片的外表面的空隙。

## 二、盾构施工

### （一）施工前准备工作

主要有：地下水的降低，稳定地层，防止隧道及地面沉陷的土壤加固措施，隧道衬砌结构的制造，地层的开挖，隧道内的运输，衬砌与地层间的充填，衬砌的防水与堵漏，开挖土方的运输及处理方法，配合施工的测量、监测技术，合理的施工布置等。此外，采用气压法施工时，还涉及到医学上的一些问题和防护措施等。

### （二）工作坑的设置及顶进

先在隧道某段的一端建造竖井或基坑，以供盾构安装就位。盾构从竖井或基坑的墙壁预留孔处出发，在地层中沿着设计轴线，向另一竖井或基坑的设计预留孔洞推进。盾构推进中所受到的地层阻力，通过盾构千斤顶传至盾构尾部已拼装的预制衬砌，再传到竖井或基坑的后靠壁上。盾构是一个既能支承地层压力，又能在地层中推进的圆形、矩形、马蹄形及其他特殊形状的钢筒结构，其直径稍大于隧道衬砌的直径，在钢筒的前面设置各种类型的支撑和开挖土体的装置，在钢筒中段周圈内安装顶进所需的千斤顶，钢筒尾部是具有一定空间的壳体，在盾尾内可以安置数环拼成的隧道衬砌环。盾构每推进一环距离，就在盾尾支护下拼装一环衬砌，并及时向盾尾后面的衬砌环外周的空隙中压注浆体以防止隧道及地面下沉，在盾构推进过程中不断从开挖面排出适量的土方。

### （三）衬砌与灌浆

盾构砌块一般由钢筋混凝土或预应力钢筋混凝土制成，其形状有矩形、梯形和中缺形等。砌块的边缘有平口和企口两种，连接方式有用胶粘剂粘结及螺栓连接。常用的胶粘剂有沥青玛瑞脂、环氧胶泥等。

衬砌时，先由操作人员砌筑下部两侧的砌块，然后用弧形衬砌托架砌筑上部砌块，最后用砌块封圆。各砌块间的粘结材料应厚度均匀，以免千斤顶的顶程不一，造成盾构位置误差。同一砌环的各砌块间的粘结料厚度应严格控制，否则将使封圆砌块难以顶入。

衬砌完毕后进行注浆。注浆的目的在于使土层压力均匀分布在砌块环上，提高砌块的整体性和防水性，减少变形，防止管道上层土方沉降，以保证建筑物和路面的稳定。

为了在衬砌后便于注浆，有一部分砌块带有注浆孔，通常每隔 3～5 个衬砌环有一环设有注浆孔，即为注浆孔环，该环上设有 4～10 个注浆孔，注浆孔直径不小于 36mm。注浆应多点同时进行。注浆量为环形空隙体积的 150%，压力控制在 0.2～0.5MPa 之间，使孔隙全部填实。注浆完毕后，还需进行二次衬砌。二次衬砌随使用要求而定，一般浇筑细石混凝土或喷射混凝土，在一次衬砌质量完全合格后进行。

## 三、其他非开挖技术介绍

### （一）夯管施工技术

夯管施工技术是指夯管锤将铺设的钢管沿设计路线直接夯入地层，实现非开挖穿越铺管。夯管锤实质上是一个低频、大冲击力的气动冲击器，它由压缩空气驱动。夯管锤和气动矛相似，有的气动矛也可以兼作夯管锤。在夯管施工过程中，夯管锤产生较大的冲击力，这个冲击力直接作用在钢管的后端，通过钢管传递到前端的管鞋上切削土体，并克服土层与管体之间摩擦力使钢管不断进入土层。随着钢管的前进，被切削土芯进入钢管内，待钢管抵达目标后，取下管鞋，钢管留孔内。可用压气、高压水射流或螺旋钻杆等方法将其排出，有时为了减少管内壁与土的摩擦阻力，在施工过程中夯入一节钢管后，间断地将管内的土排出。

### （二）定向钻进技术

定向钻进施工法最初是从石油钻进技术引入的，主要用于穿越河流、湖泊、建筑物等障碍物，铺设大口径、长距离的石油和污水管道。定向钻进施工时，按设计的钻孔轨迹，采用定向钻进技术先施工一个导向孔，随后在钻杆柱端部换接大直径的扩孔钻头和直径小于扩孔钻头的待铺设管线，在回拉扩孔的同时，将待铺设的管线拉入钻孔，完成铺管作业。有时根据钻机的能力和待铺设管线的直径大小，可先专门进行一次或多次扩孔后再回拉管线。在定向钻进中，大多数工作是通过回转钻杆柱来完成的，钻机的扭矩与轴向给进力和回拉力同样重要。

定向钻进铺管在美国使用最多。美国按照钻机铺设管线的直径和长度能力，将用于非开挖铺设的定向钻进分为三类，即小型（Mini-HDD）、中型（Midi-HDD）和大型（Maxi-HDD）。各类的设备能力和铺管应用范围见表 13-1。

**定向钻进（HDD）系统的分类** **表 13-1**

| HDD类型 | 铺管直径(mm) | 铺管长度(m) | 铺管深度(m) | 扭矩(kN·m) | 推/拉力(kN) | 钻机(包括车)重(t) | 应用范围 |
|---|---|---|---|---|---|---|---|
| 小型 | 50～250 | 180 | 4.5 | 1～1.3 | 90 | 2～9 | 通讯、电力电缆、聚乙烯煤气管 |
| 中型 | 250～600 | 270 | 22.5 | 1.3～9.7 | 90～450 | 9～18 | 穿越河流、道路和环境敏感区域 |
| 大型 | 600～1200 | 1500 | 60 | 9.7～110 | 450～4500 | 18～30 | 穿越河流、高速公路、铁路 |

（三）旧管线更换施工技术

随着城市现代化建设的不断深入，城市的地下管线如污水管道、自来水管道、煤气管道、热力管道、动力电缆和通讯电缆等管线将越来越密集，形成一个庞大的地下管网系统。由于所有管线的寿命都是有限的，当使用到一定的年限以后必然会发生腐蚀而导致破坏。同时，城市的现代化发展日新月异，以前铺设的管线往往无法满足当今现代化城市发展的需要。这些已到使用寿命和不能满足需要的管线必须进行修复或更换。

原位更换法是指以待更换的旧管道为导向，在将其切碎或压碎的过程中，将新管道拉入或顶入的换管技术。该技术可用于原位更换相同直径或加大直径的 PE、PVC、铸铁管或陶土管。根据破坏旧管和置入新管的方式不同，将原位更换方法分为爆管法、吃管法和抽管法。

## 第四节 泵站的沉井施工

### 一、沉井概述

#### （一）沉井施工原理

沉井施工法是软土地层中建造深基础和地下建筑物的一种常用施工方法。

所谓沉井施工法，是将位于软土地层中的地下构筑物先在地面制作成井状结构，然后不断挖除井内土体，借其自身重量克服各种阻力而沉入地下预定深度的一种施工方法。沉井法施工的程序有基坑开挖、井筒制作、井筒下沉和封底。如图 13-14 所示。

#### （二）沉井构造

沉井由下列各部分构成：

1. 刃脚。沉井井壁最下端制作成刀刃状结构称为刃脚。其作用是减少土的阻力，易于切入土层，破坏土体结构，使沉井获得下沉。刃脚一般为钢筋混凝土结构，当沉井须穿越硬土或有障碍物的地层时，刃脚常做成尖状，刃尖用型钢加固或钢板包裹。

刃脚底端的水平面俗称踏面。其宽度视土层的性质及井壁厚度而定。在上海地区软土层中踏面宽度一般约 40～60cm。刃脚内侧的倾角 40°～60°。刃脚的高度，当土质坚硬时可小些；当土质松软或湿封底时要大些。

2. 井壁。井壁厚度的确定，除应考虑满足承受水、土压力的强度和下沉时的刚度需要外，沉井还应具有足够自重，能使其

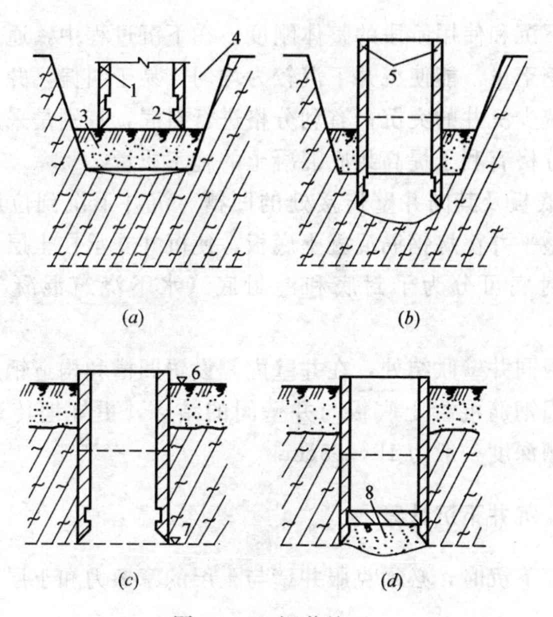


图 13-14　沉井施工

(*a*) 在地面上已经浇好的沉井；(*b*) 下沉时的沉井；

(*c*) 沉井下沉到设计标高；(*d*) 封底后的沉井

1—井筒；2—刃脚；3—砂垫层；4—基坑；5—接高井筒；6—地面标高；

7—沉井下沉设计标高；8—钢筋混凝土底板

顺利下沉。井壁厚度一般为 0.4～1.2m。

3. 隔墙。根据使用和结构上的需要在井内设置的纵、横向隔墙，可以有效地增加沉井的刚度。大型沉井不仅设置多道横向隔墙，同时还设置纵向隔墙。隔墙厚度通常要比井壁薄，一般为 0.6～1.0m，其刃脚踏面高出外墙刃脚踏面 0.5～1.0m。在软土地层中可防止突沉和下沉速度过快。为便于施工，常在隔墙下部设人孔，供井孔间往来联络之用。

4. 框架。大型沉井，特别是面积较大的矩形沉井，当不能设置内隔墙或隔墙间距过大时，通常在井壁内侧设置水平框架，或用壁柱与上、下横梁构成的竖向框架来代替隔墙。

框架有下列作用：减小井壁、底板的计算跨度，增大沉井在制作、下沉和使用阶段的整体刚度；在下沉过程中，通过调整各井孔的挖土量，能使沉井下沉较为均匀，易于纠偏，并能有效地控制和减少沉井的突沉；有利分格进行封底，特别是采用水下封底时，分格有利于提高封底混凝土的施工质量。

5. 底板及其同井壁连接处的凹槽。沉井下沉到位后，将井底土面整平并浇捣钢筋混凝土底板，使沉井支承在土层上，常称封底。封底可分为干封底和湿封底（水下浇筑混凝土）两种方式。

底板同井壁联结处，在井壁内侧设置凹槽和构造钢筋，主要是为加强钢筋混凝土底板与井壁间的结合，更好地传递底板荷载。凹槽深度一般为15～25cm。

## 二、沉井下沉计算

井筒下沉时，必须克服井壁与土层的摩擦力和土层刃脚的反力，即：

$$G-F\geqslant T+R \tag{13-6}$$

式中 $G$——沉井自重（kN）；

$F$——井筒所受浮力（kN），井筒内无水时，$F=0$；

$R$——刃脚反力（kN）；刃脚底面及斜面土方挖空，则 $R=0$；

$T$——井筒外壁所受土层的摩擦力（kN）。

其中 $T$ 可按下式计算：

$$T=k\times f\times \pi\times D\left[h-\frac{1}{2}(H-h)\right] \tag{13-7}$$

式中 $D$——井筒外径（m）；

$H$——井筒总高度（m）；

$h$——刃脚高度（m）；

$k$——安全系数，一般取1.15～1.25；

$f$——土与井壁的单位面积摩擦力（$kN/m^2$），见表13-2。

**单位面积摩擦力 $f$ 值（kN/m²）　　　　表 13-2**

| 土的种类 | 单位面积摩擦力 $f$ | 土的种类 | 单位面积摩擦力 $f$ |
|---|---|---|---|
| 黏性土 | 24.5～49 | 砂砾石 | 14.7～19.6 |
| 砂性土 | 11.8～23.5 | 软土 | 9.8～11.8 |
| 砂卵石 | 17.6～29.4 | | |

## 三、井筒制作

（一）基坑坑底处理

由于沉井自重较大，为防止井筒在制备过程中产生下沉，应对地基进行必要的处理。一般在刃脚下铺砂垫层枕木的方法处理，砂垫层可就地取材，力求节约。刃脚布置可以有以下几种方法：

1. 矩形槽式（铺砂垫枕木）：适用于一般砂性土壤及地基承载力较小的情况下，土壤饱和时应随挖随铺砂。若坑底承载力较弱，应在人工垫层上设置垫木，用以增加受力面积。所需垫木的面积应符合下式要求：

$$F \geqslant \frac{Q}{P_0} \tag{13-8}$$

式中　$F$——垫木面积（m²）；

$Q$——沉井制作重量，当分段制作时，应采用第一节井筒的重量（t）；

$P_0$——地基承载力标准值（t/m²）。

垫木铺设情况如图 13-15 所示。通常先铺设圆形井筒纵横轴的四点或方形井筒的四角，然后按间距铺设其他垫木。垫木面必须找平，垫木之间用砂找平。垫木在沉井下沉前拆除，并在垫木拆除处筑以砂垫层或砂卵石层，浸水沉实找平。垫木应对称撤除。矩形沉井应先拆除中间垫木，再撤出四角垫木。

2. 无砂垫土胎式（以油毡垫底）：限于地基土质坚硬，重黏土土壤或岩层，在北方或西南高原地区适用。

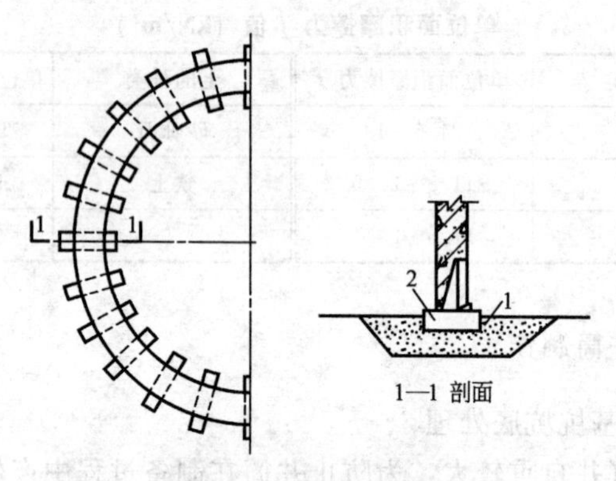


图 13-15　垫木支设图

3. 梯形槽式（铺砂垫枕木）：其适用范围与矩形槽式基本相同，垫砂量较多，挖土量稍有增加。

4. 就地支模法：当沉井尺寸及自重不大，经验算后确定能符合承载要求时方可使用。

5. 有砂垫无枕木式：省去枕木，只需铺砂层，可适用于上海地区土质情况较好时，可以顺利灌注及沉井下沉。重要工程同样需要验算，地基承载力符合要求时方可使用。

（二）井筒制作

1. 现浇式井筒的制作。井筒制作可分为现浇式和装配式两种。现场浇筑混凝土井筒的方法与一般钢筋混凝土构筑物施工相同，一般在原地面制作。有时为了减少开挖土方量，也可在基坑内制作，坑底要高于地下水位 0.5～1.0m，使坑底具有一定的承载能力。井筒的浇筑要分节进行。其刃脚模板支设的托架与预制块可按刃脚形状支设。达到设计强度后方可下沉。在水中施工时，除在下沉地点筑岛制作井筒外，也可在陆地上制作，然后浮运到下沉地点。

井筒分一次制作和分段制作两种情况。分段制作作用于分段下沉，即制作一段，下沉一次，此法有利于施工中控制，并可减少模板储备量。一次制作即一次下沉，仅适用于高度不大的井筒，由于避免了多次下沉工作的互相交替，所以，工期可缩短，由于井筒没有施工缝，从而提高了结构的整体性和抗渗性能。

井筒较高时，通常采用分段制作。每次浇筑高度根据井筒全高和技术条件而定。一般每段高度为6～8m。第一段高度应视拆除承垫时沉井抵抗纵向破坏强度而定，养护后下沉到施工缝高出基坑底面1m左右时，然后开始浇筑第二段。当井筒不高时且井底的土壤基础良好时，仍以一次浇筑为宜。

在沼泽地区或深度不大的水中，采用筑岛方法制作并下沉井筒。岛的面积应满足施工的需要，一般井筒外边与岛岸间的最小距离不应小于5～6m；岛面高程应高于施工期间最高水位0.75～1m，并考虑风浪高度。筑岛宜用砂卵石土，水深小于1.5m，流速不大于0.5m/s时，筑岛可直接抛土而不需围堰。当水深和流速较大时，可将岛筑在板桩围堰内。

2. 装配式井筒的制作。采用预制钢筋混凝土壁板装配时，壁板厚度如表13-3所列。混凝土级别不低于C30，壁板间的连接与装配式水池施工相同。

**装配式井筒的壁厚　　　　表13-3**

| 井筒直径(m) | 井筒长度（m） | | |
|---|---|---|---|
| | 10 | 20 | 30 |
| 10 | 0.25 | 0.30 | — |
| 16 | 0.30 | 0.30 | — |
| 20 | 0.30 | 0.30 | 0.40 |
| 25 | 0.40 | 0.40 | 0.40 |
| 30 | 0.40 | 0.50 | 0.50 |
| 36 | 0.50 | 0.60 | 0.60 |
| 40 | 0.50 | 0.60 | 0.70 |

（三）沉井制作质量要求

1. 井筒刃脚处的混凝土强度达到100%的设计要求可以下沉。

2. 井筒其他部位的混凝土强度达到70%的设计要求后可以下沉。

3. 对于分段下沉的井筒在制作时要求分段制作，第一段井筒混凝土强度达到100%设计要求时可以下沉；以后每段达到70%设计要求时可以下沉。

## 四、沉井下沉

### （一）沉井下沉方法

井筒混凝土强度达到设计强度的要求时方可开始下沉。下沉前要对井壁各处的预留孔洞进行封堵。对设有垫木的井筒，应对称地拆除。沉井下沉一般有排水下沉、不排水下沉、射水法下沉、冻结法等方法。

1. 排水下沉。排水下沉是在井筒下沉和封底过程中，采用井内开设排水明沟，用水泵将地下水排除或采用人工降低地下水位的方法。排水下沉应用于弱透水层，并且现场具有排水出路。采用明沟排水下沉，挖土深度便于控制，下沉偏差容易纠正，亦易处理孤石等障碍物，与人工降低地下水位相比，此种排水方法工作条件较差。明沟排水时，根据井筒下沉深度，将水泵放在筒顶支架的平台上，或放在井壁内预留支架上，如图13-16所示。大型井筒下沉采用明沟排水时，可设置多台水泵。

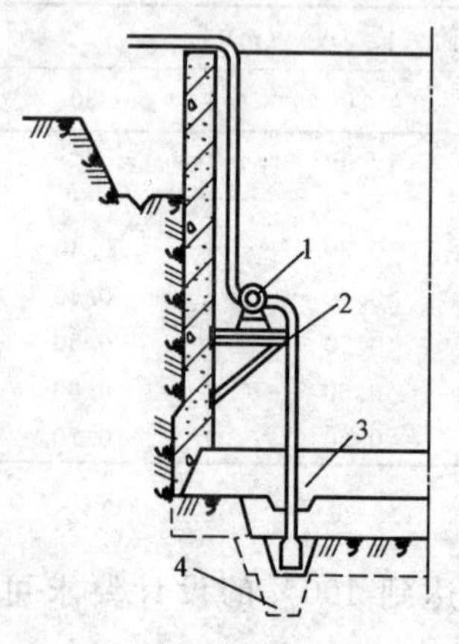

图13-16　支架设置水泵
1—水泵；2—钢支架；
3—排水沟；4—集水井

在遇到细颗粒非弱透水层时，或当井筒下沉较深，明沟排水使井筒外的地下水动水压力差增大时，能导致流砂涌入井内，使挖方量增加，并造成周围底层中空，引起地面沉陷。

为了避免明沟排水的上述缺点，可采用人工降低地下水位法施工，如图13-17所示。通常井点管布置在井筒外原地面或降低地面高程后的基坑内。当下沉深

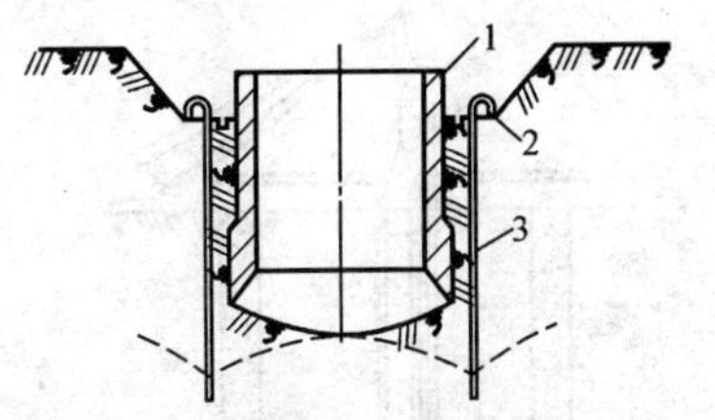


图 13-17　排水下沉井点系统布置

1—沉井；2—总管；3—井点管

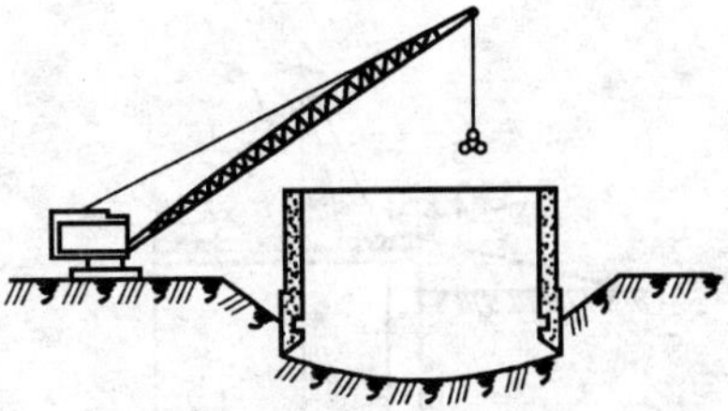

图 13-18　机械开挖

度较大时，井点管也可布置在井内。井筒内挖土一般采用合瓣式挖土机，如图 13-18 所示。土斗在井中挖土，四周由人工挖土，土方全部由挖土机运出。

井筒高度较大，无法采用合瓣铲时，可在井壁上安装台令扒杆，用抓斗挖土。垂直运土机有少先式起重机、台令扒杆、卷扬机等。卸土地点距井壁一般不小于 20m，以免堆土过近井壁土方坍塌，导致沉井下沉摩擦力增大。

采用台令扒杆运土时，将台令扒杆安装在井壁上，不占井口面积，使用方便，把杆旋转后，即可卸土，改变扒杆倾角可达较大的工作范围。扒杆的起重索由卷扬机控制。

还可采用人字桅杆吊运土（图 13-19）等设备出土。

采用水枪冲泥和水力吸泥机排泥进行排水下沉。高压水供给水枪冲泥，同时高压水又供给水力吸泥机（图 13-20）把泥浆排除井筒外。

大型沉井下沉还可采用塔式起重机吊运土方到井外。

人工挖土应沿刃脚四周均匀而对称地进行，以保持沉井均匀下沉。

人工开挖方法，只有在小型沉井、下沉深度较小而机械设备不足的情况下才采用。

排水下沉具有挖土或排除障碍物方便等优点，但细颗粒土容易产生流砂现象。因此，在地下水量较大、水位较高的粉细砂层，经常采用不排水下沉。

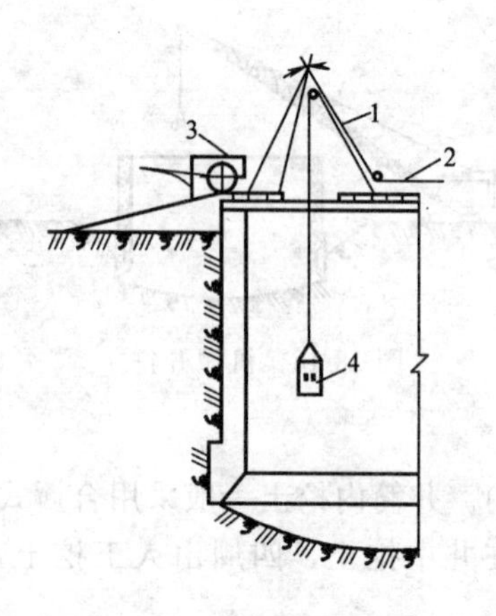


图 13-19 人字桅杆吊运土

1—人字桅杆；2—卷扬机绳索；3—手推车；4—活底吊桶

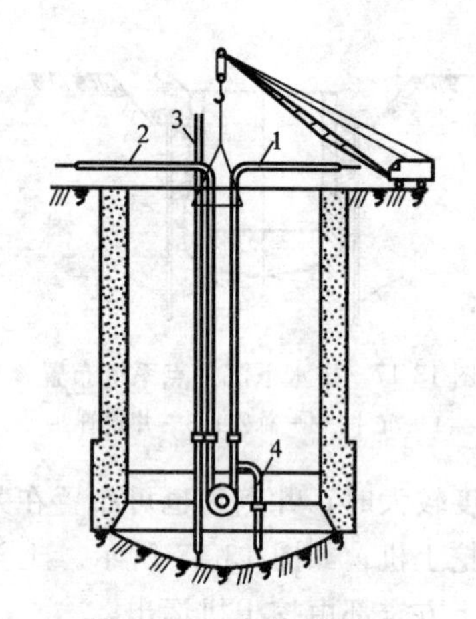


图 13-20 水力吸泥机

1—排泥管；2—供水管；3—冲刷管；4—水力吸泥导管

2. 不排水下沉。在饱和土壤中，如遇有较严重的流砂或渗透系数太大，采用排水发生困难时，才考虑采用不排水下沉。不排水下沉是在水中挖土，为了避免流砂现象，井中水位应与原地下水位相同。有时还可向井中灌水，使井内水位稍高于地下水位。

不排水下沉时，土方亦由合瓣铲和抓斗挖出，当铲斗将井的中央部分土方挖成锅底形时，井壁四周的土涌向中心，沉井就下沉。

如井壁四周的土不易下溜时，可用高压水枪进行水下冲土。

3. 射水法下沉。借助于预先安设在井外墙的水枪，用高压水冲射，使沉井下沉，其水压视冲射深度而定，当冲射深度不足 8m 时，水压大约 5 个大气压左右，而当冲射深度达到 12m 以上，需要 10 个大气压左右。水枪沿井壁布置，冲动刃脚部分的土。

为了使井筒下沉均匀，最好设置几个水枪。每个水枪均应设置阀门，以便沉井下沉不均匀时进行调整。水枪的压力根据土质而定。水枪直径一般为63～100mm，喷嘴直径为10～12mm。

合瓣铲水下开挖时，大颗粒砂、石由铲斗挖出后，泥砂将沉于井底，可用吸泥机吸出。

4. 冻结法。采用人工冻结饱和土壤后再下沉，是在流砂层很厚、或沉井直径很大（15～25m），才考虑人工冻结法。人工冻结法是在基坑周围钻孔，直径300mm，向内注入冷冻剂，使土饱和，冻结成一层薄冰冻层，从而固化以利施工。冻结法可在任何季节中采用，由于技术复杂，造价高，难以普遍推广。

（二）下沉中倾斜与校正

沉井在下沉过程中应及时观测并给予纠正，使偏差控制在允许的范围内。

1. 沉井下沉的偏差观测

（1）沉井的位置观测。沉井井筒浇筑以前，按沉井的中轴线方向设置固定标桩。井筒浇筑以后，拆除模板，在井顶及外壁混凝土表面用油漆画出纵横中线。中线应按井壁分中求出，纵横轴线必须相互垂直。沉井下沉过程中可直接用经纬仪和钢尺测量沉井水平位移。

（2）沉井的高程观测。沉井井筒浇筑以前，应首先在地面不受沉井下沉影响的地方设置临时水准点。沉井浇筑后，拆除模板，在矩形沉井的四角或圆形沉井两相互垂直的直径与井壁的交点处，用油漆在井壁上画出四个相同的标尺，标尺的起点应从刃脚底算起。

当测量刃脚标高时，可用水准仪的后视读数 $h_1$ 加上临时水准点的标高 $h_0$，再减去沉井上的标尺读数 $h$，即可得到沉井的刃脚标高。

（3）沉井的倾斜观测。沉井的倾斜观测有垂球法、电测法、高程观测法。

1）垂球法：就是在井筒内壁均匀对称地挂上四个垂球，分别依垂球的投影在井内壁用油漆画垂线，井筒下沉位置正确时，垂球垂线与所画垂线重合。若不重合，则表明井筒发生倾斜。采用垂球法测量沉井倾斜简单实用，观测方便，但不能自动观测。适用于排水法下沉。

2）电测法：就是用电信号代替垂球法的人工观测，井壁四周均匀对称地布置4～8个指示灯。当井筒倾斜时，垂球导线与裸导线相接触，指示灯亮，说明灯亮的一侧高，而另一侧低。当倾斜校正后，指示灯熄灭。为了安全，电测设备采用24～36V低压电源。电测法能自动观测，但不能定量测定。适用于排水法下沉。

3）高程观测法：就是通过水准仪观测沉井四角高程来分析倾斜度的方法。当各观测点高程数不同时，说明沉井倾斜，并可定量观测。适用于不排水法下沉。

2. 沉井纠偏。当沉井下沉时出现偏差应及时分析原因，采用相应的处理措施。出现偏差的主要原因有：沉井刃脚下土层软硬不均匀；没有对称地抽除承垫木，或没有及时回填夯实；没有均匀地挖土下沉，使井筒内土面高低相差很多；刃脚下掏空过多，沉井突然下沉；刃脚下一角或一侧遇到障碍物，而没有及时处理；井外弃土或其他原因造成对沉井井壁的偏压等。出现偏差后，可按下述方法进行纠偏。

(1) 挖土纠偏：沉井在入土较浅时，比较容易纠正。纠偏时，在沉井刃脚高的一侧进行人工和机械挖土，在刃脚低的一侧保留较宽的土堤，或适当回填砂石。如果纠偏水平位移时，可以故意使沉井向偏位方向倾斜，然后沿倾斜方向下沉，直至沉井底面中轴线与设计中轴线的位置相重合或接近时，再将倾斜纠正。

(2) 施加外力纠偏：当沉井出现偏斜时，可在沉井高的一侧压重，最好使用钢锭或生铁块。这时沉井高的一侧刃脚下土的应力大于低的一侧刃脚下土的应力，使沉井高的一侧下沉量大些，从而起到纠偏作用。此外，还可以在倾斜低的一侧回填砂或土，并进行夯实，使低的一侧产生的土压力大于高的一侧土压力，利用压力差进行纠偏。

(3) 井外射水纠偏：当沉井入土深度较大时，沉井四周土层对井壁的约束亦相应增大，单纯使用挖土、施加外力等纠偏方法进行纠偏较困难。此时纠偏的关键在于破坏井壁与土层间的摩擦力。可采用高压射水管沿沉井高的一侧井外壁插入土中射水，破坏土层结构，减小摩擦力，同时起到一定的润滑作用，使倾斜的沉井逐步得到纠正。

(4) 沉井位置扭转时的纠偏：沉井位置如发生扭转，可在沉井的 (1)、(3) 两角的井壁外超挖土，在 (2)、(4) 两角井内填土，借助于刃脚下不相等的土压力所形成的扭矩，使沉井在下沉过程中逐步纠正其位置。

(三) 下沉中异常情况处理

1. 井筒下沉中产生裂缝。裂缝有环向和纵向两种，重要原因是结构上的混凝土强度等级低，钢筋布置不合理；或是井筒没有达到设计强度即开始下沉，下沉技术不高，多次校正致使井壁受力不均匀；以及土中有障碍物和土的侧压力过大等。

2. 井筒下沉产生困难。主要原因是井壁与土壁间的摩擦力过大；井筒自重不够；遇有障碍物，采取措施是在井外壁用高压水枪冲刷井筒周围的土，减小摩阻力；增加井筒的重力，如加荷载，用人工方法清除障碍物。

3. 井筒下沉过快。主要原因是土层软弱，土的耐压强度小；井壁与土壁间摩擦力小；井壁外部土液化。采取措施是刃脚下少挖土或不挖土；在井壁填粗糙材料或夯实，增加摩阻力；在液化土虚坑内填碎石。

4. 井筒下沉遇到障碍物。局部遇孤石、大块卵石等。采取措施：小块孤石可将四周土掏空后取出；较大孤石或大块卵石可用风动工具或用松动爆破方法破碎成小块取出。

5. 井筒下沉遇到硬质土层。遇到质地坚硬，开挖困难。采取措施可用钢钎打入土中向上撬动、取出，必要时打炮孔爆破成碎石；或用重型抓斗、水枪冲击和水中爆破联合作业。

## 五、沉井封底

当沉井下沉到设计标高后，经2～3d后下沉已稳定，为确保沉井的正确位置，发挥沉井的各种功能，必须进行沉井封底。

（一）沉井封底的方法

沉井的封底方法主要取决于有无地下水等情况，可分排水封底和不排水封底两种。沉井封底前，应先检查沉井下沉标高，并观测8h内累计下沉量不大于10mm；并对井底进行整修使之成锅底形；将刃脚凹槽凿毛处冲刷干净。

1. 排水封底。就是在井筒内设置排水沟、集水井继续排水，保持地下水位低于基底面0.8m以下，再进行钢筋混凝土浇筑的施工方法。如图13-21所示。

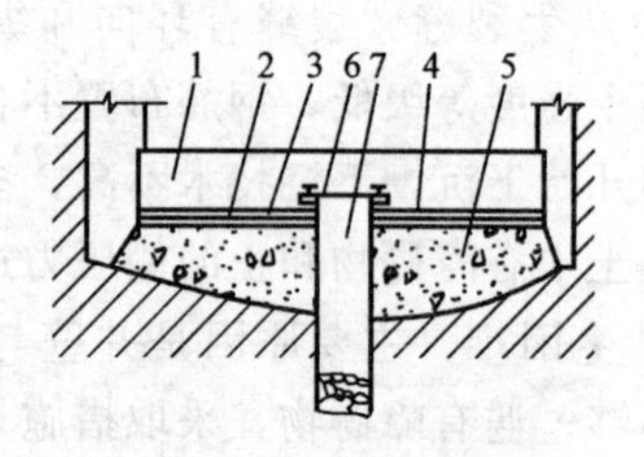


图13-21　排水封底的构造

1—钢筋混凝土底板；2、3—混凝土层；4—油毡层；
5—垫层；6—盖堵；7—短管乙集水井

（1）排水沟、集水井布置。由刃脚向中心挖放射形排水沟，填以卵石做成滤水暗沟。排水沟尺寸、数量根据土质、渗水量确定。在井筒中部设2～3个集水井，深1～2m，插入$\phi$600～800mm四周带孔眼的钢管或混凝土管，四周填以卵石。各集水井间用盲沟连通。集水井中的水由水泵抽走。

（2）封底。先浇一层厚度为0.5～1.5m的混凝土垫层，达到50%设计强度后，绑扎钢筋，两端伸入刃脚凹槽内，然后浇筑钢筋底板混凝土。浇筑混凝土时，应在整个沉井面积上分层，同时，不间断地进行，由四周向中央推进，每层厚30～50cm，并应振动密实。混凝土采用自然养护，养护期间继续排水。

（3）封堵集水井。待底板混凝土强度达到设计强度70%后，集水井逐个停止抽水，逐个封堵。封堵时采用干硬性的高强度等级混凝土填塞集水井并捣实，然后安设法兰盖板用螺栓拧紧或焊接，其上部用混凝土垫实捣平。

2. 不排水封底。就是直接在水下浇筑混凝土垫层和钢筋混凝土底板的施工方法。根据现场条件、结构部位与尺寸、水下深度等因素，可选用导管法施工。如图13-22所示。

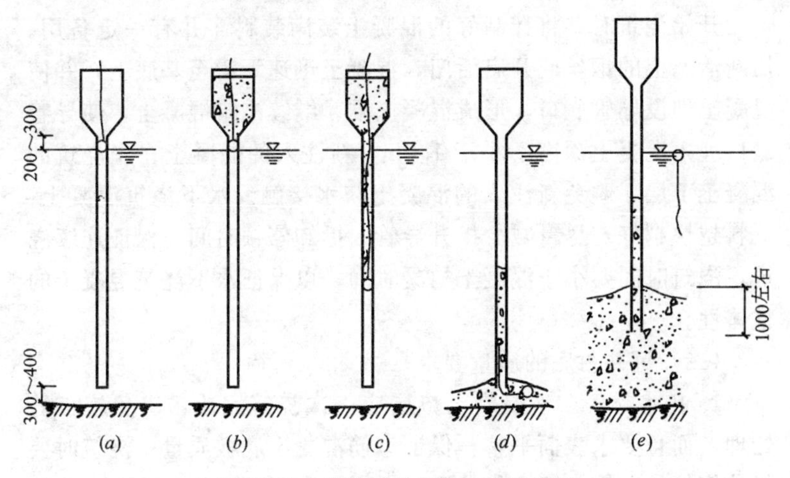


图13-22　浇灌时的操作方法和步骤

（1）导管法的设备

1）导管。可用铸铁、钢管或非金属管材制成，导管每节长度在1～3m，采用法兰盘连接，接口要严密，防止漏水。导管伸入混凝土部分不应有法兰盘，以便在混凝土内升降。导管内壁要光滑，无弯曲，以使得混凝土在导管内顺利流动。

2）灌注吊架。作为支吊导管，装料斗和漏斗的工作架，以便浇筑混凝土。

3）装料斗。导管上端装有装料漏斗，漏斗容积略大于一次加料量，一般为0.8～1.0m³。料斗底部做成1∶1斜坡，以利混凝土下料，为防止混凝土在导管内堵塞，可在料斗处装附着式振动器。

4）活塞。活塞由球形及板形两种，安装在装料斗与导管顶端连接处。作用在于控制混凝土集中下料，不致使混凝土自导管中下落后分离冲散，并保证下落混凝土埋设导管底口，防止泥水从底口进入导管内。

(2) 导管法混凝土浇筑。水下浇筑混凝土应停止抽水，在静水中浇筑。

开始浇筑时，将拌制好的混凝土装满装料斗并有一定备用。切断活塞上的钢丝或开启活门，混凝土迅速下泻至基底上，并使混凝土埋没导管底口，形成混凝土堆。继续浇筑混凝土，使导管底口埋入混凝土深度不小于1.0m，新注入的混凝土在先浇筑的混凝土下层，避免新注入的混凝土与水接触。水下浇筑混凝土，下料越快越好，尽量减少提升导管、拆卸停顿时间，保证连续浇筑，浇筑时间要小于混凝土初凝时间，以保证水下浇筑混凝土的整体性。

（二）沉井封底的质量要求

1. 排水封底。素混凝土垫层应一次浇筑完成，避免施工缝处理，而且要求表面平整，保证钢筋混凝土底板质量；浇筑时要保持钢筋的正确位置和保护层，在底板和凹槽交接部位应预先洗净湿润，使其连接密实。

2. 不排水封底。每根导管的作用半径与导管直径、混凝土流动性、浇筑面压强等因素有关，一般为1.5～3.0m；浇筑面积较大时，可用若干根导管同时浇筑；水下浇筑混凝土厚度要大于设计厚度20～30cm，然后去除表层混凝土，保证平整和质量；应由专人观测混凝土流动情况，以便调整；水下浇筑混凝土要求和易性好，坍落度大，不出现离析。

# 第十四章　排水泵站及污水处理

## 第一节　排 水 泵 站

### 一、排水泵站的的作用

当污水、雨水因受地形地质条件、水体水位等的限制，不能以重力流方式排除，以及在污水处理厂中为了提升污水或污泥时，需设排水泵站或污泥泵站。

排水泵站的工作特点是它所抽升的水是不干净的，一般含有大量的杂质，而且来水的流量逐日逐时都在变化。

排水泵站的基本组成包括：机器间、集水池、格栅、辅助间，有时还附设有变电所。机器间内设置水泵机组和有关的附属设备。格栅和吸水管安装在集水池内，集水池还可以在一定程度上调节来水的不均匀性，以使水泵能较均匀工作。格栅的作用是阻拦水中粗大的固体杂质，以防止杂物阻塞和损坏水泵。辅助间一般包括储藏室、修理间、休息室和厕所等。

排水泵站按其排水的性质，一般可分为污水（生活污水、生产污水）泵站、雨水泵站、合流泵站和污泥泵站。

按其在排水系统中的作用，可分为中途泵站和终点泵站。中途泵站通常是为了避免排水干管埋设太深而设置的。终点泵站是将整个城镇的污水或工业企业的污水抽送到污水处理厂或将处理后的污水进行农田灌溉或直接排入水体。

按水泵启动时能否自流充水分为自灌式泵站和非自灌式泵站。

按泵房的平面形状，可以分为圆形泵站和矩形泵站。

按集水池与机器间的组合情况，可以分为合建式泵站和分建式泵站。

按照控制的方式又可分为人工控制、自动控制和遥控三类。

## 二、排水泵站的基本类型

排水泵站的类型取决于进水管渠的埋设深度、来水流量、水泵机组的型号与台数、水文地质条件以及施工方法等因素。选择排水泵站的类型应从造价、布置、施工、运行条件等方面综合考虑。

排水泵站主要分成合建式排水泵站和分建式排水泵站。

### （一）合建式排水泵站

合建式泵站指集水池和水泵工作间合建在一处。它的优点是节省占地、便于管理、施工方便、土建造价低、易于实现自动化操作。缺点是电动机容易受潮，当泵站位置土质差，地下水位高时，较难施工。

合建式泵站又分为合建式圆形排水泵站和合建式矩形排水泵站（见图 14-1，图 14-2）。

1. 合建式圆形排水泵站：合建式圆形泵站适用于中、小型排水量，水泵不超过四台。圆形泵房的优点是结构受力条件好，便于采用沉井法施工，缺点是水泵平面位置不好布置，浪费空间较大。

2. 合建式矩形排水泵站：合建式矩形排水泵站适用于大排水量、水泵台数多于 4 台时，它的优点是机组、管道和附属设备的布置比较方便紧凑，缺点是结构处理较复杂，施工难度较大。

### （二）分建式排水泵站

分建式排水泵站是指集水池与机器间分开修建（见图14-3）。分建式泵站的主要优点是，结构上处理比合建式简单，机器间没有污水渗透和被污水淹没的危险。它的最大缺点是要抽真空启动，为了满足排水泵站来水的不均匀，启动水泵较频繁，给运行操作带来困难。在工程实践中，排水泵站的类型是多种多样的，

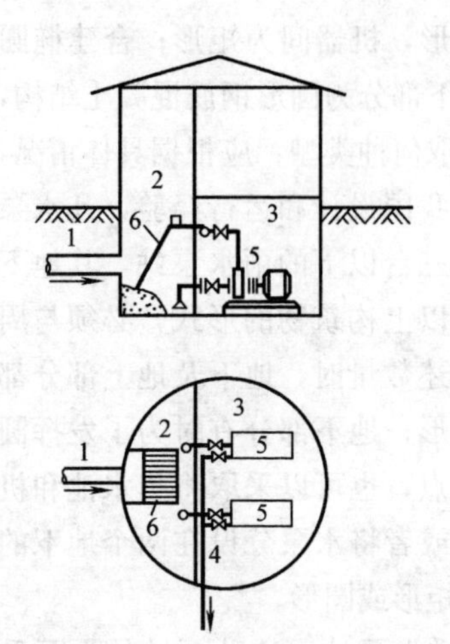


图 14-1 合建式圆形排水泵站

1—排水管渠；2—集水池；

3—机器间；4—压水管；

5—卧式污水泵；6—格栅

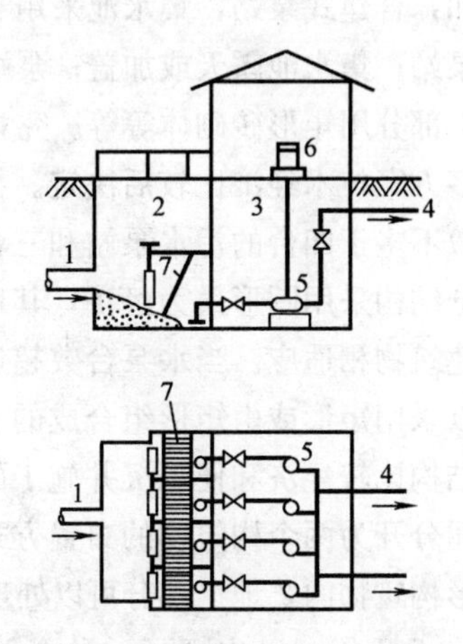


图 14-2 合建式矩形排水泵站

1—排水管渠；2—集水池；3—机器间；

4—压水管；5—立式污水泵；

6—立式电动机；7—格栅

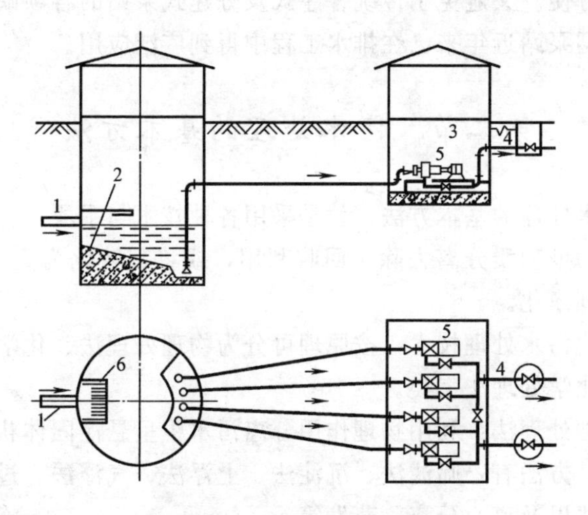


图 14-3 分建式排水泵站

1—排水管渠；2—集水池；3—机器间；

4—压水管；5—水泵机组；6—格栅

例如：合建式泵站，集水池采用半圆形，机器间为矩形；合建椭圆形泵站；集水池露天或加盖；泵站地下部分为圆形钢筋混凝土结构，地上部分用矩形砖砌体等等。究竟采取何种类型，应根据具体情况，经多方案技术经济比较后决定。根据我国设计和运行经验，凡水泵台数不多于四台的污水泵站和三台或三台以下的雨水泵站，其地下部分结构采用圆形最为经济，其地面以上构筑物的形式，必须与周围建筑物相适应。当水泵台数超过上述数量时，地下及地上部分都可以采用矩形或由矩形组合成的多边形；地下部分有时为了发挥圆形结构比较经济和便于沉井施工的优点，也可以采取将集水池和机器间分开为两个构筑物的布置方式，或者将水泵分设在两个地下的圆形构筑物内，地上部分可以处理为矩形或圆形。

近几年，又出现了一种全新的排水泵站，这种泵站的水泵采用潜水排污泵，水泵全部安装在集水池内，潜没在水下工作，不用另设水泵工作间。这种类型的泵站结构最为简单、节省占地、施工方便、土建造价低、易于实现自动控制，而且水泵安装和维修十分方便。又避免了传统合建式及分建式泵站的各项缺点。因此该类型泵站近年来已在排水工程中得到广泛应用。

## 第二节　污水处理的基本方法

污水处理的基本方法，就是采用各种技术与手段，将污水中所含的污染物质分离去除，回收利用，或将其转化为无害物质，使水得到净化。

现代污水处理技术，按原理可分为物理处理法、化学处理法和生物化学处理法三类。

物理处理法：利用物理作用分离污水中呈悬浮固体状态的污染物质。方法有：筛滤法、沉淀法、上浮法、气浮法、过滤法和反渗透法以及离心分离、蒸发等。

化学处理法：利用化学反应的作用。分离回收污水中处于各种形态的污染物质（包括，悬浮的、溶解的、胶体的等）。主要方法有：中和、混凝、电解、氧化还原、汽提、萃取、吸附、离子交换和电渗析等。化学处理法多用于处理生产污水。

生物化学处理法：利用微生物的代谢作用，使污水中呈溶解、胶体状态的有机污染物转化为稳定的无害物质。主要方法可分为两大类，即利用好氧微生物作用的好氧法（好氧氧化法）和利用厌氧微生物作用的厌氧法（厌氧还原法）。前者广泛用于处理城市污水及有机性生产污水，其中有活性污泥法和生物膜法两种；后者多用于处理高浓度有机污水与污水处理过程中产生的污泥。

城市生活污水与工业废水中的污染物是多种多样的，往往需要采用多种方法组合起来，才能去除污水中不同性质的污染物，达到净化的目的。

现代污水处理技术，按处理程度来划分，可分为一级、二级和三级处理。

一级处理，主要去除污水中呈悬浮状态的固体污染物质，物理处理法大部分只能完成一级处理的要求，经过一级处理后的污水，BOD一般只去除30%左右，仍不宜排放，还应进行二级处理。一级处理属于二级处理的预处理。

二级处理，主要去除污水中呈胶体和溶解状态的有机污染物质（即BOD、COD），其中BOD去除率可达90%以上，使有机污染物含量达到排放标准的要求。

三级处理，是在一级、二级处理后，进一步处理难降解的有机物、磷和氮等能够导致水体富营养化的可溶性无机物等。主要方法有生物脱氮除磷、混凝沉淀、砂滤、活性炭吸附、离子交换和电渗析等。三级处理是深度处理的同义语，但两者不完全相同，三级处理常用于二级处理之后，而深度处理则是以污水回用为目的，在一级或二级处理后增加的处理工艺。污水回用的范围很广，包括农业灌溉及城市景观用水、市政道路喷洒、园林绿化用水、工业重复利用，水体的补给水源甚至成为生活用水水源等。

污泥是污水处理过程中的产物。城市污水处理产生的污泥含有大量有机物，富有肥分，可以作为农肥使用，但又含有大量细菌、寄生虫卵以及从工业废水中带来的重金属离子等，需要作稳定与无害化处理。污泥处理的主要方法是减量处理（如浓缩、脱水等）、稳定处理（如厌氧消化、好氧消化）、综合利用（如沼气利用、污泥农业利用等）、最终处置（如干燥焚烧、填埋投海、做建筑材料等）。

对于某种污水，采用哪几种处理方法组成系统，要根据污水的水质、水量，回收其中有用物质的可能性、经济性、收纳水体的条件，并结合调查研究与经济技术比较后决定，必要时还需通过试验确定。

城市污水处理的典型流程见图 14-4。

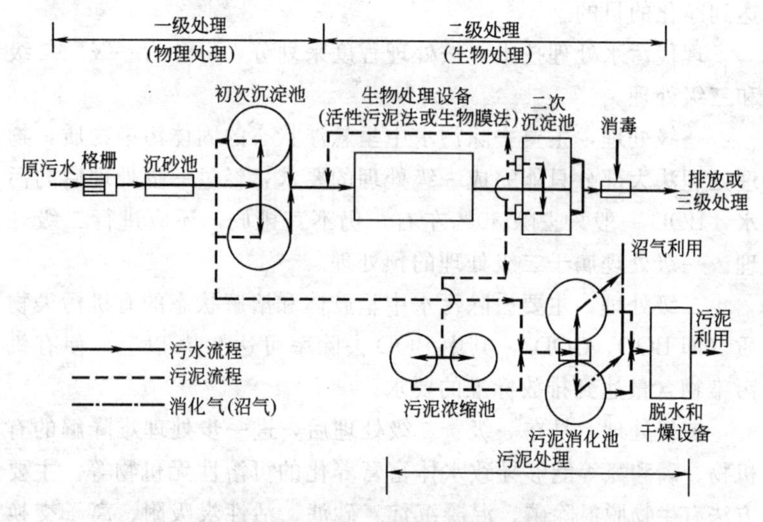


图 14-4　城市污水处理典型流程

## 第三节　污水处理的构筑物

### 一、城市污水的物理处理法

如前所述，城市污水物理处理常用方法有筛滤截留、重力分离、离心分离等，相应处理设备及构筑物主要有格栅、沉砂池、沉淀池等。以下介绍几种常用的物理处理设备构筑物。

（一）格栅

格栅的作用是截留污水中尺寸较大的悬浮物，以保护后续处理设备。格栅由一组或多组平行的金属栅条组成，倾斜地放置在污水流经的渠道内或泵站集水池进口处。倾角一般为45°～75°，格条用圆钢或扁钢制成，按栅条间隙分为粗格栅（50～100mm）、中格栅（10～25mm）和细格栅（3～10mm）。根据污物的清除方法不同，又分为人工格栅（见图 14-5）和机械格栅。

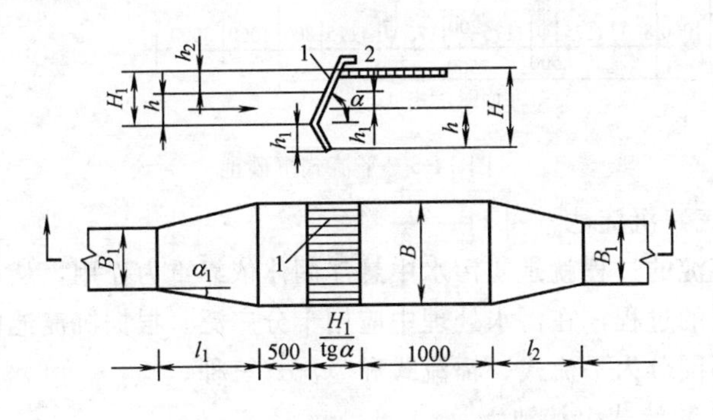


图 14-5　人工清除污物的格栅示意

1—栅条；2—工作平台

（二）沉砂池

沉砂池的作用是去除污水中密度较大的无机性悬浮物（如砂粒、煤渣等），设在沉淀池前方，以减轻沉淀池负荷，并且使有机与无机颗粒分离，以便于分别处理。根据构造形式，沉砂池分为平流式和竖流式。图 14-6 为平流式沉砂池，这种沉砂池上部实际是一个加宽的明渠，两端设有闸板，以控制水流速度，污水以一定的流速从池首流向池尾，其中密度较大的颗粒在重力作用下沉入池底的砂斗中，而较轻的有机颗粒随水流流出池外。

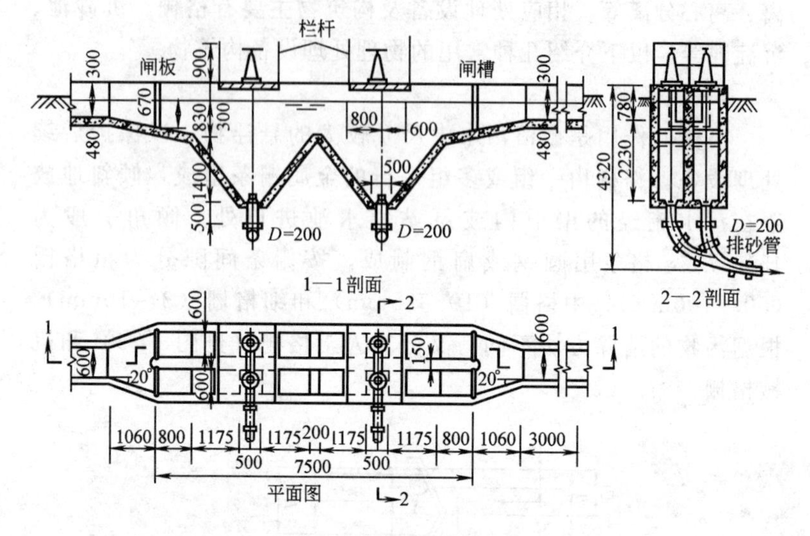


图 14-6 平流式沉砂池

（三）沉淀池

沉淀的过程就是使污水中悬浮固体依靠重力作用，从水中分离出来的过程，在污水处理中应用十分广泛。根据沉淀池内水流方向不同分为平流式、辐流式和竖流式三种。

1. 辐流式沉淀池

辐流式沉淀池其平面形状多为圆形，直径一般在 20～30m 以上，最大可达 100m。污水经中心管、穿孔挡板进入沉淀池，然后按半径方向水平流向池周，澄清水通过设在池子周边的溢流堰溢入出水槽，悬浮物在重力作用下沉入池底．在刮泥机推动下落入污泥斗中。图 14-7 为普通辐流式沉淀池工艺流程图。

2. 平流式沉淀池

平流式沉淀池的池形呈长方形，污水从池子一端流入，从另一端流出，污水在池内按水平方向流动。污水经进水槽、进水堰和进水挡板流入沉淀池中，水中悬浮物在重力作用下逐渐沉入池底并滑入底部的污泥斗中，经排泥管道排出池外，澄清水在池子末端经出水挡板、出水堰溢入出水槽中。

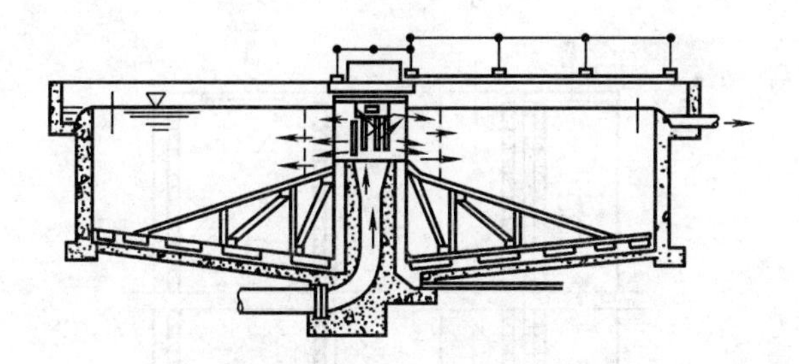

图 14-7　普通辐流式沉淀池工艺图

## 二、城市污水的生物处理法

曝气池是活性污泥法的主体构筑物，是微生物生活及吸附、氧化分解有机物的场所。曝气池的型式与构造有多种，以下主要介绍鼓风曝气池。

鼓风曝气池为长方形廊道式池子，每个池子通常由两到多个廊道组成，如图 14-8 所示。

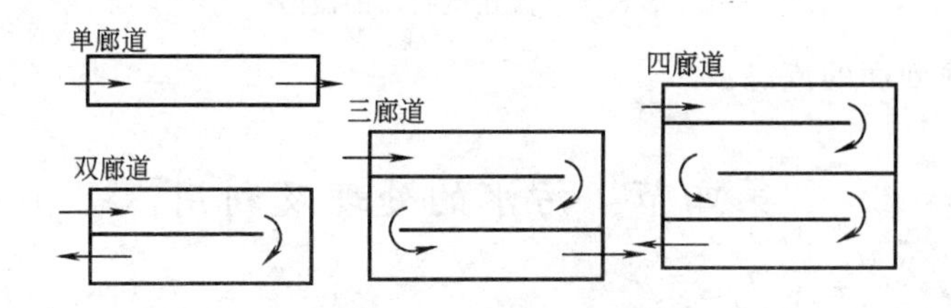


图 14-8　曝气池的廊道组合

混合液的流型为推流式，即污水与回流污泥从池子的首端进入，从末端流出，池内的污水与回流污泥仅进行横向混合，而前后互不掺混，以一定流速推流前进。曝气器沿廊道一侧布置，以便水流在池内呈螺旋状前进。为使全池的混合液都处于旋游状态，达到良好的曝气效果，廊道的长、宽、深比值有一定要求，而且廊道隔墙的顶部和脚部做成 45°斜面，以利于形成旋流。空气管道一般设在廊道隔墙顶部的空槽内，用空气竖管与曝气器连接。图 14-9 为推流式鼓风曝气池空气扩散装置布置形式与水流

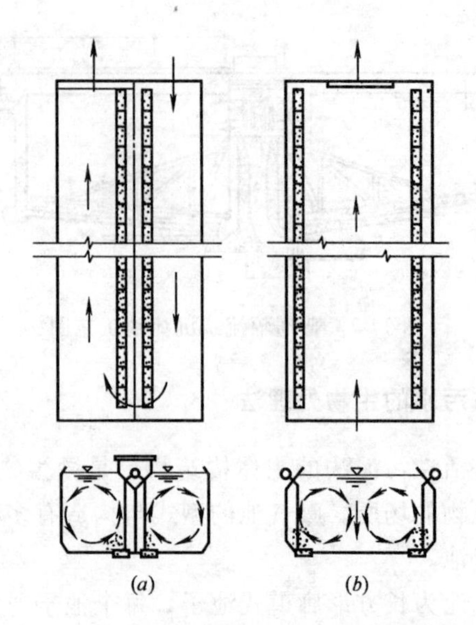


图 14-9 推流式鼓风曝气池空气扩散装置布置形式与水流在横断面的流态

在横断面的流态。

## 第四节 污水的处理及利用

### 一、概述

在自然中存在着大量的依靠有机物生存的微生物，它们具有氧化分解有机物，并能将其转化为无机物的巨大功能。污水生物处理法就是采取一定的人工措施，创造微生物生活的良好环境，在满足微生物生命活动的同时，降低了污水中有机物的含量，从而使污水得以净化，这就是污水生物处理的基本原理。

城市污水生物处理常采用活性污泥法和生物膜法。(仅介绍活性污泥法)。

## 二、活性污泥法

（一）基本流程

活性污泥是由多种好氧微生物群体和杂质所组成絮凝体。它不但能悬浮在水中，在与污水接触的同时吸附、降解污水中有机物，而且具有良好的沉淀性能，易于沉淀分离。

活性污泥法主要处理构筑物是曝气池和二次沉淀池、供氧设备和污泥回流设备等，其基本工艺流程如图 14-10 所示。

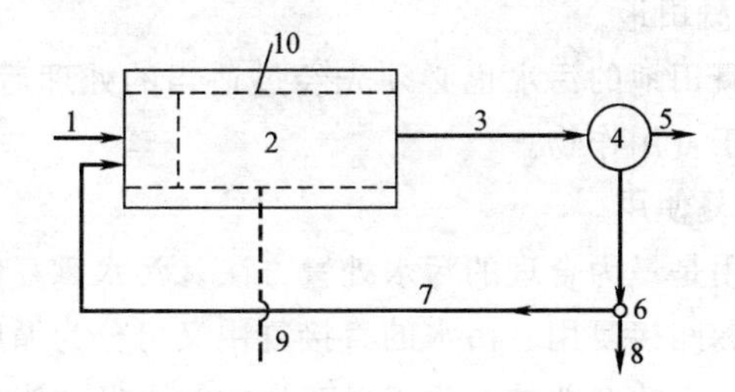


图 14-10　活性污泥法基本流程系统

1—经预处理后的污水；2—活性污泥反应器-曝气；3—从曝气池流出的混合液；4—二次沉淀池；5—处理水；6—污泥井；7—回流污泥系统；8—剩余污泥；9—来自空压机站的空气；10—曝气系统与空气扩散装置

经过物理法（格栅→沉砂池→初次沉淀池）进行预处理的污水进入曝气池，与回流的活性污泥相混合，构成曝气池的混合液体。不断地向曝气池内注入压缩空气，使污水和污泥进行充分的混合接触，并处于悬浮状态，同时，提供混合液以充足的氧气。在供氧充足的条件下，污水在曝气池内停留一段时间，有机物被活性污泥吸附，氧化分解后，混合液流出池外，进入二次沉淀池进行泥水分离，澄清水从二沉池溢出，经消毒后可排入水体。沉下的污泥一部分回流至曝气池。以维持一定的生物量，剩余的活性污泥从系统中排除，至泥区进行处理。

（二）曝气池的曝气方法

曝气池是活性污泥法的主体构筑物，是微生物生活及吸附、氧化分解有机物的场所。同时，微生物需要大量的氧气，氧气通过曝气的方法来解决，曝气方法有以下两种：

一种是鼓风曝气，即由加压设备（鼓风机）将压缩空气通过管道输送到设在曝气池内的空气扩散器，将压缩空气以气泡的形式送入池中。另一种为机械曝气，即依靠机械在池内搅动水面，不断更新空气与液体的接融面，达到补充氧气的目的。

## 三、污水的利用

（一）灌溉田地。

用来灌溉田地的污水也必须先经过适当的处理后才能使用，而且不宜用于食用作物。

（二）重复使用。

重复使用是最为合理的污水处置方法。污水重复使用的方法有直接复用和间接复用。污水的直接复用又可分为循序使用法和循环使用法。工业企业的一道工序产生的污水经适当处理后用于另一道工序称循序使用；经适当处理后，再用于同一道工序称循环使用。

（三）污水再生回用。

目前，由于水资源的匮乏，对经二级处理后的城市污水再经深度处理后回用的方法，已逐渐受到我国各城市尤其是北方城市的重视。现在有的城市已实施，有的城市正准备实施，许多将要兴建的污水处理厂都考虑了深度处理部分。城市污水回用可分为以下几种方向：

1. 用于地下水回灌，减轻或解决地下水开采与补给的不平衡，防止地下水水位下降及地面沉降。

2. 回用于工业生产，特别是工业生产中的冷却循环用水。由于工业用水量占城市总用水量的70%左右，而冷却循环水又占工业用水中的70%以上，工业生产中的冷却循环用水是城市污水回用的主要对象，其特点是用水量大而集中，水质要求易达到。

3. 回用于污水处理厂厂区及临近市政道路浇洒路面、绿化、造景、消防以及用于冲洗车辆等杂用水。

## 第五节 污泥的处置与利用

### 一、概述

在污水处理过程中产生大量的污泥，其中含有大量的有机污染物质，所以必须进行稳定处理和无害化处理，否则会造成二次污染。

含水率较高的污泥应首先进行浓缩，降低水分含量，减少污泥体积，然后对污泥中有机物进行消化处理，消化后的污泥可直接作农肥，或进行脱水干化，进一步降低含水率和污泥体积，再进行最终处理。

### 二、污泥浓缩

污泥浓缩常采用重力浓缩法，处理构筑物的构造及工作原理与沉淀池相似，一般采用辐流式和竖流式。图 14-11 为辐流式浓缩池示意图。污泥从池子上部进泥槽沿中心管进入浓缩池，在重力作用下进行泥水分离，污泥液上升至池面溢入集水槽排出，被

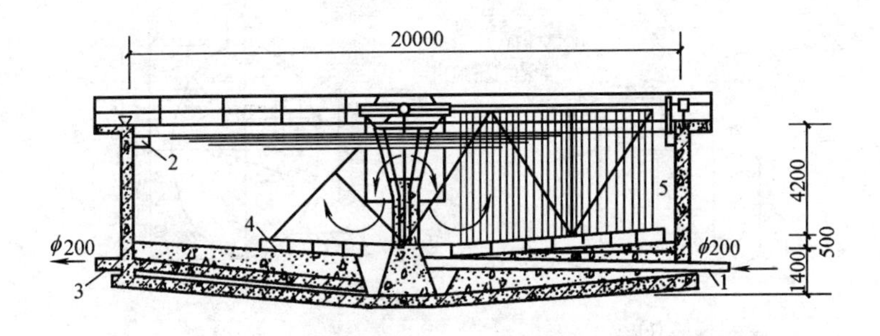


图 14-11 有刮泥机及搅动栅的连续式重力浓缩池

1—中心进泥管；2—上清液溢流堰；3—排泥管；4—午刮泥机；5—搅动栅

浓缩的污泥沉入泥斗中，利用静水压力通过排泥管道排出池外。被浓缩的污泥含水率可由原来99%以上降至97%。

### 三、污泥厌氧消化

污泥中含有大量的有机物和病原菌、寄生虫卵等，通常采用厌氧消化的方法，即利用厌氧微生物在无氧条件下将有机物转化为 $CH_4$、$CO_2$ 等稳定物质，改善污泥的脱水性能。杀灭病原菌及寄生虫卵，并使污泥体积减小。

污泥厌氧消化的构筑物为消化池，是钢筋混凝土圆池，上部和下部作成圆锥形。顶部设有集气罩。要求消化池密封和保温。与池子相连有进泥、排泥、沼气、污泥水等管道，设有加热和搅拌设备。图 14-12 为消化池基本池形示意图。

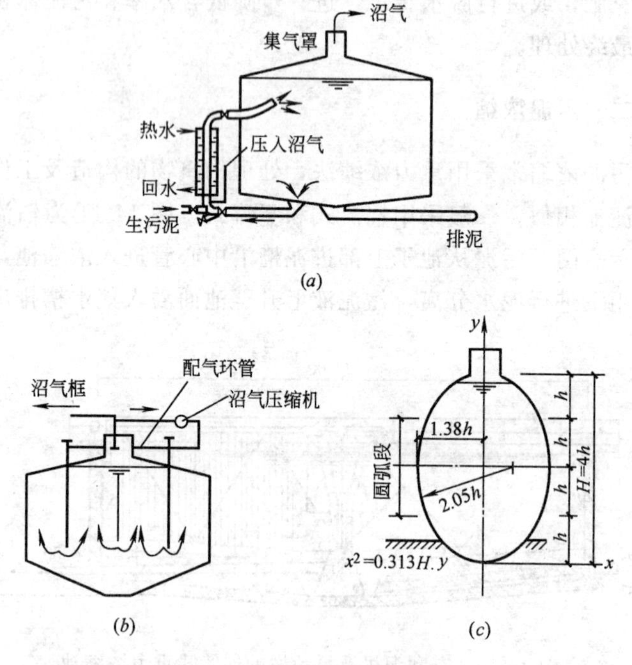


图 14-12　消化池基本池形

(a)、(b) 圆柱形；(c) 蛋形

## 四、污泥脱水与干化

污泥经浓缩和消化后，含水率仍然较高（95%～97%），仍呈流态，体积较大，为了进一步缩小污泥体积及便于运输，需将污泥变为固态（含水率约为60%～80%），还需进一步进行脱水和干化处理。常用方法有自然干化和机械脱水两种。自然干化是采用人工干化场，它是人工修造的一片平坦的砂滤场，将含水率较高的污泥排入干化场后铺成薄层，通过自然蒸发和渗透作用，使污泥逐渐变干。机械脱水是采用真空过滤机、压力过滤机、离心脱水机等设备进行脱水处理。

如果脱水后的污泥需进一步干化，可进行干燥处理（风干或烘干），以便于运输和利用。

污泥主要用作农肥，也可以作饲料，或填充洼地和做建筑材料。

# 第十五章　市政工程施工准备工作

## 第一节　施工准备工作概述

### 一、施工准备工作的任务

施工准备工作是为了保证工程顺利开工和施工活动正常进行而必须事先做好的各项准备工作。它是施工程序中的重要环节，不仅存在于开工之前，而且贯穿在整个施工过程之中。为了保证工程项目顺利地进行施工，必须做好施工准备工作。

（一）施工准备工作的基本任务

1. 通过调查研究，掌握工程的特点、施工条件和关键环节。

2. 从技术、劳动力、物资、机械设备、组织、计划、现场、关系协调等方面为施工创造必备的条件，以保证工程顺利开工和连续施工。

3. 办理各种施工文件的申报与批准手续、以取得施工的法律依据。

4. 预测可能发生的变化，提出应变措施，做好应变准备。

（二）施工准备工作的范围

施工准备工作的范围包括两个方面：一是开工前的施工准备工作，带有全局性；没有这个阶段则工程既不能顺利开工，更不能连续施工。二是各施工阶段开工前的施工准备，它是指开工之后，为某一施工阶段、某分部分项工程或某个施工环节所做的准备，是局部性，也是经常性。如，冬期与雨期施工准备工作都属于这种施工准备。

## 二、施工准备工作的内容和要求

(一) 施工准备工作的内容

施工准备工作涉及的范围比较广，内容比较多，一般可归纳为以下七个方面：调查研究与收集资料、技术准备、施工现场准备、物资准备、劳动组织准备、冬、雨期施工准备、外部协作准备。

每项工程施工准备工作的内容，视该工程本身及其具备的条件而异。有的比较简单，如只有一个单项工程的施工项目，有的却十分复杂，如包含多个单项工程的群体项目。只有按照施工项目的规划来确定准备工作的内容，并拟定具体的、分阶段的施工准备工作实施计划，才能充分地为施工创造一切必要的条件。图15-1是施工准备工作的内容。

(二) 施工准备工作的要求

1. 编制施工准备工作计划。要编制详细的施工准备工作计划，列出施工准备工作内容（见图15-1），要求完成的时间，负责人（单位）等，计划表格可参照表15-1。

**施工准备工作计划表** **表15-1**

| 序号 | 项目 | 施工准备工作内容 | 要求 | 负责单位及负责人 | 配合单位 | 要求完成日期 | 备注 |
|---|---|---|---|---|---|---|---|
| 1 | | | | | | | |
| 2 | | | | | | | |

由于各项准备工作之间有相互依存的关系，单纯的计划表格还难以表达明白，提倡编制施工准备工作网络计划，明确搭接关系并找出关键工作，在网络图上进行施工准备期的调整，尽量缩短时间。

作业条件的施工准备工作计划，应当在施工组织设计中予以安排，作为施工组织设计的基本内容之一，同时注意施工过程的安排。

2. 建立严格的责任制。由于施工准备工作项目多、范围广，

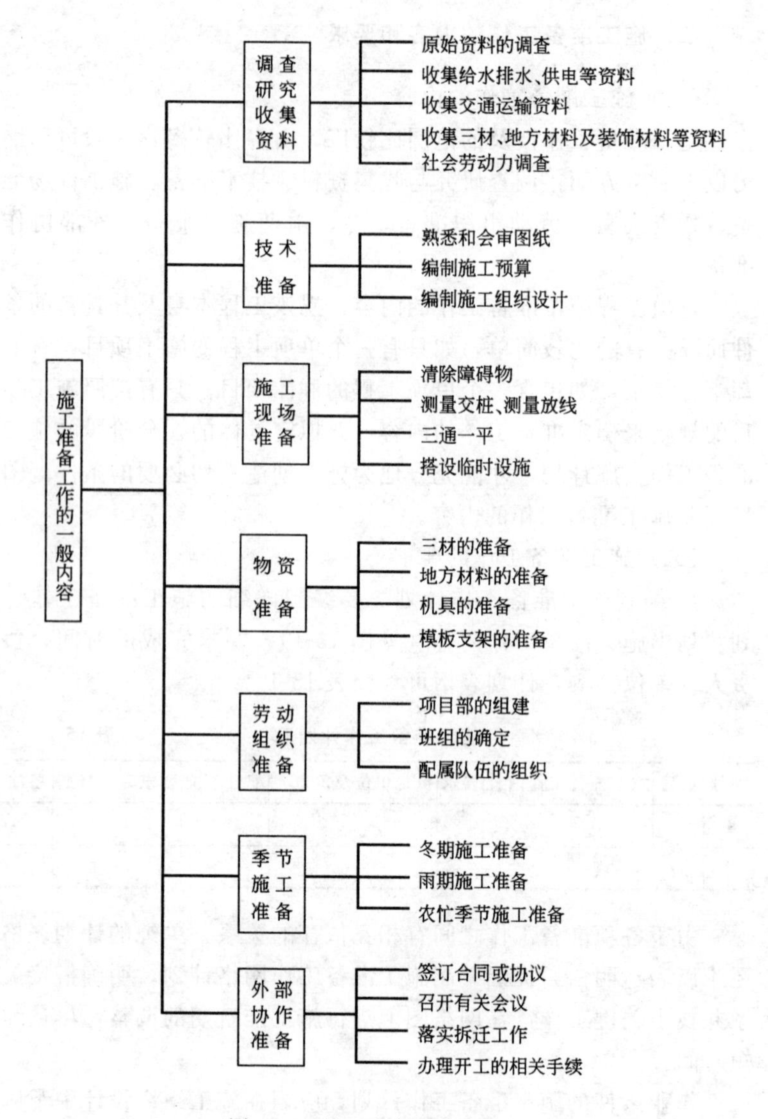


图 15-1　施工准备工作的内容

因此必须要有严格的责任制，按计划将责任落实到有关部门甚至个人，同时明确各级技术负责人在施工准备工作中所负的责任。

各级技术负责人应是各阶段施工准备工作的负责人，负责审查施工准备工作计划和施工组织计划，督促检查各项施工准备工作的实施，及时总结经验教训。在施工准备阶段，也要实行单位工程技术负责制，将建设、设计、施工三方组织在一起，共同完成施工准备工作。

3. 建立施工检查制度。施工准备工作不但要有计划、有分工，而且要有部署、有检查。检查的目的在于督促，发现薄弱环节，不断改进工作。一是要做好日常检查；二是在检查施工计划完成情况时，应同时检查施工准备工作完成的情况。

4. 严格执行开工报告和审批制度。只有在做好开工前的各项施工准备工作后才能提出开工报告，经业主批准方能开工。实行建设监理的工程，还应将开工报告送监理工程师审批，由监理工程师签发开工通知书（表 15-2），在限定时间内开工，不得拖延。单位工程应具备的开工条件如下：

（1）施工图纸已经设计交底和会审并有记录；

（2）施工组织设计已经审核批准并已进行交底；

（3）施工预算已经编制并审定；

（4）施工合同已签订，施工的相关手续已经审批办好；

（5）现场障碍物已清除，场地已平整，施工道路、水源、电源已接通，排水沟渠畅通，能满足施工需要；

（6）材料、构件、半成品和施工机械设备等已经落实并能陆续进场，保证连续施工的需要；

（7）各种临时设施已经搭设，能满足施工和生活的需要；

（8）劳动力安排已经落实，可以按时进场；

（9）现场安全守则、安全宣传牌已建立，安全、防火的必要设施已具备。

5. 施工准备工作必须贯彻在施工全过程的始终，它不仅要在开工前集中进行，而且要贯穿在整个施工过程中。随着工程施工的不断进展，在各分部分项工程施工开始之前，都要不断地做好准备工作，为各分部分项工程施工顺利进行创造必要的条件。

**工程项目开工申报表　　　　表 15-2**

工程名称：　　　　　　　　　　　　　　　　　　　　编号：

| |
|---|
| 致建设单位(监理单位)＿＿＿＿＿＿＿＿＿＿＿＿： |
| 我单位承建的＿＿＿＿＿＿＿＿＿＿＿＿＿＿＿＿工程的施工准备工作已完成，现提供报审材料如下： |
| 1. 项目经理部到岗人员与投标书中的人员名单对照表及联系电话(　)份 |
| 2. 进场材料、设备名称、数量、性能一览表(　)份 |
| 3. 主要工种的工长姓名、职称和施工人数一览表(　)份 |
| 4. 签订施工合同、已有图纸落实情况(　)份 |
| 5. 现场开工具备的条件报告(　)份 |
| 6. 单位工程施工组织设计(施工方案)(　)份 |
| 7. 工程项目总施工进度计划(　)份 |
| 8. 临时设施完成情况(　)份 |
| 9. 施工测量记录(定位放线)(　)份 |
| 10. 其他 |
| 申请于＿＿＿年＿＿＿月＿＿＿日开工，请批准。 |
| 施工单位负责人：＿＿＿＿＿＿ |
| 施工单位：＿＿＿＿＿＿　　　　　　报审日期：＿＿＿＿＿＿ |
| 建设单位(监理单位)签收 |
| 签收人：＿＿＿＿＿＿　　　　　　签收日期：＿＿＿＿＿＿ |

6. 施工准备工作应取得建设单位及有关协作单位的大力支持，要统一步调，分工协作，共同做好施工准备工作。

## 第二节　调查研究与收集有关施工资料

### 一、原始资料调查的目的

1. 为投标提供依据：1984 年我国实行招标承包制，改变了过去用行政手段分配施工任务的办法。施工单位在投标前，除了要认真研究招标文件、图纸等外，还要仔细地调查研究工程现场及当地社会经济技术条件，在综合分析的基础上进行投标。

2. 为签订承包合同提供依据：中标单位与招标单位签订工

程承包合同，其中许多内容都直接与当地的经济情况有关。

3. 为编制施工组织设计提供依据：施工组织设计中的有关材料供应、交通运输、构件定货、机械设备选择、劳动力筹集等内容的确定，都要以技术经济调查资料为依据。

## 二、调查收集资料的主要内容

调查收集资料的工作应有计划有目的地进行，事先要拟订明确的详细调查提纲。其调查的范围、内容、要求等，应根据拟建工程的规模、性质、复杂程度、工期以及对当地熟悉了解程度而定。调查时，除向建设单位、设计勘察单位、当地气象台（站）及有关部门、单位收集资料及有关规定外，还应到现场实地勘测并向当地人民了解。调查收集资料的主要内容如下：

（一）向建设单位与设计单位调查的项目如表15-3。

**向建设单位与设计单位调查的调查表　　表15-3**

| 序号 | 调查单位 | 调查内容 | 调查目的 |
|---|---|---|---|
| 1 | 建设单位 | a. 建设项目设计任务书有关文件<br>b. 建设项目性质、规模、生产能力<br>c. 生产工艺流程、主要工艺设备名称及来源、供应时间、分批和全部到货时间<br>d. 建设期限、开工时间、交工先后顺序、竣工投产时间<br>e. 总概算投资、年度建设计划<br>f. 施工准备工作内容、安排、工作进度 | a. 施工依据<br>b. 项目建设部署<br>c. 主要工程施工方案<br>d. 规划施工总进度<br>e. 安排年度施工计划<br>f. 规划施工总平面<br>g. 占地范围 |
| 2 | 设计单位 | a. 建设项目总平面规划<br>b. 工程水文地质勘察资料<br>c. 项目建设规模、结构、总建筑面积、占地面积<br>d. 单项(单位)工程个数<br>e. 生产工艺设计、特点<br>f. 地形测量图 | a. 施工总平面图规划<br>b. 生产施工区、生活区规划<br>c. 大型临设工程安排<br>d. 概算劳动力、主要材料用量、选择主要施工机械<br>e. 规划施工总进度<br>f. 计算平整场地土石方量<br>g. 地基、基础施工方案 |

（二）对建设地区自然条件调查的项目如表 15-4。

**建设地区自然条件调查表** **表 15-4**

| 序号 | 项目 | 调查内容 | 调查目的 |
|---|---|---|---|
| 1 | | 气象资料 | |
| (1) | 气温 | a. 全年各月平均温度<br>b. 最高温度、月份；最低温度、月份<br>c. 冬天、夏季室外计算温度<br>d. 霜、冻、冰雹期<br>e. 小于 0℃、5℃的天数、起止日期 | a. 防暑降温<br>b. 全年正常施工天数<br>c. 冬期施工措施<br>d. 估计混凝土、砂浆强度增长 |
| (2) | 雨雪情况 | a. 雨期起止时间、降雨时间、降雨量<br>b. 全年降水量、一日最大降水量<br>c. 全年雷暴日数、时间<br>d. 全年各月平均降水量 | a. 雨期施工措施<br>b. 现场排水、防洪<br>c. 防雷<br>d. 雨天天数估计 |
| (3) | 风情 | a. 主导风向及频率<br>b. 大于 8 级风全年天数、时间 | a. 布置临时设施<br>b. 高空作业措施 |
| 2 | | 工程地形、地质 | |
| (1) | 地形 | a. 区域地形图<br>b. 工程位置地形图<br>c. 工程建设地区的城市规划<br>d. 控制桩、水准点的位置 | a. 选择施工用地<br>b. 布置施工总平面图<br>c. 计算现场平整场地的方量<br>d. 障碍及数量 |
| (2) | 地质 | a. 钻孔布置图<br>b. 地质柱状图、各层土的类别、厚度<br>c. 地质稳定性：滑坡、流砂、冲沟<br>d. 地基土强度的结论，各项物理力学指标；天然含水率、孔隙比、塑性指数；地基承载力<br>e. 膨胀土、湿陷性黄土<br>f. 最大冻结深度<br>g. 防空洞、枯井、土坑、古墓、洞穴<br>h. 地下管网、地下构筑物 | a. 土石方施工方法的选择<br>b. 地基处理方法<br>c. 基础、地下结构施工措施<br>d. 障碍物拆除计划<br>e. 复核地基基础设计 |
| (3) | 地震 | 地震级别 | 对地基、结构影响、施工注意事项 |
| 3 | | 工程水文 | |
| (1) | 地下水 | a. 最高、最低水位及时间<br>b. 流向、流速、流量<br>c. 水质分析<br>d. 抽水试验、测定水量 | a. 基础施工方案的选择<br>b. 降低地下水位方法、措施<br>c. 判定侵蚀性质及施工注意事项<br>d. 使用、饮用地下水的可能性 |
| (2) | 地面水（地面河流） | a. 临近的江河湖泊及距离<br>b. 洪水、平水、枯水时期，其水位、流量、流速<br>c. 水质分析 | a. 临时给水<br>b. 确定运输方式<br>c. 水工工程施工方案 |

注：资料来源：当地气象台、站，设计的原始资料、勘察报告，地震局等。

（三）对建设地区技术经济条件调查的项目

1. 地方建筑材料及构件生产企业调查内容如表15-5。

2. 地方资源情况调查内容如表15-6。

**建设地区地方建筑材料及构件生产企业调查表　　表15-5**

| 序号 | 企业名称 | 产品名称 | 规格 | 质量 | 生产能力 | 供应能力 | 生产方式 | 出厂价格 | 运距 | 运输方式 | 单位运价 |
|---|---|---|---|---|---|---|---|---|---|---|---|
| (1) | (2) | (3) | (4) | (5) | (6) | (7) | (8) | (9) | (10) | (11) | (12) |
| | | | | | | | | | | | |

注：企业及产品名称栏按构件厂、木工厂、金属结构厂、砂石厂、建筑设备厂、砖、瓦、石灰厂等填列。

**建设地区地方资源情况调查表　　表15-6**

| 序号 | 材料名称 | 产地 | 储存量 | 质量 | 开采（生产）量 | 开采费 | 出厂价 | 运距 | 运费 | 供应的可能性 |
|---|---|---|---|---|---|---|---|---|---|---|
| (1) | (2) | (3) | (4) | (5) | (6) | (7) | (8) | (9) | (10) | (11) |
| | | | | | | | | | | |

注：材料名称栏按块石、碎石、砾石、砂、工业废料（包括冶金矿渣、炉渣、电站粉煤灰）填列。

（四）建设地区主要材料设备调查内容表15-7。

**建设地区主要材料设备调查表　　表15-7**

| 序号 | 项目 | 调查内容 | 调查目的 |
|---|---|---|---|
| 1 | 三大材 | a. 钢材订货的规格、钢号数量和到货时间<br>b. 木材订货的规格、等级、数量、和到货时间<br>c. 水泥订货的品种、强度等级、数量和到货时间 | a. 确定临时设施和堆放场地<br>b. 确定木材加工计划<br>c. 确定水泥储存方式 |
| 2 | 特殊材料 | a. 需要的品种、规格、数量<br>b. 试制、加工和供应情况 | a. 制定供应计划<br>b. 确定储存方式 |
| 3 | 主要设备 | a. 主要工艺设备名称、规格、数量和供货单位<br>b. 分批和全部到货时间 | a. 确定临时设施和堆放场地<br>b. 拟定防雨措施 |

（五）建设地区社会劳动力和生活设施的调查内容如表15-8。

**建设地区社会劳动力和生活设施的调查表　　表15-8**

| 序号 | 项目 | 调查内容 | 调查目的 |
|---|---|---|---|
| 1 | 社会劳动力 | a. 少数民族地区的风俗习惯<br>b. 当地能提供的劳动力人数，技术水平和来源 | a. 拟定劳动力计划<br>b. 安排临时设施 |
| 2 | 周围环境 | a. 主副食品供应，日用品供应，文化教育，消防治安等机构能为施工提供的支援能力<br>b. 邻近医疗单位至工地的距离，可能就医情况<br>c. 当地公共交通、邮电服务情况<br>d. 周围是否存在有害气体，污染情况，有无地方病安排职工生活基地，解除后顾之忧 | a. 安排好施工人员的生活 |
| 3 | 房屋设施 | a. 必须在工地居住的人数<br>b. 能作为施工用的现有的房屋，面积，结构特征，总面积、位置、水、暖、电、卫设备状况<br>c. 上述建筑物可用作宿舍、食堂、办公室的可能性 | a. 确定现有的房屋为施工服务的可能性<br>b. 安排临时设施 |

（六）建设场地供水、供电、供气条件调查内容如表15-9。

**建设场地供水、供电、供气条件调查表　　表15-9**

| 序号 | 项目 | 调查内容 |
|---|---|---|
| 1 | 供水排水 | a. 与当地水源连接的可能性，可供水量，接管地点、管径、管材、埋深、水压、水费、至工地距离，地形地物情况<br>b. 临时供水源：利用江河、湖水可能性、水源、水量、水质、取水方式，至工地距离地形地物情况；临时水井位置、深度、出水量、水质<br>c. 利用永久排水设施的可能性，施工排水去向，距离坡度；有无洪水影响，现有防洪设施、排洪能力 |
| 2 | 供电电信 | a. 电源位置，电费，引入的可能，允许供电容量、电压、导线截面、距离，接线地点，地形地物情况<br>b. 建设、施工单位自有发电、台数、容量<br>c. 利用邻近电讯设备的可能性，增设电话设备和线路的可能性 |
| 3 | 供气 | a. 蒸汽来源，可供能力、数量，接管地点、管径、埋深、至工地距离，地形地物情况，供气价格<br>b. 建设单位、施工单位自有锅炉型号、台数、能力、所需燃料、用水水质<br>c. 当地提供压缩空气、氧气的能力，至工地的距离 |

注：调查目的是选择供水、供电、供气方式，作出经济比较。

## 第三节 技术准备

技术经济资料的准备工作，即通常所说的“内业”工作。它是现场施工准备工作的基础，其内容包括：熟悉和会审图纸、编制施工组织设计、编制施工预算。

### 一、熟悉和会审图纸

一个工程项目的施工依据就是施工图纸，施工技术人员必须在施工前熟悉施工图中各项设计的技术要求，在熟悉施工图纸的基础上，由建设、监理、施工、设计单位共同对施工图纸组织会审。

（一）熟悉施工图纸的重点

1. 基础部分：如桥梁工程需核对桩基础、放大基础、施工图中的位置、标高、配筋、混凝土强度等级等情况，地下管线工程需核对基础位置、标高、流水面高程、检查井位设置等。

2. 主体结构部分：所用砂浆、混凝土的强度等级、墩、梁、柱墙与轴线的关系，梁板、墩柱的配筋及节点做法，悬挑结构的要求，设备图和土建图上尺寸及位置的关系，对标准图有无特别说明和规定等。

3. 工程量、材料量的清单与图纸是否一致。在熟悉图纸过程中，对发现的问题应做出标记，做好记录，以便在图纸会审时提出。

（二）图纸会审的主要内容

图纸会审一般由业主主持，先由设计人员对设计图纸中的技术要求和有关问题先作介绍和交底，对于各方提出的问题，经充分协商将意见形成图纸会审纪要，由业主正式行文，参加会议各单位加盖公章，参加会议人员各方代表要签字，作为与设计图纸同时使用的技术文件。图纸会审主要内容包括：

1. 施工图的设计是否符合国家有关技术规范。

2. 图纸及设计说明是否完整、齐全、清楚；图纸中的尺寸、坐标、轴线、标高、各种管线和道路的交叉连接点是否准确；一套图纸的前、后各图纸及建筑与结构施工图是否吻合一致，有否矛盾；地下与地上的设计是否有矛盾。

3. 施工单位技术装备条件能否满足工程设计的有关技术要求；采用新结构、新工艺、新技术或工程的工艺设计是否满足使用的功能要求，对市政工程施工、管道、动力、电器等设备安装、在要求采取特殊技术措施时，施工单位技术上有无困难；是否能确保施工质量和施工安全。

4. 设计中所选用的各种材料、配件、构件（包括特殊的、新型的），在组织采购供应时，其品种、规格、性能、质量、数量等方面能否满足设计规定的要求。

5. 对设计中不明确或疑问处，请设计人员解释清楚。

6. 图纸中的其他问题，并提出合理化建议。

### 二、编制施工组织设计

施工组织设计是全面安排施工生产的技术经济文件，是指导施工的主要依据。它由施工单位独立完成。编制施工组织设计本身是一项重要的施工准备工作。

### 三、编制施工预算

施工组织设计已被批准，即可着手编制单位工程施工预算，以确定人工、材料和机械费用和各项措施费的支出，并确定人工数量、材料消耗数量及机械台班使用量。

## 第四节　施工现场准备

施工现场的准备即通常所说的室外准备（外业准备），它是为工程创造有利施工条件的保证，其工作应按施工组织设计的要求进行，主要内容有：测量交桩、测量放线、清除障碍物、三通一平、搭设临时设施等。

## 一、测量交桩、测量放线

测量交桩。一般由建设单位组织测绘、设计、施工三方单位技术人员进行测量交接桩工作，并办理交接桩手续。

为了保证道桥等构筑物的平面位置和高程符合设计要求，施工单位要组织技术人员进行交接桩的复测。一般设计单位提供的控制点满足不了施工要求，这就需要施工单位根据施工现场条件的需要做好坐标控制网和水准高程控制网的布设、加密测量工作。

## 二、现场“三通一平”

即在建设工程的范围内平整施工场地、接通施工用水、用电和道路。如工程规模较大，这些工作可以分阶段进行，保证在第一期开工的工程用地范围内完成，再依次进行其他的，为第一期工程项目的尽早开工创造条件。

1. 拆除障碍物。施工现场内的地上或地下一切障碍物应在开工前拆除。这项工作一般是由建设单位来完成，有时也委托施工单位来完成。如果委托施工单位来完成这项工作，一定要先摸清情况，尤其是原有障碍物情况复杂，而资料不全，应采取相应措施，防止发生事故。

架空电线及埋地电缆、自来水、雨水、污水、燃气、热力、电信等管线拆除，都应与有关部门取得联系并办好手续后，方可进行。场内的树木，需报请园林部门批准后方可砍伐。一般平房只要把水源、电源截断后即可进行拆除，若房屋较大较坚固，则采用爆破方法或机械振动锤拆除，并且必须经过主管部门的批准。

2. 平整施工场地。拆除障碍物后，场地平整，要根据设计总平面图确定的标高，通过测量，计算出挖方与填方的数量，按土方调配计划，进行挖、填、运土方施工。

3. 路通。施工所需的临时道路，使物资直接运到现场，尽量减少二次或多次倒运。

4. 水通。用水包括生产、消防、生活用水三部分。一般尽可能先建成永久性给水系统，尽量利用就近的供排水管线。临时管线的铺设也要考虑节约的原则，整个现场排水沟渠也应修通。

5. 电通。供电包括施工用电及生活用电两部分。电源首先考虑从国家供电网路中获得（需要有批准手续）。如果供电量不足，可考虑自行发电。

6. 施工中如需要蒸汽、压缩空气等能源时，也应按施工组织设计要求，事先做好铺设管道等工作。

### 三、临时设施的搭设

各种生产、生活用的临时设施，包括各种仓库、混凝土搅拌站、沥青混凝土搅拌站、预制构件场、机修站、各种生产作业棚、办公用房、宿舍、食堂、文化生活设施等等，均应按批准的施工组织设计规定的数量、标准、面积、位置等要求组织修建。大、中型工程可分批分期修建。

此外，在考虑施工现场临时设施的搭设时，应尽量利用原有建筑物，尽可能减少临时设施的数量，以便节约用地，节省投资。

## 第五节　物资准备

施工物资准备是指施工中必须的劳动手段（施工机械、工具、临时设施）和劳动对象（材料、构件、配件）等的准备。它是一项较为复杂而又细致的工作，一般应考虑以下几方面的内容。

### 一、建筑材料的准备

建筑材料的准备主要是根据工料分析，按照施工进度计划的使用要求以及材料储备定额和消耗定额，分别按材料名称、规格、使用时间进行汇总，编出建筑材料需要量计划。建筑材料的准备包括：三大材（钢材、木材、水泥）和地方材料的准备。准备工作应根据材料的需要量计划，组织货源，确定加工、供应地点和供应方式，签订物资供应合同。

材料的储备应根据施工现场分期分批使用材料的特点，按照以下原则进行材料准备：

1. 按工程进度分期分批进货。现场储备的材料多了会造成积压，增加材料保管的负担，同时，也多占用了流动资金；储备少了又会影响正常生产。所以材料的储备应合理、适量。

2. 现场材料的堆放应合理。现场储备的材料，应严格按照施工平面布置图的位置堆放，以减少二次搬运，且应堆放整齐，标明标牌，以免混淆。此外，亦应做好防水、防潮、易碎材料的保护工作。

3. 做好技术试验和检验工作，对于无出厂合格证明和没有按规定测试的原材料，一律不得使用。不合格的建筑材料和构件，一律不准进场和使用，特别对于没有使用过的材料或进口原材料、某些再生材料更要严格把关。

### 二、预制构件和商品混凝土的准备

工程项目施工中需要大量的预制构件、金属构件、水泥制品等。这些构件、配件必须事先提出订制加工单。对于采用商品混凝土现浇的工程，则先要到混凝土搅拌站签订供货合同或电话预约，说明品种、规格、数量、需要时间及送货地点等。

### 三、施工机具的准备

施工选定的各种土方机械、混凝土机械、砂浆搅拌设备、垂直及水平运输机械、吊装机械、动力机具，钢筋加工设备、木工机械、焊接设备、打夯机、抽水设备、顶进设备等应根据施工方案和施工进度，确定数量和进场时间。需租赁机械时，应提前联系签约。

### 四、模板和脚手架的准备

模板和脚手架是施工现场使用量大、堆放占地大的周转材料。

模板及其配件规格多、数量大，对堆放场地要求比较高，一定要分规格、型号整齐码放，以便于使用及维修。

大钢模一般要求立放，并防止倾倒，木胶合板、竹胶模板在现场也应规划出必要的存放场地。钢管支架、贝雷片、万能杆件等都按指定的平面位置堆放整齐，扣件等零件还应防雨，以防锈蚀。

## 第六节　劳动组织准备

一项工程完成的好坏，很大程度上取决于承担这一工程的施工人员的素质。现场施工人员包括施工的组织指挥者和具体操作者两大部分。这些人员的选择和组合，将直接关系到工程的质量、安全、施工进度及工程成本。因此，施工现场人员的准备是开工前施工准备的首要内容。

### 一、项目经理部的组建

项目经理部的组建应遵循以下原则：根据工程规模、结构特点和技术复杂程度，确定施工组织的领导机构名额和人选；坚持合理分工与密切协作相结合的原则；把有施工经验、有创新精神、工作效率高的人选入领导机构；认真执行因事设职、因职选人的原则。对于一般单位工程可设一名项目经理，再配施工员、技术员、质检员、安全员及材料员等即可。对大型的单位工程或群体项目，则需配备一套班子，包括技术、质检、安全、材料、机械、计划统计、财务、行政办公等管理人员。

## 二、基本施工班组的确定

基本施工班组应根据工程的特点、现有的劳动力组织情况及施工组织设计的劳动力需要量计划来确定选择。各有关工种工人的合理组织，一般有以下几种参考形式：

1. 道路工程。以混合施工班组来配合机械施工的形式较好。在结构施工阶段，主要是砌筑工程，应以瓦工为主，配备适量的架子工、木工、钢筋工、混凝土以及小型机械工等。

这些混合施工队的特点是：人员配备较少，工人以本工种为主兼做其他工作，工序之间的衔接比较紧凑，因而劳动效率较高。

2. 全现浇结构工程，如后张预应力混凝土桥梁工程、污水处理构筑物等。以专业施工队班组的形式较好。主体结构要浇筑大量的钢筋混凝土，故模板工、架子工、钢筋工、电焊工、混凝土工是主要工种。

## 三、配属队伍的组织

随着我国的改革开放，社会的发展，施工单位仅仅靠自身的基本队伍来完成施工任务已不能满足需要，因而往往要联合其他施工队伍共同完成施工任务。

1. 配属队伍独立承担单位工程的施工。对于有一定的技术管理水平、工种配套、并拥有常用的中小型机具的施工队伍，可独立承担某一单位工程的施工。而企业只须抽调少量的管理人员对工程进行管理，并负责提供大型机械设备、模板和脚手架支撑工具及材料。可采用包工、包材料消耗的方法，即按定额包人工费，按材料消耗定额结算材料费，结余有奖，超耗受罚，同时提取一定的管理费。

2. 配属队伍承担某个分部（分项）工程的施工。这实质上就是单纯提供劳务，而管理人员以及所有的机械和材料，均由本企业负责提供。

3. 临时施工队伍与本企业队伍混编使用。就是将本身不具备施工管理能力，只拥有简单的手动工具，仅能提供一定数量的个别工种的施工队伍，编排在本企业施工队伍之中，指定一批技术骨干带领他们操作，以保证质量和安全，共同完成施工任务。

使用临时施工队伍时，要进行培训和技术考核，对达不到技术标准、质量没有保证的不得使用。

### 四、施工队伍的教育

施工前，企业要对施工队伍进行劳动纪律、施工质量和安全教育，要求本企业职工和外包施工队人员必需做到遵守劳动时间，坚守工作岗位，遵守操作规程，保证工程质量和安全生产，保证施工工期，服从调动，爱护公物。同时，企业还应做好职工、技术人员的培训与技术更新工作，只有不断提高职工、技术人员的业务技术水平，才能从根本上保证市政工程质量，不断提高企业的竞争力。此外，对于某些采用新工艺、新结构、新材料、新技术的工程，应该先将有关管理人员和操作工人组织起来培训，使之达到标准后再上岗操作。

## 第七节　季节施工准备

市政建设工程施工绝大部分工作是露天作业，因此，冬季、雨季对施工生产的影响较大。为保证按期、保质完成施工任务，必须做好冬、雨期施工准备工作。

### 一、冬期施工准备工作

（一）合理安排冬期施工项目

冬期施工条件差，技术要求高，费用要增加。为此，应考虑将既能保证施工质量，同时费用增加较少的项目安排在冬期施工，如吊装构件、桥梁桩基、构筑物基础施工、污水干管的顶进、挖方路基等工程。而费用增加很多又不易确保质量的填方路基、路基层、路面层施工等工程，均不宜安排在冬期施工。因此，从施工组织安排上要综合研究，明确冬期施工的项目，做到冬季不停工、且冬期采取的措施费用增加较少。

（二）落实各种热源及防冻材料供应和管理

包括各种热源供应渠道、热源设备、冬季用的各种保温材料及防冻外加剂的储存和供应、司炉工培训等工作，以保证混凝土拌合、预制构件厂的正常运转及现浇混凝土的保温防冻。

（三）做好测温工作

冬期施工昼夜温差较大，为保证施工质量应做好测温工作、防止砂浆、混凝土在达到临界强度之前遭受冻结而破坏。

（四）做好保温防冻工作

冬季来临前，如泵站施工等项目工程，要做好室内的保温施工项目，如先完成供热系统，安装好门窗玻璃等项目，保证室内其他项目能顺利施工。室外各种临时设施要做好保温防冻，如防止给水排水管道冻裂，防止道路积水结冰，及时清扫道路上的积雪，以保证运输顺利。

（五）加强安全教育，严防火灾发生

要有防火安全技术措施，并经常检查落实，做好职工培训及冬期施工的技术操作规程和安全施工的教育，确保施工质量，避免事故发生。

## 二、雨期施工准备工作

（一）防洪排涝，做好现场排水工作

工程地点若在河流附近，上游有大面积山地丘陵，应有防洪排涝准备。雨期来临前，施工现场应做好排水沟渠的开挖，准备好抽水设备，防止因场地积水和管沟、基槽等泡水而造成损失。

（二）做好雨期施工安排，尽量避免雨期窝工造成的损失

一般情况下，在雨期到来之前，应多安排完成基础、地下管

线工程、土方工程等不宜在雨期施工的项目；多留些地面以上工作在雨期施工。

（三）做好道路维护，保证运输畅通

雨季前，检查道路边坡排水，适当提高路面，防止路面凹陷，保证运输畅通。

（四）做好物资的储存

雨季到来前，材料、物资应多储存，减少雨季运输量，以节约费用。要准备必要的防雨器材，库房四周要有排水沟渠，以防物资淋雨浸水而变质。

（五）做好机具设备等防护

雨期施工，对现场的各种设施、机具要加强检查，特别是桥梁模板、支架、电气设备、临时供电线路等设施，要采取防倒塌、防雷击、防漏电等一系列技术措施。

（六）加强施工管理，做好雨期施工的安全教育，安全检查

要认真编制雨期施工技术措施，并认真组织贯彻实施。加强对施工人员的雨期安全教育，要经常的定时的进行安全检查，对发现的不安全因素要及时整改，防止各种事故的发生。

## 第八节　外部协作准备

市政工程施工涉及面广、影响因素多，需要各方面的积极配合，就施工的外部协作准备，一般应完成以下几项工作。

### 一、合同或协议

签订合同或协议以明确施工单位与建设、设计单位及其他外协单位之间的责任与联系。

### 二、召开管线会议

召集有关管线单位会议。施工期间需要有关管线单位配合施工的工程，要提前签订施工协议，以统一施工组织部署。

## 三、召开施工配合会议

在施工前应召开施工沿线范围内的地区政府、拆迁配合主管单位及其他有关机关单位、工厂、学校、商店、居委会、交警、环卫、环保等单位参加的施工配合会议，提出施工目的、内容、方法、进度等有关要求，争取各方面的积极支持。

## 四、落实拆迁工作

如房屋的拆迁，旧有管线、树木、电杆等的迁移，以及有关民房的征用工作等。

## 五、办理开工的相关手续

申请办理好有关施工执照，如工程爆破需公安机关开据允许施工单、交通封闭通告、渣土证、重点工程道路通行证等。

# 第十六章 市政工程施工组织设计

## 第一节 施工组织设计的作用与分类

### 一、施工组织设计作用

施工组织设计是沟通工程设计和施工之间的桥梁，它既要体现基本建设计划和设计的要求，又要符合施工活动的客观规律，对建设项目、单项及单位工程的施工全过程起到战略部署和战术安排的双重作用。

施工组织设计也是指导拟建工程从施工准备到施工完成的组织、技术、经济的一个综合性的设计文件，对施工全过程起指导作用。

施工组织设计是施工准备工作的重要组成部分，也是及时做好其他有关施工准备工作的依据，因为它规定了其他有关施工准备工作的内容和要求，所以它对施工准备工作也起到保证作用。

施工组织设计是对施工活动实行科学管理的重要手段；是编制工程概、预算的依据之一；是施工企业整个生产管理工作的重要组成部分；是编制施工生产计划和施工作业计划的主要依据。

因此，编好施工组织设计，按科学的程序组织施工，建立正常的施工秩序，有计划地开展各项施工活动，及时做好各项施工准备工作，保证劳动力和各种材料机械设备的供应，协调各施工单位之间、各工种之间、各资源之间以及平面空间上的布置和时间上的安排之间的合理关系，为保证施工的顺利进行，如期保质保量完成施工任务，取得好的施工经济效益，将起到重要的作用。

## 二、施工组织设计的分类

施工组织设计根据设计阶段和编制对象不同，大致可分为三类，施工组织总设计、单位工程施工组织设计和分部（分项）工程施工方案设计。这三类施工组织设计是由大到小、由粗到细、由战略部署到战术安排的关系，但各自要解决问题的范围和侧重等要求有所不同。

（一）施工组织总设计

施工组织总设计是以一个建设项目为编制对象，用以规划整个拟建工程施工活动的技术经济文件。它是整个建设项目施工任务总体战略的部署安排，涉及范围较广，内容以纲条为主。它一般是在初步设计或扩大初步设计批准后，由总承包单位负责，并邀请建设单位、设计单位、施工分包单位参加编制。如果编制施工组织设计条件尚不具备，可先编制一个施工组织大纲，以指导开展施工准备工作，并为编制施工组织总设计创造条件。

施工组织总设计的主要内容包括：工程概况、施工总体部署与施工方案、施工总进度计划、施工总平面图、主要技术措施、主要技术经济指标等。

由于大型建设项目施工工期往往需要几年，施工组织总设计对以后年度施工条件等变化很难精确地预见到，这样就需要根据变化的情况，编制年度施工组织设计，用以指导当年的施工部署并组织施工。

（二）单位工程施工组织设计

单位工程施工组织设计是以一个单位工程或一个不复杂的单项工程（如一个广场、一条路、一座立交桥或构筑物等）为对象而编制的。它是根据施工组织总设计的规定要求和具体实际条件对拟建的工程施工所作的战术性部署，内容比较具体、详细。它是在全套施工图设计完成并交底、会审完后，根据有关资料，由工程项目技术负责人组织编制。

单位工程施工组织设计的主要内容包括：工程概况、施工方案与施工方法、施工进度计划、施工准备工作及各项资源需要量计划、施工平面图、主要技术组织措施及主要经济指标等。

对于常见的小型市政公用工程等可以编制单位工程施工方案，它内容比较简化，一般包括施工方案、施工进度、施工平面布置和有关的一些技术措施。

（三）分部（分项）工程施工方案设计

分部（分项）工程施工方案设计是以某些新结构、技术复杂的或缺乏施工经验的分部（分项）工程为对象（如斜拉桥索塔、有特殊要求的蛋形消化池工程等）而编制的。用以指导和安排该分部（分项）工程施工作业完成。

分部（分项）工程施工方案设计的主要内容包括：施工方法、技术组织措施、主要施工机具、配合要求、劳动力安排、平面布置、施工进度等。它是编制月、旬作业计划的依据。

## 第二节　单位工程施工组织设计的编制原则、依据和程序

### 一、编制原则

（一）严格执行基本建设程序和市政工程施工程序

要严格遵守合同签订的或上级下达的施工期限，按照基建程序和施工程序的要求，保质保量完成施工任务。对工期较长的大型工程项目，可根据施工情况，合理组织力量，确保重点，分期进行。

（二）科学安排施工顺序

按照市政工程施工的客观规律安排施工程序，可将整个项目划分为几个阶段，例如施工准备、基础工程、主体结构工程、路面工程、附属结构物工程等。在各个施工阶段之间合理搭接、衔接紧凑，在保证质量、保证安全的基础上，尽可能缩短工期，加

快建设速度。

（三）采用先进的施工技术和设备

在条件允许的情况下，尽可能采用先进的施工技术，不断提高施工机械化、预制装配化程度，减轻劳动强度，提高劳动生产率。

（四）应用科学的计划方法制定最合理的施工组织方案

根据工程特点和工期要求，因地制宜地采用快速施工，尽可能采用流水施工方法，组织连续、均衡且有节奏的施工，保证人力、物力充分发挥作用。对于复杂的工程，应用网络计划技术找出最佳的施工组织方案。

（五）落实季节性施工的措施，确保全年连续施工

恰当地安排冬、雨期施工项目，增加全年连续施工日数，应把那些确有必要而又不因冬、雨期施工而带来技术复杂和造价提高的工程列入冬、雨期施工，全面平衡人工、材料的需用量，提高施工的均衡性。

（六）确保工程质量、施工安全和环境保护

贯彻施工技术规范、操作规程，提出确保工程质量的技术措施、安全文明施工的措施和环境保护措施，尤其是采用国内外先进的施工新技术和本单位较生疏的新工艺时更应注意。

（七）节约施工费用，降低工程成本

合理布置施工平面图，节约施工用地；充分利用已有设施，尽量减少临时性设施费用；尽量利用当地资源，减少物资运输量；尽量避免材料二次搬运，正确选择运输工具，以节约能源，降低运输成本，提高经济效益。

## 二、编制依据

编制单位工程施工组织设计的主要依据如下：

（一）工程合同对该工程项目的要求。建设单位对工期和工程使用要求，工程施工的开、竣工日期，工程质量目标等。

（二）设计文件。主要是该工程的全部施工图纸及各种有关

的标准图。

（三）施工组织总设计。主要是对该工程的施工规划和有关规定及要求，年度施工计划安排及完成的各项指标。

（四）施工现场条件。主要是现场的地形水文地质、障碍物的拆除、水电供应和道路交通运输情况。

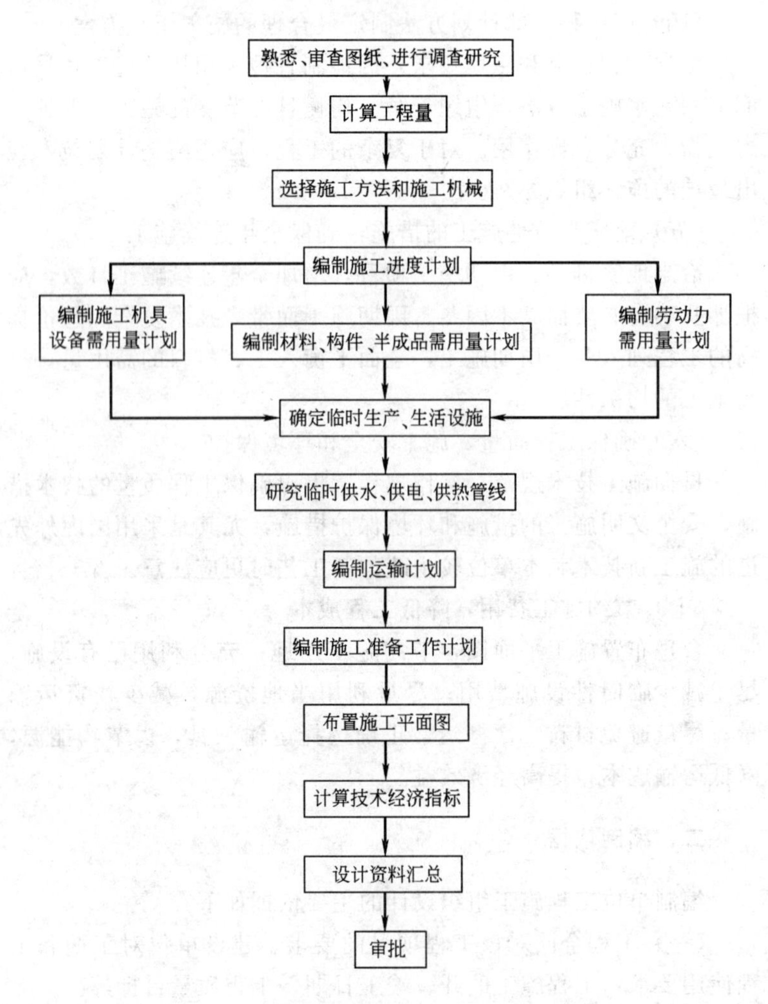


图 16-1　单位工程施工组织设计的编制程序

（五）建设单位提供条件。主要是施工时所需占用的临时场地，资金、水、电的来源及供应等情况。

（六）施工单位具备条件。主要是技术力量劳动组织和施工机械生产能力与配备，主要材料、配件、半成品和加工件的来源与供应。

（七）国家和行业的有关规程规范。

**三、编制程序**

单位工程施工组织设计合理的编制程序见图 16-1 所示。

在单位工程施工组织设计编制的过程中，应反复调查研究、进行分析比较、优化，才能形成一个完整的、符合施工条件和要求的单位工程施工组织设计文件。

## 第三节　单位工程施工组织设计的编制方法

前已述及，单位工程施工组织设计的内容为：工程概况、施工部署、施工方法和施工机械选择、施工进度计划、劳动力及其他物资需用量计划、施工准备工作计划、施工技术组织措施、施工平面图、主要技术经济指标等。其编制要点如下：

**一、工程概况**

工程概况一般用文字或附有工程平、立剖面图，对拟建工程建设简明扼要介绍。其阐述内容为：

（一）工程概述

主要说明工程名称、地点，建设单位、设计单位、施工单位名称，工程规模或投资额，施工日期，合同内容等。

（二）工程特点

阐述工程的性质；主要构筑物、结构物和施工工艺要求，特别是对采用的新材料、新工艺或施工技术要求高、难度大的项目应突出说明。

（三）工程地区特征

说明工程地点的位置、地形和主导风向、风力、水文、地质及气温，冬、雨期时间与冻结层深度等有关资料。

（四）施工条件

说明施工现场供水供电、道路交通、场地平整和障碍物迁移情况，主要材料、半成品、预制件、设备的供应情况，施工单位的劳动力、机械设备情况和技术、管理水平，现场临时设施的解决方法等。

对上述内容应进行分析，找出施工中的关键问题，为做好施工准备、物资供应工作和选择施工的解决方案创造条件。

## 二、施工部署

（一）施工部署时须考虑的主要问题：工期要求；任务分工；施工程序；经济效益与社会效益；质量、安全、文明、环保、进度、成本方面的要求；特殊项目的工艺要求。

（二）施工部署的基本内容：具体说明任务安排、工程项目管理班子、施工期限、分阶段要求完成的部位、障碍物处置的方案、施工前准备工作计划、施工顺序等。

## 三、选择施工方案：确定主要施工方法和施工机械

（一）所谓主要施工方法，是指主要工种工程或主要分部分项工程的施工方法。选择施工方法首先要考虑工程的特点和机具的性能，其次要考虑施工单位所具有的机具条件和技术状况，最后还要考虑技术操作上的合理性。确定施工方法后，还应根据具体条件选择最先进的合理的施工组织方法。

市政工程项目类别很多，具体内容请参见有关市政工程施工技术书籍中的相关章节。

（二）就一般情况讲，市政工程施工中土石方工程量很大，因此凡有条件的都应尽量采用机械施工。

如果确定了采用机械施工，就要拟定相应的机械施工部署，

其主要内容有：

1. 确定机械施工的部位，选定机种，机型。

2. 确定机械承包方式。

3. 与机械施工单位共同制定机械施工方法，并绘制机械作业图。如土方作业、吊车下管、构件吊装、钻孔灌注作业等。

4. 根据工程量计算台班和需要配合人数，依据施工进度计划要求，提出各种机械设备的进场与退场日期。

（三）在拟定施工方法时，应突出重点。对采用新技术、新材料、新结构、新工艺的施工方法，应做较详尽的说明及有关验算、附图。

## 四、施工进度计划

（一）编制施工进度计划的依据和步骤

1. 编制施工进度计划的依据

（1）工程的全部施工图纸及有关水文、地质、气象和其他技术经济资料；

（2）上级或合同规定的开工、竣工日期；

（3）主要工程的施工方案；

（4）劳动定额和机械使用定额；

（5）劳动力、机械设备供应情况。

2. 编制施工进度计划的步骤

（1）研究施工图纸和有关资料及施工条件；

（2）划分施工项目，计算实际工程数量；

（3）编制合理的施工顺序和选择施工方法；

（4）计算各施工过程的实际工作量（劳动量）；

（5）确定各施工过程的劳动力需要量（及工种）和机械台班数量及规格；

（6）设计与绘制施工进度图；

（7）检查与调整施工进度。

（二）施工进度图的形式

施工进度图通常是以图表表示的，主要形式有：横道图法、垂直图法和网络图法等三种。下面只对横道图和网络图进行表述：

1. 横道图。其常用的格式如图16-2所示。它是由两个部分组成，左面部分是以分部分项工程为主要内容的表格，包括了相应的工程量、定额和劳动量等计算依据；右面部分是指示图表，它是由左面表格中的有关数据经计算得到的。指示图表用横向线条形象地表示出分部分项工程的施工进度，线的长短表示施工期限；线的位置表示施工过程；线上的数字表示劳动力数量；线的不同符号表示作业队或施工段别，表示出各施工阶段的工期和总工期，并综合反映了各分部分项工程相互间的关系。

这种表示方法比较简单、直观、易懂，容易编制，但有以下缺点：

(1) 分项工程（或工序）的相互关系不明确；

(2) 施工日期和施工地点无法表示，只能用文字说明；

(3) 工程数量实际分布情况不具体；

(4) 仅反映出平均施工强度。它适用于绘制集中性工程进度图、材料供应计划图或作为辅助性的图示附在说明书内用来向施工单位下达任务。

2. 网络图。用网络图来表示施工进度如图16-3是施工进度图的网络表示形式，该图主要说明工程项目之间的相互关系（即施工流程情况）。

图16-3某市二环路工程施工组织网络图，不但能反映施工进度，而且更能清楚地反映出各个工序、各施工项目之间错综复杂的相互联系、相互制约的生产和协作关系。不论是集中性工程，还是线型工程，都可以用网络图表示工程进度，因此，这是一种比较先进的工程进度表示形式，应大力推广使用。

（三）施工进度计划的编制

1. 划分施工项目。在编制单位工程施工进度计划时，首先要划分施工项目的细目，即划分为若干种工序操作，并填入相应

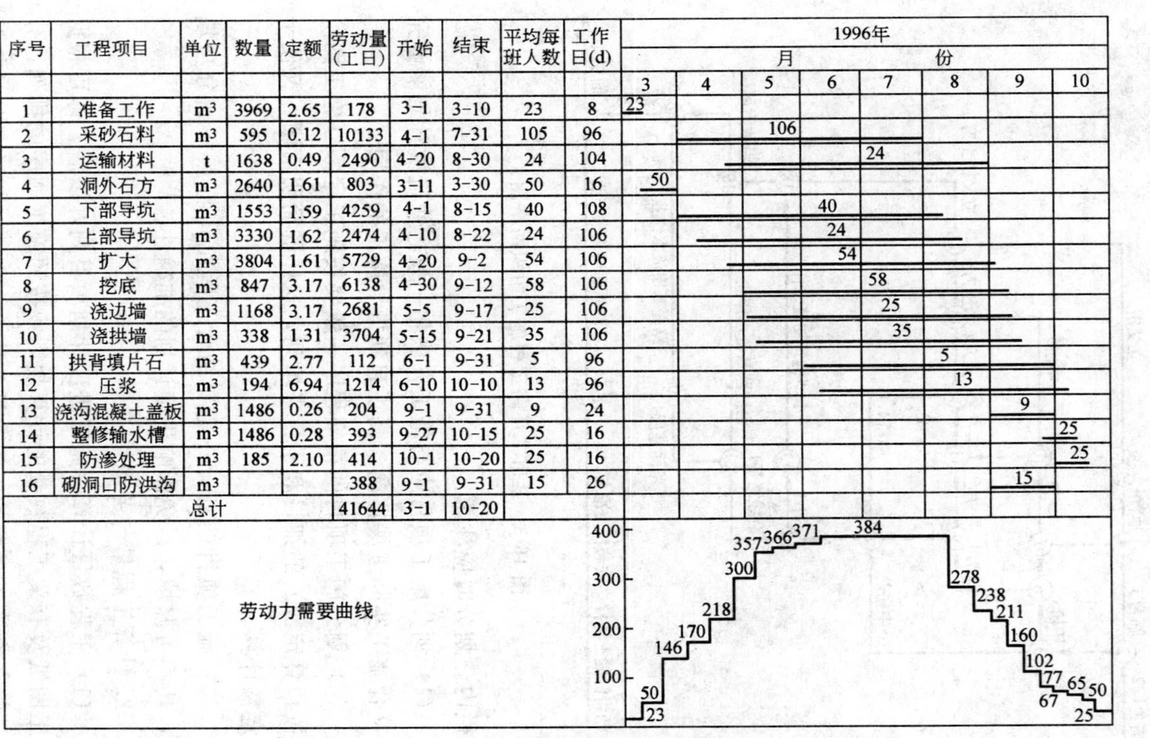

| 序号 | 工程项目 | 单位 | 数量 | 定额 | 劳动量(工日) | 开始 | 结束 | 平均每班人数 | 工作日(d) | 1996年月份 3 | 4 | 5 | 6 | 7 | 8 | 9 | 10 |
|---|---|---|---|---|---|---|---|---|---|---|---|---|---|---|---|---|---|
| 1 | 准备工作 | $m^3$ | 3969 | 2.65 | 178 | 3-1 | 3-10 | 23 | 8 | 23 | | | | | | | |
| 2 | 采砂石料 | $m^3$ | 595 | 0.12 | 10133 | 4-1 | 7-31 | 105 | 96 | | | 106 | | | | | |
| 3 | 运输材料 | t | 1638 | 0.49 | 2490 | 4-20 | 8-30 | 24 | 104 | | | | | 24 | | | |
| 4 | 洞外石方 | $m^3$ | 2640 | 1.61 | 803 | 3-11 | 3-30 | 50 | 16 | 50 | | | | | | | |
| 5 | 下部导坑 | $m^3$ | 1553 | 1.59 | 4259 | 4-1 | 8-15 | 40 | 108 | | | | 40 | | | | |
| 6 | 上部导坑 | $m^3$ | 3330 | 1.62 | 2474 | 4-10 | 8-22 | 24 | 106 | | | | 24 | | | | |
| 7 | 扩大 | $m^3$ | 3804 | 1.61 | 5729 | 4-20 | 9-2 | 54 | 106 | | | | 54 | | | | |
| 8 | 挖底 | $m^3$ | 847 | 3.17 | 6138 | 4-30 | 9-12 | 58 | 106 | | | | | 58 | | | |
| 9 | 浇边墙 | $m^3$ | 1168 | 3.17 | 2681 | 5-5 | 9-17 | 25 | 106 | | | | | 25 | | | |
| 10 | 浇拱墙 | $m^3$ | 338 | 1.31 | 3704 | 5-15 | 9-21 | 35 | 106 | | | | | 35 | | | |
| 11 | 拱背填片石 | $m^3$ | 439 | 2.77 | 112 | 6-1 | 9-31 | 5 | 96 | | | | | | 5 | | |
| 12 | 压浆 | $m^3$ | 194 | 6.94 | 1214 | 6-10 | 10-10 | 13 | 96 | | | | | | 13 | | |
| 13 | 浇沟混凝土盖板 | $m^3$ | 1486 | 0.26 | 204 | 9-1 | 9-31 | 9 | 24 | | | | | | | 9 | |
| 14 | 整修输水槽 | $m^3$ | 1486 | 0.28 | 393 | 9-27 | 10-15 | 25 | 16 | | | | | | | | 25 |
| 15 | 防渗处理 | $m^3$ | 185 | 2.10 | 414 | 10-1 | 10-20 | 25 | 16 | | | | | | | | 25 |
| 16 | 砌洞口防洪沟 | $m^3$ | | | 388 | 9-1 | 9-31 | 15 | 26 | | | | | | | 15 | |
| 总计 | | | | | 41644 | 3-1 | 10-20 | | | | | | | | | | |



图 16-2 某输水洞工程施工进度图

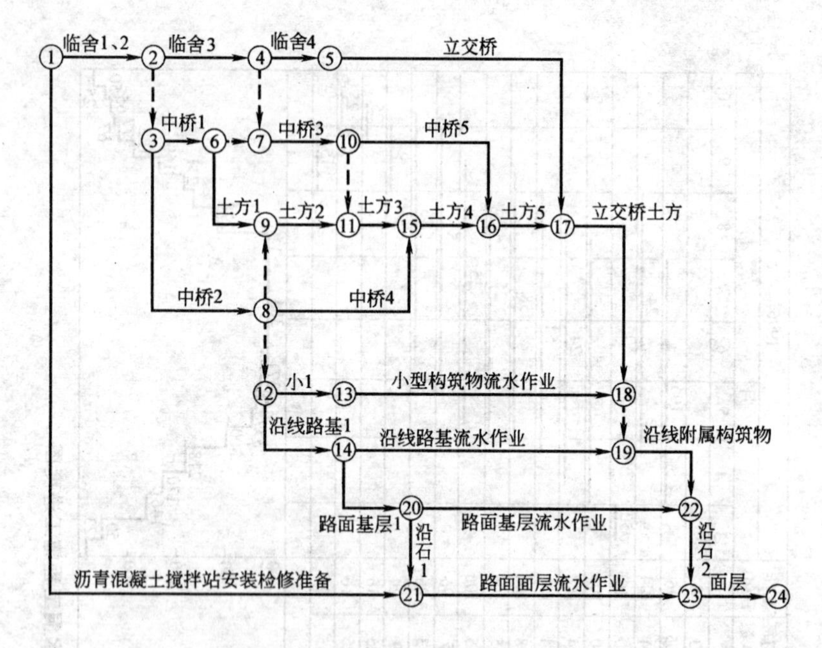


图 16-3　某市二环路工程施工组织网络图

的栏内。划分时应注意：

（1）划分施工项目应与施工方法相一致，使进度计划能够完全符合施工实际进展情况，真正起到指导施工的作用。

（2）划分施工项目的精细程序一般要按施工定额（施工图阶段按预算定额）的细目和子目来填列，这样既简明清晰，又便于查定额计算。

（3）施工项目的划分一定要结合工程结构特点仔细分项填列，切不可漏填，以免影响进度计划的准确性。

2. 计算工程量与劳动量

（1）工程数量计算。施工进度计划项目列好以后，即可根据施工图纸及有关工程数量的计算规则，按照施工顺序的排列，分别计算各个施工过程的工程数量并填入表中。工程数量的计算单位，应与相应定额的计算单位相一致。

（2）劳动量计算。所谓劳动量，就是施工过程的工程量与相应的时间定额的乘积。如劳动力数量与生产周期的乘积，机械台数与生产周期的乘积。

人工操作时叫劳动量，机械操作时叫作业量。

劳动量可按下式计算：

$$D=\frac{Q}{C} \text{ 或 } D=Q\times S \tag{16-1}$$

式中 $D$——劳动量（工日或台班）；

$Q$——工程量；

$C$——产量定额；

$S$——时间定额。

劳动量的计量单位，对于人工为“工日”，对于机械则为“台班”。

计算劳动量时，应根据现行的相应定额（施工定额或预算定额）计算。

受施工条件或施工单位人力、设备数量的限制，对生产周期起控制作用的那个劳动量称为主导劳动量。一般取生产周期较长的劳动量作为主导劳动量。

在人员、机械数量不变，采用二班制或三班制将会缩短施工过程的生产周期。当主导劳动量生产周期过于突出，就可以采用二班或三班制作业缩短生产周期。

3. 生产周期计算。由于要求工期不同和施工条件的差异，其具体计算方法有以下两种：

（1）以施工单位现有的人力、机械的实际生产能力以及工作面大小，来确定完成该劳动量所需的持续时间（周期）。一般可按下式计算：

$$T=\frac{D}{R\times \mathrm{N}} \tag{16-2}$$

式中 $T$——生产周期（即持续天数）；

$D$——劳动量（工日或台班）；

$R$——人数或机械台数；

$N$——生产工作班制数。

（2）根据规定的工期来确定施工班组人数或机械台数。在某些情况下，可以根据已规定的或后续工序需要的工期，来计算在一班制、二班制或三班制条件下，完成劳动量所需作业队的人数或机械台数。一般按下式计算：

$$R=\frac{D}{T\times N} \tag{16-3}$$

式中符号意义同前。

4. 施工进度图的编制。以上各项工作完成后，即可着手编制不同阶段的施工进度计划。

（1）横道图法的编制步骤

1）按图 16-2 的格式绘制空白图表；

2）根据设计图纸、施工方法、定额、概预算（指施工图设计和施工阶段）进行列项，并按施工顺序填入图 16-2 工程名称栏内；

3）逐项计算工程量；

4）逐项选定定额，将其编号填入图 16-2 中；

5）进行劳动量计算；

6）按施工力量（作业队、班、组人数、机械台数）以及工作班制按式（16-2）计算所需施工周期（即工作日数）；或按限定的周期以及工作班制、劳动量确定作业队、班（组）的人数或机械台数，将计算结果填入图 16-2 相应栏内；

7）按计算的各施工过程的周期，并根据施工过程之间的逻辑关系，安排施工进度日期。其具体做法是：按整个工程的开竣工日历，将日历填入图 16-2 的日程栏内，然后即可按计算的周期，用直线或绘有符号的直线绘进度图；

8）绘制劳动力安排曲线；

9）进行反复调整与平衡，最后择优定案。

（2）网络计划技术。采用网络计划技术来编制进度计划这部分内容请参考有关网络计划技术书籍。

5. 施工进度计划的检查与调整。施工组织设计是一个科学的有机整体，编制的正确与否直接影响工程的经济效益。施工管理的目的是使施工任务能如期完成，并在企业现有资源条件下均衡地使用人力、物力、财力，力求以最少的消耗取得最大的经济效果。因此，当施工进度计划初步完成后，应按照施工过程的连续性、协调性、均衡性及经济性等基本原则进行检查与调整，这是一个细致的、反复的过程。现简述如下：

（1）施工工期。施工进度计划的工期应当符合上级或合同规定的工期，并尽可能缩短，以保证工程早日交付使用，从而达到最好的经济效果。

（2）劳动力消耗的均衡性。每天出勤的工人人数力求不发生大的变动，即劳动力消耗力求均衡。劳动力需要量图表明劳动力需要量与施工期限之间的关系，图 16-4 是劳动力需要量的三种典型图式。如前所述，正确的施工组织设计应该使劳动力需要量均衡，以减少服务性的各种临时设施和避免因调动频繁而形成的窝工。图 16-4（*a*）在短期内出现高峰现象，图 16-4（*b*）则起伏不定，这两种在施工安排上力求避免。图 16-4（*c*）是最好的情况。

任何一项工程的施工组织设计，由于施工人数和施工时间不

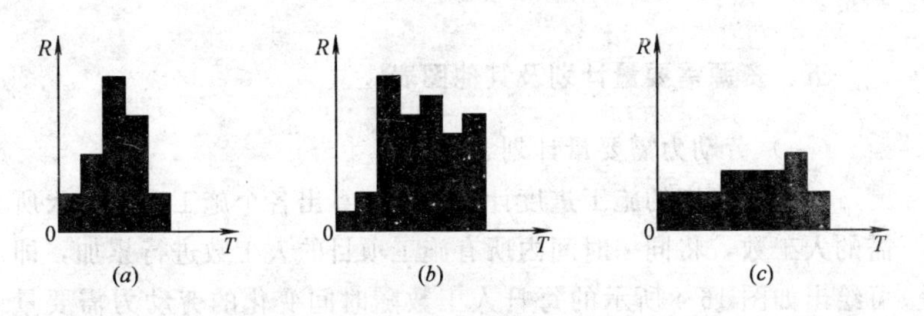


图 16-4　劳动力需要量示意图

同，均有可能出现上述三种情况中的一种。故在编制施工进度图时，应以劳动力需要量均衡为原则，对施工进度进行恰当的安排和必要的调整。

劳动力消耗的均衡性，可用劳动力不均衡系数 $K$ 表示。劳动力不均衡系数的值大于或等于 1，一般不超过 1.5。其值按下式计算：

$$K=\frac{R_{\max}}{R_{\text{平均}}} \tag{16-4}$$

式中 $R_{\max}$——施工期中人数最高峰值；

$R_{\text{平均}}$——施工期间加权平均工人人数。

(3) 施工工期和劳动力均衡性的调整

1）如果要使工期缩短，则可对工期较长的主导劳动量施工采取措施，如增加班制或工人数（包括机械数量），来达到缩短总工期的目的；

2）若所编计划的工期不允许再延长，而劳动力出现较大的失衡，则可以在允许的范围内，通过调整工序的开工或完工日期，使劳动力需要量较为均衡。

某些工程由于特定的条件，工期没有严格限制，而在投资、主要材料及关键设备等某一方面有时间或数量的限制时，就要将这些特定条件作为控制因素进行调整。复杂的工程要进行符合工期、均衡流水原则的最合理的优化方案，必须进行多次反复计算调整。

## 五、资源需要量计划及其他图表

### (一) 劳动力需要量计划

根据已确定的施工进度计划，可计算出各个施工项目每天所需的人工数，将同一时间内所有施工项目的人工数进行累加，即可绘出如图 16-4 所示的每日人工数随时间变化的劳动力需要量图。同时还可编制劳动力需要量计划，附于施工进度图之后，为劳动部门提供劳动力进退场时间，保证及时调配，搞好平衡，以满足施工的需要。如现有劳动力不足或多时，应提出相应的解决措施，或者增开工作面，以按时或提前完成任务。劳动力需要量计划见表 16-1。

**劳动力需要量计划表** **表 16-1**

| 序号 | 工种名 | 需要人数及时间 | | | | | | | | | |
|---|---|---|---|---|---|---|---|---|---|---|---|
| | | 年度 | | | | | | | | | |
| | | 一季度 | 二季度 | 三季度 | 四季度 | 合计 | 一季度 | 二季度 | 三季度 | 四季度 | 合计 |
| 1 | 2 | 3 | 4 | 5 | 6 | 7 | 8 | 9 | 10 | 11 | 12 |
| | | | | | | | | | | | |

编制： 复核：

（二）主要材料计划

主要材料包括施工需要的三大材、地材等，如钢材、水泥、木材、沥青、砂、石子、土、石灰等。以及有关临时设施和拟采取的各种施工技术措施用料，预制构件及其他半成品亦列入主要材料计划中。

材料的需要量，可按照工程量和定额规定进行计算，然后根据施工项目的施工进度编制年、季、月主要材料计划表（表 16-2）。主要材料（包括预制构件、半成品）计划应包括材料的规格、名称、数量、材料的来源及运输方式等。材料计划是为物资部门提供采购供应、组织运输和筹建仓库及堆料场的依据。

**主要材料计划表** **表 16-2**

| 序号 | 材料名称及规格 | 单位 | 数量 | 来源 | 运输方式 | 年 | | | | |
|---|---|---|---|---|---|---|---|---|---|---|
| | | | | | | 一季度 | 二季度 | 三季度 | 四季度 | 合计 |
| 1 | 2 | 3 | 4 | 5 | 6 | 7 | 8 | 9 | 10 | 11 |
| | | | | | | | | | | |
| | | | | | | | | | | |

编制： 复核：

（三）主要施工机具、设备计划

在确定施工方法时，已经考虑了各个施工项目应选择何种施工机具或设备。为了做好机具、设备的供应工作，应根据已确定的施工进度计划，将每个项目采用的施工机械种类、规格和需用数量，以及使用的具体日期等综合来编制施工机具、设备计划（表 16-3），以配合施工，保证施工进度的正常进行。

**主要机具、设备计划　　表 16-3**

| 序号 | 机具名称及规格 | 数量 | | 使用期限 | | 年 | | | | | | | |
|---|---|---|---|---|---|---|---|---|---|---|---|---|---|
| | | | | | | 一季度 | | 二季度 | | 三季度 | | 四季度 | |
| | | 台班 | 台辆 | 开始日期 | 开始日期 | 台班 | 台辆 | 台班 | 台辆 | 台班 | 台辆 | 台班 | 台辆 |
| 1 | 2 | 3 | 4 | 5 | 6 | 7 | 8 | 9 | 10 | 11 | 12 | 13 | 14 |

编制：　　　　复核：

主要施工机具、设备需要量包括基本施工过程、辅助施工过程所需的主要机具、设备，并应考虑设备进、出厂（场）所需台班以及使用期间的检修、轮换的备用数量。

（四）临时工程计划

临时工程包括：生活房屋、生产房屋、便道、便桥、电力和电信设施以及小型临时设施等，其表格如表 16-4 所示。

**临时工程表　　表 16-4**

| 序号 | 设置地点 | 工程名称 | 说明 | 单位 | 数量 | 工　程　数　量 | | | | | | | 备注 |
|---|---|---|---|---|---|---|---|---|---|---|---|---|---|
| 1 | 2 | 3 | 4 | 5 | 6 | 7 | 8 | 9 | 10 | 11 | 12 | 13 | 14 |
| | | | | | | | | | | | | | |
| | | | | | | | | | | | | | |

编制：　　　　复核：

## 六、技术组织措施

主要指保证施工质量、安全、降低成本等方面采取的技术组织措施。

（一）保证质量措施

保证质量的关键是从全面质量管理的角度，建立 ISO 9000 质量保证体系，采取切实可行的有效措施，从材料采购、加工、运输、堆放、施工、验收等各个方面去保证质量。开展 QC 小组活动，对保证施工质量和改进施工亦有很大的作用，应该坚持推广。

在采用新材料、新工艺、新结构和新技术时，需吸取过去的经验，制定有针对性的技术措施来保证施工质量。

对于桥梁和构筑物的桩基施工、基础结构施工、主体结构施工、防水和各种管线及道路工程施工等，都需制定施工技术措施，而且将措施落实，切实保证施工质量。

（二）安全技术措施

安全施工占有十分重要的地位，在制定施工方案和施工组织设计时，应给予足够的重视。

安全技术措施应贯彻安全操作规程，对施工过程中可能发生安全问题的各施工环节进行预测，并且有针对性地提出预防措施，切实加以落实，以保证安全施工。

安全技术措施应着重考虑下述方面：

1. 预防自然灾害。包括防台风、防雷电、防洪灾、防冻、防土坡滑动、防暑降温等；

2. 地下作业、高空作业、立体交叉作业的防护措施。要严格确定合理的施工顺序；制定防坠落的措施；确保结构施工过程中的稳定；工人在施工过程中安全用具的使用等；

3. 施工过程防火、防爆措施；

4. 安全用电和机电设备的保护措施。事实证明触电事故是施工中常见的安全事故之一，用电不当还易引发火灾，应予以足够的重视；

5. 新工艺、新技术、新结构的采用。由于缺乏经验，处理不当易引发安全事故，宜制定有针对性的、行之有效的安全技术措施，以确保施工的安全。

（三）降低成本措施

降低成本措施依据施工预算和企业降低成本计划编制。对工程施工中降低成本潜力大的项目要着重抓，要发动技术人员和预算人员开动脑筋，采取有力措施，把成本降下来。降低成本措施包括采用先进技术、节约材料、节约劳动力、降低施工机械台班费用、节约临时设施费、降低间接费、节约资金等。

要正确处理降低成本与提高质量、缩短工期三者之间的关系。降低成本措施，绝对不能影响工程质量、安全施工和如期完工。

（四）冬雨期施工措施。应根据工程结构的特点，及现场施工条件制定。

（五）文明施工、环境保护和环境卫生技术措施

市政工程施工场地一般在城市道路及道路两侧的区域，特别是在市内繁华地带，施工场地狭窄且地下管网纵横交错，并靠近城市生产生活设施。在施工时必须保障城市道路的通行，维护好地下城市基础设施和管网的正常运行，并为单位、居民的出行提供便利条件（搭设临时便桥等）。因此对市政工程在城市闹市区的施工提出严格限制要求：如夜间运输材料、拉运土方、噪声控制、施工围挡、废水废渣处理、施工占路时间和施工结束的地貌恢复方面。有效地组织施工，缩短占路、断路的施工周期，需统筹安排。

（六）工程中存在的问题及解决办法

市政工程中地下管网设施的施工、改扩建，因历史原因，很多地下管线位置，标高不清楚需进行电子物探和现场坑探，有些须经有关管理单位现场配合共同协商解决。市政工程施工过程是一个综合协调、解决现场地下管线交叉处理的过程，这就要求施工单位主管施工技术的现场负责人，应经常与城市基础设施的管理单位包括：供电、电信、自来水、煤气、热力、雨污水、路灯、交通信号及道路交通养护和管理部门保持联系，及时处理现

场施工遇到的问题，保证工程施工的顺利进行。

## 七、施工平面图设计

施工平面图设计是施工过程空间组织的具体成果，亦即根据施工过程空间组织的原则，对施工过程所需的工艺路线、施工设备、原材料堆放、动力供应、场内运输、半成品生产、仓库、料场、生活设施等进行空间的特别是平面的科学规划与设计，并以平面图的形式加以表达。这项工作就叫作施工平面图设计。

(一) 施工平面图设计的依据

1. 工程平面图；

2. 施工进度计划和主要施工方案；

3. 各种材料、半成品的供应计划和运输方式；

4. 各类临时设施的性质、形式、面积和尺寸；

5. 各加工车间、场地规模和设备数量；

6. 水源、电源资料；

7. 有关设计资料。

(二) 施工平面图规划设计原则

施工平面布置是一项综合性的规划课题，在很大程度上决定于施工现场的具体条件。它涉及的因素很广，不可能轻易获得令人满意的结果，必须通过方案的比较和必要的计算和分析才能决定。一般施工平面图规划设计应遵循下列原则：

1. 在保证施工顺利的前提下，少占场地并考虑洪水、风向等自然因素的影响，所以临时性建筑和运输线路的布置，必须便于为基本工作服务，并不得妨碍地面和地下工程的施工。

2. 力求材料直达工地，减少二次搬运和场内的搬运距离，并将笨重的和大型的预制构件或材料设置在使用点附近，所有货物的运输量和起重量必须减至最小。

3. 加工等附属企业基地应尽可能设在原料产地或运输集汇点（如车站、码头）。

4. 附属企业内部的布置应以生产工艺流程为依据，并有利于生产的连续性。

5. 应符合保安和消防的要求，要慎重考虑避免自然灾害（如洪水、泥石流、山崩）的措施。

6. 施工管理机构的位置必须有利于全面指挥，生活设施要考虑工人的休息和文化生活。

7. 场地布置应与施工进度、施工方法、工艺流程和机械设备相适应。

8. 场地准备工作的投资最经济。

（三）施工平面图的设计内容

1. 分析有关调查资料。

2. 大型临时设施位置：包括搅拌站、预制场、便桥、钢筋加工场地及大型机械设备的停放场地等。

3. 确定施工管理机构的驻地及工人生活区位置。

4. 考虑各种材料、半成品的合理堆放。

5. 布置水、电线路及临时道路位置、长度和标准。

6. 确定各临时设施的布置和尺寸。

7. 工程部位与周围主要建筑的位置关系。

8. 土方平衡计划：弃土或取土的地点，暂存土运出或现场堆放的地段，如果距离较运，超出了平面图的范围，可在图上用文字说明。

9. 施工排水及防洪设施。

10. 危险物品存放地点。

11. 需拆迁、改建、加固的构筑物和管线的位置，如果这类构筑物较多，可另绘拆迁工程图。

# 第十七章　市政工程施工管理

## 第一节　市政工程现场施工管理

### 一、现场施工管理的任务、内容和原则

（一）现场施工管理的任务

施工管理是施工企业经营管理的一个重要组成部分。它是企业为了完成市政工程产品的施工任务，从接受施工任务开始到交工验收为止的全过程中，围绕施工对象和施工现场而进行的施工生产事务性的组织管理工作。

市政工程的施工，是一项非常复杂的生产活动，它有不同于其他产品的特点：露天施工、周期长，它不仅需要有诸如计划、质量、安全、成本等项目标管理和劳动力、建设物资、工程机械、工程技术及资金等项要素管理，而且要有为完成施工目标和合理组织诸施工要素的生产事务管理，否则就难以充分地利用施工条件，发挥施工要素的作用，甚至无法进行正常的施工活动，实现施工目标。因此，搞好施工现场的各项管理工作，正确处理现场施工过程中的劳动力、劳动对象和劳动手段在空间布置和时间排列上的矛盾，保证和协调施工的正常进行，做到人尽其才、物尽其用，多、快、好、省地完成任务。

施工管理包括施工准备、现场施工管理、交工验收三个组成部分，施工准备在第十五章已作介绍，本章只介绍现场施工管理和交工验收。

（二）现场施工管理的基本内容

现场施工管理的基本内容包括：

1. 编制施工作业计划并组织实施，全面完成计划指标。

2. 做好施工现场的平面管理，合理利用空间，创造良好的施工条件。

3. 做好施工中的调度工作，及时协调各专业工种之间、总包与分包之间的关系，组织交叉施工。

4. 做好施工过程中的作业准备工作，为连续施工创造条件。

5. 认真填写施工日志和施工记录，为交工验收和技术档案积累资料。

（三）施工管理的原则

现场施工管理是全部施工管理活动的主体，应遵照下述四个原则进行管理。

1. 讲求经济效益。施工生产活动，既是市政工程产品实物形态的形成过程，同时又是工程成本的形成过程。施工企业施工管理，除了保证生产出合格产品外，还应努力降低工程成本，以最少的消耗和资金占用，生产出优良的产品。

2. 组织均衡施工。均衡施工，是指施工过程中在相等时间内完成的工作量基本相等或稳定递增。即有节奏、按比例的施工。均衡施工有利于保证设备和人力的均衡负荷，提高设备利用率和工时利用率；有利于建立正常的施工秩序和管理秩序，保证产品质量和生产安全；有利于节约物资消耗，减少资金占用，降低成本。

3. 组织连续施工。连续施工是指施工生产过程连续不断地进行。市政工程施工生产由于自身固有的特点极容易出现施工间隔情况，造成人力、物力的浪费。要求施工管理通过统筹安排，科学地组织生产过程，使其连续地进行，尽量减少中断，避免设备闲置、人力窝工，充分发挥企业的生产潜力。

4. 讲究科学管理。讲究科学管理，是因为现代施工企业从事的是多工种协作的大工业生产，不能只凭经验管理，而必须形成一套管理制度，用制度控制生产过程，这样才能保证生产高质量的市政工程产品，取得良好的经济效益。

## 二、施工作业计划的编制、贯彻和调整

### （一）施工作业计划的编制

施工作业计划是计划管理中的最基本环节，是实现年、季计划的具体运行计划，是指导现场施工活动的重要依据。

1. 施工作业计划编制的原则和依据

（1）编制施工作业计划应遵循如下原则：

1）坚持实事求是，切合实际的原则；

2）坚持以完成最终工程建设产品为目标的原则；

3）坚持合理、均衡、协调和连续的原则；

4）坚持讲求经济效益的原则。

（2）编制现场施工作业计划有如下依据：

1）企业年、季施工进度计划；

2）企业承揽与中标的工程任务及合同要求；

3）各种施工图纸和有关技术资料、单位工程施工组织设计；

4）各种材料、设备的供应渠道、供应方式和进度；

5）工程项目部（队、工段）的技术水平、生产能力、组织条件及历年达到的各项技术经济指标水平；

6）施工工程资金的供应情况。

2. 施工作业计划编制的内容和方法

（1）施工作业计划主要内容有编制说明和施工作业计划表。编制说明的主要内容是：编制依据，工程项目部的施工条件，工程对象条件，材料及物质供应情况，有何具体困难或需要解决的问题等。

月度施工作业计划表名、表格如下：

1）主要计划指标汇总表（见表17-1）；

2）施工进度表（见表17-2）；

3）劳动力需要量及平衡表（见表17-3）；

4）主要材料需要量表（见表17-4）；

**主要计划指标汇总表　　年　月　　表 17-1**

| 指标名称 | 单位 | 合计 | | | 按单位分列 | | | | | | |
|---|---|---|---|---|---|---|---|---|---|---|---|
| | | 上月实际完成 | 本月实际完成 | 本月比月提高% | ××分公司 | ××分公司 | ××分公司 | 机械公司 | 机关 | ××项目部 | …… |
| | | | | | | | | | | | |
| | | | | | | | | | | | |

**施工进度表　　年　月　　表 17-2**

| 序号 | 分部分项工程名称 | 单位 | 工程量 | 单价 | 工作量 | 工程内容及形象进度 |
|---|---|---|---|---|---|---|
| | | | | | | |
| | | | | | | |

**劳动力需要量及平衡表　　年　月　　表 17-3**

| 工种 | 计划工日数 | 计划工作天 | 出勤率 | 计划人数 | 现有人数 | 余缺人数 (+)(-) | 备注 |
|---|---|---|---|---|---|---|---|
| | | | | | | | |
| | | | | | | | |

**主要材料需用量表　　年　月　　表 17-4**

| 建设单位及单位工程 | 材料名称 | 型号规格 | 单位 | 数量 | 计划需要日期 | 平衡供应日期 | 备注 |
|---|---|---|---|---|---|---|---|
| | | | | | | | |
| | | | | | | | |

5）大型施工机械需用计划表（见表 17-5）；

6）各种预制构件需要量表（见表 17-6）；

7）技术组织措施、降低成本计划表（见表 17-7）。

由于各施工企业所处的地区不同，管理方式也各有差别，以上各表式也不尽一致，内容也不一定相同，各企业可根据具体情况取舍。

**大型机械需用量计划表　年　月　表 17-5**

| 机械名称 | 能力规格 | 使用单位工程名称 | 分部分项工程名称 | 数量 | 计划台班产量 | 计划台班数 | 需要机械数量 | 计划起止日期 | 平衡供应 | | 备注 |
|---|---|---|---|---|---|---|---|---|---|---|---|
| | | | | | | | | | 数量 | 起止日期 | |
| | | | | | | | | | | | |
| | | | | | | | | | | | |

**各种预制构件需要量表　年　月　表 17-6**

| 建设单位及单位工程 | 构件名称 | 型号规格 | 单位 | 数量 | 计划需要日期 | 平衡供应日期 | 备注 |
|---|---|---|---|---|---|---|---|
| | | | | | | | |
| | | | | | | | |

**技术组织措施、降低成本计划表　年　月　表 17-7**

| 措施项目名称 | 措施涉及的工程项目名称及工程量 | 措施执行单位及负责人 | 措施的经济效果 | | | | | | | 降低其他直接费 | 降低管理费 | 降低成本合计 | 备注 |
|---|---|---|---|---|---|---|---|---|---|---|---|---|---|
| | | | 降低材料费 | | | | | 降低基本工资 | | | | | |
| | | | 钢材 | 水泥 | 木材 | 其他材料 | 小计 | 减少工日 | 金额 | | | | |
| | | | | | | | | | | | | | |

（2）现场施工计划的编制方法有：

1）定额控制法。这种方法是利用工期定额、材料消耗定额、机械台班定额和劳动力定额等测算各项计划指标的完成情况，编制各种计划表。

2）经验估算法。这是根据上年计划完成的情况及施工经验估算当期各项指标计划。

3）重要指标控制法。即编制计划时，先确定施工中的几项重点指标计划，然后相应地编制其他计划指标。

编制现场施工计划还有其他多种方法，各施工企业应根据自身的实施情况选用。

（二）施工作业计划的贯彻与调整

1. 施工作业计划的贯彻执行。为了确保现场施工计划安排的实施和计划指标的完成，必须抓住计划的贯彻执行这一关键环节。施工计划的贯彻执行的方式大体有两种：

一种是下达施工任务书法。施工任务书是实施月度施工计划，指导队、班组施工的计划技术文件。施工任务书可由计划员或工长签发，签发内容以月度施工计划和施工定额为依据。施工任务书执行中要认真记录用工、用料、完成任务情况。任务完成后回收，由施工队作为验收、结算、计发工资资金、进行施工统计的依据。

另一种是承包合同法。这种方法是运用经济的方法调动广大施工人员全面完成计划，实行层层承包合同制。签订承包合同也是下达计划，落实任务，全面进行交底和明确奖罚的过程。

2. 施工计划的调整方法。现场施工计划虽然属短期计划，但由于施工队班组在计划执行的过程中，不可避免的受到各种影响因素的制约，使计划与实际完成情况有一定的出入，工期的超前和拖后是常有的事。使施工计划切合现场施工实际情况，充分利用人力、物力和财力，应根据施工条件和变化情况，经常进行计划调整，使之及时准确地指导现场施工生产。施工计划的调整方法有：

(1) 协调平衡法。这种方法一般是根据各单位制定的计划调度检查制度而定期进行的，必要时根据计划执行情况，临时召集有关单位开会研究，进行统一调整。

(2) 短期滚动计划法。即把施工计划分阶段进行编制，近期细，远期粗，然后分段定期调整，使之切合施工生产实际。

**三、施工任务书和施工调度**

贯彻现场施工计划的有力手段是抓好施工任务书和施工调度。

（一）施工任务书

施工任务书是向班组贯彻施工计划的有效形式，也是企业实行定额管理、贯彻按劳分配，实行班组经济核算的主要依据。通过施工任务书，可以把企业生产、技术、质量、安全、降低成本等各项技术经济指标分解为小组指标落实到班组和个人，使企业各项指标的完成同班组和个人的日常工作和物质利益紧密连在一起，达到多快好省和按劳分配的要求。

1. 施工任务书的内容。施工任务书的内容很多，一般包括下列内容：

（1）施工任务书是班组进行施工的主要依据，内容有项目名称、工程量、劳动定额、计划工数、开竣工日期、质量及安全要求等。如表 17-8。

**施工任务书** **表 17-8**

执行单位： 签发日期：

单位工程名称： 开工时间： 竣工时间：

<table>
<tr><th rowspan="2">分项工程名称<br>或工作内容</th><th rowspan="2">单位</th><th colspan="4">计 划</th><th colspan="3">实际完成</th></tr>
<tr><th>工程量</th><th>定额<br>编号</th><th>时间<br>定额</th><th>定额<br>工日</th><th>工程量</th><th>耗用<br>工日</th><th>完成定额<br>（%）</th></tr>
<tr><td>1</td><td></td><td></td><td></td><td></td><td></td><td></td><td></td><td></td></tr>
<tr><td>2</td><td></td><td></td><td></td><td></td><td></td><td></td><td></td><td></td></tr>
<tr><td>3</td><td></td><td></td><td></td><td></td><td></td><td></td><td></td><td></td></tr>
<tr><td>⋮</td><td></td><td></td><td></td><td></td><td></td><td></td><td></td><td></td></tr>
<tr><td rowspan="2">质量及安全<br>要求</td><td rowspan="2"></td><td colspan="2">质量评定</td><td colspan="2">安全评定</td><td colspan="3">限额领料</td></tr>
<tr><td colspan="2"></td><td colspan="2"></td><td colspan="3"></td></tr>
</table>

签发： 定额员： 工长：

（2）小组记工单是班组的考勤记录，也是班组分配计件工资或奖励工资的依据。

（3）限额领料卡是班组完成任务所必须的材料限额，是班组领退材料和节约材料的凭证，如表 17-9。

限额领料卡　　年　月　日　　表 17-9

| 材料名称 | 规格 | 计量单位 | 单位用量 | 限额用量 | | 领料记录 | | | | | | 退料数量 | 执行情况 | | |
|---|---|---|---|---|---|---|---|---|---|---|---|---|---|---|---|
| | | | | 按计划工程量 | 按实际工程量 | 第一次 | | 第二次 | | 第三次 | | | 实际耗用量 | 节约(+)或浪费(-) | 其中：返工损失 |
| | | | | | | 日/月 | 数量 | 日/月 | 数量 | 日/月 | 数量 | | | | |
| | | | | | | | | | | | | | | | |
| | | | | | | | | | | | | | | | |

2. 施工任务书的管理

(1) 签发

1) 工长根据月或旬施工作业计划，负责填写施工任务书中的执行单位、单位工程名称、分项工程名称（工作内容)、计划工程量、质量及安全要求等。

2) 定额员根据劳动定额、填写定额编号、时间定额并计算所需工日。

3) 材料员根据材料消耗定额或施工预算填写限额领料卡。

4) 施工队长审批并签发。

(2) 执行施工任务书签发后，技术员会同工长负责向班组进行技术、质量、安全等方面的交底；班组长组织全班讨论，制定完成任务的措施。在施工过程中，各管理部门要努力为班组完成任务创造条件，班组考勤员或材料员必须及时准确地记录用工用料情况。

(3) 验收班组完成任务后，施工队组织有关人员进行验收。工长负责验收完成工程量；质量及安全员负责评定工程质量和安全并签署意见；材料员核定领料情况并签署意见；定额员（计划统计员）将验收后的施工任务书回收登记，并计算实际完成定额的百分比，交劳资员作为班组计件工资结算的依据。

(二) 施工调度

施工调度工作是实现正确施工指挥的重要手段，是组织施工各个环节、各专业、各工种协调动作的中心。它的主要任务是监督、检查计划和工程合同的执行情况，协调总、分包及各施工单位之间的协作配合关系；及时、全面地掌握施工进度；采取有效措施，处理施工中出现的矛盾，克服薄弱环节，促进人力、物资的综合平衡，保证施工任务保质保量快速完成。

1. 施工调度工作的内容

(1) 监督、检查计划或工程合同的执行情况，掌握和控制施工进度，及时进行人力、物力平衡、调配人力，督促物资、设备的供应。

(2) 及时解决施工现场出现的矛盾，搞好各个方面的协作配合。

(3) 监督工程质量和安全施工。

(4) 检查后续工序的准备情况，布置工序之间的交接。

(5) 定期组织施工现场调度会，落实调度会的决定。

(6) 及时公布天气预报，做好预防准备。

2. 做好调度工作的要求

(1) 调度工作要有充分的依据。这些依据是计划文件，设计文件，施工组织设计，有关技术组织措施，上级的指示以及施工过程中发现和检查出来的问题。

(2) 调度工作要做好“三性”，即及时性、准确性和预防性。所谓及时性，指反映情况和调度处理及时。所谓准确性，指依据准确、了解情况准确、分析原因准确、处理问题的措施准确。所谓预防性，指在工程中对可能出现的问题在调度上要提出防范措施和对策。

(3) 逐步采用新的、现代化的方法和手段，如通讯设备、计算机等。

(4) 为了加强施工的统一指挥，应建立健全调度工作制度。包括调度值班制度、调度报告制度等。

(5) 建立施工调度机构网，由各班主管生产的负责人兼调度机构的负责人组成。要给调度部门和调度人员应有的权利，以便进行有效的管理工作。

（6）调度工作要抓重点、抓关键、抓动态、抓计划的执行和控制。

## 四、施工平面管理、文明施工和环境保护

施工平面管理是合理使用场地，保证现场交通、道路、水、电、排水系统畅通，搞好施工现场场容，以实现科学管理、文明施工为目的的重要措施。施工现场布置是以施工总平面图为依据的，但由于施工现场设施多种多样，而且随着施工的进展而不断的变化，施工总平面图的设计，还只是静止地进行现场平面布置，这种布置是在施工前进行的，即使最完善的施工平面设计，也不可能预见到未来发展中施工现场的全部变化。因此，要进行经常性的管理和作必要的调整工作。总包单位应根据工程进展情况负责施工总平面图的调整、补充、修改工作，以满足各单位不同时间的需要，凡涉及到改变施工总平面的各项活动，各单位应事先提出申请，经总平面管理部门批准后，方可施工。

### （一）施工平面管理的经常性工作

施工总平面管理的经常性工作有以下几个方面：

1. 检查施工平面规划的贯彻执行情况，督促按施工总平面的规定兴建各项临时设施，摆放大宗材料、成品、半成品及生产设备。

2. 审批各单位需用场地的申请，根据不同时间和不同需要，结合实际情况，合理调整场地。

3. 做好土石方平衡调配工作，批示下属单位取、弃土方地点、数量和运输路线。

4. 确定大型临时设施的位置，批示坐标并负责核实检查。

5. 签注桥梁、道路、构筑物、管线等工程开工申请的审批意见。

6. 审批各单位在规定的期限内，对清除障碍物、挖掘道路、断绝交通、断绝水电动力路线、用火、放炮等的申请报告。

7. 对大宗材料、设备、车辆等进场时间作妥善安排，避免

拥挤堵塞交通。

8. 检查现场排水系统，管理和检查排水泵站。

9. 掌握现场动态，定期召开总平面管理检查会议。

（二）现场文明施工和环境保护

文明施工，是施工现场管理的一项重要的基础工作。在国外（如日本）相应的工作称为“5S”活动。通过开展“5S”活动、既能安全生产又可达到文明施工的目的。

1. 文明施工的内容

（1）严格劳动纪律，遵守操作与安全规程

1）每天施工前，召开班前交底会，由班组长布置当天的施工内容，操作要求和应注意的问题，严格执行操作规程。

2）建立安全生产责任制，加强规范化管理，进行安全交底、安全教育和安全宣传，严格执行安全技术方案。

3）定期检查和维护施工现场的各种安全设施和劳动保护器具，保证安全有效。

（2）施工现场布置合理，物料堆放有序，便于施工操作

1）按施工平面布置图设置各项临时设施，堆放大宗材料、成品、半成品和机具设备，不得侵占场内道路及安全防护设施。

2）施工机械应当按照施工平面图规定的位置和线路设置，不得任意侵占场内道路。施工机械进场必须经过安全检查，经检查合格后，方能使用，施工机械操作人员必须建立机组责任制，并依照有关规定持证上岗，禁止无证人员操作。

3）施工现场道路保持畅通，排水系统处于良好的使用状态，使施工现场不积水，污水排放要符合市政和环保要求。

4）严格按照施工组织设计架设施工现场的用电线路，严禁任意拉线接电；用电设施的安装和使用必须符合安装规范和安全操作规程的要求。

5）设置夜间施工照明设施，必须符合施工安全的要求；危险潮湿场所的照明以及手持照明灯具，必须采用符合安全要求的电压。

(3) 优化施工现场的场容场貌

1) 施工现场必须设置明显的标牌，标明工程项目名称、建设单位、设计单位、监理单位、施工单位、项目经理和施工现场总代表人的姓名，开、竣工日期，施工许可证批准文号等。

2) 施工现场的管理人员在施工现场应按总、分包单位佩戴证明其身份的证卡，着装和安全帽的颜色也应有所区别，便于识别。

3) 在车辆、行人通行的地方施工，必须事前提出申请，经批准后，方能进行，并应当设置沟井坎穴覆盖物和施工标志。

4) 施工现场的大门场地和砂、石等零散的材料堆场应尽可能使地面硬化。经常清理建筑垃圾，每周举行一次清扫和整理施工现场活动，以保持场容场貌的整洁。

5) 施工现场大门和围墙除了要符合施工现场安全保卫工作外，其设计还应符合城市的市容要求，并且反映本企业形象。

6) 施工现场的工地办公室、食堂、宿舍和厕所等工作生活设施，要符合卫生、通风、照明等要求。职工的膳食、饮水供应等要符合饮食卫生要求。

2. 坚持开展“5S”活动

(1) “5S”活动的含义。

“5S”活动是在西方和日本等国家的一些企业中开展的文明生产活动。所谓“5S”，就是整理（Seiri）、整顿（Seiton）、清扫（Seiso）、清洁（Seikeetsu）、素养（Shitsuke）这五个词的日语中罗马拼音的第一个字母都是“S”，即将其简称为“5S”。“5S”活动是指对生产现场各生产要素（主要是物的要素）所处的状态不断地进行整理、整顿、清洁、清扫和提高素养的活动。企业通过开展“5S”活动，达到文明生产的目的。

“5S”活动的开展，不是某一个“S”的孤立活动，而是按照文明生产各项活动的内在联系和逐步地由浅入深的要求，把各项活动系统化和程序化。在“5S”活动中，提高队伍素养这项活动是全部活动的核心和精髓，只有重视人的因素，强调职工队伍的素养，“5S”活动才能顺利地开展和坚持下去。将“5S”活动引入施工现场管理，使施工现场文明施工有了系统化的内容和规范化的管理要求。

(2)“5S”活动的内容

1）整理（Seiri)。整理是指把要与不要的人、事、物分开，再将不需要的人、事、物加以处理。整理是开始改善生产现场的第一步活动。其要点是对施工现场现实摆放和停滞的各种物品进行分类，区分什么是现场需要的，什么是现场不需要的；其次，对于现场不需要的物品，诸如用剩下来的材料、多余的半成品、锯（切）下的料头、片屑、垃圾、废品、多余的工具、报废的设备、工人个人生活用品（指下班后穿戴的衣帽鞋袜等)，要坚决清理出现场。这项活动的重点在于把现场不需要的东西清理掉。对于施工现场各个工位和机械设备的前后，通道左右、工具箱内外，甚至施工现场的各个死角，都要彻底搜寻和清理，达到现场无不用之物。坚持做好这一步，是树立企业好作风的开始。日本有的企业现场口号是：“效率和安全始于整理!”这是发人深省的。

通过整理活动可以达到如下目的：

① 增大和改善施工作业面积；

② 现场整洁无杂物、行道通畅，提高工作效率；

③ 减少磕碰的机会，提高质量，保障安全；

④ 消除管理上的混放、混料等差错事故；

⑤ 有利于减少库存量，节约资金；

⑥ 改变拖拉作风，振奋人的精神，提高工作情绪。

2）整顿（Seiton)。整顿是指把需要的人、事、物加以定量、定位。通过整理活动后，对施工现场需要留下的物品进行科学合理的布置和摆放、使人、事、物之间形成一个最佳的环境，以便在最快速的情况下取得所需的物品，在简捷、有效的规章、制度、流程下完成事务。在施工现场进行整顿活动是在施工平面图管理的基础上进一步发展，它不仅限于施工现场各个物料堆场、临时加工棚等布置要符合施工平面图布置的要求，而是对每一个工作区域内部的工位，使用的机械设备和物料要有合理的布置，以提高工作效率。

通过整顿活动可达到如下目的：

① 物料摆放要有固定的地点和区域，以便于寻找和消除因混放而造成的差错；

② 物料摆放地点要科学合理。经常使用的物料放得近些（如放在作业区内），偶而使用或不常使用的东西放得远些（如集中放在某一个地方）；

③ 物品摆放目视化，使定量装载的物品做到过目知数，不同物品摆放区域采用不同的色彩和标记，便于识别和确认。

施工现场的物料在施工平面图布置的基础上进一步合理摆放，既有利于提高工作效率，又可提高工程质量并保障生产安全。

3）清扫（Seiso）。清扫活动是指把施工现场打扫干净，施工机械设备异常时，及时修理使之恢复正常。清扫对于施工现场来说尤为必要，施工中所产生的灰尘和垃圾不仅给作业环境造成脏乱差的现场而且使施工机械设备精度受到影响，易发生故障，更为严重的是使安全事故防不胜防；此外，脏乱差的现场不仅给城市环境和市容造成污染，而且影响施工现场人员的工作情绪，心情不舒畅。因此，必须通过清扫活动来清除那些脏物，创建一个明快的、舒畅的工作环境，以保证安全、优质和高效的工作。

清扫的要点：

① 每个班组所使用的工具和设备等，要由使用者自己清扫，而不是依靠他人，不增加专门的清扫工；

② 对工具和设备的清扫，着眼于对其维护保养。清扫设备和设备的点捡结合起来，随清扫随点检。清扫设备还要同时做设备的润滑工作、清扫也就是保养；

③ 清扫还应该是为了改善，在清扫过程中发现有异常垃圾和油水泄漏，要及时查明原因，并采取措施加以改善。

4）清洁（Seikeetsu）。整理、整顿和清扫之后，要认真维护，保持完美和最佳状态。因此，清洁活动的含义不是单纯从字面上理解，而是对三项活动的坚持和深入，从而消除发生安全事故的根源，创造一个良好的工作环境，使职工能愉快工作。

清洁活动的要点是：

① 施工作业环境不仅要整齐，而且要做到清洁，保证工人身体健康，提高工人的劳动热情；

② 不仅使用的施工机械设备和工具要清洁，而整个施工现场环境也要清洁，要采取切实有效的措施，进一步消除灰尘和污浊的空气、减少噪声和治理污染源；

③ 参与施工的职工本身不仅要做到工作服统一着装，仪表也要整洁，及时理发、剃须、洗澡等；

④ 施工现场上的职工不仅要做到形体上的清洁，还要做到精神上的"清洁"，亦即待人要讲礼貌，清除语言出口脏，要学会尊重他人。

5）素养（Shitsuke）。素养即教养，养成良好的工作习惯，遵守纪律。施工企业要努力提高施工现场职工的素质，养成严格遵守施工中各项规章制度的习惯和作风。这是"5S"活动的核心内容。没有施工现场全体职工素质的提高，创建文明施工现场活动就不能顺利开展，即使强制推开也坚持不下去。所以，抓"5S"活动，要始终着眼于提高人的素质，即坚持"始于素质、终于素质"的原则。

在开展"5S"活动中，要贯彻自我管理的原则。创造良好的施工现场环境，是不能单靠添置设备来改善，也不能指望增加人员来代办，而让施工现场人员坐享其成。应当教育和充分依靠施工现场人员，自己动手为自己创造一个整齐、清洁、方便、安全的施工现场环境。使他们在改造客观世界的同时，也改造自己的主观世界，产生"美"的意识，养成现代化大生产所要求的遵章守纪、严格要求的风气和习惯。因为是自己动手创造的文明施工环境的成果，也就容易保持和坚持下去。

综上所述，在施工现场开展“5S”活动，是把施工企业文明施工中各项活动系统化、规范化了，使施工现场管理水平提高到一个更高的层次。

(3)“5S”活动的组织管理

1）建立“5S”活动岗位责任制。要使每一个部门（班组），每一个成员都有明确的岗位责任和工作标准，现以一个混凝土搅拌机工作班组的清扫工作为例：

每日清扫：

① 清扫时间。每班下班前30min；

② 清扫人员分工。操作者负责搅拌机上下的清扫、冲洗；前台人员负责工作区域和排水沟的清扫；后台人员负责砂、石堆场和水泥仓库的工作区域内的清扫；清扫工负责搅拌站周围主、次干道的清扫和现场垃圾的清除。

周末清扫：

① 清扫时间。周末白班下班前一小时；

② 清扫人员分工。同每日清扫；

③ 清扫内容。除了按每日清扫内容进行外，对搅拌设备做好保养，对使用的工具等要检查并整理工具箱，彻底清除工作区域内垃圾并清理排水沟。

2）严格执行检查、评比和考核制度。认真、严格地搞好检查、评比和考核，是使“5S”活动坚持下去并得到不断改进的重要保证。检查和考评方式可以多种多样，应根据各单位的实际情况和条件来决定，不求一个模式，评比可分四个等级：即优良、中等、及格和不及格。对及格者给以黄牌警告，对不及格者要给以红牌警告并进行整顿，限期改正。

3）坚持PDCA循环，不断提高施工现场的“5S”水平。“5S”活动的目的是不断地改善现场，而“5S”活动的坚持也不可能总是在同一水平上徘徊，而是要通过检查，不断发现问题，不断去解决问题，不断地提高“5S”活动的水平。因此，经过检查、考核后，还必须针对问题点，提出改进措施和计划，使

PDCA 循环不断向高一层次滚动前进。

3. 施工现场环境保护。为了强化对施工现场的环境管理，控制施工扬尘、噪声和水污染，国家和省、市颁布的环境保护法规、标准，对施工现场环境保护工作的统一规定，也是考核施工现场环境保护工作的依据。要求所有公民都要提高环境意识，维持良好的生态环境，并要求建设速度与环保要同步进行，为此施工单位，在施工组织设计中应根据工程特点制定有针对性的环境保护措施，建立相应的有效环保自我保证体系，并在施工作业中组织实施。对全体施工人员经常采取各种形式进行环保宣传教育活动，不断提高职工的环保意识和法制观念。

(1) 防止大气污染

1) 施工垃圾，严禁随意凌空抛撒，施工垃圾应及时清运，适量洒水，减少扬尘。

2) 水泥和其他易飞扬的细颗粒散体材料，应安排在库内存放或严密遮盖，运输时要防止遗撒、飞扬、卸运时应采取有效措施，以减少扬尘。

3) 在规划市区、居民稠密区，风景游览区国家重点保护文物区等施工现场，应制定洒水降尘制度，配备洒水设备及指定专人负责。在易产生扬尘的季节，要洒水降尘。

4) 市内工程施工应尽量使用商品混凝土，必须使用搅拌机现场搅拌时，一定要在搅拌设备上安装除尘装置，方可进行现场搅拌，以减少搅拌扬尘。

5) 施工现场使用的锅炉、茶炉、大灶，必须符合环保要求。锅炉有消烟除尘设备，茶炉用消烟除尘型或烧型煤，大灶用加工二次燃料或烧型煤。烟尘排放黑度达到林格曼 1 级以下。

6) 严禁使用敞口锅熬制沥青。凡进行沥青防水作业的，应使用密闭和带有烟尘处理装置的加热设备。

7) 拆除旧的建筑时，应随时洒水，减少扬尘污染。

(2) 防止水污染

1) 凡进行现场搅拌作业的，必须在搅拌机前台及运输车清洗处设置沉淀池，废水经沉淀后方可排入市政排水管线或回收用于洒水降尘。

2）凡在施工作业中产生的污水，必须控制污水流向，在合理的位置设置沉淀池，沉淀后排入市政污水管线。施工污水严禁流出施工区域，污染环境。

3）现场存放油料，必须对库房进行防渗漏处理，储存和使用都要采取措施，防止油料跑、冒、滴、漏、污染水体。

4）施工现场的临时食堂，用餐人数在100人以上的，应设置简易有效的隔油池，加强管理，定期掏油，防止污染。

（3）防止施工噪声污染

1）施工现场应遵照《中华人民共和国建筑施工场界噪声限值》（GB 12523—90）制定降噪制度。

2）凡在居民稠密区进行强噪声作业的，必须严格控制作业时间，晚间施工不得超过22点；早晨，不得早于6点，特殊情况需连续作业的，应尽量采取降噪措施，最大限度地减少扰民并报工地所在区、县环保局备案后方可施工。

3）对人为的施工噪声应有降噪措施和管理制度，并进行严格控制。不同施工阶段具体标准如表17-10：

不同施工阶段作业噪声限值　　表17-10

| 施工阶段 | 主要噪声源 | 噪声限制(单位:分贝) | |
|---|---|---|---|
| | | 白天 | 夜间 |
| 土石方 | 推土机、挖掘机、装载机等 | 75 | 55 |
| 打桩 | 各种打桩机等 | 85 | 禁止施工 |
| 结构 | 混凝土、振捣棒、电锯等 | 70 | 55 |
| 装修 | 吊车、升降机等 | 62 | 55 |

注：几个施工阶段同时进行，以高噪声阶段的限值为准。

## 五、施工日志和工程施工记录

### （一）施工日志、工程施工记录的性质和作用

施工日志和工程施工记录都是工程技术档案的重要组成

部分。

施工日志是在市政工程整个施工阶段有关施工活动（包括施工组织管理和施工技术）和现场情况变化的综合性记录，也是施工技术员处理施工问题的备忘录和总结施工管理经验的基本素材。工程投入使用后制定维修和加固方案也是重要依据。施工日志在工程竣工后由施工单位列入技术档案保存。

工程施工记录，简称施工记录，系指工程施工及验收规范中规定的各种记录，是检验施工操作和工程质量是否符合设计要求的原始数据，作为技术资料，在工程交工时提交建设单位列入工程技术档案保存。

（二）填写施工日志的要求和内容

1. 填写施工日志的要求：

（1）施工日志应按单位工程填写，到竣工交验为止，逐日记载，不允许中断。

（2）施工日志记录要真实，同时切忌把施工日志记成流水帐。

（3）在施工过程中途发生施工人员调动，应办理交接手续，保持施工日志的连续、完整。如一个施工技术员负责几个单位工程，切忌把几个工程的施工活动记在一起。

2. 施工日志填写的内容。施工日志的内容没有千篇一律的标准，以下内容应作为记录的重点：

（1）工程开、竣工日期以及主要分部分项工程的施工起止日期，技术资料提供情况。

（2）因设计与实际情况不符，由设计单位在现场解决的设计问题和对施工图修改的记录。

（3）重要工程的特殊质量要求和施工方法。

（4）在紧急情况下采取的特殊措施和施工方法。

（5）质量、安全、机械事故的情况，发生原因及处理方法的记录。

（6）有关领导或部门对工程所作的生产、技术方面的决定和记录。

(7) 气候、气温、地质以及其他特殊情况（如停电、停水、停工待料）的记录等。

施工日志还应将技术管理和质量管理活动及效果作如下重点记录：

(1) 工程准备工作的记录，包括现场准备，施工组织设计学习，各级技术交底要求，熟悉图纸中的重要问题、关键部位和应抓好的措施，向班组交底的日期、人员及主要内容，有关计划安排等。

(2) 进入施工以后，对班组自检活动的开展情况及效果，组织互检和交接检的情况及效果、施工组织设计及技术交底的执行情况及效果的记录和分析。

(3) 分项工程质量评定，隐蔽工程验收、预检及上级组织的检查活动等技术性活动的日期、结果、存在问题及处理情况的记录。

(4) 原材料检验结果、施工检验结果的记录，包括日期、达到效果及未达到要求的问题处理情况及结论。

(5) 质量、安全事故的记录，包括事故原因调查分析、责任者、处理结论等。

(6) 有关洽商变更情况、交代的方法、对象和结果的记录。

(7) 有关归档技术资料的转交时间、对象及主要内容的记录。

(8) 有关新工艺、新材料的推广使用情况，以及小改小革活动的记录。

(9) 施工过程中组织的有关会议、参观学习主要收获、推广效果的记录。

单位工程施工日志表格形式如表 17-11。

(三) 施工记录的内容

工程施工记录在工程施工及验收规范中有明确的规定。在施工中，通常的混凝土工程，钢筋混凝土工程的混凝土工程记录，

单位工程施工日志　　表 17-11

| 工程名称 | |
|---|---|
| 日　期 | 主　要　纪　事 |
| | |

填表人：

测温记录，桩和承台及各种灌注桩基础记录；预应力混凝土工程的预应力钢筋冷拉记录，千斤顶张拉记录，电热法施工预应力记录；基础钻探记录（附钎探编号平面布置图）；桥梁、构筑物沉降观测记录（附沉降观测点布置图）。此外，还有各种测量记录，在专业工种中有闭水、渗水、水压、气压严密性和真空度试验记录，照明动力配线记录等。

工程施工记录和隐蔽工程验收记录一样，是检验衡量市政工程质量关键性的技术资料。因此，现场施工技术员必须认真按规定表格逐项填写。有些记录，还应附有关机具、仪表核验和试验证明资料，并经有关人员签证后方可生效。

## 六、交工验收工作

工程交工验收是对最终市政工程产品即竣工工程项目进行检查验收、交付使用的一种法定手续。工程交付使用是目的，检查验收是手段。如果承建的市政工程产品达到合同要求，经验收后即可交付使用。

（一）交工验收的依据

工程交工验收应依据下列资料：

1. 上级主管部门的有关工程建设的文件。
2. 建设单位和市政施工企业签订的工程承包合同。
3. 设计文件、施工图纸和设备技术说明书。

4. 国家现行的施工技术验收规范。

5. 市政工程设计变更通知，预检、隐检、中检的验收签证资料等。

（二）验收的标准

被验收的工程应达到下列标准的要求：

1. 工程项目按照工程合同规定和设计图纸要求已全部施工完毕，达到国家规定的质量标准，能够满足使用要求。

2. 设备调试、试运转达设计要求。

3. 交工工程做到清洁干净、无污染、设备运转正常。

4. 市政工程红线之内的场地清理完毕。

5. 技术档案资料齐全，竣工结算已经完成。

（三）交工验收的准备工作

交工验收之前，应做好如下准备工作：

1. 搞好工程收尾工作。在主要工程任务完成后，要清查遗留项目和工程量，编制工程收尾计划，组织好收尾工作，尽量缩短工程收尾期。

2. 准备竣工验收资料和文件。验收资料和文件档案是竣工工程中技术资料的重要组成部分，建设单位将依据它对工程进行合理使用、维护、管理、改建、扩建，它又是办理工程决算不可缺少的依据，施工企业向建设单位提供的资料有：

（1）交工工程项目一览表；

（2）图纸会审记录；

（3）竣工图和隐蔽工程验收单；

（4）工程质量事故发生记录单；

（5）材料、半成品试验和检测记录；

（6）永久性的水准点坐标记录及测量复核记录；

（7）桥梁和构筑物沉降检测记录；

（8）材料、构件和设备的质量合格证；

（9）工程施工的试验记录和施工记录；

（10）设备和构件安装施工和检验记录；

（11）施工单位和设计单位提供的市政工程使用注意事项，上级部门对该工程的有关技术决定；

（12）工程结算资料、文件和签证等；

（13）质量监督站出具的《工程核定证书》；

（14）其他资料，如经批准的计划任务书及有关文件，建设单位和施工单位签订的工程合同等也应作为交工验收资料提出。

3. 工程预验收。工程预验收主要由施工单位进行，通过预验收，初步鉴定工程质量，补做遗漏项目，返修不合要求的项目，从而保证交工验收顺利进行。

（四）交工验收工作

双方及有关部门的检查和鉴定。建设单位在收到施工企业提交的交工资料以后，应组织人员会同交工单位、质量监督站和其他市政工程管理部门，根据施工图纸、施工验收规范及质量评定标准，共同对工程进行全面的检查和鉴定、验收。

## 第二节　施工技术管理

### 一、施工技术管理的任务、内容和程序

技术管理是施工企业管理的重要组成部分，是对企业生产中一切技术及其相关科学研究等进行一系列组织管理工的总称。

现场技术管理是施工现场中对各项生产的施工技术活动过程和技术工作实施管理，是企业技术管理的重要组成部分。

（一）技术管理的任务

市政施工企业现场技术管理的基本任务有：贯彻国家的有关技术政策和上级对技术工作的指示与决定；利用技术规律科学的做好施工现场各项技术工作，建立正常的现场施工技术秩序，进行文明施工，保证质量和安全生产；认真组织施工现场的技术改造和技术革新，不断提高技术水平；发展工厂化并努力提高现场机械化水平，提高劳动生产率；降低工程成本，提高施工工程的

经济效益，多快好省地完成施工任务。

（二）技术管理的原则

技术管理必须按科学技术规律办事，要遵循以下三个基本原则：

1. 正确贯彻执行国家的技术政策、规范和规程；

2. 按科学规律办事，坚持一切经过试验的原则；

3. 讲求经济效益。

（三）技术管理的内容

施工企业技术管理可分为基础工作和业务工作两大部分内容。

1. 基础工作。为有效地进行技术管理，必须做好技术管理的基础工作。基础工作包括：技术责任制、技术标准与规程、技术原始记录、技术档案、技术情报工作等。

2. 业务工作。技术管理的业务工作，是技术管理中日常开展的各项业务活动。业务工作包括：施工技术准备工作（如图纸会审、编制施工组织设计、技术交底，技术检验等）、施工过程中的技术工作（如质量技术检查、技术核定、技术措施、技术处理等）和技术开发工作（如科学研究、技术革新、技术改造、技术培训、新技术试验等）。

（四）技术管理工作程序

根据施工过程，施工技术管理可按图 17-1 所示的工作程序进行。

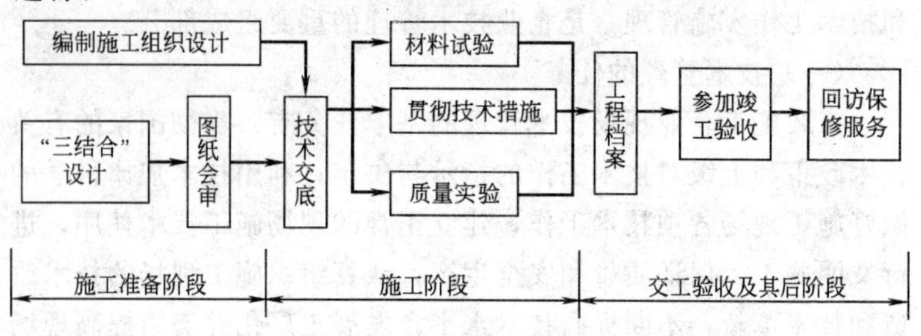


图 17-1　施工技术管理工作程序

## 二、技术管理

（一）建立健全管理机构和相应的责任制

目前，我国建设施工企业多分为三级管理，因此，相应地采用三级管理组织体系如图 17-2 所示。即：总公司设总工程师，分公司设主任工程师，施工项目经理部（或施工队）设项目总工或项目工程师或技术负责人。各级技术负责人分别管理下属若干技术管理机构及人员，以保证企业各项技术工作的开展。

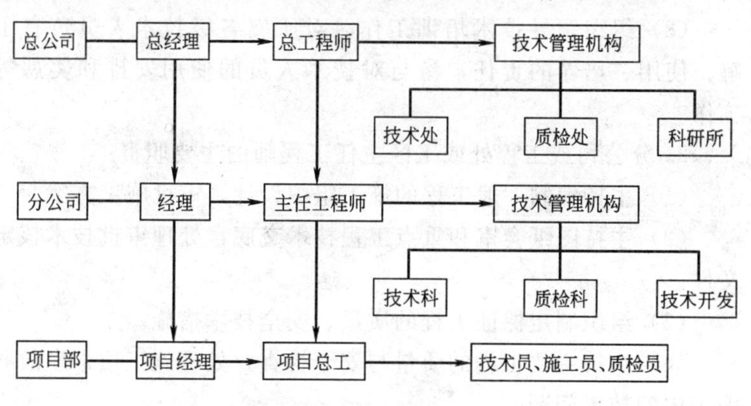


图 17-2　技术管理组织体系

在企业的技术管理体系中，技术责任制一般分为三级或四级，即：总工程师、主任工程师、项目总工程师或技术负责人责任制，实行技术工作的统一领导与分级管理。

1. 总公司总工程师的职责

（1）组织贯彻执行国家有关技术政策和上级颁发的技术标准、技术规范、规程、规定及各项技术管理制度。

（2）领导和组织编制企业的技术发展规划和技术组织措施，并组织贯彻实施。

（3）领导和组织编制大型建设项目和特殊工程的施工组织设计。审批分公司上报的施工组织设计。

（4）参加大型建设项目和特殊工程设计方案的选定和会审，

参与引进项目的考察、谈判、处理重大的技术核定工作。

(5) 主持技术会议，发挥技术民主，研究和处理施工中重大技术问题，组织审查和鉴定重大技术革新和发明创造，并作出相应的结论，组织新技术、新结构、新材料的研究、推广及使用。

(6) 参加重大质量、安全事故的处理，并经过调查研究，提出技术鉴定和处理方案。

(7) 组织解决总分包交叉施工，互相协作配合中的重大技术问题。

(8) 组织领导技术培训工作。对所属各级技术人员负有了解、使用、培养的责任，参与对技术人员的使用安排和奖惩等工作。

2. 分公司或工程处或工区主任工程师的主要职责

(1) 主持编制一般工程的施工组织设计，审批施工方案。

(2) 主持图纸会审和重点工程技术交底，处理审批技术核定文件。

(3) 组织制定保证工程的质量、安全技术措施。

(4) 主持主要工程的质量与安全检查，处理施工质量事故和施工中的技术问题。

(5) 组织有关技术人员学习和贯彻上级颁发的各项技术标准、规定、施工验收规范、操作规程、安全技术规程和各项技术管理制度。

(6) 深入现场、指导施工，督促单位工程技术负责人遵守规范、规程和按图施工、发现问题及时解决。

3. 项目总工程师或项目技术负责人的主要职责

(1) 学习研究施工图纸，熟识尺寸、标高、质量要求和材料规格，组织编制单位工程施工方案，制定各项工程施工技术措施，并组织实施。

(2) 主持或参与单位工程技术交底、图纸会审，向单位工程技术负责人及有关人员进行交底。

(3) 负责指导按设计图纸、施工规范、操作规程、施工组织设计、技术安全措施进行施工，发现问题及时处理或请示上级解决。

(4) 负责复杂单位工程测量定位，抄平、放线、组织单位工程质量评定工作，参加隐蔽工程验收和分部分项工程的质量评定。

(5) 参与质量事故的处理。

(6) 负责工程档案各项技术资料的签证、收集、整理和审核，并汇总上报。

(二) 图纸会审制度

图纸会审制度是指每项工程在施工前，均要在熟悉图纸的基础上，对图纸进行会审。目的是领会设计意图；明确技术要求；发现其中的问题和差错，从而及时更正，以避免造成技术事故和经济浪费。这是一项极严肃的重要的技术工作。

图纸会审应由建设单位组织设计单位和施工单位及监理单位参与进行。图纸会审的主要内容有：

1. 设计是否符合国家的有关政策和规定。

2. 设计计算的假定条件和采用的处理方法是否切合实际，是否会影响安全施工。

3. 原地下管网位置与新图有无矛盾，水文地质资料是否符合现场实际，构筑物是否配套，建成后效益如何。

4. 图纸及说明是否齐全、清楚、明确，坐标、标高、图纸尺寸及管线、道路等交叉连接是否相符。

5. 设计中提出的新技术、新结构、新材料及特殊工程质量要求实现的可能性及应采取的必要措施。

6. 研究各单位在图纸会审当中提出的其他问题及其解决办法和处理方法。

图纸会审后，组织会审单位应将会审中提出的问题和解决办法记录下来，写成正式文件。

(三) 技术交底

技术交底是施工企业技术管理的一项重要制度。它是指开工之前，由上级技术负责人就施工有关技术问题向执行者进行交待的工作。其目的使参加施工的人员对工程及其技术要求做到心中有数，以便科学地组织施工和按合理的工序、工艺进行作业。要做好技术交底工作，必须明确技术交底的内容，并搞好技术交底的分工。

1. 技术交底的内容

（1）图纸交底。目的是使施工人员了解施工工程的设计特点、做法要求、使用功能等，以便掌握设计关键，认真按图施工。

（2）施工组织设计交底。要将施工组织设计的全部内容向施工人员交待，以便掌握工程特点，施工部署，任务划分、施工方法、施工进度、各项管理措施、平面布置等，用先进的技术手段和科学的组织手段完成施工任务。

（3）设计变更和洽商交底。将设计变更的结果向施工人员和管理人员做统一的说明，便于统一口径，避免差错，算清经济账。

（4）分项工程技术交底。主要包括施工工艺，技术安全措施，规范要求，质量标准，新结构、新工艺、新材料工程的特殊要求等。

2. 技术交底的分工。技术交底应分级进行。重点工程、大型工程和技术复杂的工程，企业总工程师组织有关处室向项目部交底，主要依据是公司编制的施工组织总设计。凡由分公司编制的中小型工程施工组织设计，由分公司主任工程师向分公司有关职能人员及项目部交底。

项目部的项目总工或技术负责人向工长及职能人员进行交底，要求细致、齐全。要结合具体部位，贯彻落实上级技术领导的要求，关键部位的质量要求，操作要点及注意事项。

在施工现场的工长和班长在接受技术交底后，应组织班组工人进行认真讨论，明确任务要求和配合关系，建立责任制，制定保证质量、安全技术措施，对关键项目和工序、新技术推广项目，要反复、细致地向班组交底，必要时要进行图样、文字、样板以及示范操作交底。

（四）材料验收制度

建立和健全材料检验制度，做好材料、构件和设备的试验检查工作，是合理使用资源、节约成本和确保工程质量的关键措施。

在施工中，使用的所有原料、材料、构件和设备等物资，必须由供应部门提供合格证明和检验单，对混凝土、砂浆和防水材料要做好配合比和按要求制作试块检验，对水泥、钢材及各种构件，应按规定抽样检查。加强新材料、新构件检验工作的领导，要健全机构，配齐人员，充实试验仪器，提高试验工作质量。同时要抓好施工现场材料及试件的送检工作。

（五）技术复核和审批制度

1. 技术复核制度。在施工中，为避免发生重大差错，对重要的或影响工程全局的技术工作，必须依据设计文件和有关技术标准进行复核工作。

施工企业应认真健全现场技术复核制度，明确技术复核的具体项目，复核中发现问题要及时纠正。技术复核除按质量标准规定的复核检查内容外，通常在分项工程正式施工前应着重按施工组织设计交底并复核施工人员掌握情况。

2. 审批制度。审批制度的内容一般包括合理化建议、技术措施、技术革新方案等。对其他工程内容也要按质量标准进行有计划的复核和检查。

（六）工程质量检查和验收制度

质量检查和验收制度规定，必须按照有关质量标准逐项检查操作质量和产品质量，根据市政工程的特点分别对隐蔽工程、分项工程和竣工工程进行验收，从而逐环节地保证工程质量。

1. 隐蔽工程验收。所谓隐蔽工程是指那些在施工过程中上一工序的工作结果，将被下一工序所掩盖，而无法进行复查的工程项目。因此，在其被隐蔽前必须进行质量检查，检查意见应具体明确，检查手续须及时办理。

市政工程的主要隐蔽项目包括：

（1）地基与基础。包括地质情况、槽基几何尺寸、标高、地基处理、回填密实度。

（2）基础、主体结构各部位钢筋。包括：钢筋品种、规格、数量、间距、接头位置及除锈、代用变更情况。

（3）桥梁等结构物预应力筋、预留孔道的直径、位置、接头处理、孔道绑扎牢固等的情况。

（4）现场结构焊接。包括焊条牌号（型号）、焊口规格、焊缝长度、厚度及外观清渣等。

（5）桥梁工程桥面防水层下找平层平整度、坡度。

（6）桥面伸缩缝埋件规格、数量、以及埋置情况。

（7）钢管管道（包括上水、煤、热管道）外部绝缘防腐检查。

（8）雨水、污水管道、混凝土管座、管带及附属构筑物检查。

（9）热力管道。包括：管道保温检查，管沟及小室外部防水检查。

（10）水工构筑物及沥青防水工程。包括水下的各层细部做法、工作缝、防水变形缝、止水带作法等。

（11）电信管道混凝土基础、安管、抹带情况的检查。

2. 分部分项工程的验收。施工单位在某一分部分项工程完工后，应按照工程质量评定标准及有关说明及时填写分部工程质量表，并由单位工程负责人签字，主体分部工程质量应由公司质量检查部门参加评定。分项工程质量评定完毕后应汇总，编写出统计资料及评定结论。

3. 竣工验收。单位工程评定和竣工验收应将工程质量评定表的内容填写齐全，由施工单位、设计单位和建设单位验收后，加盖单位印章。向质量监督部门申请核验，合格后签发核验合格证书，并归档。

总之，所有单位工程和建设项目，都要严格按规定进行验收，评定质量等级，办理验收手续，归入技术档案。不合格的工程不能交付使用。

（七）竣工总结制度

竣工总结是基本建设档案的一个重要组成部分，也是施工技术管理制度的一项重要内容。因此，施工单位要在施工过程中经常积累有关资料的前提下，在工程竣工后，即按规定编制竣工总结。

竣工总结的具体的内容及有关编制要求，如下所述：

1. 竣工总结说明。竣工总结说明应包括：

（1）工程概况

1）概括说明工程范围（包括坐落地址）与规模、该地区现场情况，与旧有设施的衔接关系、修建工程要达到的目的。

2）设计部门、设计形式及达到的效益。

3）投资单位（建设单位）及工程总投资额。

4）设计变更的主要情况和原因。

（2）施工过程

1）简要说明施工组织设计（或施工方案）的实施情况。

2）实际开、竣工日期及施工过程中的停、复工情况。

3）简要说明冬、雨期或常温期间的施工程序、施工方法、采取的主要措施及效果。

4）原材料、半成品的供应和使用情况，劳动力配备情况和机械施工情况等。

5）安全生产、文明施工和拆迁、购地及其他特殊问题的处理等。

（3）工程质量

1）对工程竣工后的总评价。

2）分析主要质量事故的性质和对工程结构的影响，事故的处理方法和处理后的效果（重大事故的分析和处理，应专题列入竣工总结）。

(4) 存在问题与主要经验、教训

1) 简要说明影响使用管理的有关设计、施工等各方面尚未解决的问题（如：由于客观原因而尚留的甩项工作等），以及对解决这些问题的意见。

2) 总结、分析施工过程的主要经验和教训，肯定成绩、指出缺点，并对今后工作提出建设性意见。

对竣工总结说明的一般要求是：文字简洁、中心明确，内容具体，条理清楚，行文及标点符号的使用规范、准确。

2. 工程竣工数量表。要严格按规定表式填写。其表头一般包括：工程项目、单位、设计预算数量、设计变更（增、减）、实际完成数量、及说明、备注等。

3. 设计变更、洽商记录。列入竣工总结内的主要是对工程有保存价值的设计变更和洽商记录，如主体结构变更、影响管材接口作法的变更、构筑物的位移变更。

4. 施工原始记录。一般包括：

(1) 隐蔽工程验收记录。

(2) 混凝土及砂浆强度汇总表。

(3) 抗渗试验记录。

(4) 密实度记录。

(5) 打桩记录。

(6) 管道试压记录（闭水试验、强度及严密性试验）。

(7) 荷载试验、水文地质及地基情况记录等。

(8) 原材料试验记录：包括原材料、成品、半成品出厂证明书及检验记录等。

上述记录应按各系统要求分类填报，表式内容必须齐全，并由有关人员或部门签字、盖章。

5. 特殊施工方法技术总结资料。特殊施工方法技术总结的项目，一般是指结合研究推选的新技术、新结构、新材料等。其他某些较特殊的施工方法也可酌情列入，如穿越特殊地段的巨型方涵顶进、水射顶管、盾构施工等。

6. 竣工图。竣工图的绘制应完整地反映设计意图和竣工时的实际现况，绘制时必须严格执行国家和上级有关技术部门颁发的制图标准和有关规定。

(1) 竣工图的测绘工作，应在施工的同时陆续进行，在工程竣工后即应绘制完成。竣工图内所有的数据或测量成果必须符合实际情况；必须使用法定计量单位；必须采用规定的竣工图标格式；图面的线条、符号及文字等必须准确、清楚、整洁。

(2) 竣工图必须与设计图纸相适应。竣工图纸可按原设计图底晒印复制（不得使用施工用过的设计图复制），或自行测绘晒印（图纸应随竣工总结上报存档）；用原设计图复制的竣工图一律用绘图墨水绘制改变的部位（应依据该工程的设计变更洽商记录进行修改），不准使用圆珠笔或彩色笔。

(3) 竣工图应附竣工图目录。图纸内容应满足各类工程（道路、桥梁、上下水、煤气、热力、电信管道等）的规定要求，一般包括：平面图、纵断面图、横断面图等。每张竣工图右下侧必须附有图标，右上角标明图号。

(4) 竣工图一般由项目总工主持绘制（测量员提供测量数据，并协助进行），报上级审核后，附于竣工总结内装订成册。

7. 竣工验收鉴定书。竣工验收鉴定书在竣工验收、签章后，补装于竣工总结内。

8. 其他。如：与上述内容相关的照片资料等。

9. 编制竣工资料总结的其他有关规定。竣工总结一般应由项目部提供全部竣工技术资料，并在规定时间内编好，报公司审定批准。

## 第三节 质量管理

### 一、质量及其管理的基本知识

#### （一）质量的定义

在ISO 9000：2000版中，“质量是一组固有特性满足要求的程度”。一般以满足要求的程度来衡量质量的好坏，如果满足了要求，质量就被评价为比较好；如果不满足要求，则称质量比较差。质量可以分成产品、服务、人员和管理等各种质量。其中，产品质量是指满足产品规范要求的程度；服务质量是指满足客户对服务要求的程度；人员质量是指满足公司对人员素质要求的程度。评价质量的优劣，主要是依据符合要求的程度来判断。

质量包括两种含义：一种是狭义的，一种是广义的。狭义的质量是指产品（工程）质量，即产品所具有的满足相应设计和规范要求的属性。它包括可靠性、环境协调性、美观性、经济性和适用性五个方面。广义的质量，除了产品（工程）质量之外，还包括工序质量和工作质量。建设项目的建造过程都是由一道道的工序来完成的，每一道工序的质量，就是它所具有满足下道工序相应要求的属性。工作质量是指施工中所必须进行的组织管理、技术运用、思想政治工作和后勤服务等满足工程施工质量需要的特性。一般情况，工作质量决定工序质量，而工序质量决定产品质量。质量目标分解如图17-3。

（二）质量管理及所涉及到的几个名词的定义

按照国际标准ISO 9000：2000，质量管理的定义是：“在质量方面指挥和控制组织的协调的活动”。

在质量方面的指挥和控制活动，通常包括制定质量方针和质量目标及质量策划、质量控制、质量保证和质量改进等相关术语：

1. 质量方针和目标。质量方针是指由组织的最高管理者正式发布的该组织总的质量宗旨和质量方向。

质量目标是组织在质量方面所追求的目的，是组织质量方针的具体体现。

2. 质量策划。质量策划是质量管理的一部分，致力于制定质量目标并规定必要的运行过程和相关资源以实现质量目标。

3. 质量控制。质量控制是质量管理的一部分，致力于满足

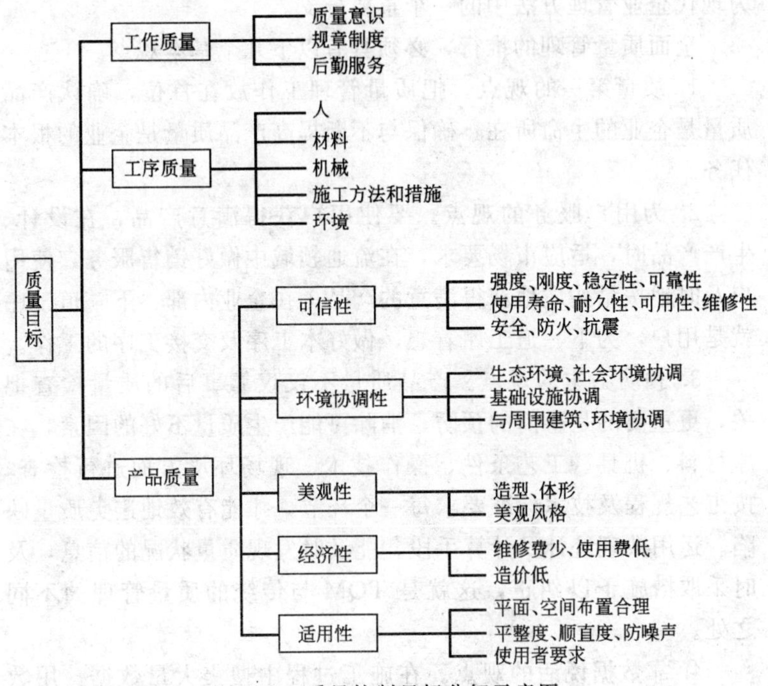


图 17-3　质量控制目标分解示意图

质量要求。

4. 质量保证。质量保证是质量管理的一部分，致力于提高质量要求会得到满足的信任。

5. 质量改进。质量改进是质量管理的一部分，致力于增强满足质量要求的能力。

（三）全面质量管理（Total Quality Management）的要领及基本观点

全面质量管理（TQM）是指为使用户获得满意的产品，综合运用一整套质量管理体系、手段和方法所进行的系统管理活动。它的特点是三全（全企业职工、全生产过程、全企业各个部门）管理，一整套科学方法与手段（数理统计方法及电算手段等）。广义的质量观念，它与传统的质量管理相比有显著的成效，为现代企业管理方法中的一个重要分支。

全面质量管理的推行，必须具有以下几个基本观点。

1. 质量第一的观点。把质量管理工作放在首位，确认产品质量是企业的生命所在，确保与不断提高产品质量是企业的根本任务。

2. 为用户服务的观点。要使用户获得满意产品，在设计、生产产品时，适应市场要求，在流通领域中做好销售服务，使用户及时地按量按质地获得满意的产品。在企业内部，下一道工序就是用户，为下一道工序着想，做好本工序及交接工序的工作。

3. 预防为主的观点。产品质量不仅仅靠事后的质量检查把关，更重要的是事前的预防，消除可能产生质量不好的因素，在原材料、机具、工艺条件、操作技术、现场环境方面进行检查，按工艺规程及技术标准要求每一个环节，才能有效地避免质量缺陷。运用数理统计及计算手段，能及时发现质量状况的信息，及时采取措施予以纠正，这就是 TQM 与传统的质量管理的不同之处。

4. 靠数据说话的观点。在施工过程中搜集大量数据，用数理统计方法整理，揭露质量状况，分析原因，寻找对策。数据是判断质量的依据，必须用科学的方法及时地、大量地收集和整理。

（四）全面质量管理的基础和方法依据

1. 全面质量管理的思想基础和方法依据就是 PDCA 循环。戴明博士最早提出了 PDCA 循环的概念，所以又称其为“戴明环”。这种循环是能使任何一项活动有效进行的合乎逻辑的工作程序，在企业的质量管理中得到了广泛的应用。

在 PDCA 循环中，“计划（P）—实施（D）—检查（C）—处理（A）”的管理循环是施工现场质量保证体系运行的基本方式，它反映了不断提高质量应遵循的科学程序。全面质量管理在 PDCA 循环的规范下，形成了四个阶段和八个步骤，如图 17-4 和图 17-5 所示。

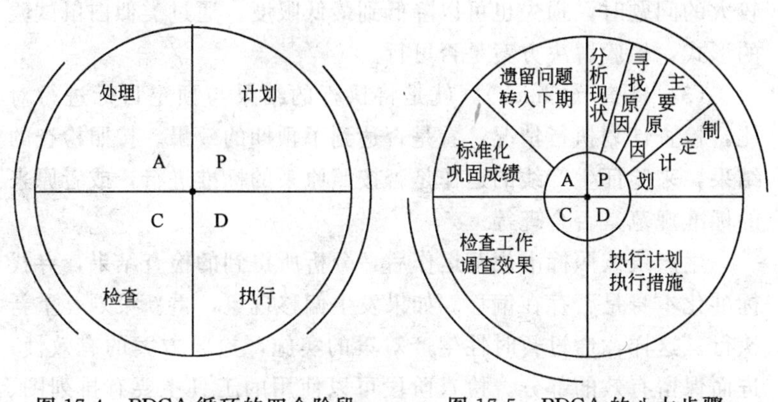


图 17-4　PDCA 循环的四个阶段　　　　图 17-5　PDCA 的八大步骤

(1) 计划 (Plan)。在开始进行持续改善的时候，首先要进行的工作是计划。计划包括制定质量目标、活动计划、管理项目和措施方案。计划阶段需要检讨企业目前的工作效率、追踪流程目前的运行效果和收集流程过程中出现的问题点，根据搜集到的资料，进行分析并制定初步的解决方案，提交公司高层批准。

计划阶段包括四项工作内容：

1) 分析现状。通过现状的分析，找出存在的主要质量问题，尽可能以数字说明。

2) 寻找原因。在所搜集到的资料的基础上，分析产生质量问题的各种原因或影响因素。

3) 提炼主因。从各种原因中找出影响质量的主要原因。

4) 制定计划。针对影响质量的主要原因，制定技术组织措施方案，并具体落实到执行者。

(2) 实施 (Do)。就是将制定的计划和措施，具体组织实施和执行。将初步解决方案提交给公司高层进行讨论，在得到公司高层的批准之后，由公司提供必要的资金和资源来支持计划的实施。

在实施阶段需要注意的是，不能将初步的解决方案全面展开，而只在局部的生产线上进行试验。这样，即使设计方案存在较大的问题时，损失也可以降低到最低限度。通过类似白鼠试验的形式，检验解决方案是否可行。

(3) 检查 (Check)。就是将执行的结果与预定目标进行对比，检查计划执行情况，看是否达到了预期的效果。按照检查的结果，来验证生产线的运作是否按照原来的标准进行，或者原来的标准规范是否合理等。

生产线按照标准规范运作后，分析所得到的检查结果，寻找标准化本身是否存在偏移。如果发生偏移现象，重新策划，重新执行。这样，通过暂时性生产对策的实施，检验方案的有效性，进而保留有效的部分。检查阶段可以使用的工具主要有排列图、直方图和控制图。

(4) 处理 (Administer)。就是对总结的检查结果进行处理，成功的经验加以肯定，并予以标准化或制定作业指导书，便于以后工作时可遵循；对于失败的教训也要总结，以免重现。对于没有解决的问题，应提到下一个 PDCA 循环中去解决。处理阶段包括两方面的内容：

1) 总结经验，进行标准化。总结经验教训，估计成绩，处理差错。把成功的经验肯定下来，制定成标准；把差错记录在案，作为鉴戒，防止今后再度发生。

2) 问题转入下一个循环。将遗留问题转入下一个管理循环，作为下一阶段的计划目标。

2. 全面质量管理的基础工作。开展全面质量管理的要做好全面质量管理的基础工作，没有这些基础工作，难以达到预期效果。主要的基础工作分述如下。

(1) 推行标准化工作。标准化是指现代化大生产的产品品种、规格、尺寸、质量与功能方面的模式化。标准化的任务是制定出各项标准，如规范、规程、技术标准定额等。

(2) 推行计量化。计量化包括测试、试验、分析等工作，计量化是施工生产的重要环节，是确保工程质量的重要手段和方法。搞好计量工作的主要要求是保证计量用的化验、分析仪器和设备，做到配套齐全、完整无缺、维修及时、采值准确。施工企业和现场要建立计量机构和管理制度。

(3) 建立质量情报工作。质量情报主要指有关工程质量的数据、原始记录、工程竣工及交工使用后反映出来的质量信息资料。广为收集国内外同行业同产品类型的质量情报，有助于对比分析，掌握动向。施工企业及现场要有情报的机构与管理制度。

(4) 开展质量教育工作。全面质量管理是全体职工参加的管理，是群众性的质量管理。教育职工人人管理质量是实现全面质量管理的条件。开展全面质量教育活动，宣传质量管理中的先进事迹，举办培训班，岗位练兵，质量事故的群众性分析，这些活动都可以提高职工的质量意识。

(五) ISO 9000：2000 族标准的理解

2000 版 ISO 9000 族标准的理论基础和指导思想是八项质量管理原则，在标准中起着不可或缺的作用，一方面，在 2000 版 ISO 9000 族标准的各个具体条款中，有的直接体现了八项质量管理原则的内容，另一方面，八项质量管理原则为组织提高质量管理体系的有效性和效率需采取的方法提出了指导方向，其具体内容包括：两个基本点（以顾客为关注焦点、持续改进）、两个互为因果的作用（领导作用、全员参与）、三个方法（过程方法、管理的系统方法、基于事实的决策方法）和一个关系（与供方互利的关系）。

八项质量管理原则中的过程方法原则，实际上是控制论在质量管理中的具体应用。一个组织的质量管理工作的开展，是通过一系列的活动即过程来实现的。系统的识别和管理组织所使用的过程，特别是这些过程之间的相互作用，称之为“过程方法”。2000 版 ISO 9000 族标准以管理职责、资源管理、产品实现和测量、分析、改进作为四大主要过程，以过程网络的形式来描述其相互关系并以顾客要求为输入，以提供给顾客的产品为输出，通过信息反馈来测定顾客满意度，评价组织质量管理体系的业绩。对于所有的过程，都适用于“PDCA”模式。

ISO 9001：2000对组织建立、实施和保持质量管理体系必须履行的要求做了明确的规定，是对产品要求的进一步补充，是属于质量管理性标准，其目的是增进顾客满意而不是统一质量管理体系的结构或文件。ISO 9001：2000共包括ISO前言；0引言；1范围；2引用标准；3术语和定义；4质量管理体系；5管理职责；6资源管理；7产品实现；8测量、分析和改进等十大部分。

ISO 9004：2000作为业绩改进指南，对于满足顾客要求并争取超越顾客期望有其重要作用，需了解。

（六）ISO 9000族标准与全面质量管理（TQM）的关系

ISO 9000族标准与全面质量管理（TQM）是不同文化背景下产生的管理方法。它们的管理思想和指导原则是一样的，都强调全员参与、全过程控制、预防为主等，ISO 9000是TQM的延伸，是文件化、具体化的TQM，ISO 9000通过具有可操作性的文件，将TQM中全员参与、全过程控制等思想和原则进行具体的描述，两者实施时可相互兼容，形成互为条件、相互促进的关系。ISO 9000是可在国际之间相互承认或双边交流的TQM。

## 二、施工质量管理系统

施工质量管理是贯穿施工全过程、涉及施工企业全体人员的一项综合管理工作。因此，应按照全面质量管理，即全企业管理、全过程管理和全员管理的方法进行施工管理工作。其施工质量管理系统如图17-6所示。

（一）施工质量管理目标分解

由于形成最终工程产品质量的过程是一个复杂的过程，因此，施工质量管理目标也必须按照工程进展（产品形成）的阶段进行分解，即分为：施工准备质量控制、施工过程质量控制和竣工验收质量控制，如图17-7所示。施工质量责任制如图17-8所示。

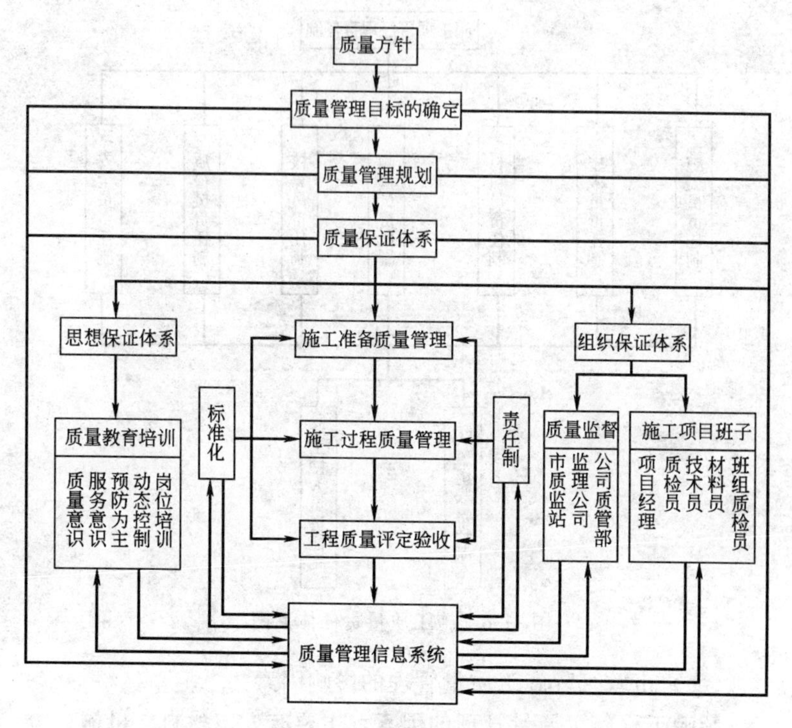


图 17-6　施工质量管理系统示意图

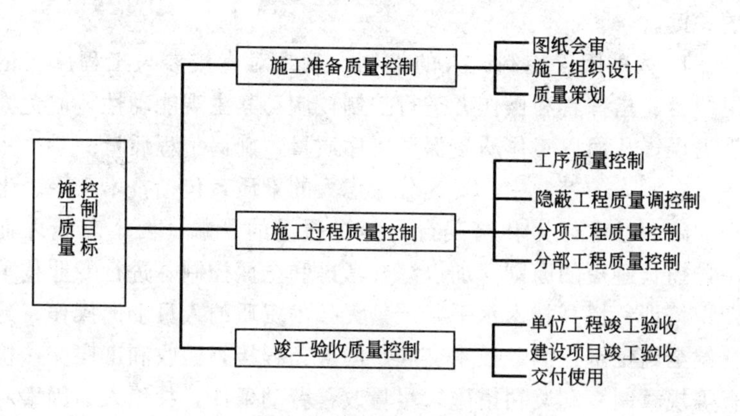


图 17-7　施工质量控制目标分解示意图

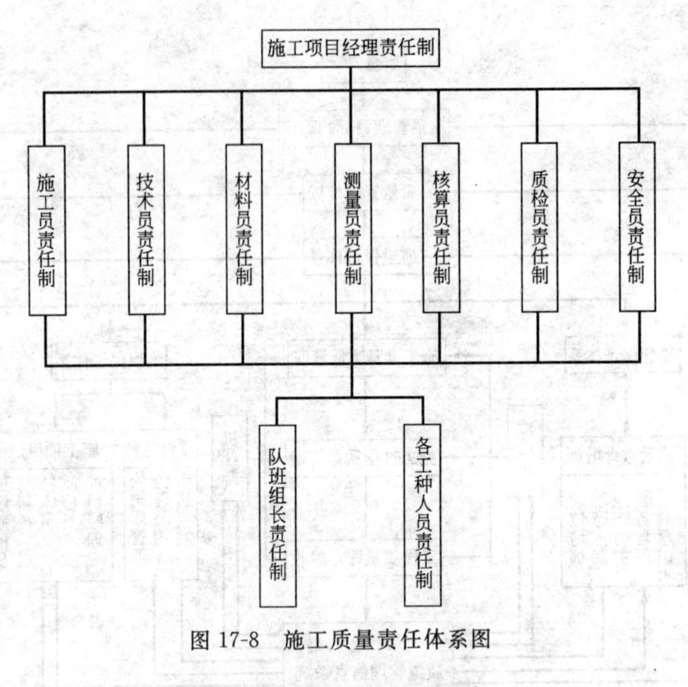


图 17-8　施工质量责任体系图

（二）市政工程施工质量管理的影响因素

影响工程施工质量管理的因素，主要有人、材料、机械、方法和环境五个方面。因此，对其进行严格的控制是保证工程质量的关键。

1. 人的因素控制。人的控制，就是对直接参与工程施工的组织者、指挥者和操作者进行控制，调动其主观能动性，避免人为失误，从而以工作质量保证工序质量，确保工程质量。

在对人的控制中，要充分考虑人的素质，包括技术水平、生理缺陷、心理行为和错误行为等对质量的影响，要本着量才而用，扬长避短的原则，加以综合考虑和全面控制。进行专业技术知识培训，提高技术水平，严禁无技术资质的人员上岗操作；建立健全岗位责任制、技术交底、隐蔽工程检查验收和工序交接检查等规章制度和奖罚措施；尽量改善劳动条件，杜绝人为因素对质量的不利影响。岗位培训内容如表 17-12。

岗位培训内容表　　表 17-12

| 人员层次 | 岗位培训内容 |
|---|---|
| 项目经理工段长 | 1. 熟悉掌握生产阶段管理工作的内在联系；<br>2. 熟知施工质量管理的内容和方法；<br>3. 施工全过程的班组协调工作 |
| 施工技术人员施工专业管理人员 | 1. 研究每项专业的管理规律，并把各项专业管理科学的组织起来；<br>2. 熟悉本专业的技术和管理工作，并对施工项目的全部质量管理工作的内在联系有一个系统的认识；<br>3. 掌握施工项目管理的基本内容，PDCA 循环工作方法，数据收集和处理方法，常用统计技术的运用和图表工作方法 |
| 队、班、组长 | 学习质量管理的性质、任务，本工种的技术要求、质量标准、数据检测方法，分析控制质量的有关图表的应用与绘制方法 |
| 工人 | 岗位技术培训，学习掌握本工种质量标准、操作规程、识表、识图 |

2. 材料质量因素控制。材料、制品和构配件质量，是工程施工的基本物质条件。如果其质量不合格，工程质量就不可能符合标准，因此必须严加控制。其质量控制内容包括：材料质量标准、性能、取样、试验方法、适用范围、检验程度和标准，以及施工要求等内容；所有材料、制品和构配件，均需有产品出厂合格证和材质化验单；钢材、水泥等主要材料还需进行复试；现场配制的材料必须试配合格方可采用。

3. 机械设备因素控制。机械设备控制包括施工机械设备控制和生产工艺设备控制。

施工机械设备是实现施工机械化的重要物质基础，机械设备类型、性能、操作要求、施工方案和组织管理等因素，均直接影响施工进度和质量，因此必须严格控制。

4. 施工方案因素控制。施工方案是施工组织的核心，它包括主要分部（项）工程施工方法、机械、施工起点流向、施工程序和顺序的确定。施工方案优劣，直接影响工程质量。因此，施工方案控制主要是控制施工方案建立在认真熟悉施工图纸，明确工程特点和任务，充分研究施工条件，从技术、组织、管理、经济各个方面全面分析，正确进行技术经济比较的基础上，切实保证施工方案在技术上可行，经济上合理，有利于提高工程质量。

5. 环境因素控制。影响质量的环境因素很多，有自然环境，如气温、雨、雷、电和风，工程地质和水文条件；有技术经济条件；拆迁问题，如拆迁到位情况、旧有管线迁移、保护，与新上管线单位的协调配合，与沿线单位、居民的关系协调。有人为环境，如上道工序为下道工序创造的环境条件，交叉作业的环境影响等。因此，环境因素的控制，就是通过合理确定施工方法、安排施工时间和交叉作业等，为施工活动创造有利于提高质量的环境。

（三）施工准备质量管理

1. 复核检查工程地质勘探资料，认真进行图纸会审。

2. 施工组织设计质量策划、技术交底的控制。主要进行两方面工作：一是确定施工方案、制定施工进度计划时，必须进行技术经济分析，要在保证质量前提下，缩短工期，降低成本；二是必须考虑选定的施工工艺和施工顺序能保证工程质量。

3. 检查临时工程是否符合工程质量和使用要求；检查施工机械设备是否可以进入正常运行状态；检查各施工人员是否具备相应的操作技术和资格，是否已进入正常作业状态；进行原材料质量合格证和复试检查等。

（四）施工过程质量管理

施工质量管理的重点是施工过程质量控制，即以工序质量控制为核心，设置质量预控点，严格质量检查，加强成品保护。

1. 工序质量控制。工序质量包括：工序作业条件质量和工序作业效果质量。对其进行质量管理，就是要使每道工序投入的人、材、机、方法和环境得以控制，使每道工序完成的工程产品达到规定的质量标准。

工序质量控制的原理，就是通过工序子样检验，来统计、分析和判断整道工序质量，进而实现工序质量控制，其具体步骤如下：

（1）采用相应的检测工具和手段，对抽出的工序子样进行实测，并取得质量数据。

（2）分析检验所得数据，找出其规律。

（3）根据分析结果，对整道工序质量作出推测性判断，确定该道工序质量水平。

工序质量控制的工作方法是：

（1）主动控制工序作业条件，变事后检查为事前控制。对影响工序质量的诸多因素，如材料、施工工艺、环境、操作者和施工机具等预先进行分析，找出主要影响因素，严加控制，从而防止质量问题出现。

（2）动态控制工序质量，变事后检查为事中控制。及时检验工序质量，利用数理统计方法分析工序所处状态，并使工序处于稳定状态中；若工序处于异常状态，则应停工。经分析原因，并采取措施，消除异常状态后，方可继续施工。

（3）建立质量管理卡和设置工序质量控制点。根据工程特点、重要性、复杂程度、精度、质量标准和要求，对质量影响大或危害严重的部位或因素，如人的操作、材料、机械、工序、施工顺序和自然条件，以及影响质量关键环节或技术要求高的结构构件等设置质量控制点，并建立质量管理卡，事先分析可能造成质量隐患的原因，采取对策进行预控。表17-13为混凝土工程质量管理卡。

2. 施工过程质量检查。施工过程质量检查的内容包括：

（1）施工操作质量的巡视检查。若施工操作不符合操作规程，最终将导致产品质量问题。在施工过程中，各级质量负责人必须经常进行巡视检查，对违章操作，不符合规程要求的施工操作，应及时予以纠正。

**混凝土工程质量管理卡　　　　表 17-13**

| 管理点 | 管理内容 | 技术实施对策 | | | 检查次数 | | | | | | | | | | 责任者 |
|---|---|---|---|---|---|---|---|---|---|---|---|---|---|---|---|
| | | 测定方法 | 测定时间 | 对策 | 1 | 2 | 3 | 4 | 5 | 6 | 7 | 8 | 9 | 10 | |
| 材料 | 水泥、砂石、外加剂质量合格 | 观察化验 | 进场使用前 | 检查合格证用前复试 | | | | | | | | | | | 材料员、技术员 |
| 制备 | 配合比正确、坍落度符合要求 | 实测试块 | 施工中 | 称量投料控制搅拌时间 | | | | | | | | | | | 投料工人、搅拌机操作者、技术员 |
| 浇筑 | 强度达到要求，表面观感好，无漏筋、麻面 | 观察试块 | 施工中完工后 | 充分振捣、控制保护层 | | | | | | | | | | | 操作者 |
| 养护 | 充分养护 | 观察 | 养护时 | 保证养护措施、养护时间、条件 | | | | | | | | | | | 操作者 |

(2) 工序质量交接检查。工序质量交接检查是保证施工质量的重要环节，每一工序完成之后，都必须经过自检和互检合格，办理工序质量交接检查手续后，方可进行下道工序施工。工序操作质量交接卡如表 17-14 所示。如果上道工序检查不合格，则必须返工。待检查合格后，再允许继续下道工序施工。

**工序操作质量交接卡　　　　表 17-14**

| 构件名称 | | | |
|---|---|---|---|
| 操作班组 | | 操作日期 | 年　月　日 |
| 对上道工序检查意见 | 上道工序：<br>下道工序：<br>上道工序检查意见： | | |
| 工序转交说明及问题处理 | | | |
| 工长： | 技术负责： | 检查员： | 上工序负责人：<br>下工序负责人： |

（3）隐蔽工程检查验收。施工中坚持隐蔽工程不经检查验收就不准掩盖的原则，认真进行隐蔽工程检查验收。对检查时发现的问题，及时认真处理，并经复核确认达到质量要求后，办理验收手续，方可继续进行施工。

（4）分部（项）工程质量检查。每一分部（项）工程施工完毕，都必须进行分部（项）工程质量检查，并填写质量检查评定表，确信其达到相应质量要求，方可继续施工。分项工程质量检验评定表格式如表17-15。

**钢筋绑扎分项工程质量检验评定表　　　表17-15**

建设单位：　　　　工程名称：

施工单位：　　　　检查部位：

| 序号 | 保证项目和标准要求 | 质量情况 |
| --- | --- | --- |
| 1 | 钢筋的品种和质量必须符合设计要求和有关标准的规定 | |
| 2 | 冷拉冷拔钢筋的机械性能必须符合设计要求和施工规范规定 | |
| 3 | 钢筋的表面应保持清洁，带有颗粒状或片状老锈，经除锈后留有麻点的钢筋严禁按原规格使用 | |
| 4 | 钢筋的规格、形状、尺寸、数量、间距、锚固长度和接头设置必须符合设计要求和施工规范规定 | |

## 第四节　市政工程材料管理

### 一、材料管理的意义和任务

材料管理，是指材料在流通领域以及再生产领域中的供应与管理工作。

1. 材料管理的意义。市政施工企业材料管理工作是指对施工生产过程所需的各种材料，围绕材料计划、申请、订货、采购、运输、储存、发放及消耗等所进行的一系列组织和管理工作。

市政工程施工生产是不间断地进行的，是材料不断消耗的过程，又是材料不断补充的过程，如果某一种材料中断，施工生产就可能停止。由于工程产品总值中材料费占很大的比重，因此，在必须保证材料供应的同时，在材料采购中注意降低材料成本，在施工生产中节约使用，降低消耗，控制材料库存、节约使用材料储备资金等，这些都直接影响企业的经营成果，所以加强施工企业材料管理，对保证工程施工中缩短工期，提高工程质量，降低工程成本，都是有重要意义的。

2. 材料管理的任务。市政施工企业材料管理的任务归纳起来就是“供”、“管”、“用”三字，具体任务有：

（1）编好材料供应计划，合理组织货源，做好供应工作。

（2）按施工计划进度需要和技术要求，按时、按质、按量配套供应材料。

（3）严格控制、合理使用材料，以降低消耗。

（4）加强仓库管理，控制材料储存，切实履行仓库保管和监督的职能。

（5）建立健全材料管理规章制度，使材料管理条理化。

## 二、材料的分类

按材料在生产中的作用分类如下：

1. 主要材料。指直接用于工程或产品上，能构成工程或产品实体的各种材料。如黄砂、石子、水泥、钢材等。

2. 辅助材料。指用于施工生产过程，虽不构成工程实体，但有助于工程的形成所消耗的材料。如：养护剂、燃料、促凝剂、减水剂等。

3. 周转材料。指施工过程中能反复多次周转使用，而又基本上保持其原有形态的工具性材料。如：脚手架、模板、枕木等。

4. 低值易耗品。指价值较低（达不到固定资产的最低限额），又容易消耗（达不到固定资产的最低使用期限）的物品。如：工具、劳保用品等。

5. 机械配件。指机械设备维修耗用的各种零件、部件及维修材料。如轴承、曲轴等。

## 三、材料的供应方式

材料的供应方式是指企业对所属施工项目采取什么方式来供应材料。在材料供应工作中要遵循“既管供，又管用，供管并举”的原则。主要有如下几种供应方式：

1. 综合平衡、计划供应。即按企业内部材料供应分工范围，自下而上逐级将材料需要计划汇总上报，再自上而下逐级进行核实与平衡分配材料的办法。这种方式要求各级材料部门对供应管理工作有明确分工，各有侧重，各负其责，互相支持，共同完成供应管理任务。

2. 按施工预算包干或实行定额供料，以贯彻经济责任制。这种方式突出一个“包”字，是降低消耗、提高经济效益的措施之一。按施工预算包干就是组织基层施工队伍，以单位工程为对象，以施工预算为标准，按材料品种规格、数量及施工进度、竣工时间、工程质量等要求，一次包死，节约有奖，超耗受罚。实行定额供料，是指按工程分部分项工程量，结合材料施工消耗定额，计算定额需用量，实行限额供料，分部分项工程完成之后，办理结算退料，余料回收或结转。

3. 实行内部供料合同，是企业内部贯彻经济责任制的形式之一。为了明确双方经济责任、权利和义务，分工合作，互相制约，互相促进，订立内部供料合同一般以单位工程为对象、施工预算为标准。合同的主要内容包括：需方在签订合同前提出施工预算、施工组织设计、施工进度计划、按分部分项的材料需要量及使用时间，全部提出该工程材料计划并作为合同附件；供方按需方材料计划组织按时、按质、按量保证供应。违约一方应受处罚。

4. 单位工程全面承包，成本票核算。全面承包，即以全优为目标，施工预算为标准，“五包”为内容，“三挂钩”为手段，成本票为依据的单位工程全面承包。

(1) 五包。即包人工费、材料费、机械费、脚手架费、工具费。

(2) 奖励。奖励有质量奖和费用节约奖两种。

(3) 挂钩。即质量、工期、安全挂钩。以费用节约为基础。

(4) 成本票核算。以施工预算为基础的“五包”中按各种费用总金额发给等额的专用成本票，按“五包”内容分为五种专用票。所有上述各费用一律用成本票支付。

5. 集中配料，统一供应。它是上面几种方式的节约措施。对于某几种品种有必要集中配料，综合利用，合理套裁，降低损耗。如钢板、钢筋、木模板、脚手架等集中套裁，合理配料，混凝土集中搅拌等，因地制宜、灵活运用。

## 四、材料定额与计划管理

1. 材料的消耗量与消耗定额。材料消耗量是指材料的运输、装卸、保管、施工生产准备等阶段的损耗，施工生产过程中的操作损耗、发生返工的损耗和材料形成工程实体或产品实体的有效损耗。

材料消耗定额是指在一定条件下，生产单位产品或完成单位工程量，合理消耗材料的数量标准。

材料消耗定额的构成包括：有效消耗、施工损耗和管理损耗。

材料消耗量的构成与材料消耗定额的构成是两个既有联系又有区别的概念。

材料消耗定额有如下作用：

(1) 核算材料用量与编制材料计划的重要依据。

(2) 是搞好材料供应与科学管理的基础。

(3) 是开展经济核算、衡量节约或超支的标准。

(4) 是提高生产技术和科学管理水平的重要手段。

(5) 是实行经济责任制和开展增产节约的有力工具。

市政工程材料消耗定额有材料消耗预算定额、材料消耗概算定额和材料消耗施工定额三种。

材料消耗预算定额、简称预算定额。是市政工程预算定额的组成部分，是以市政工程项目各分项工程的每一计量单位所必须消耗的人工、材料和施工机械台班的标准数量，是编制施工图预算的法定定额，它是施工企业各项费用收入的依据，是施工企业的主要定额。

材料消耗施工定额，简称施工定额，是施工企业管理工作的基础，是编制施工预算、实行内部经济核算的依据。由施工企业内部制定并在内部实行，是企业内部材料供应与消耗的标准。该定额既考虑到预算定额的分部分项方法和内容，又结合本企业的具体情况，是体现本企业管理水平的标志，它是市政工程中分项最细和消耗最低的定额。

2. 材料的计划管理。材料计划管理是指从查明材料的生产需要和库存资源，经济综合平衡，确定材料采购、挖潜措施，组织货源，供应施工，监督耗用全过程中管理活动的总和。

(1) 材料计划的编制。材料计划的编制，大致分为三个步骤：即计算材料的需用量；确定储备量；经过平衡编制材料的申请采购计划。这三个步骤实际上是确定材料的需用量、储备量和供应量三项指标。其计算办法汇总表 17-16 所示。

直接计算法是直接使用材料消耗定额计算出材料需用量，当不具备材料消耗定额或不能确定辅助材料及新工艺、新技术项目的材料需用量时，可采用间接计算法。算出材料需用量后，还要按照计划期内的工程进度确定分期需用量，如年计划分季、季计划分月、月计划分旬的需用量等。

工程用料的需用量可由生产计划部门或有关部门计算提出，其他用料，原则上谁用料谁计算提出，再由材料部门综合汇总。

材料计划指标的确定　　表 17-16

<table>
<tr><td rowspan="2">材料需用量</td><td>直接计算法</td><td>材料需用量＝计划用量×材料消耗定额</td></tr>
<tr><td>间接计算法</td><td>1. 比例系数法：用以计算辅助材料需用量<br>2. 动态分析法：材料需用量＝（上期实际消耗量/上期实际完成工程量）×（本期计划工程量）×（材料消耗增减系数）<br>3. 类似计算法：材料需用量＝类似工程材料消耗指标×计划工程量×调整系数</td></tr>
<tr><td>材料储备量</td><td colspan="2">最高储备量＝经常储备量＋保险储备量<br>最小储备量＝保险储备量<br>必要时考虑季节储备</td></tr>
<tr><td>材料申请采购量</td><td colspan="2">材料申请采购量＝材料需要量＋计划期末储备量－计划初期可利用量－技术措施降低量<br>计划初期可利用量＝上期末预计库存量－计划期中不合用量</td></tr>
</table>

材料需用量、储备量确定后，通过平衡再提出材料的申请采购量。根据表 17-16 中的计算公式，确定申请采购量还要考虑以下因素：

计划期末储备量：系为下期工程顺利进行所建立的储备量。

上期末预计库存量：系根据编制计划时已掌握的实际库存量，再考虑到报告期末的预计进货量和预计消耗量计算得出。

计划期中不合用数量：系考虑库存材料中，由于规格、型号不符合计划期工程要求而扣除的数量。

技措降低量：系指采用代用材料或技术措施后，冲抵的材料消耗量和材料消耗降低的数量。

（2）对材料计划的要求。材料计划的编制过程是一个不断分析研究材料供应情况和使用情况的过程，也是一个不断平衡的过程。通过平衡，材料计划要达到以下要求：

1）保证用料的品种、规格、数量的完整性和齐备性。

2）保证供应的适时性。也就是说，计划的供应时间要适应工程的需要，既不过早，也不过迟。

3）注意前后期的连续性。也就是说，本期的计划要以上期计划的执行情况为依据，同时又要为下期施工作好准备。

4）通过编制计划，发现材料管理工作中的薄弱环节，提出计划期内材料管理工作的主要任务和努力方向，从而更好地保证正常施工的需要和降低材料费用。

（3）各类材料计划的编制要点

1）年度材料计划。年度材料计划是材料的控制性计划，是对外采购、订货的依据，因此要特别注意平衡。

年度材料计划是根据签订的工程承包合同和年度施工计划，参照工程结构情况和工期要求，按预算定额编制的。编制年度材料供应计划时，应当计算各种材料的需要量；期初、期末材料储备量；经过综合平衡确定材料的申请采购量，据此编制申请计划和采购计划。

对年度材料计划的要求是预见性要强，规格、品种、质量都要确定落实，订货后一般不宜变动。因此编制时应尽量摸清货源和库存情况。既不能留缺口，也不可盲目高估，要实事求是，注意综合平衡。

2）季度材料计划。季度材料计划是根据季度施工计划编制的，可以对年度材料计划做必要的调整，是落实材料采购任务、组织运输和供应的实施性较强的计划。

3）月材料计划。月材料计划系根据工程进度，以分部（分项）工程为对象，按分部（分项）工程的材料预算进行编制，是材料计划中的重要环节，是直接供料和控制用料的依据，要求全面及时、准确。

4）旬材料计划。旬材料计划是月材料计划的调整和补充，是采购料的依据，对工程项目部来说旬计划的作用更大。

5）工程项目材料预算。是工程项目一次性材料计划，是编制季度、月和旬材料计划以及推行工程项目经济承包的重要依据。

（4）材料计划的执行和检查。材料计划编制后，要积极组织材料供应计划的执行和实现，要明确分工，各部门要互相支持、协调配合，搞好综合平衡，积极做好供应材料的组织工作，材料供应计划执行过程中，要经常检查分析，掌握计划执行情况，及时发现问题，采取有力措施，保证计划的全面完成。

### 五、材料的运输与库存

1．材料的运输。材料运输是材料供应工作的重要环节，是企业管理的重要组成部分，是材料供应与消费的桥梁。材料运输管理要贯彻“及时、准确、安全、经济”的原则，搞好运力调配和材料发运和接运，有效地发挥动力作用。

材料运输要选择合理的运输线路、运输方式和运输工具。以最短的过程，理想的速度，最少的环节，最低的费用把材料运到目的地，避免对流运输、重复运输、迂回运输、倒流运输和过远运输。认真提高运输工具的使用效率。

2．材料的库存管理。材料的库存管理是材料管理的重要组成部分。材料库存管理工作的内容与要求主要有以下几个方面：

（1）合理确定仓库的设置位置、面积、结构和储存、装卸、计量等仓库作业设施的配备。

（2）精心计算库存，建立库存管理制度。

（3）把好物资验收入库关，做好科学保管和保养。

（4）做好材料的出库和退库工作。

（5）做好清仓盘点和利库工作。

此外，材料的仓库管理应当既管供又管用，积极配合生产部门做好消耗考核和成本核算，以及回收废旧物资，开展综合利用。

### 六、材料的现场管理

1．施工准备阶段的材料管理。施工准备阶段的现场材料管理的主要工作是：

（1）做好现场调查和规划。

（2）根据施工图预算和施工预算，计算主要材料需要量，结合施工进度分期分批组织材料进场并为定额供料做好准备，配合组织预制构件加工订货，落实使用构件的顺序，时间及数量，规划材料堆放位置，按先后顺序组织进场，为验收保管创造条件。

（3）建立健全现场材料管理制度，做好各种原始记录的填报及各种台账的准备，为做到核算细，数据准，资料全，管理严创造条件。

施工准备阶段的材料准备，不仅开工前需要，而且施工各个阶段事先都要做好准备，一环扣一环地贯穿于施工全过程，这是争取施工生产掌握主动权，按计划顺利组织施工，完成任务的保证。

2. 施工阶段的材料管理。施工阶段是材料投入使用消耗，形成工程产品的阶段。是材料消耗过程的管理阶段，同时贯穿着验收、保管和场容管理等环节，它是现场材料管理的中心环节。其中主要内容是：

（1）根据工程进度的不同阶段所需的各种材料，及时、准确、配套地组织进场，保证施工顺利进行，合理调整材料的堆放位置，尽量做到分项工程工完料净。

（2）认真做好材料消耗过程的管理，健全现场材料领（发）退料交接制度、消耗考核制度、废旧回收制度、健全各种材料收发（领）退原始记录和单位工程材料消耗台账。

（3）认真执行定额供料制、积极推行“定、包、奖”，即定额供料、包干使用、节约奖励的办法，促进降低材料的消耗。

（4）建立健全现场场容管理责任制，实行划区、分片、包干责任制，促进施工人员及队组作业场地清，搞好现场堆料区、库房、料棚、周转材料及工场的管理。

3. 施工收尾阶段的材料管理。施工收尾准备工作，控制进料，减少余料，拆除不用的临时设施，整理、汇总各种原始资料、台账和报表。

（1）认真做好收尾准备工作，控制进料、减少余料、拆除不用的临时设施，整理、汇总各种原始资料、台账和报表。

（2）全面盘点现场及库房材料。

（3）核算工程材料的消耗量，计算工程成本。

（4）工完料净，场地清。

4. 周转材料的管理。周转材料是重复使用的工具性材料，主要是指模板、脚手架及围挡。由于它占用数量大、投资多、周转时间长，是市政工程施工不能缺少的材料。因此，切实加强周转材料管理，延长使用时间，降低损耗，对保证完成施工生产任务，取得良好经济效益起到积极作用。周转材料管理必须抓好如下工作：

（1）建立岗位责任制。周转材料管理根据具体情况而定，一般实行一级供应，分级管理，分级核算。

（2）建立周转材料管理的制度。建立适合本企业的周转材料管理制，如租赁制、承发包制、奖惩制、维修保养制、指标考核制等制度。

## 第五节　市政工程机具管理

### 一、机械设备管理

1. 机械设备管理的意义和任务。机械设备是施工企业从事施工的物质技术基础，机械设备管理工作是保证企业正常生产秩序和均衡施工的前提，是发挥机械效率，提高企业经济效益的重要条件，也是提高机械化施工水平，促进市政工程施工现代化发展的需要，其意义是很大的。

市政企业机械设备管理的任务，就是全面而科学地做好机械设备的选配、管理、保养和更新，保证为企业提供适宜的技术装备。为机械化施工提供性能好、效率高、作业成本低、操作安全的机械设备，使企业生产活动建立在最佳的物质技术基础上，不断提高企业的经济效益。

2. 机械设备的使用管理。机械设备使用管理是机械设备管理的一个基本环节，正确地、合理地使用设备，可充分发挥设备的效率，保持较好的工作性能，减少磨损，延长设备的使用寿命。机械设备使用管理的主要工作如下：

(1) 人机固定，实行机械使用、保养责任制。机械设备要定机定人或定机组，明确责任制，在降低使用消耗，提高效率上与个人经济利益结合起来。

(2) 实行操作证制度，机械操作人员必须经过培训合格，发给操作证。

(3) 操作人员必须坚持搞好机械设备的例行保养，经常保持机械设备的良好状态。

(4) 遵守磨合期使用规定。

(5) 实行单机或机组核算。

(6) 合理组织机械设备施工，培养机务队伍。

(7) 建立设备档案制度。

3. 机械设备的保养、修理和更新

(1) 机械设备的保养。机械设备的保养分为例行保养和强制保养。

1) 例行保养属于正常使用管理工作，它不占用机械设备的运转时间，由操作人员在机械使用前后和中间进行。内容主要是：保持机械的清洁，检查运转情况，防止机械腐蚀，按技术要求渠道，紧固易于松脱的螺栓，调整各部位不正常的行程和间隙。

2) 强制保养是按一定周期，需要占用机械设备的运转时间而停工进行的保养。这种保养是按一定的周期的内容分级进行的，保养周期根据各类机械设备的磨损规律、作业条件、操作维修水平以及经济性四个主要因素确定，保养级别由低到高，如汽车、吊车、推土机、挖土机等大型设备要进行一到三级保养，其他机械设备多为进行一、二级保养。

（2）机械设备的修理。机械设备的修理，是对机械设备的自然损耗进行修复，消除机械运行的故障，对损坏的零部件进行更换和修复。机械设备的修理分为大修、中修及零星小修。

大修是对机械设备进行全面的解体，检查修理，保证各种零件质量和配合要求，使其达到良好的技术状态，恢复可靠性的精度等工作性能，以延长机械设备的寿命。通常规定，新机开始进行到第一次大修，要比大修间隔期长25％～50％。

中修是大修间隔期内对少数总成进行大修的一次平衡性修理，对其他不进行大修的总成只是执行检查保养。中修的目的是对不能继续使用的部分总成进行大修，使整机状况达到平衡，以延长机械设备的大修间隔期。

大修和中修需要列入修理计划，并按计划认真执行。

零星小修一般是临时安排的修理，其目的是消除操作人员无力排除的突然故障、个别零件损坏，或一般事故性损坏等问题。一般都是结合保养进行，不列入修理计划之中。

（3）机械设备的更新。机械设备随着使用时间的延长将逐步降低或丧失其价值。丧失价值是指设备由于各种原因而损坏，不能再用。机械设备的价值降低。是指因老化而增加运转费用或生产性能下降，以及陈旧过时，继续使用就不一定经济。因此需要考虑用新设备代替，即进行机械设备的更新。更新原因基本如图17-9所示。

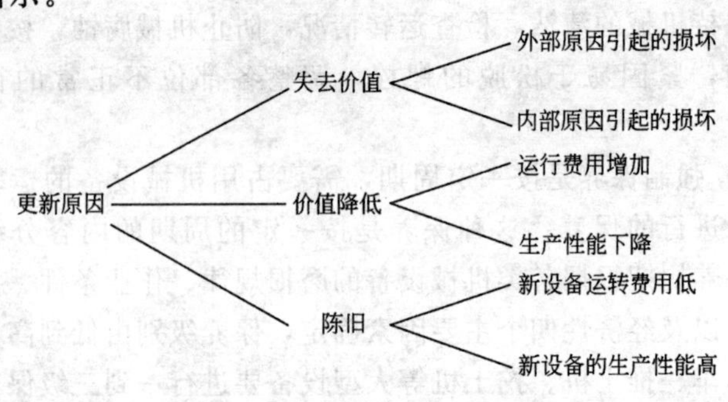


图17-9　设备系统更新的原因分类

## 二、现场工具管理

1. 工具的性质。工具是人们用以改变劳动对象的手段，是劳动资料的重要组成部分。

市政施工所用的工具，虽然价值不高，使用的时间较短，但品种较多，数量较大，在核算上为了区别于固定资产而列入低值及易耗品中，属于流动资金。工具还因其性质及作用不同，价值补偿不同，核算项目不同，管理方法不同而与材料有本质的区别。

2. 工具管理的任务

(1) 及时齐备地向工人提供优良、适用的工具，并积极采用先进的新型工具，促进施工生产顺利进行，提高劳动生产率。

(2) 采取有效的管理方式，充分发挥工具效能，加速工具周转，延长工具使用寿命，定额供料，节约有奖，调动工人爱护工具的积极性。

(3) 加强工具收、发、保管和维修管理，做到物尽其用，防止丢失损坏，搞好工具核算，节约工具费用。

3. 工具的分类。目前市政施工不少工种以手工操作为主，因此施工工具种类较多，数量大，在工具管理核算中，要采取适当的分类。主要分类有：

(1) 按工具的价值和使用年限分类。分为固定资产工具和低值及易耗品工具。固定资产工具使用在一年以上，同时单位价值在规定限额以上的劳动资料；低值及易耗品工具使用年限及价值低于固定资产，它包括生产工具和管理用具。

(2) 按使用范围分类。分为通用工具和专用工具，通用工具是使用广泛的定型产品；专用工具是根据生产特殊需要而专门制作的工具。

(3) 按使用方式和保管范围分类。分为随手工具、共同工具和周转工具。

(4) 按工具产权划分。分为公有工具、私有工具、租赁或借用的周转工具。

4. 现场工具管理。现场施工生产中的工具管理与核算有多种形式，主要是：

（1）实行工具津贴，施工生产工人按实际工作日发给工具津贴。

（2）按定额工日实行工具费包干。采用这一形式的，要根据施工要求和历史水平制定定额工日工具费包干标准。

（3）实行施工生产工具按“百元产值”包干，即“百元产值定额”，就是完成每百元工作量应耗生产工具费定额。

（4）按分部工程对施工生产工具费包干。实行项目工程全面承包或分部分项承包中工具费按定额包干，节约有奖，超支受罚。

5. 工具仓库管理。工具的仓库管理有如下主要工作：

（1）建立工具管理仓库和工具管理账。

（2）工具使用要有定额、限额领用。

（3）在实行工具费定额包干方式的企业，仓库发放工具时按日租金标准取费，有偿使用。

（4）工人调动时，在企业范围内调动，随手工具可随同带走，并将工具卡转到调入单位去；调出本企业的，应将全部工具退还清。

（5）工具摊销方法，分为多次摊销、五五摊销和一次摊销。视其工具的价值和耐用程度而定。

## 三、机具及周转材料租赁

机具及周转材料租赁，是施工企业向租赁公司（站）及拥有机具和周转材料的单位支付一定租金取得使用权的业务活动。这种业务是施工企业把某些大型、专用的机具和周转材料集中由专门的租赁公司（站）装备，以租赁的方式供施工企业使用，改变那种把机具和周转材料分到企业各生产单位管理使用的方式，变无偿使用为有偿使用。这种方法有利于加速机具和周转材料的周转，提高其使用效率和完好率，减少资源的不必要浪费。市政企业因临时、季节性需要，需使用大型机具和周转材料，无须购买，只要向租赁企业和部门租赁即可满足施工生产的需要，变买为租，用时租借，用完归还，施工企业只负担少量租金，即减少购置费，加快资金周转，又可提高经济效益。

目前，机具和周转材料的租赁有两种基本形式，一是施工企业内部核算单位租赁站（组），以对内租赁为主，有多余的机具和周转材料时，也可以对外租赁，二是具有法人资格的专业租赁公司（站），对外经营租赁业务，向其他施工企业提供方便。

施工机具和周转材料的租赁费的计算分为两种方式，其中：

1. 施工机械租赁费是根据全国市政工程预算定额标准及市场情况制定的，分日台班、月台班，带操作人员和不带操作人员等形式，分别计算租金。

2. 工具和周转材料通常以月计算租金，以米、平方米、吨等计量单位每天的取费标准计算。

租赁业务发生时，出租方和承租方应签订租赁合同，合同中要明确租金取费标准，租赁期限，双方职责，违约责任，以及丢失、损坏的偿还办法等。

## 第六节　市政工程施工安全管理

### 一、安全生产法规、基本方针和施工安全管理系统

（一）安全生产法规和基本方针

《中华人民共和国安全生产法》自2002年11月1日起施行。该法明确指出“安全生产管理，坚持安全第一、预防为主的方针”，“生产经营单位必须遵守安全生产法和其他有关安全生产的法律、法规，加强安全生产管理，建立、健全安全生产责任制度，完善安全生产条件，确保安全生产。生产经营单位的主要负责人对本单位的安全生产工作全面负责。生产经营单位的从业人

员有依法获得安全生产保障的权利，并应当依法履行安全生产方面的义务。”

同时，宪法、刑法中对劳动保护和查处重大安全事故亦作了明确的规定。上述这些法令、法规、规定等，施工中一定要坚决贯彻执行，切实搞好施工安全生产工作。

（二）施工安全管理系统

市政工程施工安全管理包括安全施工和劳动保护两方面的管理工作。由于市政工程施工为露天作业，现场环境复杂，手工操作、机械作业、地下作业、高空作业和交叉施工多，劳动条件差，不安全和不卫生的因素多，极易出现安全事故，因此，在施工中要认真从组织上、技术上采取一系列措施，形成安全管理系统，切实做好安全施工和劳动保护工作。

## 二、施工安全组织保证体系和安全管理制度

（一）施工安全组织保证体系

建立安全施工的组织保证体系，是安全管理的重要环节。一般应建立以施工项目负责人（项目经理、工段长）为首的安全生产领导班子，本着“管生产必须管安全”的原则，建立安全生产责任制和安全生产奖惩制度，并设立专职安全管理人员，从组织体系上保证安全生产。如图 17-10 所示。

（二）安全管理制度

为了加强安全管理，还必须将其制度化，使施工人员有章可循，将安全工作落到实处。安全管理规章制度主要有：

1. 安全生产责任制；
2. 安全生产奖惩制度；
3. 安全技术措施管理制度；
4. 安全教育制度；
5. 安全检查制度；
6. 工伤事故管理制度；
7. 交通安全管理制度；

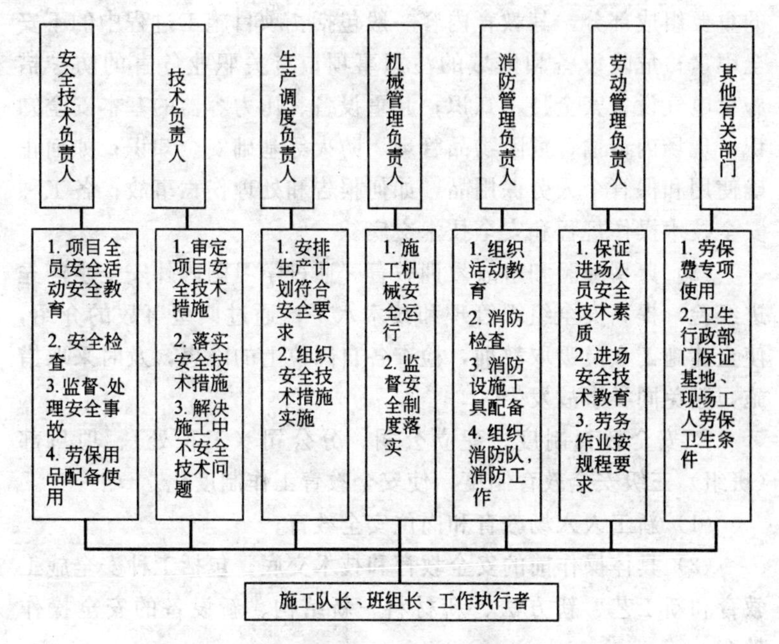


图 17-10　施工项目安全生产责任保证体系图

8. 防暑降温、防冻保暖的管理制度；

9. 特种设备、特种作业的安全管理制度；

10. 安全值班制度；

11. 工地防火制度；

12. 冬雨期及夜间施工的安全制度。

## 三、施工安全教育及安全检查

### （一）施工安全教育

1. 安全教育内容

（1）安全思想教育。对施工人员进行党和国家的安全生产和劳动保护方针、法令、法规制度的教育，使他们树立安全生产意识，增强安全生产的自觉性。

（2）安全技术知识教育。安全技术知识是劳动生产技术知识的重要组成部分，其教育内容一般包括：项目施工过程中的不安全因素；危险设备和区域的注意事项；有关职业危害的防护措施；电气设备安全技术知识；起重设备、压力容器的基本安全知识；现场内运输；危险物品管理、防火等基础安全知识；如何正确使用和保管个人劳保用品，如何报告和处理伤亡事故；各工种安全技术操作规程和安全技术交底。

(3) 典型经验和事故教训教育。通过学习国内外安全生产先进经验，提高安全组织管理和技术水平；通过典型事故的介绍，使全体施工人员吸取教训，检查各自岗位上的隐患，及时采取措施，避免同类事故发生。

2. 安全教育制度。建立公司、分公司（工程处）、项目部（班组）三级安全教育制度，使安全教育工作制度化。

(1) 新工人入场教育和岗位安全教育；

(2) 具体操作前的安全教育和技术交底；包括工种安全施工教育和新工艺、新方法、新材料、新结构、新设备的安全操作教育；

(3) 经常性安全教育，特别是班前安全教育；

暑期、冬期、雨期、夜间等施工的安全教育，表 17-17、表 17-18、表 17-19 分别为安全技术交底记录、安全教育记录和工人班前（后）活动记录的格式。

**安全技术交底记录表　　　　表 17-17**

施工单位：　　　　　　　　　年　　月　　日

<table>
<tr><td>工程名称</td><td>分部分项工程</td><td>工种</td><td></td></tr>
<tr><td colspan="4">交底内容：<br><br><br>交底人签字：</td></tr>
<tr><td colspan="4">接受人(全员)签字：</td></tr>
</table>

**安全教育记录表** 表 17-18

| 时间 | | 地点 | | 主持人 | |
|---|---|---|---|---|---|
| 受教育人员 | | | | 讲授人 | |
| 受教育内容 | | | | | |
| 受教育人签字 | | | | | |

**工人班前（后）活动记录表** 表 17-19

| 分项工程名称 | | 班组名称 | 组 |
|---|---|---|---|
| 工作部位 | | 活动时间 | 年 月 日 |
| 活动内容： | | | |
| 提出的不安全因素： | | | |
| 消除隐患建议或落实责任者： | | | |
| 参加活动人：(签字) | | | |

（二）安全检查

安全检查是预防安全事故的重要措施，包括一般安全检查、专业性安全检查、季节性安全检查和节日前后安全检查。

1. 安全检查制度。建立项目部每月或每两周，班组每周的定期安全检查制度和突击性安全检查相结合的安全检查制度。

2. 安全检查内容

（1）安全管理制度落实情况。

（2）安全技术措施制定和实施情况，如表 17-20、表 17-21 所示。

（3）专业安全检查，并填写相应安全验收记录。

（4）季节性安全检查，如防寒、防暑、防湿、防毒、防洪、防台风等检查。

（5）防火及安全生产检查，主要检查防火措施和要求的落实情况，如现场使用明火规定的执行情况，现场材料堆放是否满足防火要求等。及时发现火灾隐患，做好工地防火，保证安全生产。

分部（分项）工程安全技术措施表　　表 17-20

| 工程名称 | | 分部(分项)工程名称 | | |
| --- | --- | --- | --- | --- |
| 施工方法 | | | | |
| 不安全因素 | | | | |
| 安全技术措施 | | | | |
| 审核人 | | 编制人 | | |

季节性（冬、雨、风、暑期）安全技术措施表　表 17-21

| 工程名称 | | 施工季节 | |
| --- | --- | --- | --- |
| 主要施工项目 | | | |
| 不安全因素 | | | |
| 安全技术措施 | | | |
| 审核人 | | 编制人 | |

# 第七节　劳动管理与施工队生产管理

## 一、劳动管理

（一）劳动管理的目的、内容与任务

1. 劳动管理的概念和目的。市政施工企业劳动管理是包括有关劳动力和劳动活动的计划、政策、组织、指挥、监督、协调等项工作的总和。

企业劳动管理的目的是不断提高劳动生产率。所谓劳动生产率，在施工企业里，是指完成一定市政工程工作量所耗费的劳动量（即劳动时间），或者一定劳动时间里所完成的市政工程工作量。

2. 劳动管理的内容和任务。劳动管理的主要内容有企业定员工作，劳动定额的制定和贯彻，劳动的组织与调配，职工的招收、培训、考核和转退工作，工资和奖励，劳动保护以及劳动组织竞赛等。

劳动管理的基本任务是根据企业生产的发展和技术进步的要求，组织劳动过程的分工与协作，不断完善企业内部的相互关系，合理地配备和使用劳动力，提高职工队伍的积极性，保证企业全面完成国家计划和合同任务，保障职工的健康与安全，在不断提高劳动生产率的基础上逐步改善职工的福利与提高职工的收入。

（二）提高劳动生产率和劳动计划管理工作

企业劳动生产力的提高，意味着劳动时间的节约，也就是同样劳动能生产更多的产品。

1. 施工企业提高劳动生产率的现实途径，主要有如下几个方面：

（1）提高全体职工的思想文化水平和技术业务能力。

（2）不断改进施工设备和施工技术，努力提高市政工程施工现代化、构配件生产工厂化和施工机械化的水平。

（3）积极推进商品化、专业化、协作化、生产集中化和联合化的发展。

（4）改善企业的计划和生产管理，不断改进和优化生产组织和劳动组织，强化劳动纪律。

（5）认真推选先进、合理的定额，开展劳动竞赛，实行合理的工资奖励制度，做到赏罚分明。

2. 市政施工企业劳动生产率的表现形式和计算方法有：

（1）以产值计算劳动生产率。即把完成的实物工程量换算成为货币为单位计算的产值（工作量）计算的劳动生产率，其公式如下：

1）全员劳动生产率＝完成总产值/全部职工平均数

2）市政施工工人劳动生产率＝自行完成市政施工工程量/全部工人（不含其他人员）平均人数

（2）以实物计算的劳动生产率，其公式如下：

全体人均实物劳动生产率＝完成实物工程量/全体职工平均人数

（3）以净产值计算的劳动生产率，其公式如下：

以净产值计算的全员劳动生产率＝完成的净产值/干部职工平均人数

其中，净产值是指总产值扣除物化劳动（物质消耗）部分的价值。

（4）定额工日计算的劳动生产率，其公式如下：

定额工日劳动生产率＝按定额计算的定额工日/实际耗用工日

3. 劳动计划管理主要包括劳动生产率计算、职工需要量计划和工资基金计划三部分。企业在确定劳动生产率指标时，先要分析报告年度劳动生产率完成情况，研究工时利用和定额完成情况，然后按照提高劳动生产率的各种途径编制具体措施计划。

职工需要量计划也叫职工人数计划，其主要内容是在保证劳动生产率不断提高的条件下，确定计划期内各类人员的需要量。

（三）劳动定额管理

市政工程劳动定额，是反映工程产品在生产中活劳动消耗数量的指标，它是指在正常的施工技术组织条件下，为完成一定量的合格产品或完成一定量的工作所预先规定的必要劳动消耗量的标准。

1. 劳动定额有时间定额和产量定额两种形式：

（1）时间定额以工日为单位，一个工日表示一个工人工作时间八小时。时间定额计算方法如下：

单位产品的时间定额（工日）＝1/每工产量定额（或单位产品的时间定额＝小组成员工日数的总和/每班产量）

（2）产量定额也称每工产量，是指在一定的生产技术和生产组织条件下，某工种、某种技术等级的工人，在单位时间（工日）内所完成合格产品的数量，其计算公式如下：

每工产量＝1/单位产品的时间定额（工日）（或每班产量＝小组成员工日数的总和/单位产品时间定额（工日））

企业必须加强定额管理，并作为衡量工人劳动效率进行劳动分配推行经济责任制，开展劳动竞赛和实行经济预算的尺度和主要依据。

2. 制定劳动定额的方法。劳动定额的制定要有科学的根据，要有足够的准确性和代表性，既考虑先进技术水平，又考虑大多数工人能达到的水平，即所谓先进合理的原则（也称之为平均先进的原则）。

制定劳动定额时，先要确定每项定额的计算单位、工作内容、工作范围、生产施工方法、技术要求、操作工艺、工作条件、各技术等级的工种劳动组合等，然后进行制定定额工作。

制定劳动定额的方法，一般有四种：

（1）技术测定法。在分析研究施工技术条件及组织条件的基础上，通过现场观察和技术测定来制定定额的方法。技术测定法有许多种，施工企业常用的是工作日写实记录法。它根据现场工作的实际情况，把工人在8h工作时间内的所有时间消耗，按顺序如实地记录下来，然后经过分析整理，把那些不必要的和不合理的时间消耗去掉或减少，余下必须消耗的时间，作为定额时间。技术测定法的依据较为科学，精确度高，但工作量大且需要系统的资料。

这里简略介绍工作日写实记录法编制劳动定额的基本程序。

1）工作时间分析。工人的工作时间由定额时间和非定额时间两部分组成，如图17-11所示。

① 定额时间：指完成某项工作必须消耗的时间。包括：

基本工作时间：直接用于完成某项产品或工作的时间消耗，是定额时间的主要部分。

辅助工作时间：为完成基本工作而进行的各种辅助性工作所

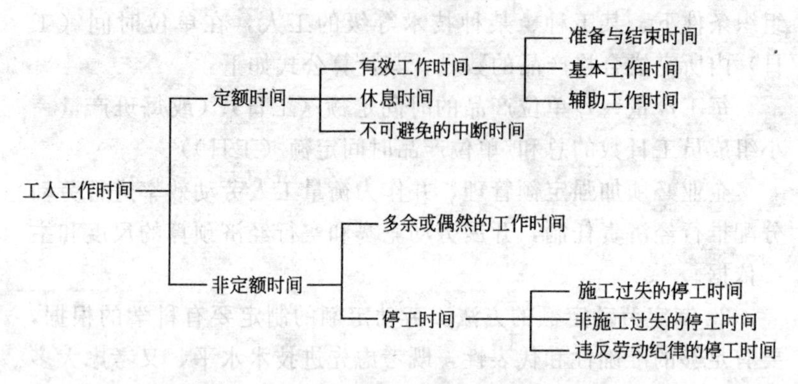


图 17-11　工人工作时间的组成

消耗的时间。

准备与结束时间：作业前准备工作和作业结束后工作所消耗的时间。

休息时间：作业过程中，为恢复体力所必需的休息以及由于生理上需要所必须消耗的时间。如工间小休、喝水、上厕所等。

不可避免的中断时间：作业过程中，由于技术或组织原因而引起工作中断的时间。

② 非定额时间：指与完成生产任务无关的活动所消耗的时间。它是一种时间损失，属于不必要的和无效的时间消耗。定额中不应包括这部分内容，主要有：

多余和偶然工作时间：在正常条件下，由多余（不必要）的工作或偶然发生的事件所消耗的时间。

施工过失的停工时间：由于劳动组织或施工组织不当而引起的停工时间。

非施工过失的停工时间：非施工企业施工原因而引起的停工时间。如气象条件、停水停电等。

违反劳动纪律的停工时间：由于工人迟到、早退、或其他违反纪律的行为而造成的停工时间。

2）准备工作。包括了解工人、劳动组织、设备、工具等情况；选择对象；划分项目等。

3）写实记录。以工人上班开始，一直到下班结束，将整个工作日内所有的时间消耗都记录下来。写实人员要集中精力，注意工人的每一个活动，判明这些活动属于哪一类消耗，准确填入记录表。

4）整理分析。写实记录结束后，要对记录的资料进行分析整理，计算各类时间的消耗，判明时间的类别，填入工作日写实汇总表。汇总表中的定额的时间，即为劳动定额中的时间消耗。

写实记录一般要选择多个工人为对象，而每个工人由于技术水平、工作能力和工作态度的不同，其各类时间的消耗和完成的产品数量肯定存在差异，因此计算出来的劳动定额也不一样。所以要计算平均水平，有以下方法：

算术平均法：取各个工人完成单位产品的劳动消耗的算术平均值作为平均水平。

最大频数法：取出现次数最多的一个值作为平均水平。

中数法：将所有测得的劳动消耗值从小到大排列，取中间一个值作为平均水平。

精确平均数法：公式如下

$$\text{平均水平}=\frac{a+4b+c}{6} \tag{17-1}$$

式中 $a$——最先进消耗；

$b$——有把握消耗；

$c$——最落后消耗。

劳动定额是取平均先进定额。所谓平均先进定额是指介于平均水平和先进水平之间的定额，常按下式计算：

平均先进定额＝(2×最先进的消耗＋平均消耗＋最落后的消耗)/4

(2) 经验估工法。这是定额员、技术员、生产工人在过去实践经验的基础上，参照有关技术资料，估计出某一产品或完成某项工作所需要的人工消耗量，并经过分析、平衡，最后确定定额。这种方法优点是技术简单，制定定额过程较短，简便易行；缺点是精确性差，科学计算依据不足。

(3) 统计分析法。这是按过去积累的统计资料，经过分析、整理，并结合现实的生产技术条件和组织条件确定劳动定额。该法比经验估工法准确可靠，但对统计资料不加分析也会影响定额的准确性。

(4) 比较类推法。这是以现有的工种（工序）定额推算出另一工种（工序）定额的方法。这两个工种定额必须相近似或者同类型的。该法的优点是简便易行，但受可比性限制，适用范围不广。

3. 劳动定额的日常管理

(1) 维持定额的严肃性，不经规定手续，不得任意修改定额。

(2) 做好定额的补充和修订　对于定额中的缺项和由于新技术、新工艺的出现而引起的定额变化，要及时进行补充和修订。但在补充和修订中必须按照规定的程序、原则和方法进行。

(3) 做好任务书的签发、交底、验收和结算工作　把劳动定额与班组经济责任制和内部承包制结合起来。

(4) 统计、考核和分析定额执行情况　建立和健全工时消耗原始记录制度，使定额管理具有可靠的基础资料。

(四) 劳动组织与劳动纪律

1. 劳动组织。施工企业生产劳动组织的任务在于合理使用劳动力，合理安排工时，恰当处理生产过程中的劳动分工协作关系，企业基层劳动组织是根据施工工程特点、工种间和工序间的科学分工与协作的具体要求确定，通常有专业施工队和混合施工队两种组织形式。

专业施工队按施工工艺由同一工种的工人组成，再配备一定数量的辅助工。其优点是生产任务专一，作业对象变化不大，有利于提高技术水平，其缺点是适应面窄，不利于工种工序之间搭接配合，易造成浪费工时。

混合施工队是由共同完成施工工程所需要的、互相密切联系的几个工种所组成，其优点是：便于统一指挥，工种间的配合协作好，便于提高质量与工效。缺点是：要求一个工人掌握一个工种以上的技能，技术水平不易全面提高，对施工队长管理能力要求高，其能力不强，就会产生混乱现象和不良效果。

两种劳动组织形式各有特点，应根据市政工程和管理的具体情况而定。对于企业规模大，工程复杂的，一般组织专业队；企业规模小，工程不复杂的，一般组织混合队。

2. 劳动纪律。加强劳动纪律是施工生产过程的集体协作性和不可间断性的客观要求，是社会大生产不可缺少的基本条件，企业劳动纪律的主要内容有：

(1) 遵守企业的一切规章制度。如岗位责任制，考勤制度，奖惩制度，技术操作规范和规程，安全生产操作规程等。

(2) 服从组织纪律。如下级服从上级、个人服从组织、工人服从班组长的调度等。

这几个方面缺一不可，只要违反一项，就是违反纪律。严明劳动纪律，加强思想教育、提高职工遵守劳动纪律的自觉性，是施工企业统一思想和统一行动的根本保证。

## 二、工资管理

### (一) 工资制度

工资制度是关于确定工资标准及支付工资的制度。我国目前的工资制度有等级工资制、岗位工资制和结构工资制。

1. 等级工资制。工人等级工资制是按照不同地区、不同劳动强度，对不同工种的人，规定工资等级和各级工资标准的制度。等级工资制由工资等级表、工资标准和技术等级标准三部分组成。

2. 结构工资制。结构工资制系按工资的不同作用和决定工资的不同因素，将工资划分为几个部分，通过合理确定这几部分的数额，构成全部工资的一种工资制度。

3. 岗位工资制。按职工的工作岗位确定其工资标准的一种制度。凡在某岗位工作，能独立操作，达到该岗位的要求，即可领取本岗位的工资。

施工企业实行什么样的工资制度，由企业自行决定。

（二）工资形式

工资形式指企业内部计算劳动报酬的具体形式。施工企业常采用的工资形式有计时工资、计件工资和承包制的形式。

1. 计时工资。计时工资是按照工人的实际工作时间和工资等级，计算劳动报酬的一种形式。

这种形式是按工人的工资标准乘以时间来确定。它适用于不易计算生产成果的工种、辅助工人、服务人员等。它的特点：工人工资的多少只与工作时间直接相关，与生产成果无关，不能促进工人提高工作效率和工作质量。为此，采取计时加奖励的形式，对生产效果好的，劳动消耗大的再给奖励，以促进职工关心施工生产。

2. 计件工资。计件工资是按一定时间内所生产的一定质量的产品直接计算劳动报酬的一种工资形式。

(1) 计件工资的几种形式　计件工资一般分为五种形式。

1) 直接无限计件工资：这是计件工资的基本形式。在一定的定额期内，计件单价不变，计件工资不受超额多少的限制。其计算方法是：

工人应得工资总额(元)＝计件单位(元/件)×完成的合格产品数量(件)

直接无限计件工资一般适用于具有先进合理的劳动定额的岗位或工种。

2) 有限计件工资：对于实行临时定额、试行定额和一次性估工定额的，由于定额水平不够准确，为防止超额过多，对超过工资加以适当限制，就是有限计件工资。

施工企业可实行分级计算，如规定超额 20%以内时，按原计件单位支付工资。超过定额 20%以上时，超过部分按原计件单位价50%发给。

3）超额计件工资：即工人完成定额时，发给本人标准工资；完不成定额，减发一定数额的标准工资；超过定额时，超过部分按计件单价发给计件工资。这种计件工资形式适于工作等级与工人实际技术等级相差较大的情况。但如果两个工人标准工资不同，都干同样活，超额也相同，所得工资却不同，易造成同工不同酬。

4）包工计件工资：对临时性的生产、建设工程，按工程量计算出劳动工时消耗定额，并按工人平均工资计算出包工工资总额，在保证工程质量和消耗不超过定额条件下，提前或按期完成任务，即可得到全部包工计件工资。其特点是任务明确，能鼓励工人提前完成任务，但要加强定额管理。

5）累进计件工资：即按照工人超额完成劳动定额幅度的不同，规定不同的计件单价，计件单价随着超额幅度的增高而增加的计件工资形式，对劳动定额比较先进、超额幅度较小的生产部门有积极作用。

（2）实行计件工资的条件

1）施工生产任务饱满，劳动力、原材料、机械供应有保证，具备连续施工生产条件，可以发挥工人的劳动积极性，做到合理组织，统筹安排。

2）有坚实的定额管理基础，资料可靠，并能对一次性定额实行准确的估计和有效控制。

3）有健全、坚强的基层组织，施工队班组劳动力相对稳定。施工任务书、计量统计，质量检验、成本核算等基础工作健全。

3.承包制的形式。随着项目法施工的发展，在施工企业内部，围绕工资也出现了多种形式的经济承包责任制。例如：

（1）包工工资。包工工资是将单位工程或分部、分项工程的全部施工任务及完成任务所需的人工费包给作业队（班组）的一种工资形式。它将工资与工期、质量、安全、工效、物资消耗等多项指标挂起钩，有利于提高施工生产的综合经济效益。实行这种工资形式，作业队（班组）有更多的灵活性和自主权，它是企业实行计件工资发展的一种新形式。

实行包工工资，关键是在开工前对承包的工程进行核算、核实所需的工资和所需的材料、机械等，并明确工期、质量、安全等方面的具体要求，分清职责，一次包死，超额工资不封顶，达不到定额不保基本工资。

（2）浮动工资。浮动工资指职工的劳动报酬随企业经济效益的好坏，本人劳动贡献的大小而浮动的一种工资形式。

浮动工资的具体方法，因各企业生产经营特点而异。主要有三种：

1）小额浮动：将职工的基本工资大部分固定，小部分合并在奖金内一起浮动。

2）半浮动：将职工基本工资的50%固定，另外50%合并在奖金内一起浮动。

3）全浮动：将职工基本工资全部合并在奖金内实行全额浮动。

此外，还有浮动升级、工资标准浮动等多种形式。

（三）工资制度改革

工资制度改革的方向，就是要正确体现和切实执行社会主义按劳分配原则和物质利益原则，把职工工资同企业生产经营成果和个人劳动贡献真正挂起钩来，从而激发职工的劳动热情，积极地、创造性地从事社会主义经济建设事业。

按照“市场决定工资，企业自主分配，国家宏观调控”的模式，建立按劳分配为主体，多种分配并存的制度，搞活分配，建立适应企业发展的正常工资增长机制。应坚持以下原则：

1. 坚持以按劳分配为主体的多种分配方式并存的原则。

2. 坚持效率优先、兼顾公平的原则。

3. 坚持国家、企业、个人三者利益相统一的原则，企业工资在职工工资总额增长率低于企业经济效益增长率，职工平均工资增长率低于本企业劳动生产率的前提下，企业自主决定工资水平和内部分配方式。

4. 企业员工收入按劳动技能和贡献来确定，发挥工资的激励作用。

（四）奖励和津贴

奖励和津贴是职工收入的组成部分，也称辅助工资。这部分工资的数量经常变动，是基本工资的补充。

1. 奖励。施工企业的奖励，分为物质奖励和精神奖励两类。物质奖励，这里所谈的奖励是指奖金。奖金是对职工的超额劳动的报酬，它是基本工资的一种补充形式。它灵活机动，可以弥补基本工资的不足。

（1）奖金的种类。施工企业的奖金一般可分为综合奖与单项奖两类。

1）综合奖：它是把全面完成各项技术经济指标作为考核条件。在计发奖金时可以根据各项指标的完成情况，按事先规定的比例计算奖金。综合奖考核指标，一般包括质量、产量、工期、安全生产、节约消耗、降低成本费用等。

2）单项奖：是企业为了加强薄弱环节，突出奖励重点，针对某一具体目标而专门设置的奖金。如质量奖、安全奖、节约奖等。单项奖内容单一，目标明确，见效快，但容易发生片面性。

（2）奖金的分配原则

1）遵守国家的有关规定：企业发放奖金时，必须遵守国家的政策，不能巧立名目，任意滥发。

2）反对平均主义：实行奖金制度的目的在于克服平均主义，弥补基本工资的不足。所以在奖金分配中，要把个人的奖金与劳动效果结合起来，只有付出超额劳动，才能发奖。

3）建立科学的奖金制度；奖金分配必须建立在严格的考核基础上，规定计奖的标准。奖金制度要求能准确计算劳动者提供的劳动量，据此计算奖金。真正做到奖勤罚懒，奖优罚劣。

4）加强思想政治工作：在实际奖金制度同时，要抓好精神文明建设，提高职工的主人翁责任感，克服一切向钱看的倾向。

2. 津贴。津贴是为了补偿职工额外和特殊劳动消耗，或为了保障职工的工资水平不受影响而支付的一种工资补充形式。津贴包括：

(1) 补偿职工额外劳动消耗的津贴，如夜班津贴、班组长津贴等。

(2) 保护职工健康的津贴，如保健津贴等。

(3) 弥补生活费额外支出的津贴，如地区津贴、流动施工津贴。

(4) 保障职工基本生活的津贴，如脱产参加学习津贴，病假期间津贴等。

(五) 集体福利

集体福利是企业为满足职工的共同需要，减轻职工的生活负担和家务劳动，为职工提供各种便利条件而举办的各种福利事业。集体福利是职工经济利益的组成部分。企业的集体福利事业的内容，一般有以下几个方面：

1. 办好职工食堂；

2. 建好和管理好职工集体宿舍；

3. 办好澡堂、理发室；

4. 办好劳动保险、职工医疗保健等事业；

5. 建立企业业余文化教育、体育娱乐场所，活跃和丰富职工生活。

随着社会保障体系的建立和完善，一部分企业办的集体福利要逐渐社会化，这对于深化企业改革，保持社会稳定，顺利建设社会主义市场经济具有重大意义。

## 三、施工队班组生产管理

(一) 施工队班组生产管理的内容和任务

施工队班组生产管理的内容包括：施工现场施工队班组对劳动力的平衡调剂，对操作人员的技术培训和文化培训，弹性施工队伍的管理，施工队班组生产管理的基础工作和现场班组管理等。

施工队班组生产管理的任务是根据施工现场的具体情况，搞好劳动力的平衡调整，为施工现场配备必要的技术操作人员，搞好现场施工管理基础工作，加强施工班组建设，充分调动现场施工人员的积极性，全面完成施工生产任务。

（二）施工计划任务的贯彻执行

施工计划任务的贯彻执行是施工生产管理的重要方面，能否组织好人力、物力、财力完成施工计划任务，关键要抓好以下几个方面：

1. 计划下达的时间。企业的计划一般均实行分级管理的原则，计划的编制要有一定的时间，各项计划的下达原则上都应在计划期开始之前下达到执行单位和部门，并且要留出执行计划所必须的准备时间，不同的计划，其下达时间是不同的。年度计划一般是提前一个月，季度计划提前十天，月计划提前五天，旬计划提前一天。

2. 计划贯彻要充分调动职工积极性。现场职工是计划的执行者，计划能否实现，一方面在于计划是否切合实际，是否较准确地预见到未来各种因素的变化；另一方面在于把计划变为现场职工的自觉行动。为此，施工企业要把企业经营成果同广大职工群众的积极性结合起来，在计划指标控制下，实行企业内部经济承包责任制。充分调动广大职工的积极性，以期完成或超额完成施工生产计划任务。

3. 计划执行过程中，要始终抓紧平衡和协调工作。由于计划是在预测的基础上编制的，在具体执行过程中，施工条件经常变化，失去平衡。因此，要经常根据变化了的情况，对施工条件进行多方面的平衡，认真调整计划，保持连续施工，均衡生产，以保证计划任务的顺利完成。

工程任务单的传递程序一般形式如图 17-12 所示。

## 四、现场劳动力的管理

目前，施工企业均推行项目法组织施工，劳动力大部分在社

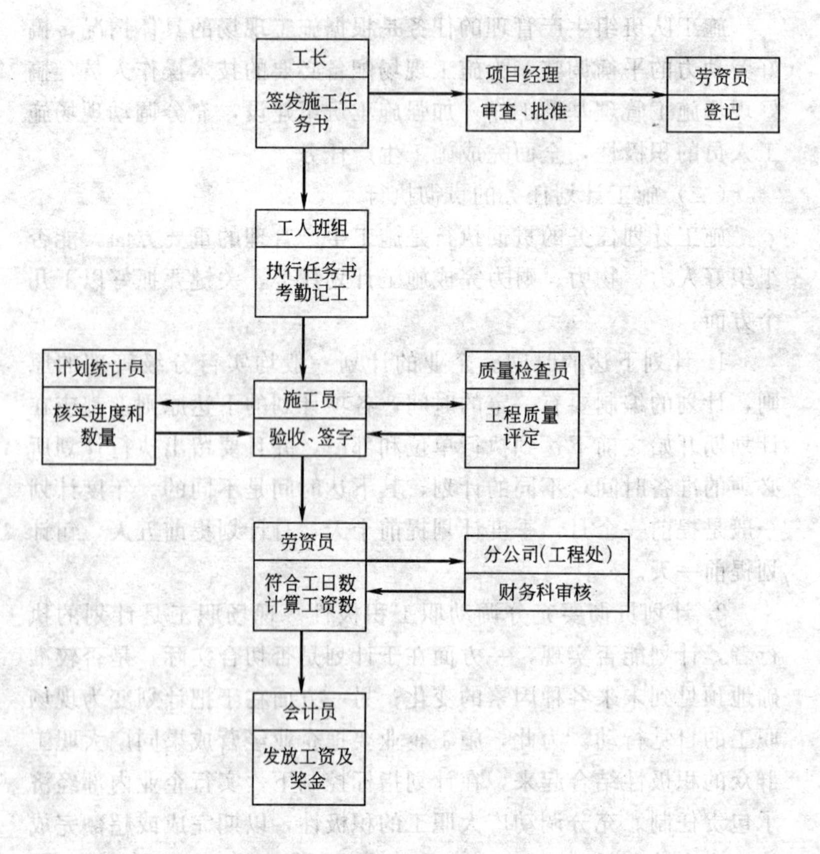


图 17-12　施工任务书传递流程

会上招用合同工和临时工，加之施工工程每个阶段的施工内容不同，在许多情况下，某种技术工种人员缺乏和剩余较为普遍。因此，必须进行余缺调剂和平衡安排，施工队班组除了在企业内部进行调剂以外，还应通过劳动市场调剂劳动力的余缺。尤其是某些技术工种在市场需要量增加的情况下，适时招用市场劳动力，并采用劳动价格浮动的方式进行调剂平衡，是保证施工现场劳动力需求的必要方法。

劳动管理的另一个重要环节是对工人的技术培训和文化培

训，这是提高劳动力素质的必要措施之一。在推行项目法施工和工程承包经营过程中，现场施工队伍有相当部分为农村建设队伍和外来施工人员，流动性很大，会给技术培训带来很大的困难，这就要求施工企业在招用劳动力时，要认真选择文化素质和技术水平高的施工操作人员。在相对稳定队伍的情况下，认真搞好技术培训和文化培训工作。

在劳动力管理工作中，劳动报酬是一个中心环节。在社会主义市场经济体制下，除了按国家工资制度和劳动定额规定来确定劳动报酬外，劳动市场的供求情况也影响着劳动报酬的波动。

## 主要参考文献

1. 交通部第一公路工程总公司编．公路施工手册．桥涵．北京：人民交通出版社，2004
2. 牟晓岩编．市政工程技术基础知识．济南：山东省工程建设标准定额站，2005
3. 邵玉振编．桥梁工程．济南：济南市城市建设管理局，1999
4. 李永珠编．桥梁工程．北京：人民交通出版社，1993